雷州半岛红树林生态修复与资源利用研究

韩维栋　编著

华南理工大学出版社
SOUTH CHINA UNIVERSITY OF TECHNOLOGY PRESS
·广州·

图书在版编目（CIP）数据

雷州半岛红树林生态修复与资源利用研究/韩维栋编著．—广州：华南理工大学出版社，2020.5

ISBN 978－7－5623－6281－4

Ⅰ.①雷…　Ⅱ.①韩…　Ⅲ.①雷州半岛－红树林－森林生态系统－研究　Ⅳ.①S796

中国版本图书馆 CIP 数据核字（2020）第 040262 号

Leizhou Bandao Hongshulin Shengtai Xiufu Yu Ziyuan Liyong Yanjiu

雷州半岛红树林生态修复与资源利用研究

韩维栋　编著

出 版 人： 卢家明

出版发行： 华南理工大学出版社

（广州五山华南理工大学 17 号楼，邮编 510640）

http：//www.scutpress.com.cn　　E-mail：scutc13@scut.edu.cn

营销部电话：020－87113487　87111048（传真）

策划编辑： 吴兆强

责任编辑： 吴兆强

印 刷 者： 虎彩印艺股份有限公司

开　　本： 787mm×1092mm　1/16　**印张：** 19　**字数：** 483 千

版　　次： 2020 年 5 月第 1 版　2020 年 5 月第 1 次印刷

定　　价： 60.00 元

前言

全球红树林在20世纪末的最后30年间，逐步为各国学者与政府所重视，被列为最为独特的森林类型、湿地类型与典型的海洋生态系统，是地球上唯一的森林、湿地和海洋三大生态系统相互交叉的生态系统。红树林生态系统表现出高生产率、高回归率和高降解率的“三高”特性，同时其复杂多样的树木根系空间与潮汐湿地，为保护海洋生物多样性、美化海岸景观和优化环境质量等提供了极其宝贵的生态功能服务，是人类极其珍贵的生态资源。

雷州半岛沿海滩涂是我国红树林分布面积最大和台风最多的区域，也是国际候鸟迁徙路线上停歇越冬的主要站点。因此，其红树林研究在沿海减灾防灾、生物多样性和污染物生态修复等方面具有极其重要的意义。本人参与申报引进的“中国—荷兰雷州半岛红树林综合管理与沿海保护项目”于2006年成功完成并付诸实施，极大地推动了雷州半岛红树林的保护工作，该项目已成为全球国际湿地保护工作的典范。但是，雷州半岛红树林生态修复与资源利用研究和管理工作仍然任重道远，如红树林保护区分散为众多保护小区，多处于“先将地圈起来”的阶段，地埋管网生态保育等先进的技术难以推广应用，科学的保护与管理有待加强。

雷州半岛红树林研究着重解决现有红树林的生物多样性调查、生态功能评估、生态系统经营、红树树种各种果实的加工利用、沿海滩涂与堤岸红树林营造等技术、生态养殖及其生态保育双赢等问题，为红树林生态系统恢复及其资源的可持续利用管理提供技术支撑。同时，期待红树林海岸社区和红树林保护区管理人员能积极参与科研院所红树林科研项目及其成果在红树林非核心区的可持续应用研究，在提高红树林生态系统生态效益的同时，增加社会效益与经济效益。

本书收集作者关于雷州半岛红树林研究所发表的论文，同时收录了相关专题资料等。在此，谨向所收录论文的作者，尤其是其中的论文作者以及参与本人主持项目工作而支持这些论文发表及参与本书编辑与资料整理工作的周元满、黄剑坚、王章芬、杨浩、丘建煌、杨通文、陈杰、胡安琪、肖钰、陈睿等老师与学生表示衷心的感谢！

本书的出版得到广东海洋大学中央财政支持地方高校项目“红树林生态系统人才培养和创新团队建设”等红树林研究团队项目、国家自然科学基金项目“雷州半岛木本植物区系变迁及其驱动力研究”（31170511）的资助。

本书可为红树林研究与教学相关专业师生及沿海资源管理工作者提供参考。书中不足之处，敬请读者指正（859730249@ qq. com）。

广东海洋大学
韩维栋教授
2020 年 1 月 6 日

目 录

第1章 研究综述

第2章 红树植物生物学特性研究

第3章 红树植物种群生态学特性研究

第4章 红树林生态修复研究

第5章　红树植物利用研究

第6章　红树林植物保护与保育研究

第7章　指导红树林研究硕士论文及中英文摘要

第1章

研究综述

银叶树研究进展*

韩维栋，王秀丽
（广东海洋大学农学院，广东 湛江 524088）

摘　要：银叶树是梧桐科银叶树属乔木树种，在我国华南沿海防护林和城市园林中具有巨大的应用潜力。本文综述了银叶树的地理分布与形态特征、生物化学与遗传多样性、抗性生理、育苗造林技术及资源植物学等方面的研究进展，阐述了银叶树的引种栽培和耐盐性研究进展及其在我国华南滨海地区的生态经济发展前景。

关键词：银叶树；生物学特性；遗传多样性；抗性；育苗造林技术；利用前景

Review on research progress of *Heritiera littoralis*

Han Weidong, Wang Xiuli
(Agricultural College, Guangdong Ocean University, Zhanjiang 524088, Guangdong)

Abstract: *Heritiera littoralis*, a tree species of the genus *Heritiera*, family Sterculiaceae, has great utilization potentiality in coastal shelter forests and urban garden in South China. This review summarized research pro-gress of *H. littoralis*, including geographical distribution, morphological characteristics, biochemistry, genetic di-ersity, resistance physiology, resource botany as well as the techniques of seedling nurture and afforestation. The introduction technique and salt-resistant research progress of *H. littoralis* were detailed for its utilization prospect on ecology and economy in coastal areas of South China.

Key words: *Heritiera littoralis*; biological characteristics; genetic diversity; resistance; seedling afforesta-tion technology; potential utilization

银叶树（*Heritiera littoralis*）是梧桐科（*Sterculiaceae*）银叶树属（*Heritiera*）半红树植物、乔木树种，其根呈板状，茎高而大，叶背银白色，果实形状奇特，具有耐盐及抗风特性，是一种很好的景观树种和海岸防护林树种。近年来研究表明，银叶树具有食用与药用开发价值。因此，从生物多样性、生态及经济效益等方面来看，开发利用银叶树具有广阔的前景，但目前国内外对银叶树的研究还不够全面系统。本综述从银叶树的地理分布、形态特征、遗传多样性、药用、抗性生理以及育苗与造林技术等方面总结了国内外的研究进展，为银叶树的进一步开发利用提供参考依据。

---

* 基金项目：国家自然科学基金“雷州半岛木本植物区系变迁及其驱动力研究”（31170511）。
原载于：广东林业科技，2013，29（6）：80－84。

1　地理分布与形态特征

银叶树的分布范围很广，在我国华南、台湾等地及世界的很多区域都有分布[1-5]。简曙光等[6-7]对广东省深圳市盐灶村银叶树种群的研究表明，银叶树分布区域狭窄，陆生亚种群年龄结构呈倒金字塔形。由于社会经济的飞速发展，人为因素干扰了银叶树种群的发展，再加上其自身的繁殖问题，导致其种群数量不断减少。

在形态特征方面，邱凤英等[8]对银叶树的花期进行观测研究，发现银叶树在3—9月期间开花2次。曾聪[9]和Das等[10]对银叶树的果实及种子的形态特性进行研究发现，银叶树果实为近椭圆形或扁圆形或近心形，果实顶部有鱼尾状的长翅；果皮木质化，外果皮坚硬，内果皮呈"海绵状"，与外果皮不易分离；果实内仅含1粒种子，种子尤胚乳，主要由2片子叶构成。

在解剖学方面，宁小清等[11]对银叶树的根、茎和叶进行显微鉴别，主要鉴别特征为：①根在皮层、韧皮部有众多纤维束；木质部宽广，约占横切面的2/3；皮层、韧皮部、木质部多见大型草酸钙方晶；②茎的皮层、韧皮部有众多纤维束，皮层与韧皮部间有异常维管束，髓部有多个分泌道，草酸钙方晶众多，簇晶可见；③叶片主脉维管束发达，有分泌道，方晶、簇晶多数；表皮有下皮层；有发达的维管束鞘延伸区；④粉末中可见晶鞘纤维、非腺毛、草酸钙方晶大型、多数，草酸钙簇晶可见，具缘纹孔导管易见。

2　生物化学与遗传多样性研究

2.1　生物化学

林益明等[12]对深圳福田红树林区7种红树植物叶热值的季节变化进行研究，结果表明，银叶树不同季节的灰分含量（质量分数，下同）为4.50%～5.61%，其变化趋势为夏季>冬季>春季>秋季。牟美蓉等[13]对真红树和半红树植物叶片氯含量及叶性状的比较表明，银叶树的比叶面积（SIA）较小，为71.5 cm^2/g，单位面积叶氯含量却较高，为2.36 g/m^2。

Tian等[14]从银叶树的叶子中分离鉴定了8个黄酮类化合物，分别为栎皮苷（quercitrinl）、槲皮素（quer-cetin2）、山柰酚3-O-（6d-O-E-p香豆酰基）-B-D－吡喃葡萄糖（kaempfero-1 3-O-（6d-O-E-p-coumaroyl）-B-D-glu-co-pyranoside3、山柰酚（kaemp ferol4）、山柰昔（kaempfe ritrin5）、杨梅黄酮（myricetin6）、圣草酚（eriodictyol7）和儿茶素（catechin8）。张艳军等[15]研究了从银叶树树叶中提取黄酮所需的条件。田艳等[16]从银叶树的树皮里分离鉴定了7个三帖化合物。

2.2　遗传多样性研究

Das等[10]通过脱氧核糖核酸含量的差异和RAPD标记对银叶树分子发展史进行了研究。简曙光等[17]采用cpDNA基因间隔区序列分析的方法对分布于中国、日本、越南、泰国、印度尼西亚和澳大利亚的12个地点的17个种群进行谱系地理学研究，结果表明，银叶树种群间的遗传分化与种群间的地理隔离有关；单倍体型分布和系统发育方面的研究结果表明，银叶树有 2 个广布单倍型和 3 个特有单倍型，推断出银叶树可能的起源中心和次级起源中心的地理区域。

Jian 等[18]利用 ISSR 技术研究了来自华南地区的 6 个自然种群的红树植物银叶树的遗传多样性，结果表明银叶树在物种水平上有较高的遗传变异水平，这些遗传变异很大部分来自种群内部；银叶树的种群分化表现在基因水平上，由不同生境所带来的影响不显著。随后 Jian 等[19]又利用 2 种分子标记方法（即 ISSR 和 AFLP）分析了不同的生长环境和地理位置的银叶树分布结构及遗传多样性，发现地点内遗传分化的重要影响因素为高度分歧的环境因素。

3 抗性生理研究

3.1 耐盐特性

蒋巧兰等[20]对真红树和半红树植物体内盐分、元素分布及耐盐差异比较研究，结果表明，银叶树 Na 和 Cl 含量较低，幼枝多年生枝、叶片，树干材的 K、Na 和 Cl 的含量排序都为 K > Cl > Na，而树皮中的含量排序为 Cl > K > Na；银叶树各级根系 Cl 含量较低，随着根系直径的增加，Cl 含量有下降的趋势；银叶树不同直径根系 Na 含量较低，说明其根系的拒 Na 能力较强[21]。

邱凤英[22]对银叶树的耐盐性进行研究，结果表明，在 5，8，11，14，17，20，23（g/kg）这 7 个盐度处理下，随着盐度的增大，其幼苗的苗高月平均增量呈现下降的趋势，银叶树具有一定的耐盐性；其抗逆性生理指标（如丙二醛含量、质膜透性等）都会随着盐度的增大呈现出上升的趋势；主成分分析结果表明，银叶树在盐度为 5 g/kg 处理下适应度为 0，幼苗呈适应性生长，在盐度为 8.11 g/kg 处理下生长受环境的影响程度不大，在盐度≥14 g/kg处理下呈不适应性生长，受环境的影响很明显。卞阿娜[23]在对华南滨海区耐盐园林绿化植物选择与配置的研究中发现，银叶树属于高度耐盐植物。

3.2 耐水淹特性

邱凤英[22]对银叶树植物苗木进行正常浇水、水淹至地茎、水淹至枝下高和完全水淹 4 种深度水淹处理，结果表明，银叶树根系在水淹条件下不能生长，其幼苗茎生长情况与水淹深度有关。栾建国等[24]对深圳地区银叶树淡水种植试验的结果表明，银叶树适于生长在较干旱的涨落区上部，但耐水性差，遇到长时间水淹便会死亡。

3.3 耐寒特性

杨盛昌等[25]因在 5℃ 夜间低温下对红树幼苗光合速率和蒸腾速率进行研究，发现银叶树的蒸腾速率、净光合速率、水分利用率和气孔导度都会因夜间低温而降低，而胞间 CO_2 浓度却增加，但叶绿素含量变化不明显，表明银叶树幼苗在低温条件下有一定的适应能力。

3.4　抗菌特性

陶文琴等[26]对 4 种红树植物提取物的体外抗菌活性进行研究，结果表明，从对金黄色葡萄球菌、表皮葡萄球菌、枯草芽孢杆菌、铜绿假单胞菌、大肠埃希氏菌及副伤寒沙门氏菌这 6 种受试菌的抑菌谱来看，体外抗菌活性能力大小排序为银叶树 > 黄槿（*Hibiscus tiliaceus*）> 海桑（*Sonneratia caseolaris*）> 无瓣海桑（*S. apetala*）；银叶树的叶提取物比茎提取物的抑菌谱更广。

4　育苗造林技术

银叶树主要是通过种子进行繁殖，其种子的萌发类型属于留土萌发，一般情况下是腹部朝下，先长胚根，再长胚芽[1-12]。刘秀[27]采用不同的储藏方法研究银叶树种子的发芽率，结果表明，采用常温沙藏的方法进行种子贮藏最有利于种子的发芽；采取脱壳处理 + 淡水浇灌 + 全日照方式育苗，最有利于种子的发芽；发芽时间短且发芽率很高。刘秀等[28]研究了不同储藏方法对银叶树和海杧果（*Cerbera manghas*）的种子发芽的影响，结果表明，常温沙藏条件下，银叶树种子和海杧果种子发芽整齐，表现最好，发芽率都最高。此外，高秀梅等[29]对银叶树进行育苗试验，结果表明，成熟果实（自然凋落在母树下的风干果）利于育苗，而直接从母树上采集的鲜果，其成苗率显著降低；在育苗过程中，要获得整齐苗与壮苗，必须对种子进行一定的处理，如切除部分果皮、自来水浸泡一定时间等。韩静[30]对几种半红树植物的育苗技术进行研究，结果表明，银叶树在黄心土基质中生长很差，在混合基质（如黄心土 + 沙 + 基肥、黄心土 + 沙 + 火烧土）中生长较好。邱凤英等[31]对几种半红树植物移栽技术的研究表明，在对 3 年生的银叶树进行移栽前，对其枝叶进行适当的修剪等处理，移栽后其成活率可达 95%。陈彧等[32]在 4 种不同立地下进行银叶树造林试验，结果表明，银叶树不适合盐碱地和滨海沙地人工造林。

5　资源利用

银叶树的树皮、根和叶等都有较高的药用价值，可用于治疗腹泻和牙痛等[8,33]，其叶子中的酮类化合物可以用于抗癌[14]，在现代医学里的应用前景广阔；此外银叶树的种子既可食用，又可以榨油[34]，在食品开发方面有很好的前景。

银叶树属于长寿命树种，树龄可达 500 年以上，且具有耐盐、抗风等特性，是营建海岸防护林的优良树种[35]。银叶树还是良好的景观树种，其观赏特性主要体现在银白色的叶背、奇特的果实形状，以及高度发达的板状根[36]。此外，银叶树在红树林生态教育与生态旅游等方面的贡献也很大。

6　结论

随着城市化进程的加快，华南滨海地区盐渍化土壤面积不断增加，植被覆盖率降低，而且园林绿化质量一般。但华南滨海区域的园林绿化植物资源很丰富，许多优良的耐盐园林绿化植物未能得到充分的利用，因此筛选耐盐园林绿化植物的工作显得非常重要。华南沿海地区受热带风暴影响大，台风及海浪对地貌的侵蚀作用大，是重点防护林树种发挥防护作用的区域。目前沿海地区主要的防护林树种为外来树种木麻黄（*Casuarina equisetifolia*）。木麻黄适宜海岸沙地，生长快，耐瘠薄土壤，但根系浅，不耐海水浸泡，茎干和枝条树皮纤维不发达易折断，叶极度退化，树冠减弱风能效应差。而银叶树是半红树植物，有板根，根系深，耐海水浸泡，茎干和枝条树皮纤维发达不易折断，中型叶，植株叶量大，树冠枝叶浓密，树冠减弱风能效应高，适宜种植在华南沿海潮间带高潮线附近，可作为华南沿海地区防护林建设的重要树种。因此，选育优良的银叶树种源以满足华南地区防护林建设的需求，具有重大生态意义。

银叶树具有独特的观赏特性，其树形美观，叶背银白色，枝叶四季浓密，果实奇特，是华南滨海地区美化环境的优良树种。因此，建议在华南滨海地区高潮带区域中种植银叶树等优良乡土半红树树种，既可减缓华南沿海地区台风的侵袭，又能美化、绿化环境，从而实现人与自然和谐共处的美好愿望。

参考文献

[1] Das P, Basak U C, Das A B. Metabolic changes during rooting in pre-girdled stem cuttings and air-layers of Heri-tiera [J]. Bo-tanical Bulletin of Academia Sinican, 1997, 38: 91 –95.

[2] 王伯荪，余世孝，胡玉佳．深圳宝安盐灶的银叶树林//黄玉山，谭凤仪．广东红树林研究［M］．广州：华南理工大学出版社，1995：33－35.

[3] 冯国楣．中国植物志［M］．北京：科学出版社，1996：140－143.

[4] Tomlinson P B. The botany of mangroves [M]. Cambridge: Cambridge University Press, 1986: 374 –381.

[5] 杨盛昌，林鹏，中须贺常雄．日本红树林的生态学研究［J］．厦门大学学报：自然科学版，1997，36（3）：471－477.

[6] 简曙光，韦强，唐恬，等．深圳盐灶银叶树种群的生物学特性研究［J］．华南农业大学学报：自然科学版，2005，26（4）：84－87，91.

[7] 简曙光，唐恬，张志红，等．中国银叶树种群及其受威胁原因［J］．中山大学学报：自然科学版，2004，43（增刊）：91－96.

[8] 邱凤英．几种半红树植物生物学特性、耐盐、耐水淹及造林试验研究［D］．长沙：中南林业科技大学，2009.

[9] 曾聪．红树植物银叶树的繁殖生态研究［D］．南宁：广西大学，2006.

[10] Das A B, Mukherjee A K, Das P. Molecular phylogeny of Heritiera Aiton (sterculiaceae), a tree mangrove: variations in RAPD markers and nuclear DNA content [J]. Botanical Journal of the Lannea Society, 2001, 136 (2): 221 –229.

[11] 宁小清，谢丽莎，侯小涛，等．红树药用植物银叶树的生药学研究［J］．中国海洋药物杂志，2008，27（3）：44－45.

[12] 林益明，柯莉娜，王湛昌，等．深圳福田红树林区7种红树植物叶热值的季节变化［J］．海洋学报，2002，24（3）：112－118

[13] 牟美蓉，蒋巧兰，王文卿．真红树和半红树植物叶片氯含量及叶性状的比较［J］．植物生态学报，2007，31（3）：497－504.

[14] Tian Y, Wu J, Zhang S. Flavonoids from leaves of *Heritiera littoralis* [J]. Journal of Chinese Pharmaceutical Sciences, 2004, 13 (3): 214 - 216.

[15] 张艳军，彭重威，徐淑庆，等. 银叶树树叶中总黄酮提取工艺优化 [J]. 中药材，2012，35 (4): 638 - 641.

[16] 田艳，吴军，漆淑华，等. 银叶树的三萜成分研究 [J]. 中草药，2006，37 (1): 35 - 36.

[17] 简曙光，张伟伟. 基于 cpDNA 基因间隔区序列的银叶树谱系地理学研究 [C]. 中国第五届红树林学术会议论文摘要集. 温州：中国生态学学会红树林学组执委会，2011.

[18] Jian S G, Shi S, Zhong Y, el al. Genetic diversity among South China *Heritiera littoralis* detected by inter-simple sequence repeats (ISSR) analysis [J]. Journal of Genetics and Molecular Biology, 2002, 13 (4): 272 - 276.

[19] Jian S G, Tang T, Zhong Y, et al. Variation in inter-simple sequence repeat (ISSR) in mangrove and non-mangrove population of *Heritiera littoralis* (Sterculiaceae) from China and Australia [J]. Aquatic Botany, 2004, 79: 75 - 86.

[20] 蒋巧兰，牟美蓉，王文卿，等. 真红树和半红树植物体内盐分分布的比较研究 [J]. 厦门大学学报：自然科学版，2006，45 (6): 867 - 872.

[21] 蒋巧兰. 真红树和半红树体内元素分布及耐盐差异比较研究 [D]. 厦门：厦门大学，2007.

[22] 邱凤英. 几种半红树植物生物学特性、耐盐、耐水淹及造林试验研究 [D]. 长沙：中南林业科技大学，2009.

[23] 卞阿娜. 华南滨海区耐盐园林绿化植物选择与配置 [D]. 厦门：厦门大学，2009.

[24] 栾建国，杜灿坤，何德善. 深圳地区红树植物淡水种植试验 [J]. 水生态学杂志，2011，32 (2): 63 - 68.

[25] 杨盛昌，林鹏，中须贺常雄. 5℃夜间低温对红树幼苗光合速率和蒸腾速率的影响 [J]. 植物研究，2001，21 (4): 587 - 591.

[26] 陶文琴，许明波，黄丽宜 等. 4 种红树植物提取物的体外抗菌活性研究 [J]. 安徽农业科学，2011，39 (35): 21666 - 21669.

[27] 刘秀. 几种半红树植物的生物学特性与育苗技术的研究 [D]. 长沙：中南林业科技大学，2008.

[28] 刘秀，李志辉，廖宝文，等. 不同贮存方法对两种半红树植物种子发芽的影响 [J]. 广东林业，2007，23 (6): 9 - 12.

[29] 高秀梅，韩维栋. 银叶树育苗试验研究 [J]. 福建林业科技，2006，33 (3): 140 - 144.

[30] 韩静. 几种半红树植物的育苗技术研究 [D]. 长沙：中南林业科技大学，2010.

[31] 邱凤英，李志辉，廖宝文，等. 几种半红树植物的移栽技术 [J]. 林业实用技术，2008 (9): 46 - 47.

[32] 陈彧，方发之，黄士绮，等. 银叶树造林试验研究 [J]. 热带林业，2011，39 (4): 32 - 33.

[33] 江纪武. 肯尼亚、印度等国民族药 [J]. 国外医学：中医中药分册，2003，25 (2): 61 - 64.

[34] 国家林业局国有林场和林木种苗工作总站. 中国木本植物种子 [M]. 北京：中国林业出版社，2001.

[35] 郑德璋，郑松发，廖宝文，等. 红树林湿地的利用及其保护和造林 [J]. 林业科学研究，1995，8 (3): 322 - 328.

[36] 高秀梅，韩维栋. 论湛江市城市园林树种规划 [J]. 西南林学院学报，2005，25 (3): 36 - 38.

红树植物的化学成分及其生物活性研究进展*

杨维[1]，夏杏洲[1,3]，韩维栋[2]，谌素华[1]，王维民[1]

（1. 广东海洋大学食品科技学院，广东 湛江 524088；

2. 广东海洋大学农学院，广东 湛江 524088；

3. 华南理工大学轻工与食品学院，广东 广州 510640）

摘　要：由于红树植物独特的生长环境，近年来红树科属植物的化学成分和生理活性的研究已成为热点，从中发现许多结构新颖、有强烈生物活性的化合物。综述红树科属植物化学成分及生物活性的研究进展，并在此基础上对红树植物的综合利用进行展望，旨在为该属植物的进一步研究与利用提供参考。

关键词：红树植物；化学成分；生物活性

Study on the chemical constitutes and biological activity of mangrove plants

Yang Wei[1], Xia Xingzhou[1,3], Han Weidong[2], Chen Suhua[1], Wang Weimin[1]

(1. Food Science and Technology College of Guangdong Ocean University, Zhanjiang 524088, Guangdong; 2. Agriculture College of Guangdong Ocean University, Zhanjiang 524088, Guangdong; 3. College of Light Industry and Food Sciences, South China University of Technology, Guangzhou 510640, Guangdong)

Abstract: Because of unique growth environment, the research on the chemistry and bioactivities of mangrove plants has become a hot topic in recent years, and many compounds with novel structure and strong biological activity has been found from it. The present paper reviews the latest progress in chemical constituents and bioactivities of mangrove plants, so as to provide referential information for further study and utilization of these genera. On basis, a perspective on the comprehensive utilization of mangrove plants is made.

Key words: mangrove plants; chemical composition; biological activity

红树林是指由红树科的植物组成的，生长在热带、亚热带沿海潮间带滩涂上特有的木本植物，属常绿阔叶林。全球红树林大致分布在南、北回归线之间，共有红树植物 24 科、30 属、86 种（或变种），可分为 2 个中心群系，一是西方群系，另一是东方群系[1]。因其独特的生存环境，红树林有着独一无二的生长特性，不仅具有防风、消浪、护岸、净化环境等生态功能，还具有极高的经济价值。有的红树林种能做木材，有的种子、果实能食用，有的能入药或具有工业用途。

* 原载于：食品研究与开发，2011，32（1）：173－180。

1　我国的红树植物资源及其药用食用价值

迄今为止，中国红树植物共有 42 种，真红树植物 12 科 15 属 28 种（含 1 变种），以及半红树植物 9 科 11 属 11 种，区系上属于东方群系，根据其种类组成、外貌结构和演替特征，可分为 8 个植物群系：红树群系、木榄群系、海莲群系、红海榄群系、角果木群系、秋茄群系、海桑群系和水椰群系，主要分布于广东、广西、福建、海南、台湾、香港、澳门等地区，面积近 1.4 万 hm^2[2]。

红树植物具有极高的食用和药用价值。在民间，人们利用红树植物白骨壤的果实配制各类菜肴，将其作为酿酒的原料，也可用作猪、牛、羊等的饲料。具有药用价值的红树植物很多，约 20 多种，如老鼠簕、角果木、秋茄、海杧果、白骨壤、桐花树、海漆等。早在 1874 年，《中国药材》中就记载红树属植物可作为药材使用。1978 年的《全国中草药汇编》收录了老鼠簕、黄槿和海杧果三种植物[3]。书中记载，老鼠簕可治急慢性肝炎、肝脾肿大、神经痛、腰肌劳损等；黄槿具有清热解毒，散癖消肿之功效；海杧果有催吐、泻下的作用。

2　红树植物化学成分研究现状

红树植物由于其独特的生长环境（如处于高盐度的水陆临界处），根部长期缺氧，长年接受热带、亚热带高强光照射等，常常能够产生一些化学结构新颖，生物活性多样的先导化合物，为新药研究与开发提供资源。因此，近年来越来越多的学者开始研究红树植物，有关红树植物基本化学成分和活性成分论文也相继被发表。目前，已从红树植物中发现了多种类型的化合物：脂肪族醇、氨基酸、多不饱和脂肪酸、萜类、黄酮类、生物碱类、醌类、木脂素类、甾醇类、鞣质、杂环化合物等。

2.1　萜类

萜类化合物是红树植物中含量较高、种类较多的一类化合物。目前已得到多种单萜、倍半萜、二萜、三萜、四萜等化合物。其中最具代表性的红树植物是角果木、海漆、木果楝、瓶花木。

角果木（Ceriops tagal）中含有多种萜类化合物，如：二萜 tagalsinsA-G[4]、tagalsinL、tagalsinNI、tagalsinN[5]、isopimar-8（14）-en-16-hydroxy-15-one、ent-5alpha-dolabr-4（18）-ene-15S, 16-diol[6]；三萜 cereotagalol A、cereota-galol B、cereotagaloperoxide[7]、3 beta-(E)-feruloyllupe-ol[8]；四萜 Tagalsins I and J[9]。

海漆（Excoecaria agallocha）为有毒红树植物，已从中分离到了许多新型的二萜化合物：agallochaexcoerins A-C[10]，Agallochaone A[11]，Agallochaol A-J[12-14]，Exco-ecarin A-H、K、S、T、R、V[11,15-22]，agallochin A-L[23-26] 和三萜化合物：蒲公英赛酮、β-香树脂醇乙酸酯、3β-（[2E，4E)-6-oxo-decadienoy-loxy]-olean-12-ene、蒲公英赛醇、乙酰油酮酸、cycloart-22-ene-3β, 25-diol[27]。

木果楝中含有大量的柠檬苦素类化合物，它们是一类含呋喃环的高度氧化的四环三萜类化合物。该类化合物具有广泛的生物活性，如杀虫、抗病毒、抗肿瘤、抑菌等作用。到目前为止，已从木果楝属植物中分离得到了近百个柠檬苦素类化合物，如 XyloccensinA-Z[28-37]、XylocarpinA-I[38]、XylogranatinA-R[39-41]、ProtocarpinsA-E[42]、ProtoxylogranatinA [43]、Gedunin[44]、XylomexicaninsA-B [45] 等。

瓶花木（Scyphiphora hydrophyllacea）是茜草科瓶花木属真红树植物，化学成分多样，最具特点的是环烯醚萜类化合物。如：环烯醚萜苷 Scyphiphorins A、B 、C、D[46-47]；环烯醚萜 Scyphiphin A1、A2、B-1、B-2 [48]；Hydrophylin A 、B[49]。

除此之外，白骨壤、银叶树、杨叶肖槿、桐花树、榄李等也含有多种萜类化合物。

2.2 黄酮类

黄酮类化合物是红树植物的主要化学成分之一，在白骨壤、榄李、老鼠簕、卤蕨、水黄皮、海桑、红海榄等红树植物中大量存在。

贾睿等[50]从采自我国广西的白骨壤（Avicennia marina）中分离得到的 3 个黄酮类化合物：5-羟基-4′，7-二甲氧基黄酮、槲皮素、山奈酚。在榄李（Lamnitzera racemosa）中，主要分离得到的黄酮类化合物有山奈酚、槲皮素、槲皮苷、异槲皮苷。老鼠簕的茎叶根中均含有黄酮、黄酮醇、二氢黄酮、二氢黄酮醇、4′-羟基黄酮醇和 7，4′-二羟基黄酮醇等多种类型的类黄酮化合物，Kokpol 等[51]从老鼠簕根部分离出 5 种黄酮类化合物，如芹菜素（Apigenin）、甲基芹菜素-7-O-β-D-葡萄糖醛酸苷（Methylapigenin-7-O-β-D-glucuronate）、槲皮素（Quercetin）、斛皮素-3-O-β-D-葡萄糖酸苷（quercetin-3-O-β-D-glucopyra-noside）等。梅文莉等[52]从卤蕨（Acrostichum aureurm）的乙醇提取物中分离得到山奈酚和斛皮素。半红树植物水黄皮（Pongamia glabra）中含有多种黄酮类物质，分为黄酮类、黄酮醇类、二氢黄酮类、查耳酮及二氢查耳酮类。1990 年日本学者 Tanaka 等[53]从水黄皮根皮中分离得到 2 个新查耳酮 Ponganones Ⅰ 和 Ponganones Ⅱ。1991 年他们从根皮中又分得 5 个新查耳酮 PonganoneⅥ、Ⅶ、Ⅷ、Ⅸ、Ⅹ[54]。Samir Kumar Sadhu 等学者研究了海桑中的黄酮类化合物：luteolin 和 luteolin 7-O-bglucoside[55]。Takara K 等从红海榄的茎中得到 2 个 flavan-3-ol glycosides，命名为 glabraoside A 和 glabraoside B[56]。

2.3 生物碱类

生物碱（alkaloid）是存在于自然界中的一类含氮的碱性有机化合物。目前，红树植物中关于生物碱类化合物的报道并不多，木果楝和老鼠簕中被发现有几种生物碱类化合物。

从木果楝（Xylocarpus granatum）中分离得到原小檗碱型生物 dihydrochelerythrine[57]、chelerythrine[58]和柠檬苦素类的生物碱，如 Granatoine、Xylogranatinin 等。从老鼠簕属植物中已分离出 2 个吡啶生物碱类化合物 acanthicifoline 和 trigonellin[59]。

2.4 醌类

醌类化合物是红树植物中的常见成分之一，其中白骨壤最具代表性。Han 等[60]在研究我国厦门白骨壤（Avicennia marina）树枝的过程中，分离得到 12 种萘醌化合物，包括 avicennonesA G，avicequinones A、C，stenocarpoquinone B，and avicenols A、C。贾睿等[50]从白骨壤中分离得到了 2 个已知的苯醌类化合物：白骨壤醌 B 和白骨壤醌 C。除此之外，在榄李（Lamnitzera racemosa）中分离得到的蒽醌类化合物：大黄素[61]，在 A. alba 的树皮中分离到 6 种萘醌化合物：avicequinone-s A 、B 、C，and avicenols A、B、C[62]。在杨叶肖槿（Thes-pesia populne）中分离到的一类高度氧化的倍半萜醌类化合物 mansonone D，mansonone H，thespesone 和 thes-pone[63]。

2.5 木脂素类

木脂素是一类由两分子苯丙素衍生物聚合而成的天然化合物，老鼠簕中已被发现含有多种木脂素类化合物。Kanchanapoom 等[64]从采自泰国的老鼠簕（Acanthus ilicifolius）中分离得到 acanfolioside。据统计，目前已从老鼠簕属植物中分离得到 9 个木脂素类化合物，分别为 3 个单四氢呋喃类，2 个双单四氢呋喃类，3 个芳基萘类和 1 个以互变平衡体存在的 magnolenin C[59]。

2.6 甾醇类

许多红树植物都含有甾醇类化合物，如老鼠簕、海漆、榄李、无瓣海桑、桐花树等。目前已从其中分离得到多种甾醇类化合物，如异盐藻甾醇、β-谷甾醇、菜油甾醇、豆甾醇、胆甾醇、Δ^7－豆甾烯醇、豆甾醇-β- D-葡萄糖苷。其中β-谷甾醇、豆甾醇在红树植物中较常见。

2.7 鞣质

鞣质是红树植物中十分常见的一类成分，许多红树植物的树皮中都含有，含量随植物种类的不同而不同，鞣质被氧化后会变成红色，部分被氧化的鞣质使得树皮呈现红色，红树林植物也是由此得名[30]。

真红树树皮的鞣质含量（质量分数）通常在 1% ～ 30% 之间，有开发利用的价值。榄（Lamnitzera racemosa）中含有大量的鞣质，如：corilagin、chebulagic acid 和 castalagin，是丰富的鞣质源。Hsu 等[65]通过对来自秋（Kandelia candel）树皮进行研究，不仅发现有原天竺葵定（propelargonidin）二聚物、原花青定（procyanidin）三聚物，这些与其他物种共有的原花色素（缩合单宁），还发现了 2 种新的原花色素二聚物：秋茄素（kandelins）A－1、A－2 和 4 个三聚物：秋茄素（kandelins）B－1、B－2、B－3、B－4。

2.8 糖类化合物

糖类是红树植物的主要化学成分之一，其含量与植物品种、树龄、产地以及植物体内不同部位的分布规律密切相关。据报道，已从老鼠簕和白骨壤中分离得到多种糖类。方旭波等[66-67]从白骨壤中分离纯化得到酸性多糖和中性多糖；从老鼠簕也分离得到多种粗多糖、酸性多糖和中性多糖。

2.9 其他化合物

除了以上 8 类化合物外，红树植物还含有许多其他成分，如脂肪酸、糖苷类、有机酸类、香豆素类、苯环衍生物等。

3 红树植物活性成分及药理、保健作用的研究现状

在文献报道中，目前对红树植物的生物活性的研究主要有以下几个方面：抗肿瘤作用，抗病毒、抗菌、抗高血压、抗炎、抗氧化、植物生长调节因子、虫鱼毒性等。

3.1 抗肿瘤

根据文献记载，许多红树植物中都含有抗肿瘤成分。木榄中的 Brugnanin 经 MTT 法检测，发现其对 CNE－1 鼻咽癌细胞株具有弱的抑制活性[68]；Xu MJ 等从桐花树中分离到 5-O-ethylembelin 和 5-O-Methylembelin，并发现它们在体外对 HL－60，Bel（7402），U937 和 Hela 细胞具有毒性作用[69]；曾艳波等[70]从瓶花木（Scyphiphora hydrophyllacea Gaertn. F.）的乙醇提取物分离出 betulone，经 MTT 法活性测定，结果表明其对肝癌细胞 SMMC－7721 的增殖显示生长抑制活性；林文翰等[71]从角果木（C. tagal）嫩枝叶分离到化合物 tagalsinC，并发现该化合物具有膜通透性和抗肿瘤活性，对多种肿瘤细胞具有杀伤作用，而对正常人肾胚细胞 293 和人肝二倍体细胞 L02 没明显的杀伤能力；HeL 等用 95% 的乙醇从角果木的胚胎中提取出 4 种三萜化合物，其中 2 种具有抗肿瘤活性，可抑制 H－7402 和 Hela 细胞的增殖[72]；木果楝中的 Gedunin[45]具有抗癌作用，可抑制结肠癌细胞的生长（Caco－2），XylomexicaninsA[73]具有人乳癌细胞抗增殖活性；海桑中的 3′，4′，5，7－tetrahydroxyflavone 对 SMMC－7721 人肝细胞瘤表现出显著活性[74]；海漆中有许多二萜化合物对 TPA 诱导的非洲淋巴细胞瘤病毒（EBVEA）活化的体外肿瘤模型具有很强的抑制作用[75]；Yang Xu-hong 等从红海榄中分离得到的 taraxero 可抑制 Hela 和 BGC－823 的增殖活性，cis-careabori 可抑制 BGC－823 和 MCF－7[76]。

3.2 抗病毒

海漆（Excoecaria agallocha）中分离出来的佛波醇酯具有抗艾滋病毒的活性，可以在体外抑制 HIV－1 病毒的复制，其 IC50 为 6nM[77]；从 R. mucronata 中得到的多糖被证明能很好地抗人类免疫缺陷性病毒感染（HIV）[78]；正红树叶中分离的多糖成分对多种细胞中的 HIV－1、HIV－2 和病毒 SIV 均有抑制作用；日本学者 Nakano 等[79]以专利的形式报道了半红树豆科植物 Momordiia charantia 和 Aspalathus linearis 酸性多糖抗艾滋病毒制剂的研制，该制剂能有效抑制 HIV 的复制，且对人和动物无任何毒副作用；红茄苳（Rhizophora mucromata）树枝的强碱提取物对 MF－4 细胞中的艾滋病病毒的复制和艾滋病诱导的细胞致病性有很强的抑制作用，对共同培养的 MOLT－4/HIV－1ⅢB 和 MOLT－4 细胞中艾滋病病毒诱导的合胞体形成也有很强的抑制作用，据分析起到抗艾滋病病毒活性的物质应该是从该植物中提取的酸性多糖[80]；Udom K 等研究发现老鼠簕的根对患有红白血病的小鼠显示有抗 friend leukenlia 病毒的活性[81]。

3.3 抗菌

1972 年，Kato 和 Namata[82]从木榄的根和树皮的氯仿提取物中分离出木榄醇（Brugierol）和异木榄醇（Isobrugierol）都具有弱的抗真菌活性。另一种存在于木榄树干中的含氧芳

香化合物木榄酚 C（Bruguierol C）也具有抗菌作用，它对包括结核杆菌和大肠杆菌在内的 G^+ 和 G^- 均有抑制作用[83]；从正红树中提取到的2，6－二甲氧基对苯醌有中等抑菌活性，对 Xanthomonas campestris 菌的抑制率为64%，同样从该植物得到的丁香醛（syringaldehyde）对真菌 H. teres 的抑制率为80%[84]；角果木中的 isopimar-8（14）-en-16-hydroxy-15-one 有广谱抗菌活性，对链球菌、沙门氏菌、芽孢杆菌、金黄色葡萄球菌、克式微球菌都有抑制作用[6]；红树植物中常见的化学成分鞣质能使微生物原生质凝固从而具有抗菌作用。

3.4 抗高血压

Ta-Chen Lin 等[85]在研究榄李（Lamnitzera racemosa）叶子中单宁成分抗高血压作用时发现，柯子酸、鞣云实素和栗木鞣花素对自发性高血压的小鼠具有较强的抗高血压的作用；红树植物含有一种主要的化学成分羽扇豆醇具有降血压活性，试验证明给予大鼠静脉注射5 mg/kg、15 mg/kg 羽扇豆醇后，大鼠的平均动脉血压分别降低44%和52%，持续1.7 min 和2.8 min[86]。

3.5 抗炎

从老鼠簕分离到的化合物（2R）-2-O-β-D-glu-copyrancsyl-2H-1，（2R）-2-O-β-D-glucopyrancsyl－4－hydroxy－2H－1，4－benzoxazin-3（4H）-one verbascoside 和 isoverbascoside 有较好的抗炎活性[87-88]；从红树植物中提取的黄酮类化合物芦丁对角叉莱胶，5－HIT 及 PGE 诱发的大鼠足爪水肿、甲醛引发的关节炎及棉球肉芽肿等均有明显抑制作用[89]；Benhaim 等[91]研究从杨叶肖槿（Thespesia populne）树皮中提取到的棉酚类化合物 gossypol，发现其有消炎作用。

3.6 抗氧化

β－谷甾醇在红树植物中较常见，对氧自由基具有较强的抑制作用，对油脂也有较强的抗氧化作用，具有作为天然油脂抗氧化剂的潜力[91]；从木果楝的甲醇提取物分离出的儿茶素和花青素具有很高的抗氧化活性[92-93]；Samir Kumar Sadhu 等学者研究了海桑中的黄酮类化合物，发现其有抗氧化活性，如：luteolin 和 luteolin 7-O-bglucoside[55]；Yan FENG 等从白骨壤中分离得到一种环烯醚萜苷 2′-O-(5-phenyl-2E，4E-pentadienoyl) mussaenosidic acid，具有抗氧化活性[94]；Takara K 等从红海榄的茎中得到2个 flavan-3-olglycosides，命名为 glabraoside A 和 glabraoside B，经过抗氧化测试（DPPH 法），它们的抗氧化能力强于维生素 C[56]；老鼠簕粗多糖（CAP）、老鼠簕酸性多糖 B 组分（AAPB）和老鼠簕中性多糖（NAP）对 DPPH 自由基、邻苯三酚自氧化体系产生的超氧阴离子自由基（O·）和 Feton 体系产生的羟基自由基（·OH）具有较强的清除能力，AAPB 的抗氧化能力远高于中性多糖 NAP，是老鼠簕粗多糖 CAP 中最重要的抗氧化成分[95]。

3.7 植物生长调节因子

从木榄（Bruguiera gymnorrhiza）根分离得到的对映－贝壳杉二萜化合物甜菊醇能够调节植物生长，是天然的植物激素。Ganguly S N 等[96]从红茄苳（Rhizophora mucromata）

中分离到赤霉素 A3、A4、A5、A9 四种赤霉素型化合物，其中 A3 是一种常见的植物激素，具有十分活跃的生理作用，在农作物生长发育过程具有广泛的调节作用，而 A5、A9 的生理活性都不如 A3 显著；从红茄苳中还分离到另外一种植物激素是：3－吲哚异丁酸（indole－3－isobutylic acid）[97]。

3.8 虫鱼毒性

从木果楝中得到的生物碱 dihydrochelerythritte 和 chelerythrirt 是昆虫拒食剂[57－58]，柠檬苦素类化合物 XylogranatinF、G、R[39] 和 XyloccensinP、Q[33] 5 种化合物都对黏虫（Mythimna separata）3 龄幼虫具有拒食活性。木果楝内酯 Xylolactone，人们发现该化合物在 1000 μg/mL 浓度下对大菜粉蝶（Piece brassicae）3 龄幼虫有较强拒食作用，已经申请了专利[44]；从海漆（Excoecaria agal-locha）中分离得到 daphnane 型的邻酯二萜 excoecaria-toxin 具有很强的毒鱼作用[98]；Kapil A 等[99]用老鼠簕叶中分离提取的 2－苯并噁唑啉酮（BOA）进行体外抑制试验，结果表明，其半数致死浓度 LC50 为 40 μg/mL，与临床使用的药物喷他咪（LC50＝39.8 g/mL）有类似的杀虫活性；从正红树中提取到的 2,6－二甲氧基对苯醌在 6 mg 时对棉铃虫的拒食活性为 89 %[84]；从红茄苳的树枝和木髓的 70 % 乙醇提取物含有较高的拒食素，具有不同的杀虫活性，对伊蚊幼虫、海虾幼虫和沙漠蝗虫成虫都具有较强的毒性[100]；木榄中的木榄醇和异木榄醇具有杀虫作用[82]；银叶树中含有多种对虫鱼有毒性的化合物：heritol、heritonin、vallapin、vallapianin[101－103]。

4 结语

综上所述，从红树植物中分离得到的化合物主要有萜类、生物碱、甾体类、酯类、黄酮类、多糖等，这些化合物具有抗肿瘤、抗病毒、抗菌、抗高血压、抗氧化等功效，还具有调节植物生长、虫鱼毒性等作用。红树植物在我国分布广泛，所含化学成分种类丰富，应用潜力很大。因此，筛选和开发红树植物药物具有广阔的前景和极大的应用价值，应该加快步伐使资源得到充分利用。

综合目前国内外对红树植物的研究情况、考虑红树植物资源的保护，为了有效地开发和利用红树植物资源，尚需深入开展以下几个方面的工作：

（1）在红树植物资源充分调查的基础上，既要增加广度，将那些还未被开发的、我国特有的红树植物充分利用，又要增加深度，不要仅停留在研究各种粗提液的性质上。

（2）加强实验室研究，建立快速、准确的活性物质筛选方法。分析有效成分，开发具有保健功能的各种食品，筛选具有特别用途的新药物；由于红树植物在全球正在日益减少以及资源的有限性，要根据其特点、考虑采集季节、年龄、部位，采用现代先进的提取分离方法和检测手段，有效地分离活性成分。

（3）加强红树植物生物活性成分的产业化技术研究与应用。一方面，可以以活性物质为先导化合物进行结构优化，合成一系列结构相似、活性高的化合物，为新药的研究与开发提供依据，这将是今后红树植物药物研究的一个重要方向；另一方面，考虑到其果实（如白骨壤的果实，民间作菜肴）、叶等的营养成分和活性物质（如黄酮类化合物）等，开发具有保健功能的各种食品，这将具有广阔的市场前景。

参 考 文 献

[1] 林鹏. 中国红树林研究进展 [J]. 厦门大学学报: 自然科学版, 2001: 40 (2): 294 -306.

[2] 林鹏. 中国红树林生态系 [M]. 北京: 科学出版社, 1997: 100 -102.

[3]《全国中草药汇编》编写组. 全国中草药汇编 (下册) [M]. 北京: 人民卫生出版社, 1978: 231 -232, 804.

[4] Zhang Y, Deng Z W, Gao T X, et al. Tagalsins A H, dolabrane-type diterpenes from the mangrove plant, Ceriops tagal [J]. Phytochemistry, 2005, 66 (12): 1465 -1471.

[5] Chen J D, Qiu Y, Yang Z W, et al. Dimeric diterpenes from the roots of the mangrove plant ceriops tagal [J]. Helvetica Chimica Acta, 2008, 91 (12): 2292 -2298.

[6] Chacha M, Mapitse R, Afolayan A J, et al. Antibacterial diterpenes fromthe roots of Ceriops tagal [J]. Natural Product Communications, 2008, 3 (1): 17 -20.

[7] Pakhathirathien C, Karalai C, Ponglimanont C, et al. Dammarane triterpenes from the hypocotyls and fruits of Ceriops tagal [J]. Journal of Natural Products, 2005, 68 (12): 1787 -1789.

[8] He L, Wang Y S, Wang Q J, et al. A novel triterpene from Ceriops tagal [J]. Pharmazie, 2005, 60 (9): 716 -717.

[9] Zhang Y, Lu Y, Mao L, et al. Tagalsins I and J, two novel tetrater-penoids from the mangrove plant [J]. Ceriops Tagal Org Lett, 2005, 7 (14): 3037 -3040.

[10] Gowri P M, Bhattar S V S R, Reddy P G, et al. Three New entlabdane diterpenoids from the wood of excoecaria agallocha LINN. [J]. Helvetica Chimica Acta, 2009, 92 (7): 1419 -1427.

[11] Li X, Lei J, Zheng Y N, et al. New ent-isopimarane diterpene from mangrove Excoecaria agallocha L [J]. Chemical Research in Chinese Universities, 2007, 23 (5): 541 -543.

[12] Wang J D, Li Z Y, Xiang W S, et al. Further new secoatisane diterpenoids from the Chinese mangrove Excoecaria agallocha L [J]. Helvetica Chimica Acta, 2006, 89 (7): 1367 -1372.

[13] Wang J D, Li Z Y, Guo Y W. Secoatisane-and isopimarane-type diterpenoids from the Chinese mangrove Excoecaria agallocha L [J]. Helvetica Chimica Acta, 2005, 88 (5): 979 -985.

[14] Wang J D, Guo Y W. Agallochaols A and B, two new diterpenes from the Chinese mangrove Excoecaria agallocha L [J]. Helvetica Chimica Acta, 2004, 87 (11): 2829 -2833.

[15] Konishi T, Yamazoe K, Kanzato M, et al. Three diterpenoids (Excoecarins V1-V3) and a flavanone glycoside from the fresh stem of Excoecaria agallocha [J]. Chemical & Pharmaceutical Bulletin, 2003, 51 (10): 1142 -1146.

[16] Konishi T, Yamazoe K, Konoshima T, et al. Seco-labdane type diterpenes from Excoecaria agallocha [J]. Phytochemistrey, 2003, 64 (4): 835 -840.

[17] Konishi T, Yamazoe K, Konoshima T, et al. New bis-secolabdane diterpenoids from Excoecaria agallocha [J]. Journal of Natural Products, 2003, 66 (1): 108 -111.

[18] Konishi T, Konoshima T, Maoka T, et al. Novel diterpenes, excoecarins M and N from the resinous wood of Excoecaria agallocha [J]. Tetrahedron Letters, 2000, 41 (18): 3419 -3422.

[19] Konishi T, Konoshima T, Fujiwara Y, et al. Excoecarins D, E, and K, from Excoecaria agallocha [J]. Journal of Natural Products, 2000, 63 (3): 344 -346.

[20] Konishi T, Konoshima T, Fujiwara Y, et al. Stereostructures of new labdane-type diterpenes, excoecarins F, G1, and G2 from the wood of Excoecaria agallocha [J]. Chemical & Pharmaceutical Bulletin, 1999, 47 (3): 456 -458.

[21] Konishi T, Konoshima T, Fujiwara Y, et al. Stereostructure of excoecarin H, a novel seco-labdane-type

diterpene from Excoecaria agallocha [J]. Chemical & Pharmaceutical Bulletin, 1998, 46 (4): 721 –722.

[22] Konishi T, Kiyosawa S, Konoshima T, et al. Chemical structures of excoecarins A, B and C: Three new labdane-type diterpenes from wood, Excoecaria agallocha [J]. Chemical & Pharmaceutical Bulletin, 1996, 44 (11): 2100 –2102.

[23] Anjaneyulu A S R, Rao V L. Seco diterpenoids from Excoecaria agallocha L [J]. Phytochemistry, 2003, 62 (4): 585 –589.

[24] Anjaneyulu A S R, Rao V L, Sreedhar K. Chemical constituents of Indian mangrove plants-Part-VIII-Agallochins J-L, new isopimarane diterpenoids from Excoecaria agallocha L [J]. Natural Product Research, 2003, 17 (1): 27 –32.

[25] Anjaneyulu A S R, Rao V L, Sreedhar K. ent-kaurane and beyerane diterpenoids from Excoecaria agallocha [J]. Journal of Natural Products, 2002, 65 (3): 382 –385.

[26] Anjaneyulu A S R, Rao V L. Chemical constituents of Indian mangrove plants part 1 – Five diterpenoids (agallochins A-E) from themangrove plant Excoecaria agallocha Linn [J]. Phytochemistry, 2000, 55 (8): 891 –901.

[27] 田敏卿，鲍光明，季乃云．红树林植物海漆中的三萜和甾体化合物 [J]．中国中药杂志，2008，33 (4): 405 –408.

[28] Zhou Y, Cheng F, Wu J, et al. Polyhydroxylated phragmalins from the fruit of a Chinese mangrove, Xylocarpus granatum [J]. Journal of Natural Products, 2006, 69 (7): 1083 –1085.

[29] Cheng F, Zhou Y, Wu J, et al. Xyloccensins X –1 and X –2, two new mexicanolides from the fruit of a Chinese mangrove Xylocarpus granatum [J]. Zeitschrift Furnaturforschung Section b-a Journal of Chemical Sciences, 2006, 61 (5): 626 –628.

[30] Wu J, Xiao Z H, Song Y, et al. Complete assignments of H –1 and C –13 NMR data for two 3 beta, 8 beta-epoxymexicanolides from the fruit of a Chinese mangrove Xylocarpus granatum [J]. Magnetic Resonance in Chemistry, 2006, 44 (1): 87 –89.

[31] Wu J, Zhang S, Song Y, et al. Two new mexicanolides from the fruit of the Chinese mangrove Xylocarpus granatum [J]. Zeitschrift Furnaturforschung Section b-a Journal of Chemical Sciences, 2005, 60 (12): 1291 –1294.

[32] Cui J X, Deng Z W, Li J, et al. Phragmalin-type limonoids from the mangrove plant Xylocarpus granatum [J]. Phytochemistry, 2005, 66 (19): 2334 –2339.

[33] Wu J, Xiao Q, Zhang S, et al. Xyloccensins Q-V, six new 8, 9, 30- phragmalin ortho ester antifeedants from the Chinese mangrove Xylocarpus granatum [J]. Tetrahedron, 2005, 61 (35): 8382 –8389.

[34] Wu J, Xiao Q, Huang JS, et al. Xyloccensins O and P, unique 8, 9, 30 – phragmalin ortho esters from Xylocarpus granatum [J]. Organic Letters 2004, 6 (11): 1841 –1844.

[35] Wu J, Zhang S, Xiao Q A, et al. Xyloccensin M and N, two new B, D-seco limonoids from Xylocarpus granatum [J]. Zeitschrift Furnaturforschung Section b-a Journal of Chemical Sciences, 2003, 58 (12): 1216 –1219.

[36] Kokpol U, Chavasiri W, Tip Pyang S, et al. A limonoid from Xylocarpus granatum [J]. Phytochemistry, 1996, 41 (3): 903 –905.

[37] Yin S, Fan C Q, Wang X N, et al. Xylogranatins A-D: Novel tetranortriterpenoids with an unusual 9, 10 – seco scaffold from marine mangrove Xylocarpus granatum [J]. Organic Letters, 2006, 8 (21): 4935 –4938.

[38] Cui J X, Wu J, Deng Z W, et al. Xylocarpins A-I, limonoids from the Chinese mangrove plant Xylocarpus

granatum [J]. Journal of Natural Products, 2007, 70 (5): 772 - 778.

[39] Wu J, Zhang S, Bruhn T, et al. Xylogranatins F-R: Antifeedants from the Chinese mangrove, Xylocarpus granatum, a new biogenetic pathwaytotetranortriterpenoids [J]. Chemistry-aeuropeanjournal, 2008, 14 (4): 1129 - 1144.

[40] Wu J, Ding H X, Li M Y, et al. Xylogranatin E, a new phragmalin with a rare oxygen bridge between C - 1 and C - 29, from the fruit of a Chinese mangrove Xylocarpus granatum [J]. Zeitschrift Furnatur—forschung Section b-a Journal of Chemical Sciences, 2007, 62 (4): 569 - 572.

[41] Wu J, Zhang S, Li M Y, et al. Xylogranatins A-D, new mexicanolides from the fruit of a Chinese mangrove Xylocarpus granatum [J]. Chemical & Pharmaceuticalbulletin, 2006, 54 (11): 1582 - 1585.

[42] Cui J X, Deng Z W, Xu M J, et al. Protolimonoids and limonoids from the Chinese mangrove plant Xylocarpus granatum [J]. Helvetica Chimica Acta, 2009, 92 (1): 139 - 150.

[43] Li MY, Wu J, Zhang S, et al. The absolute stereochemistry of protoxylogranatin A-a new protolimonoid from the seeds of Chinese mangrove Xylocarpus granatum [J]. Journal of Asian Natural Products Pesearch, 2008, 10 (6): 503 - 508.

[44] 吴军，张偲，龙丽娟，等．柠檬苦素化合物——木果楝内酯及其用途．中国，15133853 [P]. 2004.

[45] Uddin S J, Nahar L, Shilpi J A, et al. Gedunin, a limonoid from Xylocarpus granatum, inhibits the growth of CaCo-2 colon cancer cell line in vitro [J]. Phytotherapy Research, 2007, 21 (8): 757 - 761.

[46] Tao S H, Wu J, Qi S H, et al. Scyphiphorins A and B, two new iridoid glycosides from the stem bark of a Chinese mangrove Scyphiphora hydrophyllacea [J]. Helvetica Chimica Acta, 2007, 90 (9): 1718 - 1722.

[47] Tao S H, Qi S H, Zhang S, et al. Scyphiphorins c and d, two new iridoid giycosieds from the Chinese mangrove scyphiphora hydrophyllacea [J]. Heterocycles, 2009, 78 (6): 1557 - 1562.

[48] Zeng Y B, Mei W L, Zhao Y X, et al. Two new epimeric pairs of iridoid from mangrove plant Scyphiphora hydrophyllacea [J]. Chinese Chemical Letters, 2007, 18 (12): 1509 - 1511.

[49] Zeng Y B, Mei W L, Zhao Y X, et al. Two new noriridoids from Scyphiphora hydrophyllacea [J]. Zeitschrift Furnaturforschung Section b-a Journal of Chemical Sciences, 2008, 63 (1): 108 - 110.

[50] 贾睿，郭跃伟，侯惠欣．中国红树林植物白骨壤化学成分的研究 [J]. 中国天然药物，2004，2 (1): 16 - 19.

[51] Kokpol U, Chittawong V. Chemical constituents of the root of Acanthusilicifolius [J]. Journal of Natural Products, 1986, 49 (2): 35.

[52] 梅文莉，曾艳波，丁中涛，等．红树植物卤蕨化学成分的分离与鉴定 [J]. 中国药物化学杂志，2006，16 (1): 46 - 48.

[53] Tanaka T, Iinuma M, Yukik, et al. Two new β-hydroxychalcones from the root bark of Pongamia pinnata [J]. Chem Pharm Bull, 1991, 39 (6): 1473 - 1475.

[54] Tanaka T, Iinuma M, Yuki K, et al. Flavonoids in root bark of Pongamia pinnata [J]. Phytochemistry, 1992, 31 (3): 993 - 998.

[55] Samir Kumar Sadhu, Firoj Ahmed, et al. Flavonoids from Sonneratia caseolaris [J]. J Nat Med, 2006, 60: 264 - 265.

[56] Takara K, Kuniyoshi A, Wada K, et al. Antioxidative flavan-3-olglyco-sides from stems of Rhizophora stylosa [J]. Bioscience Biotechnology and Biochemistry, 2008, 72 (8): 2191 - 2194.

[57] Ganguly SN, Sircar SM. Gibberellins from mangrove plants [J]. Phytochemistry, 1974, 13: 1911 - 1913.

[58] Hogg R W, Gillan F T. Fatty acids, sterols and hydrocarbons in the leaves from eleven species ofmangrove [J]. Phytochem, 1984, 23: 93 - 97.
[59] 霍长虹，梁鸿，赵玉英，等．老鼠簕属植物化学成分及其活性研究进展 [J]．中国海洋药物，2004 (3): 39 - 44.
[60] Han Li, Huang Xueshi, Dahse H M, et al. Unusual naphthoquinone derivatives from the twigs of Avicennia marina [J]. J Nat Prod, 2007, 70 (6): 923 - 927.
[61] 王继栋，董美玲，郭跃伟，等．红树林植物榄李的化学成分 [J]．中国天然药物，2006，4 (3): 185 - 187.
[62] Ito C, Katsuno S, Kondo Y, et al. Chemical constituents of Avicennia alba. Isolation and structural elucidation of new naphthoquinones and their analogues [J]. Chemical and Pharmaceutical Bulletin, 2000, 48 (3): 339 - 343.
[63] Johnson I J, Gandhidasan R, Murugesan R. Cytotoxicity and superoxide anion generation by some naturally occurring quinones [J]. Free Radic Biol Med, 1999, 26 (9/10): 1072 - 1078.
[64] Kanchanapoom T, Kamel M S, Kasai R, et al. Lignan glucosides from Acanthus ilicifolius [J]. Phytochemistry, 2001, 56 (4): 369 - 72.
[65] Hsu F L, Nonaka G I, Nishioka I. Tannins and related compounds. XXXI. Isolation and characterization of proanthocyanidins in Kandeliacandel (L) [J]. Druce Chem Pharm Bull, 1985, 33: 3142 - 3152.
[66] 方旭波，江波，王晓岚．白骨壤酸性多糖的分离纯化及抗补体活性研究 [J]．林产化学与工业，2006，24 (6): 100 - 104.
[67] 方旭波，陈小娥，江波，等．白骨壤中性糖蛋白的分离鉴定及生物活性研究 [J]．林产化学与工业，2008，28 (2): 28 - 32.
[68] Liu H L, Shen X, Jiang H L, et al. Structural studies on an unusual novel macrocyclic polydisulfide from the Chinese mangrove Bruguiera gymnorrhiza [J]. Chinese Journal of Organic Chemistry, 2008, 28 (2): 246 - 251.
[69] Xu M J, Deng Z W, Li M, et al. Chemical constituents from the mangrove plant, Aegiceras corniculatum [J]. Jouurnal of Natural Products, 2004, 67 (5): 762 - 766.
[70] 曾艳波，梅文莉，庄令，等．红树林植物瓶花木中的细胞毒活性成分 [J]．热带亚热带植物学报 2007，15 (3): 249 - 252.
[71] 林文翰，陈英玉，顾佳，等. Tagalsin C 及其同系物在制备抗肿瘤药物中的作用，CN 101077345 [P]. 2006.
[72] He L, Wang Y S, Wang Q J. In vitro antitumor activity of triterpenes from Ceriops tagal [J]. Natural Product Research, 2007, 21 (14): 1228 - 1233.
[73] Shen L R, Dong M, Guo D, et al. Xylomexicanins A and B, New Delta (14, 15)-Mexicanolides from seeds of the Chinese mangrove Xylocarpus granatum [J]. Zeitschrift Furnaturforschung Section c-a Journal of Biosciences, 2009, 64 (1/2): 37 - 42.
[74] Tian M Q, Dai H F, Li X M, et al. Chemical constituents of marine medicinal mangrove plant Sonneratia caseolaris [J]. Chinese Journal of Oceanology and Limnology, 2009, 27 (2): 288 - 296.
[75] Konishi T, Takasaki M, Tokuda H, et al. Anti-tumor-promoting activity of diterpenes from Excoecaria agallocha [J]. Biol Pharm Bull, 1998, 21 (9): 993 - 6.
[76] Yang Xuhong, Li Huaibiao, Chen Hong, et al. Chemical constituents in the leave of Rhizophora stylosa L and their biological activities [J]. Acta Pharmaceutica Sinica, 2008, 43 (9): 974 - 978.
[77] Karen L, Erickson, John AB. A novel phorbol ester from Excoecaria agallocha [J]. Journal of Natural Products, 1995, 58 (5): 769 - 772.
[78] Premanthan M, Kathiresan K, Yamamoto N, et al. In vitro anti-human immunodeficiency virus activity of

polysaccharide from Rhizophora mucronata poir [J]. Biosci Biotechnol Biochem, 1999, 63 (7): 1187 -1191.

[79] Nakano M A. Anti-viral agent prepared by basic and acidic extraction of mangraves; effective against retrovirus such as human immunodeficiency virus (HIV), with no side-effects on human and animals Japan, 95 214 232 [P]. 1995.

[80] 何磊，王友绍，王清吉．红树植物红茄苳化学成分及其药理作用研究进展 [J]. 中草药，2004，35 (11): 5 -7.

[81] Udom K, Varlapa C. Chemical constituents of the roots of Acanthus ilicifolius [J]. J Nat Prod, 1986, 49 (2): 355.

[82] Kato A, Numata M. Brugierol and isobrugierol, trans-and cis -1, 2 -dithiolane 1 -oxide, from Bruguiera conjuata [J]. Tetrahedron Lett, 1972, 11 (3): 203 -206.

[83] Han L, Huang X, Sattler I, et al. New aromatic compounds from the marine mangrove Bruguiera gymnorrhiza [J]. Planta Medica, 2005, 71 (2), 160 -164.

[84] Kokpol U, Chavasiri W, Chittawong V. Long chain aliphatic alcohols and saturated carbo-xylic acids from heartwood of Rhizophora apiculata [J]. Phytochemistry, 1993, 33 (5): 1129 -1131.

[85] Lin Ta-chen, Hsu Feng-lin, Cheng Juei-Tang. Activity lumnitzera of corilagin and chebulinic antihypertensive acid, tannins from racemosa [J]. Nat. Prod, 1993, 56 (4), 629 -632.

[86] 杨俊山．实用天然产物手册 [M]. 北京：化学工业出版社，2005：284 -287.

[87] Cometa F, Tomassini L, Nicoletti M. Phenylpropanoid glycosides: distribution and pharmacological activity [J]. Fitoterapia, 1993, 64: 195 -217.

[88] Otsuka H, Hirai Y, Nagao T. Anti-inflammatory activity of benzox-azinoids from roots of coix lachrymajobi var. mayuen [J]. Journal of Natural Products, 1988, 51 (1): 74 -79.

[89] 姚新生．天然药物化学 [M]. 3 版．北京：人民卫生出版社，2001：172 -173.

[90] Benhaim P, Mathes S J, Hunt T K, et al. Induction of neutrophil Mac-1 integrin expression and superoxide production by the medicinal plant extract gossypol [J]. Inflammation, 1994, 18 (5): 443 -458.

[91] 刘慧琼，李晓蒙．半夏中 β -谷甾醇的抗氧化作用研究 [J]. 广东药学院学报，2004，20 (3): 281 -283.

[92] Rouf R, Uddin S J, Shilpi J A, et al. Assessment of antidiarrhoeal activity of the methanol extract of Xylocarpus granatum bark in mice model [J]. Journal of Ethenopharmacology, 2007, 109 (3): 539 -542.

[93] Wangensteen H, Duong G M, Alamgir M, et al. Biological activities of limonoids, catechins, procyanidins and extracts from Xylocarpus granatum [J]. Natural Product Communications, 2006, 1 (11): 985 -990.

[94] Yan Feng, Xiao Ming Li, Xiao Juan Duan, et al. A new acylated iridoid glucoside from Avicennia marina [J]. Chinese Chemical Letters, 2006, 17 (9): 1201 -1204.

[95] 田莹，江波，张涛．药用红树植物老鼠多糖的抗氧化性研究 [J]. 安徽农业科学，2007，35 (30): 9560 -9562，9649.

[96] Ganguly S N, Sircar S M. Gibberellins from mangrove plants [J]. Phytochemistry, 1974, 13: 1911 -1913.

[97] UNDP/UNESCO. Training Course on Life History of Selected Species of Flora and Faura in Mangrove Ecosystem [M]. Thailand: NRC, 1985. 159.

[98] Wriyachitra P, Hajiwangoh H, Boonton P. Investigations of medicinal plants of euphorbiaceae and thymelaeaceae occun-ing and used in Thailand [J]. Planta Medica, 1985, 51 (5): 368 -371.

[99] Kapil A, Sharma S, Wahidulla S. Leishmanicidal activity of 2-benzoxazolinone from acanthus ilicifolius in vitro [J]. Planta Med, 1994, 60 (2): 187.

[100] Kabaru J M, Gichia L. Insecticidal activity of extracts derived form different parts of the mangrove treeRhizophora mucronata against three arthropods [J]. Afr J Sci Technol, 2001, 2 (2): 44 -49.

[101] Miles D H, Lho D S. Toxicants from mangrove plant. 3. Heritol, a novel ichthyotoxin from the mangrove plant Heritiera littoralis [J]. J Org Chem, 1987, 52 (13): 2930 -2932.

[102] Miles D H, Ly A M, Chittawong V, et al. Toxicants from mangrove plants, VI. Heritonin, a new piscicide from the mangrove plant Heritiera littoralis [J]. J Nat Prod, 1989, 52 (4): 896 -898.

[103] Miles D H, Chittawong V, Lho D S, et al. Toxicants from mangrove plants, VII. Vallapin and vallapianin, novel sesquiterpene lactones from the mangrove plant Heritiera littoralis [J]. J Nat Prod, 1991, 54 (1): 286 -289.

The mangrove and its conservation in Leizhou Peninsula, China*

Gao Xiumei, Han Weidong, Liu Shuqing
(Guangdong Ocean University, Zhanjiang 524088, Guangdong, China)

Abstract: Leizhou Peninsula, located at southern end of mainland of China, has 9 284.3 ha mangrove distributed more than 100 sites along its inlets and open coastlines. This paper presents the surveys on mangrove area in Leizhou Peninsula during 2000 and 2008, especially the survey in the eight major mangrove areas in 2002. The flora recorded in mangrove systems includes 69 large algea species, 13 native true mangrove species, nine native semi-mangrove species, and another seven intoduced true mangrove species with *Sonneratia apetala* as the quickest growing exotic mangrove species dominatant in the mangrove plantations, and more than 100 land flora species, consisting of 17 main mangrove associations. The plant biodiversity habitats remained mainly small patches and diverse, and were becoming worse under the intensive disturbance of human acitivities and coastal pollutions, which decreased the value of mangrove coasts as the important sites for flying-by migrating birds in Leizhou Peninsula. The effective mangrove conservation measures should be implemented.

Keywords: conservation; flora; Leizhou Peninsula; mangrove

Introduction

Leizhou Peninsula, administratively named Zhanjiang City, is situated at the most sourthern tip of main land China, with longitude 109°30′ - 110°55′E and latitude 20°12′ - 21°35′N. Two main rivers around the land are Jianjiang ending at Zhanjiang Bay in the east and Jiuzhoujiang ending at Beibo Bay in the west, respectively. Nandou River developed in the northerm lowlands ends at Leizhou Bay in the middle east of the land. Another more than 42 small rivers also end to the coastal seawater. Including neighbouring islands, Leizhou Peninsula has 1 556 km coastline and 99 000 ha intertide zone. More than 100 bays distribute along the coastlines, of which Zhanjiang Bay is the biggest bay with an area of 1 419 km^2, followed by Leizhou Bay with an area of 867 km^2. Leizhou Peninsula has a northern tropic monsoon climate with annual mean temperature of 22.3℃. The coldest and hottest days are in January and July, respectively. The annual accumulated temperature ≥ 10℃ is higher than 8 000℃. The mean lowest temperature in decades is higher than 11℃. Rain season ranges from May to September, but the rainfall distribution is uneven, with the characterisctics of more rainfall in the northerneast and less in the southernwest. Typhoon arrives frequently during summer days on the

* Foundation project: This study is supported by GDOU: 0717112; GDSTC: 2008A0303007; NSFC: 20376086/ B060407.
Originally published in *Journal of Forestry Research*, 2009, 20 (2): 174 - 178.

eastern coastline. The intertide zones of Leizhou Peninsula mainly consist of sandy beachs, wetlands and mudflats only at coastal inlets or mouths of rivers where flesh mangraves grow in big area or in small patches. The east coast tides appear every half-day while the west coast tides appear every whole day. Wind waves occupy 80% of all kinds of water waves while welling wave rates only 20%. The most frequently happening waves bellow to grade three as the waves above grade five seldemly happen. Meanwhile the coastal water surface could rise higher than 1 m with 45.5% frequency after typhoon (Chen 1999). The intertide water depth varies between 3.52 m and 1.77 m at Laozhou Oceanic Observation Station during the years of 1962—1991, while the data became higher towards its southern tip (GCST 1987). There are mainly Eucalyptus, Acacia and Casuarina equisetifolia plantations on the land areas besides the secondary monsoon rain forests and cultivated Litchi and Longan gardens. The land has the largest continuously distributed mangrove area among all the mangrove areas in China, although mangroves have been destroyed along the most parts of the coasts for aquaculture.

This article presents the surveys on mangrove area in Leizhou Peninsula during 2000 and 2008, especially the survey in the eight major mangrove areas in 2002 as well as other research data collected.

Mangrove distribution

The total mangrove area in world is about 17 000 000 ha, mainly distributing in tropical countries such as Brazil and Indonesia. In China, mangroves distribute along the eastern to southern coastlines of China from the most northern distributional tip in Zhoushan, Zhejiang to the most southern distributional tip in Sanya, Hainan and some isles in China South Sea (Lin 1997).

Table 1 The changes of mangrove area in Leizhou Peninsula between 1993 and 2007 (ha)

Distribution	1993	2001	2007	Area change /%	
				1993—2001	2001—2007
Shashan	—	50.7	44.3	—	-12.62
Potou	700.7	210.1	467.4	-70.02	+122.47
Mazhang	2 798.6	1 986.8	2 246.1	-29.01	+13.05
Donghai Island	2 895.4	1 475.3	1 363.3	-49.05	-7.59
Wuchuan	No data	75.6	88.8	—	+17.46
Xuwen	1 097.8	726.9	1 018.9	-33.79	+40.17
Leizhou	2 132.1	1 064.6	1 190.8	-50.07	+111.85
Suixi	516.1	354.2	488.2	-31.37	+37.83
Lianjiang	2 282.2	1 361.6	2 376.5	-40.34	+74.54
Total	12 422.9	7 305.8	9 284.3	-41.19	+27.08

In total 7 242 ha of mangroves in Leizhou Peninsula excluding 25. 6 ha of newly planted mangroves, 509. 4 ha of naturally regenerated young mangroves and other 9 688. 6 ha of intertide area suitable for mangrove reconstruction were recorded during the national mangrove resource survey in 2001 (Lin Kangying 2002). The mangrove area recorded by local governments was 7 305. 8 ha (Table 1) in 2001, comprising 33% of total mangrove area in China and 80% in Guangdong Province. The mangrove areas involve more than 100 sites along the China coastline, mainly distributing in Gaoqiao, Beitan, Qishui, Maicheng and Wuli in the west and Techeng and Xinhua in Zhanjiang Bay, Taiping, Fucheng and He'an in Leizhou Bay in the east (Fig. 1).

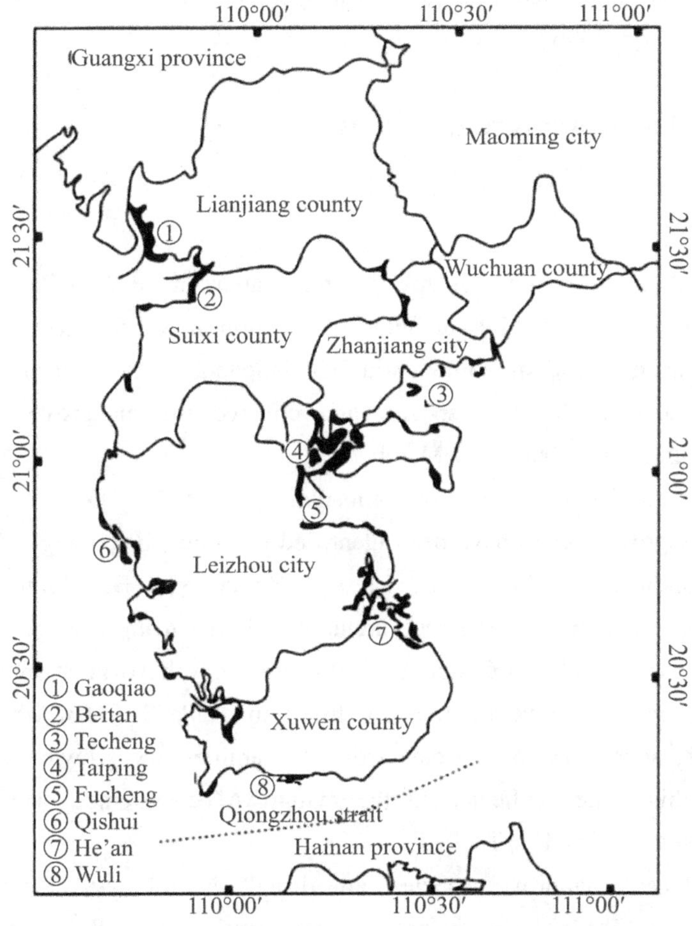

Fig. 1　The mangrove distribution in Leizhou Peninsula in 2008. Black shanding denotes mangrove areas

In 2007, the mangrove area in Leizhou Peninsula was 9 284. 3 ha, with an increment of 27. 08% as compared with that in 2001 (Table 1). The mangrove area in Leizhou Peninsula once reached 14 027 ha in 1956, but subsequently it decreased to 5 800 ha in 1985 because of over cutting for firewood and manuel as well as turning sea beaches into rice fields and fish/shrimp pools (aquaculture). After 1985, the importance of mangrove wetlands has been recognized. Important mangrove reserves were established in succession last years. For example, the Gaoqiao Mangrove Natural Reserve was set up in 1990, with mangrove area of 1 361.6 ha within its protected area of 2 249.4 ha. Zhanjiang Mangrove National Natural Reserve was set up on Oct. 8, 1997 for the conservation of mangrove ecosystems, with protected area of 20 279 ha covering most mangrove areas in Leizhou Peninsula. Thereafter, ' mangrove resource management regulations of Zhanjiang City' was issued by Zhanjiang municipal government on March 3, 2001 and mangrove planting along coastal Leizhou Peninsula has become one of important tasks of local authorities. In total 1 200 ha of mangrove was planted by local communities during 1985—1990 and then another 1 000 ha of plantations were planted by the project of Sino-Dutch Integrated Mangrove Management and Coastal Protection (IMMCP) during 2001—2007 (Qu 2006).

The plant species in mangrove systems

The larege algae

Large algae are common found in the mangrove areas in Leizhou Peninsula. To date, 69 species of large algae were found by our field investigation in past 5 years as shown in Table 2, of which Monostroma nitidum, Gracilaria tenuistipitata, Enteromorpha compressa and E. clathrata were abound blooming species and covered the mangrove coasts in Leizhou Peninsula with green from Feburary to March.

The mangrove species and mangrove companient species.

In total 37 mangrove species have been identified in China, belonging to 21 families and 25 gerena (Chen Guikui 1998; Lin 1997; Lu and Ye 2006). Based on the author's field investigation for last 10 years, 22 species, including 13 true mangrove species and nine semi-mangrove species, are found in Leizhou Peninsula and they have great importance in coastal ecosystem conservation as native biodiversity listed in Table 3 (Han 2003; Han and Gao 2003). Moreover, more than 54 species from 27 families are growing as the companient species of native high plant collected in the mangrove ecosystems, of which 32 common companient species were listed in Table 4.

Seven introduced mangrove species are listed as follows: Bruguiera sexangula, Rhizophora apiculata, Xylocarpus granatum, Sonneratia alba, S. apetala, S. caseolaris, S. hainanensis. S. apetala and S. caseolaris are promoted by large scale reforestation in Leizhou Peninsula, indicated by their fast growth characteristics and good adaptation to environments.

The species can provide excellent arbor mangrove landscapes to meet ecological sheltering demands, as most of the mangroves are dwarf with less than 4 m high in Leizhou Peninsula.

Table 2　List of large algae species growing in mangrove in Leizhou Peninsula

Species	Species
1. *Acetabularia caliculus*	36. *Gloiopeltis tenax*
2. *Acetabularia mobii*	37. *GTracilaria tenuistipitata*
3. *Boergesenia forbosii*	38. *Gymnogongrus flabelliformis*
4. *Brachytricgia quoyi*	39. *Hormophysa articulate*
5. *Bryopsis harveyana*	40. *Hypnea cornuta*
6. *B. plumosa*	41. *Laurencia chinensis*
7. *Caloglossa leprieurii*	42. *Lobophora variegate*
8. *Carpopeltis angusta*	43. *Lyngbya semiplena*
9. *C. maillardii*	44. *Laurencia sp.*
10. *Caulerpa okamurai*	45. *Mastophora rosea*
11. *Ca. peltata*	46. *Monostroma nitidum*
12. *Ca. prolifera*	47. *Neomeris annulata*
13. *Ca. taxifolia*	48. *Pachydictyon coriaceum*
14. *Ceratophyllum demersum*	49. *Padina australis*
15. *Chaetomorpha sp.*	50. *Porphyra suborbiculata*
16. *Chondria armiata*	51. *Pterocladia tenuis*
17. *Cladophora aokii*	52. *Sargassum angustiifolium*
18. *Cl. fascicularis*	53. *S. capiliforme*
19. *Cl. japonica*	54. *S. cinereum*
20. *Cl. rugulosa*	55. *S. coriifolium*
21. *Cl. sp.*	56. *S. hemiphyllum var. chinensis*
22. *Cladophoropsis fasciculatus*	57. *S. hensloianum*
23. *Cla. zollinger*	58. *S. integerrimum*
24. *Co. abhaerens*	59. *S. fruficulosum*
25. *Co. cylindricum*	60. *S. hemtiphyllum*
26. *Co. repens*	61. *S. naozhouensee*
27. *Colpmenia sinuosa*	62. *S. swartzii*
28. *Dictyosphaeria spinifera*	63. *S. vachellianum*
29. *Dictyota friabilis*	64. *Siphonocladus tropicu*
30. *D. linearis*	65. *Symploca hydnoides*
31. *Enteromorpha flrxuosa*	66. *Ulva conglobate*
32. *E. clathrata*	67. *Valonia aegagropila*
33. *E. compressa*	68. *V. ucrcularis*
34. *Galaxaura pacifica*	69. *Valoniopsis pachynema*
35. *Gelidium crinale*	

Table 3　Native mangrove species in Leizhou Peninsula

True mangrove species	Semi-mangrove Species
1. *Acanthus ebrectearus*	1. *Cerbera manghas*
2. *Acanthus ilicifolius*	2. *Clerodendron inerme*
3. *Acrostichum aureum*	3. *Hibiscus tiliaceus*
4. *Acrostichum speciosum*	4. *Pluchea indica*
5. *Aegiceras corniculatum*	5. *Pongamia pinnata*
6. *Avicennia marina*	6. *Premna obtusifolia*
7. *Bruguiera gymnorrhiza*	7. *Scaevola sericea*
8. *Ceriops tagal*	8. *Thespeaisa populnea*
9. *Excoecaria agallocha*	9. *Vitex trifolia var. simplicifolia*
10. *Heritiera littoralis*	
11. *Kandelia candel*	
12. *Luminzera littorea*	
13. *Rhizophora stylosa*	

Table 4　The common mangrove companient species in Leizhou Peninsula

Species	Species
1. *Abutilon indicum*	17. *Rhodomyrtus tomentosa*
2. *Bambusa stenostachya*	18. *Myoporum bontioides*
3. *Bridelaia tomentosa*	19. *Pandanus tectorius*
4. *Canavalia maritima*	20. *Phoenix hanceana*
5. *Cassytha filiformis*	21. *Phragmites australis*
6. *Chorisis repens*	22. *Scaevola hainensis*
7. *Cynodon dactylon*	23. *Scolopia saeva*
8. *Cyperus malaccensis var. brevifolius*	24. *Sesuvium portulacastrum*
9. *Derris trifoliate*	25. *Spinifex littoreus*
10. *Eleocharis acutangula*	26. *Sporobolus virginicus*
11. *Erythrina variegata*	27. *Suaeda crassifolia*
12. *Flacourtia indica*	28. *Trianthema portulacastrum*
13. *Gymnanthera oblonga*	29. *Tylohpora arenicola*
14. *Halophila ovalis*	30. *Wedelia chinensis*
15. *Ipomoea pes-caprae*	31. *Wikstroemia indica*
16. *Kochia scoparia var. sieversiana*	32. *Zoysia matrella*

The mangrove associations

In total 59 mangrove associations were recorded in the national mangrove resource survey in 2001. All the species listed in Table 3 are dominatant species in some mangrove coasts between middle and high tidelines, namely forming single dominant species of mangrove association. About 17 main mangrove associations in Leizhou Peninsula are listed as follows: Ass. Acrostichum aureum; Ass. Avicennia marina; Ass. Aegiceras corniculatum; Ass. Rhizophora stylosa; Ass. Kandelia candel; Ass. Bruguiera gymnorrhiza; Ass. Excoecaria agallocha; Ass. Avicennia marina + Rhizophora stylosa; Ass. Avicennia marina + Aegiceras corniculatum; Ass. Rhizophora stylosa + Kandelia candel; Ass. Kandelia candel + Aegiceras corniculatum; Ass. Heritiera littoralis + Cerbera manghas; Ass. Ceriops tagal; Ass. Hibiscus tiliaceus; Ass. Cerbera manghas; Ass. Scaevola sericea; Ass. Sonneratia apetala. Among them, Ass. Avicennia marina is the widest distributed mangrove type in Leizhou Peninsula, with a total area of 1 228. 9 ha, followed by Ass. Aegiceras corniculatum with a total area of 860. 5 ha. The populations of Aegiceras corniculatum, Avicennia marina, Rhizophora stylosa and Kandelia candel were clumpy distributed while the population of Bruguiera gymnorrhiza with the distribution of poisson (Miao 1998). Ass. Sonneratia apetala as an exotic plantation was first introduced in Leizhou Peninsula in 1993 and the oldest stands planted at Fucheng, Leizhou County in 1995 had a canopy with the largest trees with diameter at breast height (DBH) of 21 cm and leaf area index (LAI) 9. 0 and coverage 90%, indicating that the species is the quickest growing mangrove species. During 1995—2007, more than 1000 ha of the plantation was planted.

Particluarly, three rare mangrove associations are becoming endangered:

(1) Ass. Ceriops tagal. The rare mangrove association has the living space only less than 1 ha found at high tideline of Maicheng, the southwestern inlet of Leizhou Peninsula, with intertide water depth 0. 5 – 1 m. The reddish green canopy is 1. 3 – 2. 5 m high with coverage at 40% – 95%. The association is in relic state and is endangered with the pressure of shrimp pool construction from its three surrounding sides.

(2) Ass. Cerbera manghas. Small patches distributed along high tideline coasts in Leizhou Peninsula; each patche usually in 6 m × 4 m with 5 – 11 plants with DHB at 5. 0 – 6. 0 cm, canopy height at 2. 8 – 3. 5 m, with many land species growing as companient species.

(3) Ass. Scaevola sericea. A large belt found at eastern coast in Dongtoushan Isle and small patches distributed along other high tideline coasts in Leizhou Peninsula. The belt in Dongtoushan Isle is 1000 m long and 3 – 10 m wide with canopy height of 0. 8 – 1. 8 m and coverage at 60% – 90%, 3 – 14 plants/m^2, with many land flora species growing as companient species.

The mangrove associations were mostly distributed along dikes and coastline inlets, and their habitats were in small patches and diverse, except for several large mangrove areas such as in Gaoqiao and He'an.

The mangrove conservation

The conservational values of mangrove areas as biodiversity habitats

Mangrove ecosystem conservation have high significance as important wetland resources and biodiversity habitats, since it provides great contribution in composition of complex habitats and aboundant food for other biota and human being as well (Rönnbäck 1999). The complexity of mangrove and its habitats have great importance to the related fauna diversity and their distribution. For instance, the deforestation of mangrove caused decreasing of benthic biodiversity.

Since the wide distribution at more than 100 sites along the coastal Leizhou Peninsula, the mangroves have only contributed very small part to the local community economic interest except for some coastal villages where the villagers obtain benefit from it for protecting typhons or obtaining life's necessities. Therefore, the most mangrove wetlands are in pressure of being transferred into aquacultural pools or other economic fields, although Zhanjiang Mangrove National Nature Reserve Bureau was set up for protecting the mangrove resources in 2006.

In the passed decade, through the implementation of IMMCP and other conservational efforts, the public are aware of the conservational values of mangroves, but illegal activities, like fishing, hunting for birds and digging for sandwarms, mudcrabs and shellfish still occurs frequently in the mangrove areas. We should make great efforts to reinforce conservational education along the mangrove coasts.

Imporvement of habitat management

The law inforcement for the mangrove conservation still faces great challenges due to the following factors: (1) The traditional direct use of the mangrove resources is popular by the local coastal villagers; (2) Lack of human resource from Zhanjiang Mangrove National Nature Reserve Bureau to carry out in-site monitoring and conservational management for its scattered 68 sub-reserve areas in Leizhou Peninsula; (3) Lack of governmental coordination since a mangrove coastal area administration involves integrated efforts of several separated administrative departments; (4) Public awareness in not eating wildlife calls more conservation education, (5) Short of hi-tech equipments and funding.

In addition, the coastal pollution causes great risk in transfering the suitable habitats into unfriendly sites for dwelling of the mangrove biodiversity.

High arbor mangroves, for instance, the plantations of Sonneratia apetala should be cultivated for birds dwelling, as it also provided protection for restoration of native mangrove species (Ren 2007), while the too dense mangroves should be thinned by cutting for shellfish dwelling based on the association's space structure and in-site biodiversity monitoring conclusion.

The selective exploration of mangrove resource

The mangrove resource conservation has priority to any other kinds of the economic exploration. Stopping losses of mangrove habitat and tidal flats is the top priority measure for shorebird conservation as well as for other biodiversity (Zhou 2008). The mangrove areas suitable for eco-aquaculture of mudcrab, sandworm, economic shellfish and fish species should be wisely planned and monitored in order to not finally transfer the ecological sites into market income generating fields. The mangrove ecosystems have great potential for food and medicine, and could be explored in promoting the market value of itself resource (He 2002; Lu 2006). We should pay attentions to the chemistry and bioengineering of mangrove biodiversities and ecosystems in order to find high value usage of mangrove resources in man made way under the condition of undisturbing the original mangrove ecosystems. For example, the fruits of A. marina can be collected as a kind of vegetable and traditional medicine in mangrove distributing coasts in South China (Han and Huang 2007). Moreover, the chemistry usage of the fruits would have great potential in market value; therefore it should be explored in the way of unaffecting the natural mangrove ecosystems.

The present fishing gears used tend to become smaller in net mesh and more and more frequently in practice in mangrove areas or the nearby seawaters. Therefore, the applied fishing gear and their technological parameters used by local mangrove coastal communities should be under supervision according to the related international regulations. The electric equipments found in use for fishing in some mangrove areas should be banned (Ye 2007).

Studies on the biodiversity of endangered species

The coastal pollution and biodiversity capture have resulted in the most species of mangrove ecosystem to be endangered in Leizhou Peninsula (Han and Liu 2003). With the development of coastal economy, coastal water quality is becoming worse, as the result, the number of dwelling biota species in each of the mangrove area was decreasing as shown in 2002 survey and later monitoring in Gaoqiao in 2005 and 2006 (Ye 2007). More then half of the fish and shellfish species in mangroves were in a few number individuals each captured. While the species with aboundant individuals captured were of less economic value or invasive species (Han and Liu 2003; Tang 2007). We must make great efforts to conserve the mangrove systems, and to reverse the worsing trend. If we continue to ignore increasingly damaged behaviour like the runing of the national largest (10 million ton/year production) steel manuefacture in Donghai Island and the pulp manuefacture with pulp production of 0.75 million tons annually in Taiping, about 10 years later, more than half of the present mangrove biodiversity would disapear in mangrove coasts in Leizhou Peninsula. The value of mangroves as key habitats for flying-by birds and other biota would decrease greatly.

Conservation of endangered species in the mangrove areas is urgent issues. The law enforced fishing ban also should be applied in mangrove areas during June and July of each year. A special national key scientific project should be planned for the study on biodiversity in mangrove areas in Leizhou Peninsula. The hydrological conditions of mangrove areas should be analysed and the eco-engineering plan for mangrove rehabilitation should be outlined in combination of the coastal developments.

References

[1] Chen Dasheng. Analysis of Zhanjiang seacoast mangroves structural width for the wave preventing benefit

[J]. Journal of Zhanjiang Ocean University, 1999, 19: 41 -44.
[2] Chen Guikui, Chen Guizhu. Analysis of the mangrove flora in China [J]. Ecologic Sciences, [J]. 1998, 17 (2): 19 -23.
[3] GCST. The report of the Guangdong integrated coastal and intertidal resource survey [M]. Beijing: Ocean Press, 1987: 9 -168.
[4] Han Weidong. Present status and conservation strategies of mangrove resource in Guangdong, P R China [J]. Journal of Forestry Research, 2003, 14 (2): 151 -158.
[5] Han Weidong, Huang Jianjian, Cai Junxin. The contents of fruit nutrient components of Avicennia marina [J]. Forestry Science & Technology, 2007, 32 (3): 50 -52.
[6] Han Weidogn, Gao Xiumei, Lu Changyi, et al. The mangrove flora and associations of Leizhou Peninsula [J]. Guihaia, 2003, 23 (2): 127 -132.
[7] Han Weidong, Liu Jinke, He Xiuling, et al. Shellfish and fish biodiversity of mangrove ecosystems in Leizhou Peninsula [J]. Journal of Coastal Development, 2003, 7 (1): 21 -29.
[8] He Bingyuan, Fang Hongqing. The fish diversity and its seasonal dynamics in mangrove ditches of Yinglo Bay [J]. Guangxi Biodiversity, 2002, 10 (2): 175 -180.
[9] Lin Peng. Mangrove ecosystems in China [M]. Beijing: Science Press, 1997, 1 -342.
[10] Lin Kangying, Zhang Qianmei, Jian Shuguang, et al. Mangrove resource and sustainable development at Zhanjiang [J]. Ecologic Science, 2006, 25 (3): 222 -225.
[11] Lu Changyi, Ye Yong. Wetland ecology and engineering-mangrove wetland as an example [M]. Xiamen: Publishing House of Xiamen University, 2006: 151 -153.
[12] Miao Shenyu, Chen Guizhu, Chen Zhentao, et al. Biomasses and distributive patterns of mangrove populations in Zhanjiang Nature Reserves [J]. Guangdong, China. Guihaia, 1998, 18 (1): 19 -23.
[13] Qu Jiashu, Cai Junxin, Wim Verheugt, et al. Integrated mangrove wetland resource mangement on Leizhou Peninsula [M]. Guangzhou: Guangdong Science & Technology Press, 2006: 68.
[14] Ren Hai, Jian Shuguang, Lu Hongfang, et al. Restoration of mangrove plantations and colonisation by native species in Leizhou bay [J]. South China. Ecol Res, 2007, 23: 401 -407.
[15] Rönnbäck P. The ecological basis for economic value of seafood production supported by mangrove ecosystems [J]. Ecological Economics, 1999, 29: 235 -252.
[16] Tang Yijie, Yu Shixiao. Spatial zonation of macrofauna in the Zhanjiang Mangrove Nature Reserve, Guangdong [J]. Acta Ecologica Sinica, 2007, 27 (5): 1703 -1714.
[17] Ye Ning, Wu Xiaodong, Zhang Wei. Survey of fishes in Gaoqiao mangrove zone in Zhanjiang [J]. Journal of Guangdong Ocean University, 2007, 12 (6): 49 -56.
[18] Zhou Fasheng, Yang Qiongfang, Cai Junxin, et al. Avian diversity on mangrove wetland of Leizhou Peninsula [J]. Chinese Journal of Ecology, 2008, 27 (3): 383 -390.

第2章

红树植物生物学特性研究

盐胁迫处理对银叶树幼苗叶片光合及解剖特征影响*

王秀丽[1,2]，韩维栋[1]

（1. 广东海洋大学农学院，广东 湛江 524088；2. 厦门大学环境与生态学院，福建 厦门 361102）

摘要：银叶树（*Heritiera littoralis* Dryand.）属于海陆两栖树种，为华南优良的沿海防护林树种，了解其耐盐机理对沿海防护林营建具有重要意义。本文对盐胁迫处理的银叶树幼苗叶片光合特性及叶片解剖结构进行了初步的研究。结果表明，银叶树幼苗的 P_n 和 C_o 值随着处理盐度的增加呈先增后降趋势，而 C_i 值则呈先降后升趋势。与对照组相比，在处理盐度为 0.9%（盐重/土重）时，银叶树幼苗叶片栅栏组织排列变紧密，叶脉出现大量的草酸钙簇晶，表明银叶树幼苗具有一定的耐盐性。而在处理盐度为 1.8% 时，其栅栏组织细胞破碎，下表皮出现大量不规则排列的非腺毛。

关键词：银叶树；盐胁迫；光合特性；解剖结构

The salt stress on photosynthetic characteristics and anatomy of the leaves of *Heritiera littoralis* seedlings

Wang Xiuli[1,2], Han Weidong[1]

(1. College of Agriculture, Guangdong Ocean University, Zhanjiang 524048, Guangdong;

2. College of Environment and Ecology, Xiamen University, Xiamen 361102, Fujian)

Abstract: *Heritiera littoralis* Dryand., both in coastal waters and lands, can be used as an excellent sheltering forestation tree species along the coastal areas of S. China, and understanding its mechanism of salt tolerance is important for the building of the sheltering forestation. This paper conducted a preliminary study the effects of different salt stress on leaf photosynthetic characteristics and leaf anatomy of the seedlings of *Heritiera littoralis*. The results showed that with the increase of salinity treatment, the P_n and C_o of the seedlings were increased at the start and then decreased, however, the C_i was decreased at the start and then increased. Compared with the control group, under moderate salinity (0.9% NaCl/matrix) treatment, the arrangement of the palisade tissue of the leaf was more closely distributed with a large number of clusters of calcium oxalate appeared, this showed it have a certain salt tolerance. However, with high salinity (1.8% NaCl/matrix), some of the cells were broken with a large number of irregular arrangements of glandular hairs on the hypodermis.

Keywords: *Heritiera littoralis*, salt stress, photosynthetic characteristics, anatomical structures

* 基金项目：广东省科技计划（省部产学研）项目"雷州半岛红树林湿地生态系统及其资源利用研究"（2008A030203007）；国家自然科学基金项目"雷州半岛木本植物区系变迁及其驱动力研究"（31170511）。

原载于：泉州师范学院学报，2015，33（06）：8－11，23。

银叶树（*Heritiera littorali* Dryand）属于梧桐科（Sterculiaceae）银叶树属（*Heritiera*）的海陆两栖树种，具有兼海岸防护林、用材及景观生态价值树种。银叶树的分布范围很广，在我国华南和台湾等地区乃至世界的很多区域都有分布（韩维栋等，2013；Das P et al，1997）。在近 50 年中，由于我国沿海地区的开发对银叶树的生长造成严重破坏，严重威胁其生存，银叶树野生种群和个体数剧减（简曙光等，2004）。急需对其采取保护措施，使种群得以恢复。

目前为止，国内外对银叶树的研究主要集中在银叶树的繁殖生态学（曾聪，2006）、药用成分（Tian Y et al，2004；张艳军等，2012）、育苗造林技术（刘秀，2008；高秀梅等，2006）及遗传多样性（Das A B et al，2001；Jian S G et al，2002）；此外，有研究表明，银叶树 Na 和 Cl 含量较低，银叶树幼枝、多年生枝，叶片以及树干材的 K、Na 和 Cl 的含量都为：K > Cl > Na，银叶树各级根系 Cl 的含量不高（蒋巧兰，2007）。随着盐度的增大，银叶树幼苗的苗高月平均增量呈现下降的趋势，其丙二醛含量、质膜透性等都会随着盐度的增大呈现出上升的变化趋势（邱凤英，2009）。但对盐胁迫下银叶树幼苗的叶片光合特性及叶片解剖结构变化研究目前还未见报道。

此外，土壤盐碱化是影响华南沿海防护林营建的重要因素之一。如何培育出耐盐性强的银叶树苗木是沿海防护林营建过程中亟待解决的问题。因此，本试验研究不同盐度处理对银叶树幼苗光合特性及叶片解剖结构的效应，为揭示银叶树的耐盐机制提供数据与实验支持，并为耐盐植物改善盐碱土、绿化沿海滩涂提供参考。

1　材料和方法

1.1　材料和盐胁迫处理条件

2011 年 10 月下旬至 12 月上旬，采集湛江鸡笼山岛海边潮间带附近（E21°26′，N110°23′）的种源银叶树种子，于 2012 年 2 月份将种子进行处理后在广东海洋大学生物技术研究所进行育苗。于 2013 年 3 月份将培育的 1 年生的银叶树幼苗移入高为 26.5 cm，直径为 30 cm 的桶中，每桶的土壤基质重 15 kg（土壤基质为：砖红壤∶河沙∶复合肥 = 200∶200∶1），于温室中同等管理条件培植 3 个月，待苗木生长稳定后，对其按对照、中度盐和高度盐共 3 个盐梯度施盐（NaCl）胁迫处理：0%、0.9%、1.8%（NaCl 重/基质重），每处理 3 个重复；同时为保持桶栽苗基质盐梯度，对应 3 个盐梯度每隔 3 d 分别施含盐（NaCl）量为 0、20‰、40‰的水溶液 750 mL 一次，共施用 9 次（表 1），另每天每个处理桶栽苗补充等量的自来水；从盐胁迫处理开始的第 50 d，进行幼苗叶片光合参数的测定及叶片解剖结构的分析。

表 1　施盐方法

栽植基质 盐胁迫处理	施盐梯度 （盐重/基质）	施盐总量 /g	每次施盐量 /g	盐溶液浓度 /(g·mL^{-1})	施盐次数 /次	每次施盐容积 /mL
对照	0	0	0	0	9	750
中度盐处理	0.9%	135	15	20‰	9	750
高度盐处理	1.8%	270	30	40‰	9	750

1.2 方法

1.2.1 光合指标的测定

在银叶树幼苗盐胁迫处理第50 d时，于晴好天气上午10：00用LI－6400便携式光合仪在内置光源光强为800 μmol/(m^2·s) 时测定银叶树苗木叶片的净光合速率（P_n）、蒸腾速率（T_r）、气孔导度（C_o）及胞间 CO_2 浓度（C_i）。每次测定重复3次。

1.2.2 石蜡切片法

石蜡切片法参照李和平（李和平，2009），实验步骤包括：①取材与固定处理；②脱水处理；③透明处理；④浸蜡处理；⑤包埋处理；⑥材料切片、粘片、脱蜡、染色、封固；⑦观察与照相。

1.3 数据处理分析

数据用 Microsoft Office Excel 2003、JMP 和 SPSS 17.0 采用 Duncan 进行多重比较。

2 结果与分析

2.1 盐胁迫对银叶树幼苗光合参数的影响

由表2可知，银叶树幼苗的 P_n 随处理盐度的增加呈先升后降的变化趋势，与对照组相比，中等盐度0.9%（盐重/土重）处理下的银叶树幼苗叶片的 P_n 升高了41.1%，而高盐度1.8%处理下的银叶树幼苗叶片 P_n 却降低了2.7%，表明银叶树幼苗在中等盐度0.9%胁迫下可使其光合作用增强；而 C_o、C_i 和 T_r 的随处理盐度的增加呈先降后升的变化趋势，与对照组相比，中等盐度0.9%处理下的银叶树幼苗叶片的 C_o、C_i 和 T_r 分别降低了18.2%、23.6%和5.4%，而高盐度（1.8%）处理下的银叶树幼苗叶片的 C_o、C_i 和 T_r 分别升高了9.1%、3.9%和12.8%。

表2 盐胁迫对银叶树幼苗叶片光合参数的影响

施盐梯度（盐重/土重）	净光合速率/P_n（μmol（CO_2） $m^{-2}s^{-1}$）	气孔导度/C_o（mol（H_2O） $m^{-2}s^{-1}$）	胞间 CO_2 浓度/C_i（μmol（CO_2） mol^{-1}）	蒸腾速率/T_r（mmol（H_2O） $m^{-2}s^{-1}$）
0（对照）	6.43±0.09b	0.11±0.01a	268.33±6.50b	2.57±0.04b
0.9%	9.07±0.03c	0.09±0.02b	205.00±7.00a	2.43±0.02a
1.8%	6.26±0.02a	0.12±0.00a	278.67±10.54b	2.90±0.09c

2.2 盐胁迫对银叶树幼苗叶片的解剖结构的影响

从图1中的A图可知，银叶树幼苗叶片上表皮细胞多边形、不规则，排列紧密，叶表面有一层蜡质角质层，下皮层细胞1～2列，类圆形或不规则形；栅栏组织靠近上表皮，排列较整齐，海绵组织分布于下表皮，形状不规则，排列疏松；下表皮外侧可见零星不规则分布的非腺毛；叶片侧脉维管束不明显。随着处理盐度的增加，银叶树幼苗叶片上表皮细胞层数变少，细胞排列疏松；叶表面的蜡质角质层变厚，这可防止银叶树幼苗在高盐下水分过度蒸发；叶片下表皮的非腺毛数目明显增多（如图 1 中的 B 图与 C 图所示）。

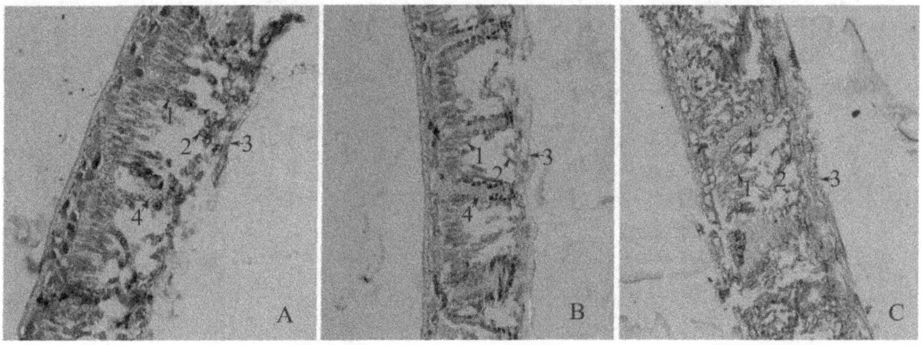

图 1　不同盐度胁迫处理下的银叶树幼苗叶片解剖结构

A—对照组；B—处理盐度为 0.9% 处理 50 d；C—处理盐度为 1.8% 处理 50 d；

1—栅栏组织；2—海绵组织；3—非腺毛；4—侧脉维管束。

与对照组相比，在处理盐度为 0.9% 时，银叶树幼苗叶片的栅栏组织排列变紧密（如图 2 箭头所示），侧脉维管束细胞排列变密；而在处理盐度为 1.8% 时，叶肉细胞已无明显栅栏组织和海绵组织的区分，且部分细胞破碎。表明在高盐（1.8%）胁迫下，银叶树幼苗叶片细胞结构受到严重的破坏，其生物功能丧失，不能进行正常的生理代谢活动。

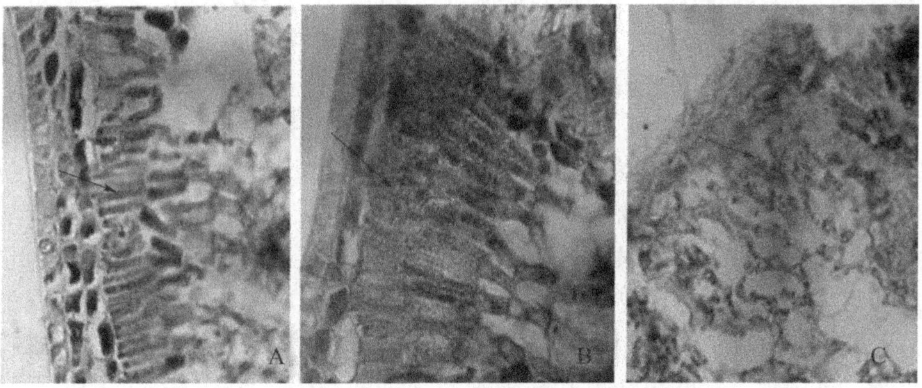

图 2　不同盐度处理下银叶树幼苗叶片解剖结构

A—对照组；B—处理盐度为 0.9% 处理 50 d；C—处理盐度为 1.8% 处理 50 d；箭头所指为栅栏组织。

随着处理盐度的增加，银叶树幼苗叶片的主脉结构也发生一系列变化（如图 3 所示）。与对照组（图 3A）相比，在处理盐度为 0.9% 时，银叶树幼苗叶片主脉（图 3B）的上表皮细胞增厚且排列紧密，皮层薄壁组织增厚，薄壁细胞变大，维管束增多，主脉皮层薄壁组织增厚，出现大量的草酸钙簇晶。而在处理盐度为 1.8% 时，银叶树幼苗叶片主脉（图 3C）的薄壁组织细胞排列不规则，薄壁细胞出现破裂。研究表明，半红树植物银叶树具有一定的耐盐特性，但在高盐胁迫下，其叶片组织结构受破坏，其生长受抑制。

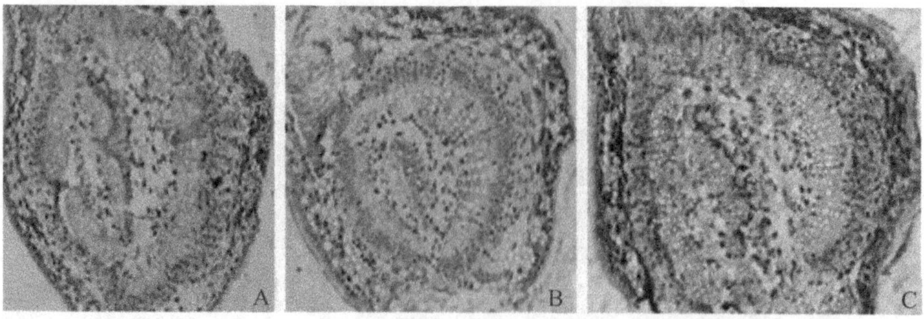

图3　不同盐度处理下的银叶树幼苗叶脉解剖结构

A—对照组；B—处理盐度为0.9%处理50 d；C—处理盐度为1.8%处理50 d。

3　结论和讨论

盐胁迫下植物出现的生长抑制往往与光合能力降低有关（Hichem H et al，2009），本研究结果表明，随着处理盐度的增加，银叶树幼苗叶片的 P_n 呈先升后降的变化趋势，而其 C_i 的变化趋势与 P_n 相反，这表明 P_n 降低主要是由非气孔限制因素引起的，这与Qin J等的研究结果相一致（Qin J et al，2010）。银叶树幼苗叶片的 T_r 值在不同盐胁迫处理间存在差异，但不显著，在处理盐度为0.9%时最小，这在一定程度上反映了中等盐度处理下银叶树幼苗具有自我保护能力，通过降低 T_r，以减小根系吸水压力，从而可减少对盐离子的吸收，缓解离子的毒害。研究表明，银叶树幼苗在盐度为0.9%的土壤中长势良好，但高盐（1.8%）胁迫则阻碍银叶树幼苗的生长。

经0.9%盐度胁迫处理后银叶树叶片的栅栏组织变紧密，以提高其光合效率，下表皮非腺毛增多以减少水分蒸发，来抵御外界盐胁迫的伤害。而在高盐（1.8%）胁迫处理下，叶肉细胞的栅栏组织和海绵组织细胞变形，排列混乱，细胞破裂等，致使其失去光合作用能力，表明高盐胁迫下，银叶树幼苗叶片的主脉结构已受破坏，影响其正常的水分及营养物质的运输。这与王秀荣等研究营养缺乏时的植物解剖结构结果相一致（王秀荣等，1999）。研究盐胁迫下的银叶树幼苗叶片解剖结构变化，可为两栖红树植物耐盐机理的研究提供依据，盐胁迫下银叶树幼苗叶片细胞器（如线粒体、叶绿体等）的电镜结构变化有待进一步研究。

参考文献

[1] 王秀荣，严小龙，卢仁骏. 磷素营养对菜豆叶片解剖结构的影响［J］. 华南农业大学学报，1999，20（1）：57－62.

[2] 刘秀. 几种半红树植物的生物学特性与育苗技术的研究［D］. 长沙：中南林业科技大学资源与环境学院，2008.

[3] 邱凤英. 几种半红树植物生物学特性、耐盐、耐水淹及造林试验研究［D］. 长沙：中南林业科技大学，2009.

[4] 张艳军，彭重威，徐淑庆，等. 银叶树树叶中总黄酮提取工艺优化［J］. 中草药，2012，4（35）：638－641.

[5] 高秀梅，韩维栋．银叶树育苗试验研究［J］．福建林业科技，2006，33（3）：140－144.

[6] 曾聪．红树植物银叶树的繁殖生态研究［D］．南宁：广西大学，2006.

[7] 韩维栋，王秀丽．银叶树研究进展［J］．广东林业科技，2013，6（29）：80－83.

[8] 蒋巧兰．真红树和半红树体内元素分布及耐盐异比较研究［D］．厦门：厦门大学，2007.

[9] 简曙光，唐恬，张志红，等．中国银叶树种群及其受威胁原因［J］．中山大学学报（增刊），2007，43：91－96.

[10] Das P, Basak U C, Das A B. Metabolic changes during rooting in pre-gird led stem cuttings and air-layers of Heritiera [J]. Botanical Bulletin of Academia Sinica, 1997, 38: 91－95.

[11] Das. A. B, Mukher Jee. A. K, Das P. Molecular phylogeny of Heritiera Aiton (Sterculiaceae), a tree mangrove: variations in RAPD markers and nuclear DNA content [J]. Botanical Journal of the Linnean Society, 2001, 36 (2): 221－229.

[12] Hichem H, Naceur El A, Mounir D. Effects of salt stress on photosynthesis, PSII Photochemistry and thermal energy dissipation in leaves of two com (Zea mays L) varieties [J]. Photosynthetica, 2009, 47 (4): 517－526.

[13] Jian S G, Tang T, Zhong Y, et al. Genetic diversity among south China and Heritiera littoralis detected by inter-simple sequence repeats (ISSR) analysis [J]. Journal of Genetics and Molecular Biology, 2002, 13 (4): 272－276.

[14] Qin J, Dong W Y, He K N, et al. Physiological responses to salinity in Silver buffaloberry (Shepher-dia argentea) introduced to Qinghai high-cold and saline area, China [J]. Photo-synthetica, 2010, 48 (1): 51－58.

[15] Tian Yan, Wu J, Zhang S, Flavonoids from leaves of Heritiera littoralis D [J]. Journal of Chinese Pharmaceutical Sciences, 2004, 13 (3): 216.

5种红树科植物叶片的比较解剖及其生态适应研究*

吴钿，叶昌辉，韩维栋
（广东海洋大学农学院，广东 湛江 524088）

摘　要：用石蜡切片法对红树（*Rhizophora apiculata* Bl.）、红海榄（*R. stylosa* Griff.）、秋茄（*Kandelia candel*（Linn.）Druce）、木榄（*Bruguiera gymnorrhiza*（Linn.）Savigny）和海莲（*B. sexangula*（Lour.）Poir.）等5种红树科植物的叶片进行解剖学的观察和研究，结果表明：5种红树科植物叶片的表皮均有厚的角质膜和下皮层，表皮和下皮层的细胞常含有单宁；上表皮无气孔器；栅栏组织多层；木质部非常发达。本研究说明了红树科植物的叶片具有很强的耐旱能力；同属植物的叶片在解剖结构上有着相似的特征。

关键词：红树科；叶片；解剖结构
中图分类号：S727.26　　**文献标识码**：A　　**文章编号**：1673－5102（2012）02－0143－04

Leaf anatomical structure and its ecological adaptability of five species of rhizophoraceae plants

Wu Tian，Ye ChangHui，Han WeiDong
（Agricultural College，Guangdong Ocean University，Zhanjiang 524088，Guangdong）

Abstract：Using the paraffin-section method，the leaf anatomical structures of five species of Rhizophoraceae plants（*Rhizophora apiculata* Bl.，*R. stylosa Griff.*，*Kandelia candel*（Linn.）Druce，*Bruguiera gymnorrhiza*（Linn.）Savigny and *B. sexangula*（Lour.）Poir）were observed in this study. The results showed that thick cu-ticles and lower epidermis were commonly existed in the leaves of all these five species of mangrove plants，while the epidermis cells contained tannin. This study also concluded that there was no stomata apparatus on the upper epidermis，and the layers of palisade tissues were also observed. Besides，the xylems in the leaves were identified to be well developed. All these results indicated that the leaves of mangrove plants exhibited strong drought-resistant capacity，and the leaves of homogeneous plants displayed similar characteristics in their anatomical structures.

Key words：Rhizophoraceae；leaves；anatomical structure

红树林为自然分布于热带与亚热带潮间带的木本植物群落，通常生长在港湾河口地区的淤泥质滩涂上，是海滩上特有的森林类型[1]。红树科植物是红树林的重要组成种类。

* 国家自然科学基金项目（31170511）；广东省高等学校本科特色专业建设点（2010189）和广东省部产学研项目（2008A030203007）资助。

原载于：植物研究，2012，32（2）：143－146。

20 世纪 80 年代以来，对红树植物的生态学、生理学和群落学的研究已经十分深入[2]，近年来对红树植物化学成分方面的研究也较多[3-6]，但对其叶片解剖结构的研究却并不多见。李元跃等[7]曾对红树科植物秋茄（Kandelia candel (Linn.) Druce）、木榄（Bruguiera gymnorrhiza (Linn.) Savigny）和红海榄（Rhizophora stylosa Griff.）的叶片进行研究，并研究了桐花树（Aegiceras corniculatum）、白骨壤（Avicennia marina (Forsk.) Vierh.）和秋茄的叶片结构及其生态适应[8]，但其只对这几种红树植物叶的表皮、叶肉和叶脉进行简单的描述，侧重于对这几种植物数量性状进行比较，并未对各种红树科植物的叶片解剖结构进行全面的探讨。本文对红树科植物红树（Rhi-zophora apiculata Bl.）、红海榄、秋茄、木榄和海莲（Bruguiera sexangula (Lour.) Poir.）等 5 种植物叶片进行比较解剖学研究，分析其叶片解剖结构与生态环境相适应的特点，旨在为红树科植物的分类、引种及资源保护和利用提供有关的解剖学资料。

1　材料与方法

本研究所用材料秋茄、木榄、红海榄采自湛江的特呈岛，而红树和海莲采自海南省东寨港国家级红树林保护区。选取生长旺盛的枝条上发育正常且无病虫害的成熟叶片，从叶片中部过中脉处切取 10 mm × 5 mm 的材料，用 FAA 固定液固定；采用常规的石蜡切片法制片，切片度厚 12 μm，以番红—固绿染色，中性树胶封片，在 Nikon ys 100 光学显微镜下详细观察和拍照记录，并各取 10 个视野测量解剖结构的量化指标，计算其平均数和标准差。

2　结果与分析

本文研究的 5 种红树科植物叶片的解剖结构均呈现明显的旱生植物叶片结构的特征，叶片解剖结构量化结果见表 1。

表 1　5 种红树科植物叶片解剖结构量化结果

种类	叶片厚	上角质膜厚	下角质膜厚	上表皮厚	（上）下皮层厚	下表皮厚	（上）下皮层厚	上栅栏组织厚	下栅栏组织厚	海绵组织厚
红树	831.6 ±120.3	5.0 ±1.3	4.1 ±0.9	14.6 ±2.2	422.4 ±25.7	14.6 ±1.9	25.4 ±19.2	144.1 ±45.0	—	201.2 ±36.3
红海榄	624.4 ±32.8	5.4 ±0.8	3.7 ±0.5	14.7 ±1.6	228.3 ±27.3	11.4 ±2.6	27.6 ±3.7	123.3 ±21.5	—	212.3 ±30.5
秋茄	565.0 ±28.7	11.7 ±0.5	3.9 ±0.5	8.1 ±0.7	68.5 ±12.7	9.9 ±1.9	32.5 ±4.4	160.3 ±15.3	52.7 ±13.8	223.8 ±37.8
木榄	834.4 ±72.4	11.3 ±1.7	4.3 ±0.9	20.1 ±1.8	30.5 ±3.9	13.5 ±2.7	24.0 ±7.1	178.5 ±14.5	—	552.0 ±46.3
海莲	317.8 ±40.8	11.7 ±1.4	4.6 ±0.8	27.1 ±4.4	27.8 ±4.9	14.3 ±1.0	16.0 ±2.0	62.5 ±6.0	—	161.7 ±30.7

2.1　表皮

5 种红树科植物的表皮上均覆盖有厚的角质膜，上表皮的角质膜厚于下表皮，上表皮均没有气孔器（图Ⅰ1）。上表皮由扁平或近方形的细胞组成，在表皮细胞的内侧分别有 1 ～7 层的下皮层（图Ⅰ1，2）。海莲和木榄的下皮层只有 1 层，形态与表皮相似，木榄的上表皮细胞和下皮层细胞多被染成红褐色，这是由于这些细胞中普遍都有单宁存在，单宁可氧化成在显微镜下容易看到的褐色或红褐色的鞣酐[9]，而海莲的表皮则只有少数细胞含单宁（图Ⅰ1，3）；红树、红海榄的上表皮下方各有5～7层的下皮层，以红树的下皮层最厚，占叶横切面的1/2以上，靠上表皮的2～3层下皮层细胞含有单宁，而其余的为大型的薄壁细胞（图Ⅰ2）秋茄的下皮层有2～3层，最下的1层细胞最大且多数细胞中含有单宁（图Ⅰ4）。叶片中含单宁细胞的存在，是红树植物对环境的一种适应，这与红树植物的抗腐蚀具有密切的关系[10]。

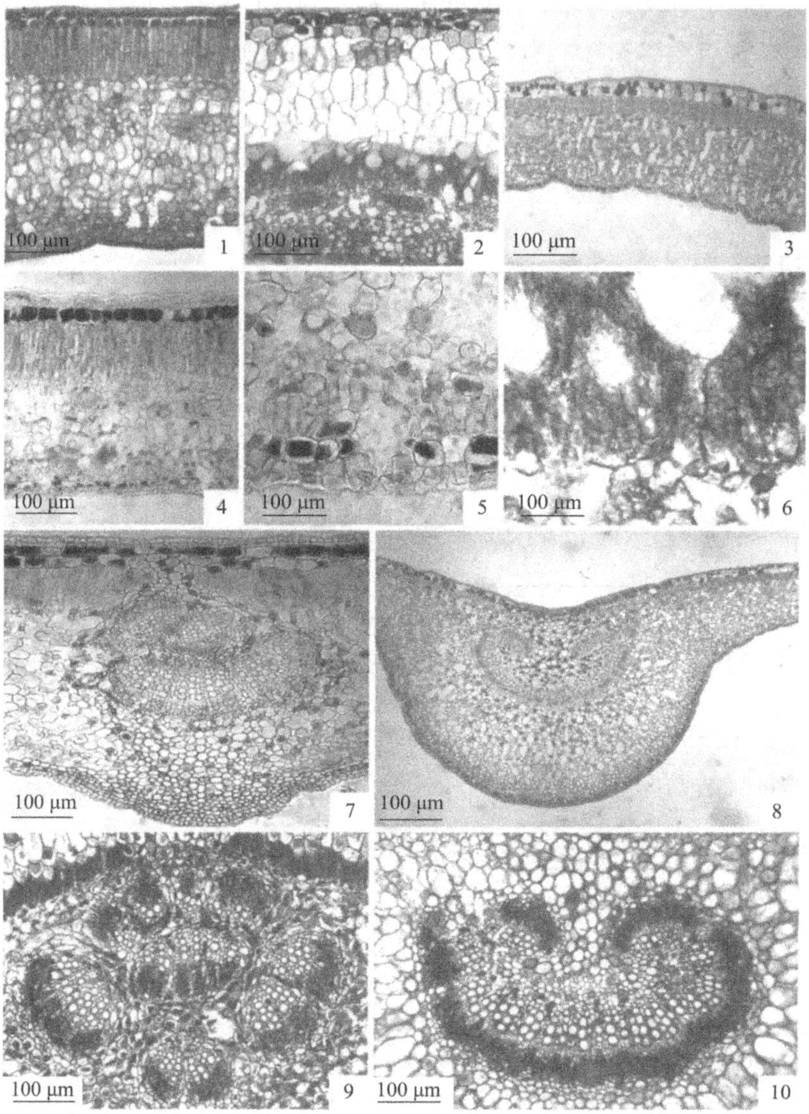

图Ⅰ

1—木榄叶片横切，示角质膜和下皮层；2—红树叶片横切，示下皮层；3—海莲叶片横切，示单宁异细胞；4—秋茄叶片横切，示下皮层；5—秋茄叶片横切，示气孔；6—红树叶片横切，示分泌腔；7—秋茄叶片横切，示中脉；8—海莲叶片横切，示中脉；9—红海榄叶片横切，示中脉；10—木榄叶片横切，示中脉

下表皮也由扁平或近方形的细胞组成，有 1 ～ 2 层的下皮层。海莲和木榄的下表皮细胞中也含有单宁，木榄的单宁含量相对较多（图Ⅰ1，3）；秋茄、红树和红海榄只在下皮层细胞中有少量单宁。下表皮上有气孔器分布，海莲和木榄的气孔器略凹陷，而秋茄、红树和红海榄的气孔器则水平分布于叶面（图Ⅰ5）。5 种红树科植物的气孔器均由 2 个保卫细胞和 2 个副卫细胞组成，角质膜在保卫细胞上延伸而成的尖刺状凸起（图Ⅰ5），这种结构可有效限制水分的蒸腾，对于红树植物适应海滩生活环境起着重要作用。

2.2　叶肉

5 种红树科植物的叶肉组织均有明显的栅栏组织和海绵组织的分化，栅栏组织多层；多层的栅栏组织有利于其进行光合作用。秋茄的栅栏组织分布于上、下两面，上栅栏组织由 4 ～ 5 层柱状细胞组成，下栅栏组织由 2 层短柱状细胞组成，略呈等面叶的形态（图Ⅰ4）；其余 4 种红树科植物均为异面叶。木榄和海莲的栅栏组织由 2 ～ 4 层柱状细胞组成，排列较规则、整齐（图Ⅰ1，3），约占叶肉横切面的 1/5。红树和红海榄的栅栏组织也由多层细胞组成，但由于上方下皮层细胞的嵌入而形态上略显不规则，呈山峰状排列（图Ⅰ2），在栅栏组织中还可见一些近圆形的腔状结构（图Ⅰ6），这可能是叶肉中的分泌腔或者是气腔，具体类型及其作用有待以后进一步研究。5 种红树科植物的海绵组织均排列疏松，细胞间隙非常发达，这种结构有利于其通气，是对其水中生活环境的适应。

2.3　叶脉

5 种红树科植物的叶脉大体分成 3 种类型。秋茄的中脉上表面平而背面略为凸起，在月牙型的维管束上方还有两个木质部和韧皮部呈相反排列的较小型的维管束（图Ⅰ7）；其余 4 种红树科植物的中脉在上表面略凹而背面明显凸起（图Ⅰ8）。红树、红海榄的维管束围成扁圆环状，略呈花环形，在维管束环的中间还有 3 ～ 4 个木质部在上方，韧皮部在下方的维管束（图Ⅰ9）；木榄和海莲的维管束呈肾形的半环状排列，木榄的韧皮部薄壁细胞中含有较多的丹宁（图Ⅰ10），海莲的韧皮部不含丹宁而在维管束排成的半环中间，则有较多含丹宁的薄壁细胞（图Ⅰ8）。5 种红树科植物的木质部导管均非常发达（图Ⅰ7－10）。

3　讨论

从研究结果可以看出，5 种红树科植物的叶片都呈现明显的旱生植物叶片的结构特征：表皮的角质膜厚，有下皮层，表皮和下皮层的细胞常含有单宁，上表皮无气孔器；栅栏组织多层；木质部非常发达。这种结构能有效减少水分蒸腾，这是红树植物对生长在海岸潮间带，长期处于强光照和生理性干旱条件以及海水浸泡环境的一种适应。一般认为，表皮的角质膜可使植物体表不易浸湿，防止病菌孢子的附着及萌发；减少水分蒸腾；对光线有反射作用而可避免强光的灼伤[11]。本研究的 5 种红树科植物中，红树和红海榄的上表皮角质膜相对较薄，而下皮层则明显厚于其他 3 种，下皮层细胞比表皮细胞体积大，细胞壁薄，这与叶子葳等[12]研究的白骨壤叶片结构相似，这种大型的薄壁细胞具有贮藏水分的功能[13]，这对于其生长在海岸潮间带，处于生理性干旱环境条件是一种很好的适应，说明红树和红海榄抗强光能力相对较弱而贮水能力较强。5 种红树科植物均有明显的下皮层，这和李元跃等[7]认为的红树植物的叶具有内皮层不同。叶子葳等[12]认为，下皮层和内皮层应该是有区别的。一般认为，多数旱生植物的叶有下皮层[9]。而上表皮均无气孔器，这与同样生活在海滩上的海桑（Sonneratia caseolaris（Linn）Engl.）、无瓣海桑（S. apetala Buch. -Ham）等海桑科（Sonneratiaceae）真红树植物的叶结构明显不同[14]，说明红树科植物对水分蒸腾的限制能力可能要优于海桑科植物。另外，由于单宁具有保护植物，抗水解、抗腐烂和防止动物危害的作用[15]，因此，表皮和下皮层细胞中单宁的存在，是红树植物对环境的一种适应，对红树植物的抗腐性有重要的意义；在植物分类学上，单宁的有无，是一个可供参考的分类特征[15]。

本研究的 5 种红树科植物的木质部导管均非常发达，这与李元跃等[7]认为的木榄的维管束不发达不同，发达的导管有利于水分的输导，这对于生活在生理性干旱环境中的红树植物是非常重要的。

同属的植物在形态结构上有着相似的特征，本研究的红树与红海榄、木榄与海莲分别是红树属（*Rhizophora*）和木榄属（*Bruguiera*）的植物，它们无论在表皮细胞的形态、层数、气孔形态与分布，还是叶肉组织的特化和叶脉中维管束的排列方式等方面都有着极其相似的解剖结构特征，这些特征可作为分类学的依据。

参考文献

[1] 林鹏．中国红树林生态系［M］．北京：科学出版社，1997.

[2] 林鹏．红树林研究论文集（第 5 期）［M］．厦门：厦门大学出版社，2002.

[3] 范润珍，宋文东，谷长生，等．红树植物木榄胚轴中的挥发性成分和脂肪酸成分分析［J］．植物研究，2009，29（4）：500－504.

[4] 宋文东，范润珍，奚旦立，等．红树植物红海榄叶化学组成分析［J］．海洋湖沼通报，2008，4：13－18.

[5] 范润珍，宋文东，林宏图，等．红树植物木榄叶中挥发油的化学成分［J］．海洋湖沼通报，2009，1：108 － 112.

[6] 宋文东，郭先霞，奚旦立，等．红树植物红海榄脂肪酸的 GC_MS 分析［J］．热带亚热带植物学报，2007，15（5）：447－449.

[7] 李元跃，林鹏．3 种红树植物叶片的比较解剖学研究［J］．热带亚热带植物学报，2006，14（4）：301－306.

[8] 李元跃，林鹏．3 种红树植物叶片结构及其生态适应［J］．海洋科学，2006，30：753－56.

[9] K. 伊稍．种子植物解剖学［M］．李正理，译．上海：上海人民出版社，1973.

[10] 林鹏．红树林［M］．北京：海洋出版社，1984.

[11] 强胜．植物学［M］．北京：高等植物出版社，2006.

[12] 叶子葳，严慕婷，叶创兴，等．红树植物白骨壤叶片的解剖结构及其生态适应性［J］．广西植物，2010，30（2）：174－176.

[13] 刘穆．种子植物形态解剖学导论［M］．北京：科学出版社，2004.

[14] 吴钿，周畅，刘敏超，等．5 种海桑属红树植物叶片的结构及其生态适应［J］．广西植物，2010，30（4）：484－487.

[15] 胡宝忠，胡宝宣．植物学［M］．北京：中国农业出版社，2002.

雷州半岛白骨壤自然种群遗传多样性的 ISSR 分析*

张玉祥，高秀梅，韩维栋，赵鹏

（广东海洋大学农学院，广东 湛江 524088）

摘　要：利用 ISSR 标记技术研究表明：雷州半岛 5 个白骨壤（Vicenniamarina）种群具有较高的遗传多样性。种群之间遗传分化很低，遗传分化系数 $F_{ST}=0.812$，遗传相似系数平均值为 0.980 4，种群间具有较强的基因流（$N_n=5.654\,9$）。通过 UPGMA 聚类将 5 个白骨壤种群分为三类，特呈岛种群和角尾种群为一类，企水种群和高桥种群为一类，和安种群单独为一类。和安白骨壤种群可能是雷州半岛最古老的白骨壤种群，应予以优先保护。

关键词：白骨壤，遗传多样性，ISSR

中图分类号：S/18.54　　**文献标识码**：A　　**文章编号**：1006－4427（2009）05－0023－04

红树林生长在热带、亚热带地区陆地与海洋交界的海岸潮间带或海潮能达到的河流入海口，是以红树植物为主体的常绿灌木或乔木组成的潮滩湿地木本生物群落，素有“海底森林”“海岸卫士 ”之称，是国家重点自然保护对象。早在 20 世纪 50 年代，我国即开展了红树林植物分类学和群落生态学研究，90 年代后红树林生态系统研究进入了鼎盛时期，多侧重于红树植物的能量生态 、生理生态和污染生态等方面[1]，而有关种群遗传多样性和遗传分化的研究并不多见。Goodall 和 Stoddart[2] 采用等位酶分析技术研究澳洲的红海榄（Rhizophorastylosa）种群遗传结构，发现种群间遗传分化较小（$F_{ST}=0.023$）。黎中宝[3]等对 3 种不同生境的桐花树（Aegicerascorniculatum）种群的遗传多样性和遗传分化的等位酶分析技术研究表明，种群间的分化系数比较低 $F_{ST}=0.127$。赵萌莉等[4]采用随机扩增多态 DNA（RAFD 分析了广西北海海岸 3 个白骨壤（Avi-cenniamarina））自然种群的遗传多样性，发现白骨壤居群内和居群间的遗传变异较低。

白骨壤属于马鞭草科（Verbenaceae）海榄雌属（*Avicennia*），在我国的福建、广东、广西、海南和台湾 5 省区均有自然分布[4]。在红树植物中，白骨壤是最耐水淹和耐盐碱的抗低温广布种，在红树林生态系列中常分布在向海一侧较低地势的林缘。它耐贫瘠抗风浪，可生长在淤泥滩、沙泥滩和沙质石砾海滩上，既可形成纯林也可与其他红树植物混生。ISSR（inter-simple sequence repeat）是由 Zietkiewicz 等[5]创建的一种新型微卫星类分子标记技术，该技术一问世即被广泛应用到植物遗传图谱的构建、基因的定位、植物分类、进化及遗传多样性研究。本文应用 ISSR 标记技术对雷州半岛 5 个白骨壤种群进行分析，旨在揭示白骨壤种群的遗传多样性遗传结构，为其种质资源的收集、评价、保护和合理利用提供科学依据。

---

* 原载于：广东林业科技，2009，25（5）：23－26。

1 材料与方法

1.1 取样

供试样品采自雷州半岛的5个种群（表1），在选定的种群样地中，随机抽取白骨壤植株采集幼嫩叶片，株与株之间距离15 m以上，每个种群10株。将叶样立即浸没在装有海水的桶中，保证其叶片新鲜，迅速携至实验室进行处理。

表1 白骨壤种群取样样本概况

编 号	种 群	经度（E）	纬度（N）	生境
1	高桥	109°46′	21°32′	淤泥，野生
2	企水	109°39′	20°39′	沙泥滩，野生
3	角尾	109°30′	20°26′	沙泥滩，野生
4	和安	110°22′	20°38′	淤泥，野生
5	特呈岛	110°26′	21°09′	沙滩，野生

1.2 DNA提取与ISSR分析

白骨壤富含单宁，因此采用改进的CTAB法提取DNA[6]。ISSR引物及Taq酶等药品购于上海生工生物工程技术服务有限公司。

通过预备试验从60个ISSR引物中筛选出12个可以获得多态条带清晰且反应稳定的引物。PCR采用20 μL反应体系：Taq酶（5 μ/μL）0.3 μL，10×Buffer 2 μL，dNTP（10 mmol/L）0.15 μL，引物（10 pmol/μL）1 μL，模板DNA（50 ng/μL）1 μL，加重蒸水至20 μL。PCR反应程序为：94℃预变性5 min，然后进行35个循环：94℃变性45 s，52℃退火45 s，72℃延伸45 s，最后72℃延伸5 min。将扩增产物置于4℃冰箱中保存。应用6%非变性聚丙烯酰胺凝胶（30%丙烯酰胺7 mL，5×TBE 7 mL，10%过硫酸铵250 μL，TEMED 20 μL，蒸馏水21 mL）电泳以及银染法检测扩增产物，运用凝胶成像系统拍摄、分析电泳图谱。

1.3 数据统计分析方法

ISSR扩增属于显性标记，在电泳图谱同一引物扩增产物中电泳迁移一致的条带被认为属于同一位点。统计各个样品的扩增带，有带计做1，无带计做0，得到ISSR分析的原始数据矩阵。采用POPGEN Versionl.32软件对多态位点比例（*P*）、群体内和群体间的遗传距离（*D*）、Shannon信息指数（*I*）、Nei′s指数（*H*）、遗传分化系数（FST）进行统计分析，基因流采用Wright的FST法来计算，最后采用NTSYS-PC软件按平均聚类法（unweighted pair group method arithmeticaverages，UPGMA）对其进行聚类。

2　结果与分析

2.1　白骨壤 ISSR 多态性

在60个ISSR引物中共筛选出扩增条带较多、背景清晰、具有多态性带型的引物12个。在这12个引物中（AG）$_n$ 有4个，（GA）$_n$ 有3个，说明白骨壤基因中存在大量的（GA）和（AG）二核苷酸重复序列。应用12个引物从5个种群50个植株中共扩增出85条带，其中多态条带32条，占总带数的37.6%（表2）；每个引物扩增的条带数为4～11条，平均为7.1条，以引物UBC835扩增的条带最多，扩增条带数最少的引物为UBC847。

表2　参试ISSR引物的序列和扩增结果

引　物	序　列	扩增条带数	多态性带数	多态百分率/%
UBC807	$(AG)_8T$	8	3	37.5
UBC809	$(AG)_8G$	6	2	33.3
UBC810	$(GA)_8T$	5	2	40.0
UBC814	$(CT)_8A$	6	2	33.3
UBC817	$(CA)_8A$	9	4	44.4
UBC835	$(AG)_8YC$	11	4	36.4
UBC836	$(AG)_8YA$	10	4	40.0
UBC840	$(GA)_8YT$	8	3	37.5
UBC842	$(GA)_8YG$	7	3	42.9
UBC844	$(CT)_8RC$	5	2	40.0
UBC847	$(CA)_8RC$	4	1	25.0
UBC868	$(GAA)_5$	6	2	33.3

注：R=（A或G）；Y=（C或G）

2.2　群体遗传多样性分析

5个白骨壤种群的多态位点百分数、Nei′s的基因多样性和Shannon信息指数见表3。多态位点百分数为36.47%～43.53%，Nei′s的基因多样性指数为0.138 5～0.159 4，企水最高，和安最低。Shannon信息指数在0.205 3～0.238 5之间。各种群遗传多样性大小顺序为企水>高桥>特呈岛>角尾>和安。两个多样性指标说明企水种群的遗传多样性最高，和安种群遗传多样性最低。

总群体遗传多样性为0.162 7，种群内的遗传多样性为0.149 5，遗传分化系数 F_{ST} 为0.081 2，说明总群体遗传多样性有8.12%来自种群间；种群内遗传多样性占91.88%，种群间的遗传分化较低（表3）。种群间基因流 $N_m=5.654\ 9$，$N_m>1$，说明同种群间基因流较强，可防止由于小种群遗传漂变导致的种群间的遗传分化。

白骨壤种群间的遗传距离较小，平均为 $D=0.019\ 6$，其中特呈岛种群和角尾种群遗传距离最小，为0.010 7；企水种群、和安种群遗传距离最大，为0.026 3。遗传一致度平均为0.980 4，也说明5个种群间相似程度大（表4）。

表 3　雷州半岛 5 个白骨壤群体的遗传多样性

项目	特呈岛	角尾	和安	企水	高桥
总位点数	85	85	85	85	85
多态位点数	34	33	31	37	35
多态位点百分数/%	40.00	38.82	36.47	43.53	41.18
Nei's 基因多样性	0.150 5 ±0.194 4	0.144 8 ±0.189 5	0.138 5 ±0.191 8	0.159 4 ±0.192 9	0.154 1 ±0.194 5
Shannon 信息指数	0.223 6 ±0.283 9	0.216 3 ±0.278 8	0.205 3 ±0.280 2	0.238 5 ±0.282 4	0.229 0 ±0.284 7

表 4　雷州半岛 5 个白骨壤群体间遗传相似系数（上三角）和遗传距离（下三角）

群体	特呈岛	角尾	和安	企水	高桥
特呈岛	—	0.989 5	0.979 4	0.978 2	0.981 5
角尾	0.010 7	—	0.978 8	0.979 3	0.983 8
和安	0.020 9	0.021 4	—	—	0.974 2
企水	0.022 1	0.020 9	0.026 3	—	0.987 4
高桥	0.018 7	0.016 3	0.026 2	0.012 7	—

2.3　聚类分析

根据白骨壤种群之间的遗传距离，采用 UPGMA 聚类方法对雷州半岛 5 个白骨壤种群进行聚类（图 1），可将其分为 3 个类群，特呈岛和角尾白骨壤群体聚为第一类群，企水和高桥白骨壤群体聚为第二类群，与安白骨壤群体遗传距离最远，单独聚为一类群。

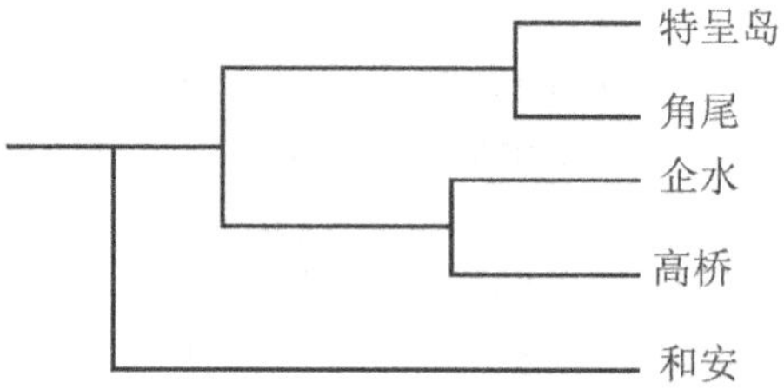

图 1　5 个白骨壤群体的 UPGMA 聚类图

3　讨论

3.1　雷州半岛白骨壤种群的分化程度

生物群体的遗传多样性是物种适应多变的环境条件以及长期生存的遗传基础，是评价生物资源状况的一个重要依据。不同生境的白骨壤种群维持着较高的遗传多样性，这与其生物学特性和生活史特性有关。

雷州半岛 5 个种群之间的分化程度很低，仅为 $F_{st}=0.081\ 2$. 这一结论同黎中宝等人对两种不同生境的白骨壤种群遗传结构的研究结果（$F_{st}=0.062$）[7] 以及对不同年龄级的白骨壤种群遗传多样性和遗传分化的研究结果（$F_{st}=0.024$）[8] 基本一致。种群间的基因流较强（$N_m=5.654\ 9$），Wright 认为基因流大于 1，可阻止由遗传漂变而引起的种群分化[9]，具有广泛基因流的物种往往比具有有限基因流的物种遗传分化小。白骨壤种群间较强的基因流主要与白骨壤种子的散布方式和环境均一有关。白骨壤种子成熟后因重力下落，部分落在海水中，部分落在淤泥或沙土上，随着涨潮和退潮大部分种子漂流到海里并随机分布到很远的地方，这种特殊的传播方式导致白骨壤种群间产生较强的基因流。种群间分化程度低，一方面是可能因为本研究尺度小，另一方面是因为白骨壤生长在环境较均一的淤泥或沙质土壤中，栖息环境差异小。

3.2　雷州半岛白骨壤种群起源推测及重点保护

根据5个种群聚类分析结果，笔者推测随太平洋流漂流到雷州半岛的第一批白骨壤种子首先在和安登陆，然后向东漂流到特呈岛，向西南漂流到角尾形成一类群，最后向西漂流到企水和高桥形成一类群。说明和安白骨壤种群为雷州半岛最古老的白骨壤种群，应予以优先保护。同时，为了维持目前白骨壤遗传变异水平，开展其遗传资源的可持续利用，必须加强雷州半岛白骨壤资源的保护，对已破坏的红树林应该采取就地保护，禁止人为进一步破坏；加大引种和人工造林的力度，扩大红树林面积，在白骨壤引种过程中应避免从小群体内收集遗传资源，保证良种选育工作的合理性。

参考文献

[1] 林鹏. 中国红树林生态系［M］. 北京：科学出版社，1997：284－316.

[2] Goodall J A, Stoddart J A. Techniques for the electrophoresis of mangrove tissue［J］. Aquat Bot, 1989, 35：197－207.

[3] 黎中宝，林鹏，邓传远. 三种不同生境的桐花树种群的遗传多样性和遗传分化［J］. 台湾海峡，2000, 19（3）：379－385.

[4] 赵萌莉，林鹏，闻宇. 红树植物白骨壤（Avicenniamarina）遗传分化的 RAPD 分析［J］. 内蒙古农业大学学报，2001，22（1）：40－43.

[5] Zietkiewicz E, Rafalski A, Labuda D. Genome finger-printing by simple sequence repeat（SSR）anchored poly-merase chain reaction amplification［J］. Genomics, 1994, 20：176－183.

[6] 张志红，谈凤笑，何航航，等. 红树植物海漆 ISSR 条件的优化［J］. 中山大学学报：自然科学版，2004, 43（2）：63－66.

[7] 黎中宝，林鹏. 两种不同生境的白骨壤种群的遗传结构［J］. 台湾海峡，2001，20（1）：17－21.

[8] 黎中宝，林鹏. 白骨壤种群不同年龄级的遗传多样性和遗传分化［J］. 厦门大学学报，2001，40（1）：103－109.

[9] 王中仁. 植物等位酶分析［M］. 北京：科学出版社，1996.

中国东南沿海15个秋茄种群遗传多样性的SRAP分析*

赵鹏，韩维栋

（广东海洋大学，广东 湛江 524088）

摘　要：为进一步保护和恢复红树林资源提供分子方面的基础资料和科学依据，本研究采用SRAP标记对15个中国东南沿海红树植物秋茄种群的亲缘关系进行了分析。从120对参试引物组合中选出46对重复性好、条带清晰的引物组合对供试的15份材料基因组DNA进行PCR扩增，得到大小在50～1000 bp之间条带270条，其中多态性条带107条，多态性位点率为39.63%。15个秋茄种群的遗传相似系数在0.004～0.845之间，平均为0.412，说明中国东南沿海秋茄种群存在较丰富的遗传多样性。聚类分析把15份供试种群材料划分为4个类群。15个秋茄种群的遗传多样性没有明显的地域性差异，同一样地的不同种群之间具有遗传上的差别。建议在今后我国的红树林保护中，应加大对海南东寨港、深圳福田、湛江东北大堤和湛江附城的秋茄种群保护。

关键词：秋茄；SRAP标记；遗传多样性

Genetic diversity of fifteen *Kandelia candel* populations distributed in southeast coast of China by using SRAP

Zhao Peng, Han Weidong

(Guangdong Ocean University, Zhanjiang 524088, Guangdong)

Abstract: To provide new scientific data and basis in molecular for conservation and resumption of mangrove resources, the kinship of fifteen mangrove *Kandelia candel* population distributed in southeast coast of China was analyzed by using SRAP marker. 46 primers with clear and repetitive amplification were selected from 120 primer combinations for PCR amplification of the tested materials, and 270 clear bandings can be gained between 50 – 1000 bp, in which 107 bands are polymorphic and accounted for 39.63%. The genetic correlation coefficient ranges from 0.004 to 0.845 with an average of 0.412, indicating that the populations of *Kandelia candel* in southeast coast of China has abundant genetic diversity. The cluster analysis showed that all the 15 testing types are divided into four populations, the genetic diversity of fifteen *Kandelia candel* populations growing in distinct regional have obsolete differences, and apparente distinction in that of different populations. we strongly proposed that it should be strengthen the efforts of conservation in the mangrove *Kandelia candel* population of Dongzhaigang in Hainan, Futian in Shenzhen, Northeast dyke and Fucheng in Zhanjiang.

Keywords: *Kandelia candel*, SRAP marker, genetic diversity

---

* 基金项目：本研究由广东省科技计划项目与省部产学研专项资金（2008A030203007）资助。
原刊于：基因组学与应用生物学，2009，28（6）：1151－1156。

红树林（mangroves）是自然分布于热带、亚热带海岸潮间带的木本植物群落，是不同于陆地生态系统和海洋生态系统的独特的非常重要的海陆边缘生态系统，在全球生态环境中起着不可替代的作用（林鹏，2003）。秋茄（*Kandelia candel*）为红树科秋茄属植物，是常见的分布较广的红树植物，也是红树植物中最耐寒的种类。

相关序列扩增多态性（sequence-related amplified polymorphism，SRAP）是一种新型的基于 PCR 的分子标记系统。该标记具有简便、高效、产率高、高共显性、重复性好、易测序、便于克隆目标片段的特点（柳李旺等，2004）。目前已成功地应用于作物遗传多样性分析（李莉等，2009；胡铁柱等，2003；Budak and Shearman，2004；林忠旭等，2004；吴伟怀等，2004）、遗传图谱的构建（林忠旭等，2003；李丽等，2006；李媛媛等，2007；耿建峰等，2007）、重要性状的标记（潘俊松等，2005；Li et al.，2003）等方面。但在红树林植物遗传多样性分析及遗传图谱构建方面鲜见报道。

本文旨在通过 SRAP 分子标记对中国东南沿海 15 个秋茄种群进行遗传变异和遗传分化研究，以了解中国秋茄的遗传多样性的现状以及遗传多样性的变化规律，为进一步保护和恢复红树林资源提供分子方面的基础资料和科学依据。

1　材料与方法

1.1　材料

供试材料均为 2009 年 2 月中、下旬亲自采集和由当地科研人员协助采集并邮寄的新鲜成熟秋茄胚胎轴种子，共采自 15 个不同的种群（表 1）。采用细沙作为基质种植于广东海洋大学农业生物技术研究所温室中，每个种群种植 100 株，浇灌 15‰新鲜天然海水，并每隔一天补浇适量淡水（约没过沙子 0.5 cm）让其生根发芽。

表 1　秋茄种群生长地基本状况

编号	种群名称	所在省市	经纬度	盐度/‰	pH 值	土壤底质
1	高桥	广东湛江	N 21°34.080′ E 109°45.381′	27.3	7.5	淤泥
2	特呈	广东湛江	N 21°09.165′ E 110°26.384′	26.3	7.4	砂质
3	东寨港 1	海南海口	N 19°57.402′ E 110°34.863′	28.4	7.5	淤泥
4	东寨港 2	海南海口	N 19°57.316′ E 110°35.183′	25.0	7.3	淤泥
5	东寨港 3	海南海口	N 19°57.322′ E 110°35.034′	25.3	7.4	淤泥
6	和安	广东湛江	N 20°38.633′ E 110°22.278′	31.2	7.1	淤泥

续上表

编号	种群名称	所在省市	经纬度	盐度/‰	pH 值	土壤底质
7	珠海	广东珠海	N 22°23. 772′ E 113°38. 496′	25. 5	7. 6	淤泥
8	大冠沙	广西北海	N 21°26. 103′ E 109°09. 779′	32. 2	8. 2	淤泥
9	东北大堤	广东湛江	N 21°06. 606′ E 110°18. 720′	26. 0	7. 8	淤泥
10	福田 1	广东深圳	N 22°31. 540′ E 113°59. 912′	25. 2	7. 6	淤泥
11	福田 2	广东深圳	N 22°31. 725′ E 113°59. 954′	25. 4	7. 6	淤泥
12	附城	广东湛江	N 20°53. 007′ E 109°09. 516′	27. 6	7. 2	淤泥
13	泉州湾	福建泉州	N 24°52. 385′ E 118°37. 379′	27. 4	7. 4	淤泥
14	云霄	福建云霄	N 23°55. 452′ E 117°24. 893′	28. 0	7. 8	淤泥
15	调风	广东湛江	N 20°43. 288′ E 110°19. ′313	28. 0	7. 5	淤泥

1.2 方法

1.2.1 植物基因组 DNA 提取

摘取新鲜幼嫩的叶片，用液氮研磨成粉并保存在 -80℃ 冰箱中，以备后续 DNA 提取使用。采用改进 CTAB 法（陈士昆等，2004）提取基因组 DNA。用琼脂糖凝胶电泳检测基因组 DNA 含量及纯度。

1.2.2 SRAPt-PCR 体系及扩增程序

20 μL 的 PCR 反应体系中，含 10 × buffe、dNTP 200 μmol/L、引物各 25 ng、$MgCl_2$ 2. 5 mmol/L、Taq 酶 1. 0 U 和模板 DNA 20 ng。扩增条件为 94℃ 预变性 5 min；94℃ 变性 1 min，33℃ 复性 1 min，72℃ 延伸 1 min，5 个循环；94℃ 变性 30 s，49℃ 复性 50 s，72℃ 延伸 1 min，35 个循环；最后 72℃ 延伸 7 min。扩增产物采用 6 % 非变性聚丙烯酰胺凝胶电泳分离，银染检测。

1.2.3 数据统计分析

以 2 次重复出现的 DNA 谱带作为统计对象，有带记为“1”，无带记为“0”，得到原始 0，1 矩阵图。在 SPSS 16. 0 统计分析软件中计算供试材料间的遗传相关系数，以组间连接（beteween-groups linkage）类间平均距法计算类间距离，按系统聚类法建立系统聚类分支树状图。

2　结果与分析

2.1　PCR 扩增结果及多态性分析

从 120 对参试引物中筛选出重现性好、条带清晰可辨、有多态性的 46 对引物对供试的 15 份材料基因组 DNA 进行 PCR 扩增。共扩增出 270 条清晰可读条带，其中多态性条带 107 条，占总带数的 39.63 %。平均每个引物组合产生 5.9 条带和 2.3 条多态性条带（表 2）。不同引物扩增的 DNA 片段大小在 50 ～ 1 000 bp 之间，清晰可读条带有 96 % 在 100 ～ 500 bp 之间（图 1）。

表 2　46 对引物组合及扩增多态性条带

组合名称	多态性条带数	组合名称	多态性条带数	组合名称	多态性条带数	组合名称	多态性条带数
M_1E_7	2	M_6E_5	2	$M_{11}E_1$	3	$M_{15}E_{16}$	2
M_1E_{18}	4	M_6E_{11}	3	$M_{11}E_{10}$	2	$M_{16}E_{11}$	2
M_2E_8	6	M_6E_{15}	2	$M_{12}E_8$	2	$M_{16}E_{15}$	2
M_2E_{17}	1	M_6E_{17}	6	$M_{12}E_{10}$	1	$M_{17}E_2$	5
M_2E_{19}	1	M_6E_{19}	3	$M_{12}E_{18}$	1	$M_{17}E_{11}$	1
M_3E_7	1	M_7E_3	1	$M_{13}E_8$	4	$M_{17}E_{12}$	2
M_3E_{12}	1	M_7E_7	4	$M_{14}E_1$	2	$M_{18}E_7$	3
M_4E_1	2	M_7E_{17}	3	$M_{14}E_4$	1	$M_{18}E_{11}$	1
M_4E_{17}	2	M_8E_6	4	$M_{14}E_{13}$	3	$M_{19}E_{15}$	1
M_5E_6	1	M_9E_8	4	$M_{14}E_{16}$	4	$M_{19}E_{19}$	1
M_5E_{12}	1	M_9E_{19}	3	$M_{15}E_3$	3		
M_5E_{18}	1	$M_{10}E_{13}$	2	$M_{15}E_{12}$	1		

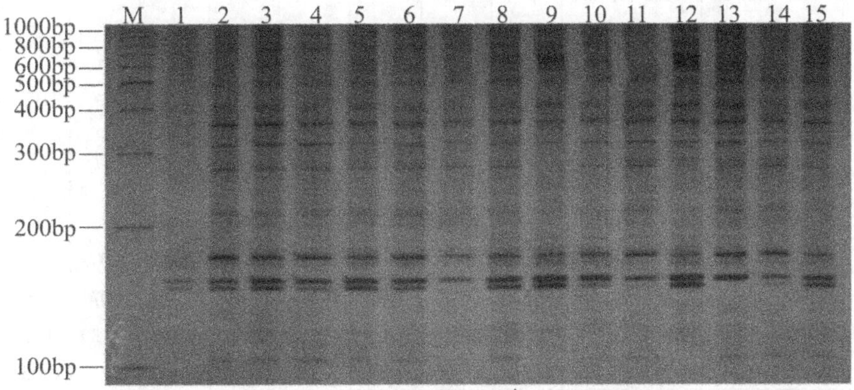

A

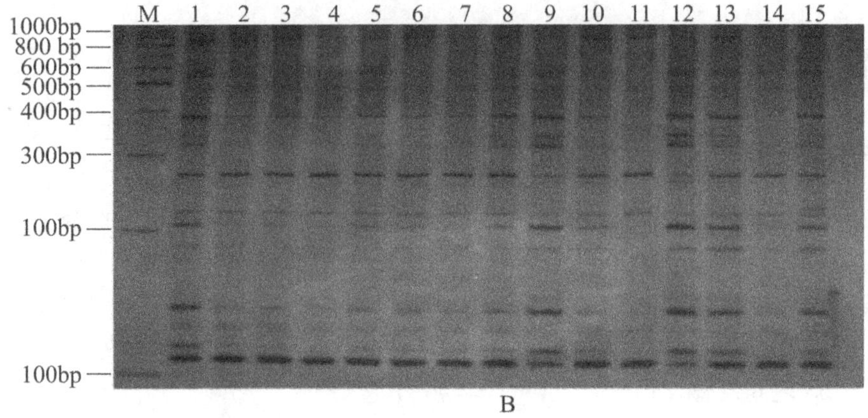

图 1　引物 $M_{13}E_8$、$M_{14}E_{13}$PCR 扩增

M—DL1000 marker；A—引物组合 $M_{13}E_8$；B—引物组合 $M_{14}E_{13}$；泳道编号与表 2 编号对应

2.2　遗传相似系数分析

15 份供试种群材料的遗传相似系数变化范围在 0.004 ～ 0.845，平均值为 0.412。其中湛江和安种群与东寨港 1 的种群遗传相似系数最大，为 0.845，说明这两个秋茄种群具有最相似的遗传背景，和安的次生种群最初可能是来自东寨港随海水漂流过来的秋茄种子生长繁殖而成的；湛江附城种群与湛江和安种群之间的遗传相似系数最小，为 -0.004，说明这两个种群具有较大的遗传分化。属于同一样地的东寨港三种群之间，东寨港 1 与东寨港 2 之间、东寨港 1 与东寨港 3 之间、东寨港 2 与东寨港 3 之间的遗传相似系数分别为 0.814、0.628、0.520，平均为 0.654；福田 1 与福田 2 种群之间的遗传相似系数为 0.509，说明同一样地不同种群间存在较小的遗传差异（表 3）。

表 3　秋茄种群遗传相似系数

	1	2	3	4	5	6	7	8	9	10	11	12	13	14	15
1	1.000														
2	0.365	1.000													
3	0.439	0.828	1.000												
4	0.356	0.806	0.814	1.000											
5	0.583	0.517	0.628	0.520	1.000										
6	0.420	0.804	0.845	0.745	0.611	1.000									
7	0.410	0.782	0.828	0.806	0.517	0.76	1.000								
8	0.396	0.322	0.343	0.274	0.559	0.464	0.368	1.000							
9	0.270	0.008	0.033	-0.045	0.196	0.150	0.052	0.490	1.000						
10	0.595	0.496	0.550	0.459	0.681	0.588	0.496	0.607	0.281	1.000					
11	0.338	0.541	0.362	0.436	0.579	0.385	0.366	0.430	-0.019	0.509	1.000				
12	0.115	-0.146	-0.165	-0.244	0.036	-0.004	-0.146	0.192	0.523	-0.044	-0.129	1.000			
13	0.535	0.380	0.439	0.386	0.477	0.375	0.525	0.403	0.288	0.497	0.346	0.076	1.000		
14	0.209	0.602	0.486	0.658	0.294	0.504	0.514	0.134	-0.105	0.337	0.496	-0.309	0.307	1.000	
15	0.487	0.436	0.392	0.347	0.522	0.528	0.386	0.502	0.335	0.479	0.400	0.219	0.452	0.271	1.000

注：1 ～ 15：见表 1

2.3　聚类分析

基于 SRAP 的扩增结果，用系统聚类法进行聚类分析，得到 15 份供试种群材料的亲缘关系树状图（图 2）。从聚类图可以看出，以 25 的类间距离为阈值，供试材料聚为两大类：即东北大堤和附城种群为第一类群，其余的 13 个种群聚为第二类群；在以 17 的类间距离为阈值时，第二类群进一步又可以分为两个亚类。

若以 12.5 的类间距离为阈值，15 份供试种群材料可被分为 4 个类群：第一类群包括 6 个种群，进一步可分为 2 个亚群，第一亚群包括东寨港 1、和安、特呈、珠海、东寨港 2 共 5 个种群，第二亚群仅包括云霄 1 个种群；第二类群包括 6 个种群，进一步可分为两个亚群，第一亚群包括东寨港 3、福田 1、北海、调风、高桥共 5 个种群，第二亚群仅包括泉州湾一个种群；第三类群仅包括福田 2 一个种群；第四类群包括东北大堤和附城两个种群。

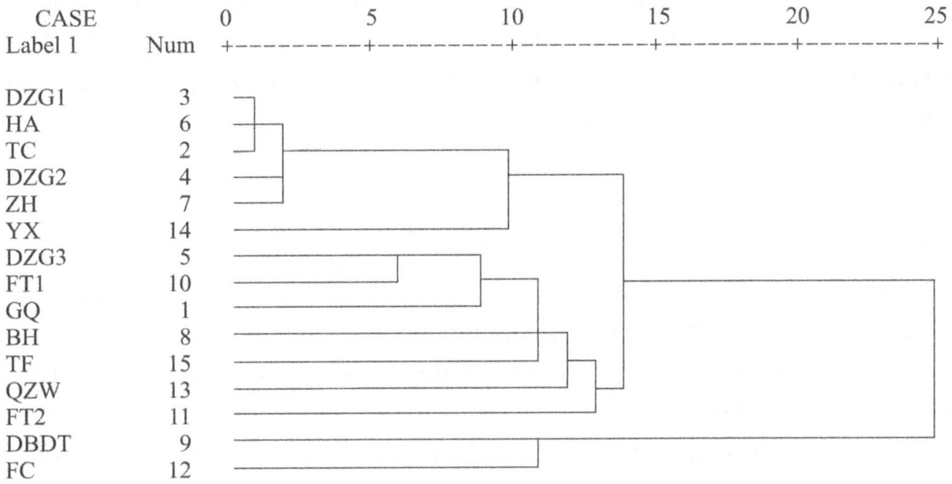

图 2　秋茄种群聚类分析

注：1 ～ 15：见表 1；大写字母为种群名称的简写

3　讨论

生物群体的遗传多样性是物种适应多变的环境条件以及长期生存的遗传基础，是评价生物资源状况的一个重要依据。本研究采用 SRAP 标记对自然生长于中国的红树植物秋茄的亲缘关系进行分析，从 120 对参试引物中选用 46 对引物组合扩增出 107 条多态性带，多态性比率为 39.63 %，平均遗传相似系数为 0.412，说明中国东南沿海秋茄种群存在一定的遗传分化。这与潘文等（2005）用 RAPD 和 ISSR 分子标记技术对木榄属的木榄（*Bruguiera gymnorrhiza*）、海莲（*Bruguiera sexangula*）、尖瓣海莲（*Bruguiera sexangula var. rhynchopetala*）和赵萌莉等（2001）用 RAPD 对白骨壤以及 Toshikazu Takeuchi 等（2001）用同工酶检测法对日本西南沿海岛屿的秋茄和木榄种群进行遗传亲缘关系研究结果有所不同。究其原因，第一，中国东南沿海秋茄种群之间可能的确存在较大的遗传变异；第二，可能是由于研究范围的扩大以及样本含量较小尚未能对所研究种群遗传变异进行细致的分析所致。

依据 SRAP 标记的分类，以 15 的类间距离为阈值，所有供试材料被分为两个类群，这两个类群内同时包含不同地区的种群，说明中国秋茄种群的遗传分化与中国南部沿海大地理范围变化间的关系并不明显。在类间距离为 12.5 的阈值处，进一步可分为 4 个类群。东寨港 1 种群和东寨港 2 种群属于同一类群，福田 2 种群单独聚为一类群，福田 1 种群和东寨港 3 种群同属一类群，东北大堤种群和附城种群聚为一类群，具有不同于其他地区秋茄种群的遗传特性。东寨港 3 个种群和福田两种群分属于不同的类群，表明同一地区的秋茄种群之间具有遗传上的差别。从树状聚类图可以看出，中国秋茄种群的遗传分化与中国南部沿海大地理范围变化间的关系并不明显。这与 Duke 等（1998）对斯里兰卡木榄属的海莲和木榄进行了 RAPD 分析结果具有一致性。

秋茄作为中国分布最广的红树植物，在今后中国华南沿海红树林的恢复过程中，从遗传多样性的角度考虑，采种育苗、种植首先应该考虑秋茄分布面积较广的东寨港，再者应该考虑深圳福田、湛江附城以及湛江东北大堤。建议在今后我国的红树林保护中，应加大对海南东寨港、深圳福田、湛江东北大堤和附城的秋茄种群保护，而随着湛江东海岛经济技术区的开发建设，将会对东北大堤红树林产生十分严重的影响，对紧紧濒临东海岛的东北大堤秋茄种群的保护更应该是重中之重。

参考文献

[1] Budak H, Shearman R C, Molecular characterization of Buffalograss germplasm using sequence-related amplified polymorphism markers [J]. Theor Appl Genet, 2004, 108: 328 - 334.

[2] 陈昆松，李方，徐昌杰，等. 改良 CTAB 法用于多年生植物组织基因组 DNA 的大量提取 [J]. 遗传，2004，26（4）：529 - 531.

[3] Duke N C, Benzie J A H, Goodall J A. Structure and evolution of species in the mangrove genus Avicennia (Avicenniaceae) in the Indo-West Pacific [J]. Evolution, 1998, 52 (6): 1612 - 1626.

[4] 耿建峰，侯喜林，张晓伟，等. 利用 DH 群体构建不结球白菜遗传连锁图谱 [J]. 南京农业大学学报，2007，30（2）：23 - 28.

[5] 胡铁柱，王玲，冯熙路，等. 稻瘟病菌群体的分子遗传学研究——由 5 个亚群体组成的广东省稻瘟病菌群体遗传结构的分析 [J]. 中国农业科学，2003，36（12）：1476 - 1483.

[6] Li G, Gao M, Yang B, et al. Gene for gene alignment between the Brassica and Arabidopsis genomes by direct transcriptome mapping [J]. Theor Appl Genet, 2003, 107 (1): 168 - 180.

[7] 李莉，彭建营，白瑞霞. 中国枣属植物亲缘关系的 SRAP 分析 [J]. 中国农业科学，2009，42（5）：1713 - 1719.

[8] 李丽，郑晓鹰，柳李旺. 用 SRAP 标记分析黄瓜品种遗传多样性及鉴定品种 [J]. 分子植物育种，2006，4（5）：702 - 708.

[9] 李媛媛，沈金雄，王同华，等. 利用 SRAP、SSR 和 AFLP 标记构建甘蓝型油菜遗传连锁图谱 [J]. 中国农业科学，2007，40（6）：1118 - 1126.

[10] 林鹏. 中国红树林湿地与生态工程的几个问题 [J]. 中国工程科学，2003，5（6）：33 - 38.

[11] 林忠旭，张献龙，聂以春. 新型标记 SRAP 在棉花 F2 分离群体及遗传多样性评价中的适用性分析 [J]. 遗传学报，2004，31（6）：622 - 626.

[12] 林忠旭，张献龙，聂以春. 棉花 SRAP 遗传连锁图构建 [J]. 中国科学通报，2003，48（15）：

1676 - 1679.
[13] 柳李旺，龚义勤，黄浩，等．新型分子标记——SRAP 与 TRAP 及其应用［J］．遗传，2004，26（5）：777 - 781.
[14] 潘俊松，王刚，李效尊，等．黄瓜 SRAP 遗传连锁图的构建及始花节位的基因定位［J］．科学通报，2005，15（2）：167 - 172.
[15] 潘文，周涵韬，陈攀，等．木榄属 3 种红树植物的遗传变异和亲缘关系分析［J］．海洋科学，2005，29（5）：23 - 28.
[16] Toshikazu Takeuchi，Takashi Sugaya，Ayako Kanazashi，et al. Genetic diversity of Kandelia candel and Bruguiera gymnorrhiza in the southwest islands，Japan［J］．Journal of Forest Research，2001，6：157 - 162.
[17] 吴伟怀，王玲，陈贯忠，等．稻瘟病菌群体的分子遗传学研究——广东省与云南省稻瘟病菌群体遗传及致病型结构的比较分析［J］．中国农业科学，2004，37（5）：675 - 680.
[18] 赵萌莉，林鹏，闻宇，红树植物白骨壤遗传分化的 RAPD 分析［J］．内蒙古农业大学学报，2001，22（1）：40 - 43.

Proteomic analysis of salt-responsive proteins in the leaves of semi-mangroves *Heritiera littoralis* seedlings under experimental salt stresses*

X. L. Wang[1], W. D. Han[2], C. Y. Lu[3]

(1. College of Environment and Ecology, Xiamen University, Xiamen 361102, Fujian, China
2. College of Agriculture, Guangdong Ocean University, Zhanjiang 524088, Guangdong, China
3. Department of Environmental Science and Engineering, Tan Kah Kee College, Xiamen University, Zhangzhou 363105, Fujian, China)

Abstract: *Heritiera littoralis* Dryand. were used for studying the molecular mechanisms of semi-mangroves on salt tolerance. We used two-dimensional gel electrophoresis to measure changes in the proteome in leaves of *H. littoralis* (the total salt content in soil of 1 g/kg (control), 10 g/kg, 19 g/kg) for 50 days. The salt treatment resulted in reductions of the seedling growth in height, proline content, and SOD activity. There were 76 protein spots were up-regulated and 61 protein spots were down-regulated. Based on MALDI-TOF-TOF analysis and NCBI database in searching the identified proteins of *H. littoralis* seedlings to high-salinity due to (1) Isoflavone reductase play a significant role in binding substrate; (2) The up-regulation of light-harvesting chlorophyll a-b binding protein likely helps maintain the integrity of the chloroplast protein complexes and the efficiency of photosynthesis; (3) The up-regulated of Cu-Zn SOD enzyme indicating that the antioxidative system may protect cells from oxidative damage.

Keywords: *Heritiera littoralis* dryand; salt stress; two-dimensional gel electrophoresis; MALDI-TOF-TOF; Proteomics

Introduction

In many areas of the world, salinity is one of the major environmental factors which limit plant growth and yield (Allakhverdiev et al. 2000, Munns 2002). Currently, salinity stresses to plant growth is increasingly widespread around the world. More than 50% of all arable lands may suffer serious salinization by 2050 (Wang et al. 2003). NaCl is the predominant salt in most saline environments (Turkan & Demiral 2009). In the last few years, significant progress has been made in understanding the responses at the whole plant and cellular levels when plants are subjected to high salinity (Estrella et al 2014). High salinity is detrimental to plant growth for various reasons, including a reduction in photosynthesis, ion imbalance, oxidative damage and nutrient deficiency, all of which lead to growth inhibition and even plant death (Rus et

* 原刊于：[ICSD2015] 会议论文集。

al. 2001, Ozturk et al. 2002, Tester & Davenport 2003, Munns 2005, Miller et al 2010, Ashraf & Harris 2004). Plant acclimatization to stress is associated with the changes in proteome composition (Kosova et al. 2011, Kumar et al. 2000, Veeranagamallaiah et al. 2008). Because of the directly involved in plant stress responses, proteomics-based studies contribute to the relationships between protein abundance and plant stress acclimation (Kosova et al. 2011). Proteomics is a powerful molecular to compare how different physiological conditions affect the proteome (Sobhanian et al. 2010). As yet, proteomic methods have been widely used to investigate the different stress responses in different plants, including tobacco, rice, potato, and Arabidopsis (Abbasi & Komatsu 2004, Amme et al. 2006, Aghaei et al. 2008, Labra et al. 2006, Liu et al. 2014). Two-dimensional polyacrylamide gel electrophoresis (2-DE) is one of the most sensitive and powerful techniques for separating hundreds of proteins (Weiland et al. 2014).

Mangroves, with the characteristic of intertidal plant formations in tropical and subtropical coastlines, are among the most salt-tolerant woody plants (Berlyn 1986). Mangroves can tolerate salt up to seawater concentrations (~500 mM NaCl) (Takemura et al. 2000). In spite of sharing the common responses to salt stress, different plants exhibit diverse level of tolerance toward salinity. A series of researches have been carried out to elucidate the mechanism of salt tolerance in mangrove plants, including physiological, ecological, molecular biological (Twilley et al. 1998, Hibino et al. 2001, Chen et al. 2010, Chen et al. 2011). Also, there have some reports about the proteomics of mangrove plants in response to salinity (Krishnamurthy et al. 2014, Wang et al. 2014, Zhu et al. 2012, Tada & Kashimura 2009). However, to date, still only limited information is available about salt-response proteins in *H. littoralis*, which occurs from eastern Africa to southern Asia, Australia, and Melanesia (Berlyn 1986). H. littoralishas has an attractive characteristic with plank roots, leaves that are white to silvery on their undersides, and woody fruit (Jian et al. 2010). There are some reports about the biochemistry, genetic diversity of *H. littoralis* (Tewtrakul et al. 2010, Jian et al. 2004). Study had reported that, *H. littoralis* had little sodium and chloride in the leaves under salt stress (Paliyavuth et al. 2004)

In this study, to characterize the role of leaf blade on salt tolerance of *H. littoralis* plants, we utilized a proteomics-based approach to identify differentially expressed proteins affected by leaf blade and salt stress using 2-DE. This analysis provided a view of the proteome level changes elicited by NaCl exposure. The investigation of salt stress-responsive proteins, with the aim of gaining a better knowledge about the salt stress tolerance in *H. littoralis*, is of both fundamental and economic importance. The results give insights into the molecular mechanism in responses to salinity stress in *H. littoralis* seedlings.

Materials and Methods

2.1 Plant material and experimental treatment

Mature seeds of *H. littoralis* were collected from inter tidal zone near the seaside of Jilong Mount Isle (21°26′N, 110°23′E), Zhanjiang City, Guangdong province, China. And the seeds were cultivated in the nursery of Guangdong Ocean University (21°08′N, 110°18′E), Zhanjiang City, Guangdong province, China. After 5 months later, 5-month-old seedlings of similar size were chosen for red soil, river sand and compound fertilizer 200：200：1 medium culture under greenhouse conditions：the temperature is of 28℃ ~ 35℃ (day/night), relatively humidity 50% ~ 70%. The 5-month-old seedlings were cultivated in plastic pots (high：15cm; Caliber：21cm), with amount of fresh water every 3 days. After three months, the seedlings in plastic pots grew stably. Subsequently, the seedlings were treated with salt (NaCl) stresses as showed at Tab. 1. The salt treatments were designed according to previous studies, which showed that *H. littoralis* grew well when salt gradient in the soil≤11 g/kg, but when the salt gradient in the soil more than 14 g/kg, its growth were inhibited (Fengying 2009). The leaves were harvested after 50 days of NaCl treatments for proteomic analysis.

Table 1 Saltizing method

Saltizing gradient Salt weight /matrix weight	Matrix weight/kg	Total saltizing weight /g	Concentration solution of salt /g	Number of saltizing/times	Salt Concentration /(g·mL^{-1})	Every saltizing volume /mL
0%	5	0	0	5	0‰	450
0.9%	5	45	9	5	20‰	450
1.8%	5	90	18	5	40‰	450

2.2 The test methods of the total salt content

Soil samples were collected and measured for the total salt content after the test by using mass method.

2.3 Growth measurements and Physiological indicators assays

After the salt treatment for 30 days, seedling growth was recorded. Proline (Pro) content was estimated using the acid-ninhydrin method (Wang et al. 2008), and superoxide dismutase (SOD) activity was estimated using the inhibited NBT photochemical reduction methods (McCord et al. 2008).

2.4 Protein extraction for 2-DE

The frozen seedling material was homogenized with liquid nitrogen, the extract added 10mL Tris saturated phenol, the proteins were oscillated 6 time every 5 min and centrifuged at 5000 r/min for 30 min at 4℃ in a refrigerated high-speed centrifuge (Hema medical instrument Co., LTD Hema TGL-18R), repeated once-through operation. Precipitated proteins with methanol solution of ammonium acetate 5 volumes as proteins, oscillated 6 time every 5 min and precipitated overnight at -20℃ and centrifuged at 5 000 r/min for 30 min at 4℃. The proteins were washed 5 mL acetone, and then centrifuged at 5 000 r/min for 30 min at 4℃, repeated once-through operation. Then washed twice, added 4 mL acetone, centrifuged at 12 000 r/min for 20 min at 4℃. The pellet was dried at room temperature, save for backup at -80℃. The concentration of proteins was determined by using BSA as a standard.

2.5 2-DE

The first dimension (IEF) was performed according to Duncan R., et al. (Duncan et al. 1984), and modified, using drystrip (24 cm, pH 4-7). The 120μg of protein amounts were loaded on to the gels. For running the sample voltage applied was kept at 300 V for 30 min, 700 V for 30 min, 1 500 V for 1 h and 30 min, 9 000 V for 3 h, and finally running at 9 000 V for 4 h. The second dimension (SDS-PAGE) was performed on 30% T, 2.6% C acrylamide, 4 × resolving gel buffer, 10% SDS, 10% ammonium persulfate, and TEMED. After electrophoresis, the gels were silver stained. Images were captured and spots were quantitatively analyzed by using analysis software Image Master 2D platinum 5.0 (GE).

2.6 In-gel digestion

Protein spots were excised from the preparative gels to 0.6 mL EP tubes, each tube was washed twice with 120μL MilliQ water for washing, then each tube were added 120 μL 50% methanol, shaking shock 30 min at 37℃ for decolorizing, and then each tube were added 100 μL ACN, shaking shock 2 min for dehydrating, and then each tube were added 50 μL 100 mM NH_4HCO_3 in 50% ACN 100 μL for imbibition, alkylated with combined and lyophilized. The resulting lyophilized tryptic peptides were dissolved in 90% ACN + 2.5% TFA, and then reconstituted in 30% ACN + 0.1% TFA, then added in 5 mg/mL HCCA 0.5 μL. Until the sample completely dry, it can be fed into the mass spectrometer.

2.7 MALDI-TOF/TOF analysis and database searching

Mass spectra were acquired on a (Bruker Dalton) Autoflex speed™ MALDI-TOF-TOF tandem mass spectrometer, UV wavelength is 355 nm, repetition rate is 200 Hz, acceleration voltage is 20 000 V, best quality resolution is 1 500 Da. Scan quality range of 700 - 3 200 Da, and then collect signals. Using software flex Analysis (Bruker Dalton) filtered the baseline peak and identified signal peak. Using Bio Tools (Bruker Dalton) software to search the NCBI database, and found matching related proteins. Meanwhile, inquiring about their capabilities to unambiguous identification of proteins for which the protein belongs to.

Results

3.1 Growth and physiological responses to high-salinity stress in H. littoralis

Salt treatments caused a decrease of the growth of *H. littoralis* seedlings. The results showed that the seedling growth decrease 75.51% at 19 g/kg salt gradient when compared to the control (Fig. 1 A). Exposure to high salinity results in osmotic stress, wherefore, it is significant that plants are able to osmo-regulate to provide protection to the cells. Pro can help regulate cellular osmolarity during stress in plants. The results showed that, the SOD activity increased by 20.27% and 61.86% (with salt gradient at 10 g/kg, 19 g/kg, respectively) when compared to the controls (with salt gradient at 1 g/kg) (Fig. 1B). Similarly, the Pro content increased by 10.53% and 102.63%, respectively (Fig. 1C). The SOD activity and Pro content increased with the salt gradient increasing, through this way, *H. littorali* seedlings protect the cell membrane system damaged by the reactive oxygen or other radicals.

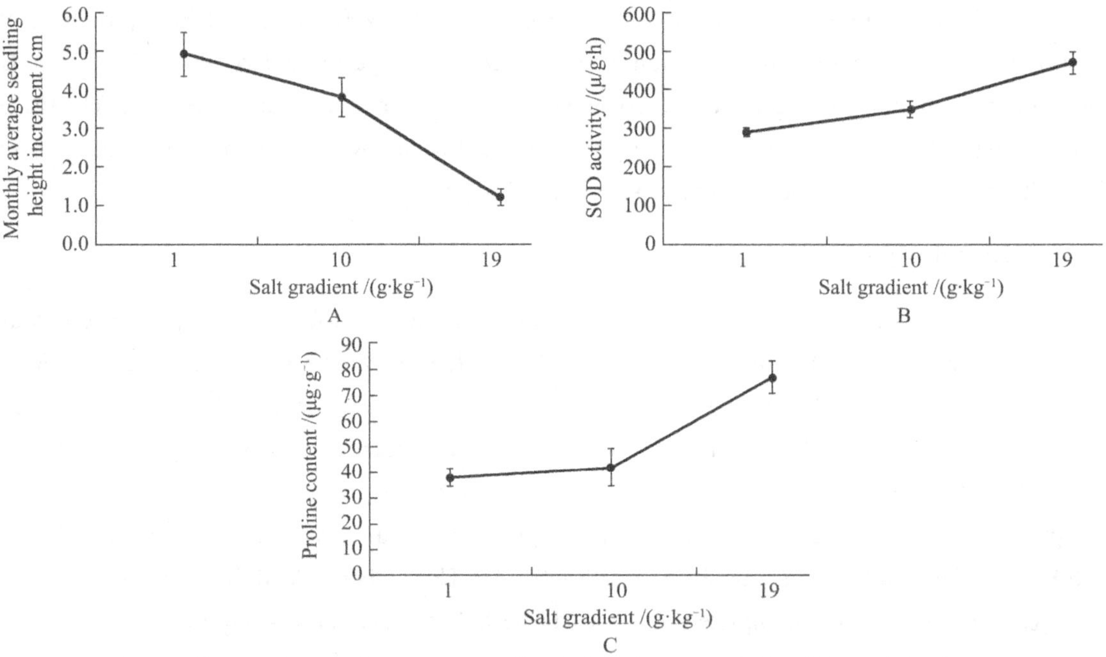

Fig. 1 Changes in monthly average seedling height increment (A), SOD activity (B), Proline content (C), *H. littoralis* seedlings grown at different salt gradient (± S. D.)

3.2 2-DE protein profile in response to salt stress

The protein profile of seedlings was analyzed by 2-DE. In this study, IEF was carried out within the 4 - 7 pH range and SDS-PAGE (second dimension) was done using a 12.5% polyacrylamide. The results showed that *H. littoralis* seedling proteins resolved were in pH range

4 – 7 with molecular mass 17 – 170 kDa. Following silver staining of the gels, the number of the spots over 1677 (Fig. 1). Spot differences were only considered if they were consistently manifested in all the three replicates proven to be statistically significant (DMR-test, $p < 0.05$) and displaying higher differences than the biological variability for the spot. When the seedlings were treated in salt gradient at 10 g/kg, the volumes of 108 spots (Fig. 1) changed more than two-fold (61 spots (spots B01 – B61) increased, including 24 salinity induced protein spots (B08, B11, B15, B17, B18, B22, B23, B26, B27, B30, B34 – B36, B40 – B43, B45, B46, B48, B50, B53); and 47 spots (spots A01 – A47) decreased, including 8 spots (A09, A18, A27, A33, A34, A35, A39, and A45) that disappeared). While for the salt gradient at 19 g/kg treatment, the volumes of 137 spots (Fig. 1) changed more than twofold (76 spots (spots D01 – D76) increased, including 20 salinity induced protein spots (D12, D19, D20, D27, D30, D31, D37, D39, D40, D46, D47, D51, D52, D57, D63, D64, D66, D69, D71, D73); and 61 spots (spots C01 – C61) decreased, including 5 spots (C08, C22, C36, C46, C52) that disappeared). The results showed that the majority of the salinity responsive proteins were up-regulated might indicate that the *H. littoralis* seedling is able to tolerate high salinity primarily by the up-regulation of some functional important proteins.

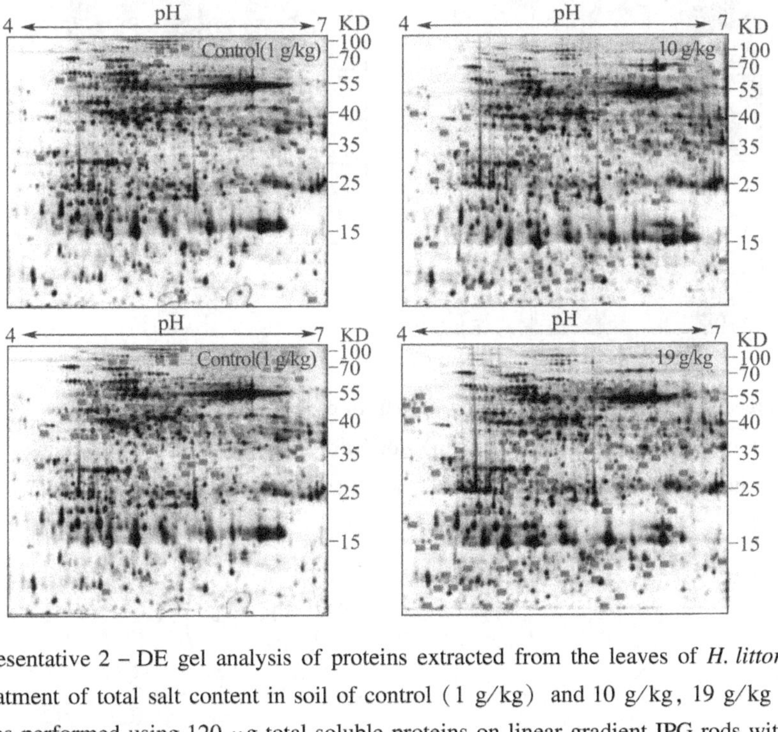

Fig. 2　Representative 2 – DE gel analysis of proteins extracted from the leaves of *H. littoralis* seedlings under the treatment of total salt content in soil of control (1 g/kg) and 10 g/kg, 19 g/kg for 50 d. First dimension was performed using 120 μg total soluble proteins on linear gradient IPG rods with pH 4 – 7. In the second dimension, 12.5% SDS-PAGE gels were used and proteins were visualized using silver nitrate. Differentially regulated protein spots are indicated by green slashes (A, B, C, and D). Under the treatment of 10 g/kg salt gradient and 19 g/kg salt gradient, down-regulated proteins (spots A01 – A47 and spots C01 – C61) were respectively indicated in image of 1 g/kg salt gradient treatment, up-regulated proteins and newly induced proteins (spots B01 – B61 and spots D01 – D76) were respectively indicated in the image of 10 g/kg salt gradient and 19 g/kg salt gradient.

We found that there were 23 spots increased and 17 spots decreased both with the treatment of salt gradient at 10 g/kg and 19 g/kg (Fig. 4). For the 17 down-regulated protein spots, we found that 8 spots (Fig. 3 Ⅰ) were decreased with the increase of salt gradient (spots A01/C02, A12/C15, A15/C17, A20/C22, A26/C42, A28/C45, A29/C46, A30/C47). While for the 23 up - regulated protein spots, the addition of salt gradient caused 7 spots (Fig. 3 Ⅱ) increased (spots B10/D10, B21/D16, B24/D18, B25/D21, B41/D37, B55/D65, B49/D54).

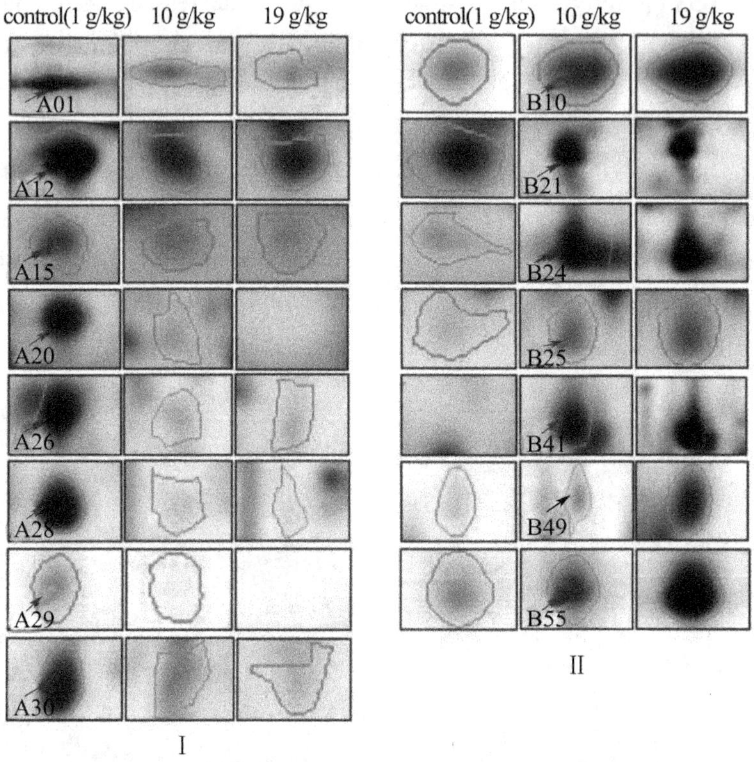

Fig. 3 Enlarged portion of the representative gel from each treatment of salt gradient (left to right: (control (1 g/kg), 10 g/kg, and 19 g/kg) for 50 d. Decreasing in protein volume (Ⅰ) and increasing in protein volume (Ⅱ) with increasing salt concentration of *H. littoralis* seedlings

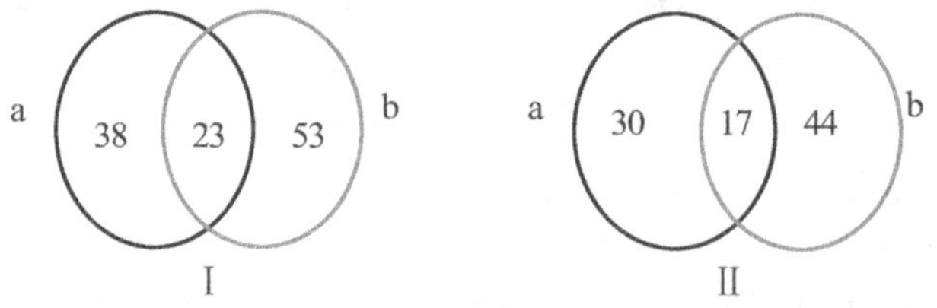

Fig. 4 The Venn diagram analysis of differentially expressed protein spots of the leaves of *H. littoralis* seedlings under different concentration of salt treatment. The figure shows differentially expressed in different regions of each point between treatment and control groups; a: the salt gradient of 10 g/kg processing 50 d; b: the salt gradient of 19 g/kg processing 50 d. Ⅰ: the up-regulated expression spot, Ⅱ: the down-regulated expression spot.

3.3 Biological functions of identified proteins

The 40 spots (23 spots increased and 17 spots decreased both with the treatment of salt gradient at 10 g/kg and 19 g/kg) were excised, digested and analyzed. 3 proteins were identified in the NCBI database. The identified results of the salinity stress-responsive proteins are listed in Table 2.

Seventeen proteins were down-regulated following exposure to high salinity, one of them were identified as an isoflavone reductase homolog (spot A28; Fig. 5). Our results suggest that the isoflavone reductase homolog is inhibited by exposure to high salinity. Isoflavone reductase homolog is a NADPH-dependent aromatic reductase, involved in photosynthesis. This may result to decreased growth of the cells, as we detected the decreased in plant growth with the salt gradient increasing (Fig. 1a).

Twenty-three proteins were up-regulated following exposure to high salinity, two of them were respectively identified ChlorophyII a-b binding protein of LHCII type III chloroplastic (spot B41), and Cu-Zn superoxide dismutase (spot B55). We detected an increase in the concentration of the chlorophyll a-b binding protein of LHCII type III chloroplastic (Fig. 5). Such function may reduce the negative effects of high salinity on growth in *H. littoralis*. Salt stress often leads to increased activities of antioxidant enzymes to eliminate reactive oxygen species (ROS). In the present study, Cu-Zn superoxide dismutase associated with cell defense, which is an important protective mechanism for minimizing oxidative damage from salt stress.

Table 2　Identification of salt stress-responsive protein of the leaves of *H. littoralis* seedlings

Spot NO.	Protein name	MV (kDa) /pl	Sequencecov erage /%	Species	Mascot score	ID
A28	Isoflavone reductase homolog	33 831 / 6.16	3	Solanum tuberosum	25	IFRH_SOLTU
B41	ChlorophyII a-b binding protein of LHC Ⅱ type Ⅲ chloroplastic	28 798 / 4.99	2	Hordeum valgare	34	CB23_HORVU
B55	Superoxide dismutase [Cu, Zn]	15 219 / 5.65	19	Zea mays	79	SODC4_MAIZE

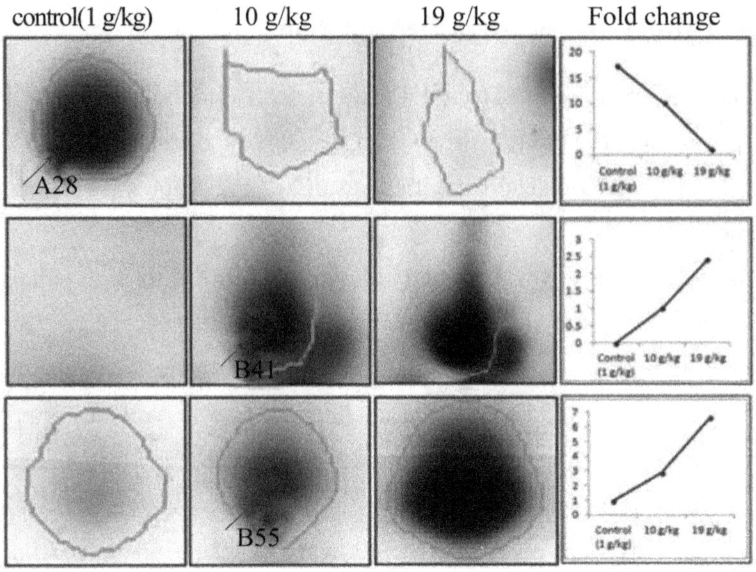

Fig. 5 Enlarged portion of the representative gel from each treatment of salt gradient (left to right: control (1 g/kg), 10 g/kg, 19 g/kg) and relative abundance in terms of fold change of each spot in the gel (line plots: x-axis—stress level; y-axis—fold change).

Discussion

Salinity is a major abiotic stress that affects plant growth and development. Due to its high degree of salinity tolerance (Mazzucotelli et al. 2008), *H. littoralis* is a valuable model for determining the mechanisms of semi-mangroves involved in responding to salinity stress. In this study, we conducted proteomic analyses in leaves of *H. littoralis* to discuss the possible response mechanisms of *H. littoralis* to high-salinity stress.

4.1 Biological functions of identified proteins

The increasing of the concentration of osmolytes is regarded as a common response to osmotic stresses such as salinity or drought in the plant kingdom (Bajji et al. 2001). Pro can provide many ways for protection, such as osmotic regulation, protein structures, etc. (Hare & Cress 1997, Nanjo et al 1999). In this study, the concentration of Pro increased significantly in *H. littoralis* seedlings grown in total salt content in soil of 19 g/kg when compared to the control (Fig. 1C). Meanwhile, the concentration of 21.05% (16 in 76) of the up-regulated proteins increased significantly in *H. littoralis* seedlings grown in 19 g/kg salt gradient. These data indicate that the 19 g/kg salt gradient cause serious damage to *H. littoralis*.

4.2 Maintenance of anabolism and protein folding

An adaptive feature for the survival of the plants under stress is by growing slowly, so that the plants can rely on multiple resources to combat the stress (Zhu 2001). To cope with salt stress, there are a number of strategies for plants by changes in gene expression, resulting to protein changes, so it can alert certain metabolism (Vinocur & Altman 2005). We all know that salinity stress can lead to a significant decrease in the efficiency of photosynthesis and carbohydrate synthesis in most plants. The decrease in photosynthesis can be detected by changes in growth. In this study, the results showed that the decrease in *H. littoralis* seedling growth was significant at 19 g/kg salt gradient (Fig. 1A). To tolerate high salinity, by increasing electron transfer efficiency, halophytes can maintain normal or even increased electron transfer efficiency, with the activities of enzymes for carbon fixation unaffected or even stimulated (Stepien & Johnson 2009, Gomez et al. 2010). With the increase of salt gradient treatment, we detected an increase in the concentration of the chlorophyll a-b binding protein of LHCII type III chloroplastic (spot B41), the result is similar to the previous study of P. patens (Wang et al. 2008). The chlorophyll a-b binding protein of LHCII type III chloroplastic is a component of PS I in plants and facilitates light absorption and transfer of the excitation energy to reaction centers for reducing NADP + to NADPH (Wan & Liu, 2008). We suppose that its increase guarantees *H. littoralis* to maintain a constant level of photosynthesis during the stress, the up-regulation of chlorophyll a-b binding protein of LHCII type III chloroplastic likely helps maintain the integrity of the chloroplast protein complexes and the efficiency of photosynthesis.

Isoflavone reductase homolog have a very similar polypeptide-chain fold, which is consisting of an N-terminal Ross-man-fold domain that binds NADPH, and of a C-terminal segment which largely contributes to substrate binding (Kajikawa et al. 2009). Isoflavone reductase homolog participated in biotic and abiotic stress responses of the plants (Brandalise et al. 2009). In this study, we detected a decrease in the concentration of isoflavone reductase homolog (spot A28), which indicated that some protein molecular structure of *H. littoralis* were damaged at 19 g/kg salt gradient.

4.3 Removal of reactive oxygen species (ROS)

Salt stress is often accompanied by a generation of reactive oxygen species (ROS) (Alvarez & Storey 1992, Watson 2000, Chatterjee & Gagnon 2001, Vaidyanathan et al. 2003), which disrupt normal metabolism via oxidative damage to lipids and proteins. Many plant species have mechanisms for ROS detoxification. Superoxide dismutase is a first line component of defense against ROS, and Cu-Zn superoxide dismutase is one of its forms, which presents a key function in the response to salt stress (Alscher et al. 2002). In this study, our results showed that the superoxide dismutase activity rose slowly with the increasing salt gradient (Fig. 1b), and also we detected an increase in the concentration of Cu-Zn superoxide dismutase enzyme (spot B55), which can enhance salinity tolerance in plants (Fig. 5). The result is similar to the previous study of salt stress of cucumber (Du et al. 2010) and sugar cane (Pacheco et al. 2013). We suggest that the Cu-Zn superoxide dismutase enzyme enable *H. littoralis* to remove ROS and protect *H. littoralis* from oxidative damage during exposure to high saline environments.

Conclusions

Our current study was aimed to characterizing the responses of *H. littoralis* to salt stress at proteome level. In *H. littoralis* leaves, using two-dimensional electrophoresis, we identified 3 proteins, Among them, chlorophyll a-b binding protein of LHCII type III chloroplastic and Cu-Zn superoxide dismutase both were significantly up-regulated, and Isoflavone reductase homolog were down-regulated because of salt stress. This study showed that these proteins are involved in different biochemical reactions imparting tolerance to salt stress in *H. littoralis*. Our findings reveal the changes at the protein level that may provide insight into stress tolerance nature of *H. littoralis*.

Acknowledgements

The work described in this paper is supported by the grants from National Natural Science Foundation of China (Project No. 31170511, Project No. 41376115, and Project No. 41176092).

References

[1] Abbasi F M, Komatsu, S. A proteomic approach to analyze salt-responsive proteins in rice leaf sheath [J]. Proteomics, 2004, 4: 2072 - 2081.

[2] Aghaei K, Ehsanpour A A, Komatsu S. Proteome Analysis of Potato under Salt Stress [J]. J Proteome Res, 2008, 7: 4858 - 4868.

[3] Allakhverdiev S I, Sakamoto A, Nishiyama Y, et al. Ionic and osmotic effects of NaCl induced inactivation of photosystems I and II in Synechococcus sp [J]. Plant Physiol, 2000, 123: 1047 - 1056.

[4] Alscher R G, Erturk N, Heath L S. Role of superoxide dismutases (SODs) in controlling oxidative stress in plants [J]. Journal of Experimental Botany, 2002, 53: 1331 - 1341.

[5] Alvarez J G, Storey B T. Evidence for increased lipid peroxidative damage and loss of superoxide-dismutase activity as a mode of sublethal cryodamage to human sperm during cryopreservation [J]. J Androl, 1992, 13: 232 - 241.

[6] Amme S, Matros A, Schlesier B, et al. Proteome analysis of cold stress response in Arabidopsis thaliana using DIGE-technology [J]. J Exp Bot, 2006, 57: 1537 - 1546.

[7] Ashraf M, Harris P J C. Potential biochemical indicators of salinity tolerance in plants [J]. Plant Sci, 2004, 166: 3 - 16.

[8] Bajji M, Lutts S, Kinet J M. Water deficit effects on solute contribution to osmotic adjustment as a function of leaf ageing in three durum wheat (Triticum durum Desf.) cultivars performing differently in arid conditions [J]. Plant Sci, 2001, 160: 669 - 681.

[9] Berlyn G P. The Botany of mangroves-tomlinson, PB [J]. Science, 1986, 234: 373 - 373.

[10] Brandalise M, Severino F E, Maluf M P, et al. The promoter of a gene encoding an isoflavone reductase-like protein in coffee (coffea arabica) drives a stress-responsive expression in leaves [J]. Plant cell reports, 2009, 28: 1699 - 1708.

[11] Chatterjee S, Gagnon C. Production of reactive oxygen species by spermatozoa undergoing cooling, freezing, and thawing [J]. Mol Reprod Dev, 2001, 59: 451－458.

[12] Chen J A, Xiao Q A, Wu F H, et al. Nitric oxide enhances salt secretion and Na^+ sequestration in a mangrove plant, Avicennia marina, through increasing the expression of H^+-ATPase and Na^+/H^+ antiporter under high salinity [J]. Tree Physiol, 2010, 30: 1570－1585.

[13] Chen S F, Zhou R C, Huang Y L, et al. Transcriptome sequencing of a highly salt tolerant mangrove species Sonneratia alba using illumina platform [J]. Mar Genom, 2011, 4: 129－136.

[14] Du C X, Fan H F, Guo S R, et al. Proteomic analysis of cucumber seedling roots subjected to salt stress [J]. Phytochemistry, 2010, 71: 1450－1459.

[15] Duncan R, Hershey J W B. Evaluation of isoelctric-focusing running conditions during two-dimensional during two-dimensional isoelectric-focusing sodium dodecyl sulfate-polyacrylamide gel-electrophoresis-variation of gel patten with changing conditions and optimized isoelectric-focusing conditions [J]. Analytical Biochemistry, 1984, 138: 144－155.

[16] Estrella R V, Barkla B J, Pantoja O. Comparative 2D-DIGE analysis of salinity responsive microsomal proteins from leaves of salt-sensitive Arabidopsis thaliana and salt-tolerant thellungiella salsuginea [J]. J Proteomics, 2014, 111: 113－127.

[17] Gomez S R, Naranjo E M, Figueroa M E, et al. Salt stimulation of growth and photosynthesis in an extreme halophyte, arthrocnemum macrostachyum [J]. Plant Biology, 2010, 12: 79－87.

[18] Hare P D, Cress W A. Metabolic implications of stress-induced proline accumulation in plants [J]. Plant Growth Regulation, 1997, 2: 79－102.

[19] Hibino T, Meng Y L, Kawamitsu Y, et al. Molecular cloning and functional characterization of two kinds of betaine-aldehyde dehydrogenase in betaine-accumulating mangrove Avicennia marina (Forsk.) Vierh [J]. Plant Mol Biol, 2001, 45: 353－363.

[20] Jian S G, Tang T, Zhong Y, et al. Variation in inter-simple sequence repeat (ISSR) in mangrove and non-mangrove populations of Heritiera littoralis (Sterculiaceae) from China and Australia [J]. Aquat Bot, 2004, 79: 75－86.

[21] Jian S G, Tang T A, Zhong Y, et al. Conservation genetics of Heritiera littoralis (Sterculiaceae), a threatened mangrove in China, based on AFLP and ISSR markers [J]. Biochem Syst Ecol, 2010, 38: 924－930.

[22] Kajikawa M, Hirai N, Hashimoto T A PIP-family protein is required for biosynthesis of tobacco alkaloids [J]. Plant Molecular Biology, 2009, 69: 287－298.

[23] Kosova K, Vitamvas P, Prasil IT, et al. Plant proteome changes under abiotic stress-contribution of proteomics studies to understanding plant stress response [J]. J Proteomics, 2011, 74: 1301－1322.

[24] Krishnamurthy P, Tan X F, Lim T K, et al. Proteomic analysis of plasma membrane and tonoplast from the leaves of mangrove plant Avicennia officinalis [J]. Proteomics, 2014, 14: 2545－2557.

[25] Kumar R G, Shah K, Dubey R S. Salinity induced behavioural changes in malate dehydrogenase and glutamate dehydrogenase activities in rice seedlings of differing salt tolerance [J]. Plant Sci, 2000, 156: 23－34.

[26] Labra M, Gianazza E, Waitt R, et al. Zea mays L. protein changes in response to potassium dichromate treatments [J]. Chemosphere, 2006, 62: 1234－1244.

[27] Liu C W, Chang T S, Hsu Y K, et al. Comparative proteomic analysis of early salt stress responsive proteins in roots and leaves of rice [J]. Proteomics, 2014, 14: 1759－1775.

[28] Mazzucotelli E, Mastrangelo A A, Crosatti C, et al. Abiotic stress response in plants: When post-

transcriptional and post-translational regulations control transcription [J]. Plant Sci, 2008, 174: 420 - 431.

[29] McCord J M, Wong K, Stokes S H, et al. Superoxide and inflammation-a mechanism for the anti-inflammatory activity ofsuperoxide-dismutase [J]. Acta Physiologica Scandinavica, 1980, 25 - 30.

[30] Miller G, Suzuki N, Yilmaz S C, et al. Reactive oxygen species homeostasis and signalling during drought and salinity stresses [J]. Plant Cell Environ, 2010, 33: 453 - 467.

[31] Munns R. Comparative physiology of salt and water stress [J]. Plant Cell Environ, 2002, 25: 239 - 250.

[32] Munns R. Genes and salt tolerance: bringing them together [J]. New Phytol, 2005, 167: 645 - 663.

[33] Nanjo T, Kobayashi M, Yoshiba Y, et al. Biological functions of proline in morphogenesis and osmotolerance revealed in antisense transgenic Arabidopsis thaliana [J]. Plant Journal, 1999, 18: 185 - 193.

[34] Ozturk Z N, Talame V, Deyholos M, et al. Monitoring large-scale changes in transcript abundance in drought and salt-stressed barley [J]. Plant Mol Biol, 2002, 48: 551 - 573.

[35] Pacheco C M, Pestana-Calsa M C, Gozzo F C, et al. Differentially Delayed Root Proteome Responses to Salt Stress in Sugar Cane Varieties [J]. Journal of Proteome Research, 2013, 12: 5681 - 5695.

[36] Paliyavuth C, Clough B, Patanaponpaiboon P. Salt uptake and shoot water relations in mangroves [J]. Aquat Bot, 2004, 78: 349 - 360.

[37] Rus A, Yokoi S, Sharkhuu A, et al. AtHKT1 is a salt tolerance determinant that controls Na^+ entry into plant roots [J]. P Natl Acad Sci USA, 2001, 98: 14150 - 14155.

[38] Stepien P, Johnson G N. Contrasting responses of photosynthesis to salt stress in the glycophyte arabidopsis and the halophyte thellungiella: role of the plastid terminal oxidase as an alternative electron sink [J]. Plant Physiology, 2009, 149: 1154 - 1165.

[39] Tada Y, Kashimura T. Proteomic Analysis of salt-responsive proteins in the mangrove plant, Bruguiera gymnorhiza [J]. Plant Cell Physiol, 2009, 50: 439 - 446.

[40] Takemura T, Hanagata N, Sugihara K, et al. Physiological and biochemical responses to salt stress in the mangrove, Bruguiera gymnorrhiza [J]. Aquat Bot, 2000, 68: 15 - 28.

[41] Tester M, Davenport R. Na^+ tolerance and Na^+ transport in higher plants [J]. Ann Bot-London, 2003, 91: 503 - 527.

[42] Tewtrakul S, Tansakul P, Daengrot C, et al. Anti-inflammatory principles from Heritiera littoralis bark [J]. Phytomedicin, 2010, 17: 851 - 855.

[43] Turkan I, Demiral T. Recent developments in understanding salinity tolerance [J]. Environ Exp Bot, 2009, 67: 2 - 9.

[44] Twilley R R, Rivera-Monroy V H, Chen R H, et al. Adapting an ecological mangrove model to simulate trajectories in restoration ecology [J]. Mar Pollut Bull, 1998, 37: 404 - 419.

[45] Vaidyanathan H, Sivakumar P R, Chakrabarty G. Thomas, Scavenging of reactive oxygen species in NaCl-stressed rice (Oryza sativa L.) -differential response in salt-tolerant and sensitive varieties [J]. Plant Sci, 2003, 165: 1411 - 1418.

[46] Veeranagamallaiah G, Jyothsnakumari G, Thippeswamy M, et al. Proteomic analysis of salt stress responses in foxtail millet (Setaria italica L. cv. Prasad) seedlings [J]. Plant Sci, 2008, 175: 631 - 641.

[47] Vinocur B, Altman A. Recent advances in engineering plant tolerance to abiotic stress: achievements and limitations [J]. Current Opinion in Biotechnology, 2005, 16: 123 - 132.

[48] Wan X Y, Liu J Y. Comparative proteomics analysis reveals an intimate protein network provoked by hydrogen peroxide stress in rice seedling leaves [J]. Mol Cell Proteomics, 2008, 7: 1469 - 1488.

[49] Wang W X, Vinocur B, Altman A. Plant responses to drought, salinity and extreme temperatures: towards genetic engineering for stress tolerance [J]. Planta, 2003, 218: 1 - 14.

[50] Wang X Q, Yang P F, Gao Q, et al. Proteomic analysis of the response to high-salinity stress in Physcomitrella patens [J]. Planta, 2008, 228: 167 - 177.

[51] Wang Y, Zhu H W, Tam N F Y. Polyphenols, tannins and antioxidant activities of eight true mangrove plant species in South China [J]. Plant Soil, 2014, 374: 549 - 563.

[52] Watson P F. The causes of reduced fertility with cryopreserved semen [J]. Anim Reprod Sci, 2000, 60: 481 - 492.

[53] Weiland F, Zammit C M, Reith F, et al. High resolution two-dimensiona, electrophoresis of native proteins [J]. Electrophoresis, 2014, 35: 1893 - 1902.

[54] Zhu J K. Plant salt tolerance [J]. Trends Plant Sci, 2001, 6: 66 - 71.

[55] Zhu Z, Chen J, Zheng H L. Physiological and proteomic characterization of salt tolerance in a mangrove plant, Bruguiera gymnorrhiza (L.) Lam [J]. Tree Physiol, 2012, 32: 1378 - 1388.

第3章

红树植物种群生态学特性研究

不同潮带红海榄群落胎生繁殖体空间分布格局分析*

黄剑坚[1a]，李际平[2]，刘素青[1b]，韩维栋[1b]

（1. 广东海洋大学 a. 寸金学院，b. 农学院，广东 湛江 524094；
2. 中南林业科技大学，湖南 长沙 410004）

摘　要：在广东省湛江市高桥不同潮带不同红海榄群落展开胎生繁殖体空间分布格局调查。分析比较胎生繁殖体在的上、中、下等不同冠层，东、南、西、北等不同方位，以及面潮、背潮两部分等的 8 种聚集度指标（I，C，M^*，$C_A\cdots$），结果表明：高桥内带红海榄胎生繁殖体主要分布在上层冠层、东方位和背潮部分；中带红海榄胎生繁殖体主要分布在中层冠层，在各个方位以及面潮和背潮两部分的分布无显著性区别；红海榄胎生繁殖体的空间分布格局皆为聚集分布。结合研究结果，提出在造林困难的潮带可进行红海榄胎生繁殖体的合理密集种植，提高胎生繁殖体的环境抵御能力，从而提高存活率。

关键词：红树林；红海榄；胎生繁殖体；分布格局；广东省湛江市

中图分类号：S796　　　**文献标志码**：A　　　**文章编号**：1673－923X（2013）03－0034－06

Spatial distribution patterns of *Rhizophora stylosa* community viviparous reproduction in different tide zones

Huang Jianjian[1a], Li Jiping[2], Liu Suqing[1b], Han Weidong[1b]

（1a. Cunjin College, 1b. Agriculture College, Guangdong Ocean University, Zhanjiang 524094, Guangdong; 2. Central South University of Forestry & Technology, Changsha 410004, Hunan）

Abstract: The investigations of the spatial distribution patterns of *Rhizophora stylosa* viviparous propagule in Gaoqiao of Zhanjiang, Guangdong province were conducted. The 8 aggregation degree indicators（I, C, M^*, C_A, ···）were compared and analyzed of viviparous reproductions located at upper, middle and lower canopy, in east, south, west and north azimuth, face to tide and back tide. The results indicate that *R. stylosa* viviparous reproduction of inner tide in Gaoqiao mainly distributed in upper crown, east position and back tide; and the viviparous reproduction of middle tide mainly distributed in middle crown, had little significance difference distribution of each position and face-back tide; the distribution belonged generally to the aggregated distribution pattern. Finally, it is proposed that the *R. stylosa* viviparous reproduction should be planted with reasonable density in the difficult tide zones for afforestation, thus increasing resistance ability form environment

* 广东省海洋渔业科技推广专项基金项目（C20100813102523）。
原载于：中南林业大学学报，33（3）：34－39。

and enhancing the survival percentage.

Key words: mangrove; *Rhizophora stylosa*; viviparous propagule; distribution patterns; Zhanjiang; Guangdong province

红海榄 *Rhizophora stylosa* 属红树科 *Rhizophoraceae* 的红树植物，生长于热带、亚热带海岸潮间带中，为常绿灌木或小乔木，支柱根极为发达，果实倒圆锥状卵形，下垂，种子在果实离开母树前发芽，具有特殊的“胎生繁殖”方式，主要分布于广西、香港、广东和海南等地，是沿海红树林生态恢复的优选树种[1,2]。空间分布格局是指生物个体在与环境相互作用中所形成的、种群所在生境内个体的空间配置，是种群自身生物学特性与外界因素综合作用的产物[3,4]。红树林种群以自身特有的生态学和形态学属性，在与各环境因子的相互作用下，形成一个相对稳定的水平空间分布格局。有关红树林分布格局亦有专文报道，主要从群落角度得出每个种群的分布格局[5-8]。并且亦有研究指出红树林种群的分布格局主要受自身的生物学特征和微地形影响，呈随机或集群分布[8]。目前，有关红海榄胎生繁殖体空间分布格局至今未见报道。分析红海榄胎生繁殖体的空间格局不仅可以了解胎生繁殖体的分布情况与环境之间的相互关系，并且有助于揭示林下及林窗红海榄更新幼苗空间分布格局形成的主要原因，对阐明红海榄群落的稳定、演替及恢复机理有重要意义。本研究以廉江高桥红树林保护区的红海榄天然林的成熟胎生繁殖体为研究对象，描述在不同潮带、群落、冠层、方位等分布格局状况。

1 研究区概况

广东省湛江市廉江高桥红树林保护小区属于全日潮区，地处广东、广西交界的北部湾英罗港，东侧卖皂海，西侧官寨海，为湛江红树林国家级自然保护区的核心区之一。高桥红树林保护小区保护总面积 2 249.4 hm^2，有红树林 1 361.6 hm^2，可划分为 44 个小班（小班数为当地林业部门的林地区划），是全国面积最大红树林保护区[3]。该小区内主要有白骨壤 *Avicennia marina*、桐花树 *Aegiceras corniculatum*、红海榄 *Rhizophora stylosa*、秋茄 *Kandelia obovata*、木榄 *Bruguiera gymnorrhiza* 等主要红树植物，有海檬果 *Cerbera manghas*、苦郎树 *Clerodendurm inerme*、黄槿 *Hibiscus tiliaceus*、杨叶肖槿 *Thespesia populnea* 等主要半红树植物。

2 研究方法

2.1 调查方法

2011 年 7 月 17 日至 23 日于广东省湛江市廉江高桥红树林保护小区的内带和中带，共调查 4 个红海榄优势种样地，内带纯林和内带混交林（红海榄 + 木榄混交）立地条件相同，中带纯林与混交林（红海榄 + 木榄 + 桐花树 + 秋茄混交）林立地条件相同。每个样地随机抽取 30 株红海榄调查木，把每株调查木的冠层平均分为上、中、下三层，记录每层胎生繁殖体的数量和整株红海榄的胎生繁殖体数量；再对每株样木以主干为中心，以东、南、西、北四个方向平均分为四层，然后按面潮和背潮将树冠分成两部分。内带纯林树高（5.2 ±0.5）m，混交林树高（5.4 ±0.4）m；中带纯林树高（2.7 ±0.3）m，混交林树高（2.7 ±0.2）m。

2.2　分析方法

2.2.1　聚集度指标分析法

聚集度指标主要采用包括扩散系数 C、丛生指数 I、Cassie. R. M. 指标 C_A、负二项参数 K、平均拥挤度 m^*、聚块性指数指标 $m^*/\bar{x}$，详细计算方法见文献[4,9-11]。

2.2.2　回归模型分析法

主要采用 Iwao $m^*-\bar{x}$回归分析法[11-13]和 Toylar 幂法则[12,13]。

2.3　数据处理分析

采用 SPSS 16.0 进行数据分析。

3　结果与分析

3.1　聚集度指标计算结果

3.1.1　内带和中带红海榄群落胎生繁殖体聚集度比较分析

从表 1 可得，扩散系数 C（12.24 ～ 31.72）>1；丛生指数 I（11.24 ～ 30.72）>1；负二项参数 K（4.29 ～ 6.32）> 1；Cassie. R. M. 指标 C_A（0.16 ～ 0.23）> 0；每项平均拥挤度 $m^* > \bar{x}$；$m^*/\bar{x}$（1.10 ～ 1.23）> 1。因此，内带纯林、内带混交林（红海榄 + 木榄混交）、中带纯林、中带混交林（红海榄 + 木榄 + 桐花树 + 秋茄混交）的胎生繁殖体分布格局呈聚集分布。4 个样地胎生繁殖体聚集强度分析可得：中带红海榄 + 木榄 + 桐花树 + 秋茄混交林 > 内带红海榄 + 木榄混交林 > 中带纯林 > 外带纯林。

表 1　内带和中带红海榄群落聚集度比较分析

样地	$\bar{x}$	C	I	K	C_A	m^*	$m^*/\bar{x}$
内带纯林	118.67	12.24	11.24	6.32	0.16	129.90	1.10
内带木榄 + 红海榄混交林	117.56	25.99	24.99	4.71	0.21	142.54	1.21
中带纯林	121.88	15.71	14.71	6.29	0.16	136.59	1.12
中带红海榄 + 木榄 + 桐花树 + 秋茄混交林	131.67	31.72	30.72	4.29	0.23	162.39	1.23

3.1.2　内带和中带红海榄群落不同冠层胎生繁殖体分布格局比较分析

内带和中带红海榄群落不同冠层胎生繁殖体的扩散系数皆 $C>1$（见表 2）；丛生指数 I 除了内带纯林下层和内带木榄 + 红海榄混交林下层外，其他皆 >1；负二项参数 K 除了内带纯林下层外，其他皆 >1；Cassie. R. M. 指标 $C_A>0$；每项平均拥挤度 $m^*>x$；m^*/x 指标皆 >1。因此，内带和中带红海榄群落不同冠层胎生繁殖体呈聚集分布。

表 2　内带和中带红海榄群落不同冠层胎生繁殖体聚集度分析

样地	方位	$\bar{x}$	C	I	K	C_A	m^*	$m^*/\bar{x}$
内带纯林	上	74.50	6.18	5.18	7.23	1.02	79.68	1.07
	中	31.83	8.76	7.76	4.10	0.24	39.60	1.24
	下	12.33	1.77	0.77	0.98	0.14	13.11	1.06
内带木榄 + 红海榄混交林	上	70.00	19.09	18.09	3.87	0.26	88.09	1.26
	中	36.89	18.69	17.69	2.09	0.48	54.58	1.48
	下	10.67	1.50	0.50	1.33	0.05	11.17	1.05
中带纯林	上	49.63	16.43	15.43	3.22	0.31	65.05	1.31
	中	55.13	8.96	7.96	6.92	0.14	63.09	1.14
	下	17.13	10.40	9.40	1.82	0.55	26.53	1.55
中带红海榄 + 木榄 + 桐花树 + 秋茄混交林	上	51.44	24.20	23.20	2.22	0.45	74.64	1.45
	中	67.44	28.28	27.28	2.47	0.40	94.72	1.40
	下	12.78	6.30	5.30	2.41	0.41	18.07	1.41

从图 1 可见，红海榄胎生繁殖体主要集中在中上层，占 86% ~ 91%，其中内带纯林和内带木榄 + 红海榄混交林的分布顺序是上 > 中 > 下，中带纯林和中带红海榄 + 木榄 + 桐花树 + 秋茄混交林的分布顺序是中 > 上 > 下。通过多重比较分析（LSD）可得：内带纯林和内带木榄 + 红海榄混交林的上、中、下三层胎生繁殖体分布呈显著性区别；中带纯林和中带红海榄 + 木榄 + 桐花树 + 秋茄混交林的上中层无显著性区别，中下层和上下层呈显著性区别。

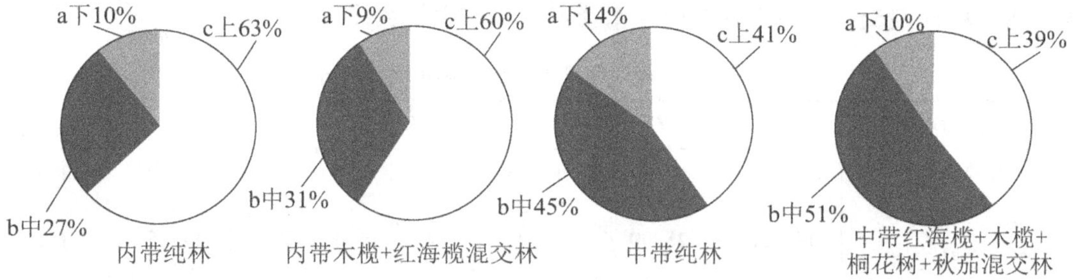

图 1　不同潮带红海榄不同冠层胎生繁殖体分布

小写字母显示 5% 水平差异

3.1.3　内带和中带红海榄群落不同方位胎生繁殖体分布格局比较分析

根据各参数判定标准可知（见表 3），胎生繁殖体的扩散系数皆 $C>1$；丛生指数 I 皆 >1；负二项参数 K 除了内带纯林北方位，其他皆 >1；Cassie. R. M. 指标 $C_A>0$；每项平均拥挤度 $m^*>\bar{x}$；$m^*/\bar{x}$ 指标皆 >1。因此，内带和中带不同红海榄群落不同方位胎生繁殖体呈聚集分布。

表 3　内带和中带红海榄群落不同方位胎生繁殖体聚集度分析

样地	方位	$\bar{x}$	C	I	K	C_A	m^*	$m^*/\bar{x}$
内带纯林	东	53.00	16.92	15.92	3.33	0.30	68.92	1.30
	南	28.83	7.35	6.35	4.55	0.22	35.18	1.22
	西	23.33	6.03	5.03	4.64	0.22	28.36	1.22
	北	13.5	2.39	1.39	0.88	1.14	14.89	1.10
内带木榄 + 红海榄混交林	东	52.22	17.05	16.05	3.25	0.31	68.27	1.31
	南	18.33	3.21	2.21	6.12	0.16	20.54	1.12
	西	22.33	4.70	3.70	6.03	0.17	26.04	1.17
	北	24.67	17.75	16.75	1.47	0.68	41.41	1.68
中带纯林	东	26.50	6.40	5.40	4.90	0.20	31.90	1.20
	南	37.75	8.81	7.81	4.84	0.21	45.56	1.21
	西	31.38	12.06	11.06	2.84	0.35	42.44	1.35
	北	26.25	6.09	5.09	5.16	0.19	31.34	1.19
中带红海榄 + 木榄 + 桐花树 + 秋茄混交林	东	26.50	6.40	5.40	4.90	0.20	31.90	1.20
	南	37.75	8.81	7.81	4.84	0.21	45.56	1.21
	西	31.38	12.07	11.07	2.84	0.35	42.44	1.35
	北	26.25	6.09	5.09	5.16	0.19	31.34	1.19

内带红海榄胎生繁殖体（见图 2）主要分布在东边，中带主要分布在南边。通过多重比较分析（LSD）可得：内带纯林和内带混交林的东方位胎生繁殖体分布对其他方位皆呈显著性区别，内带纯林东和南方位的胎生繁殖体总和占总体的 69%，西北占 31%；内带混交林东和南方位的胎生繁殖体总和占总体的 60%，西北占 40%；中带纯林和中带混交林各个方位的胎生繁殖分布无显著性区别，呈均匀分布。中带纯林东和南方位的胎生繁殖体总和占总体的 52%，西北占 48%；中带混交林东和南方位的胎生繁殖体总和占总体的 55%，西北占 45%。

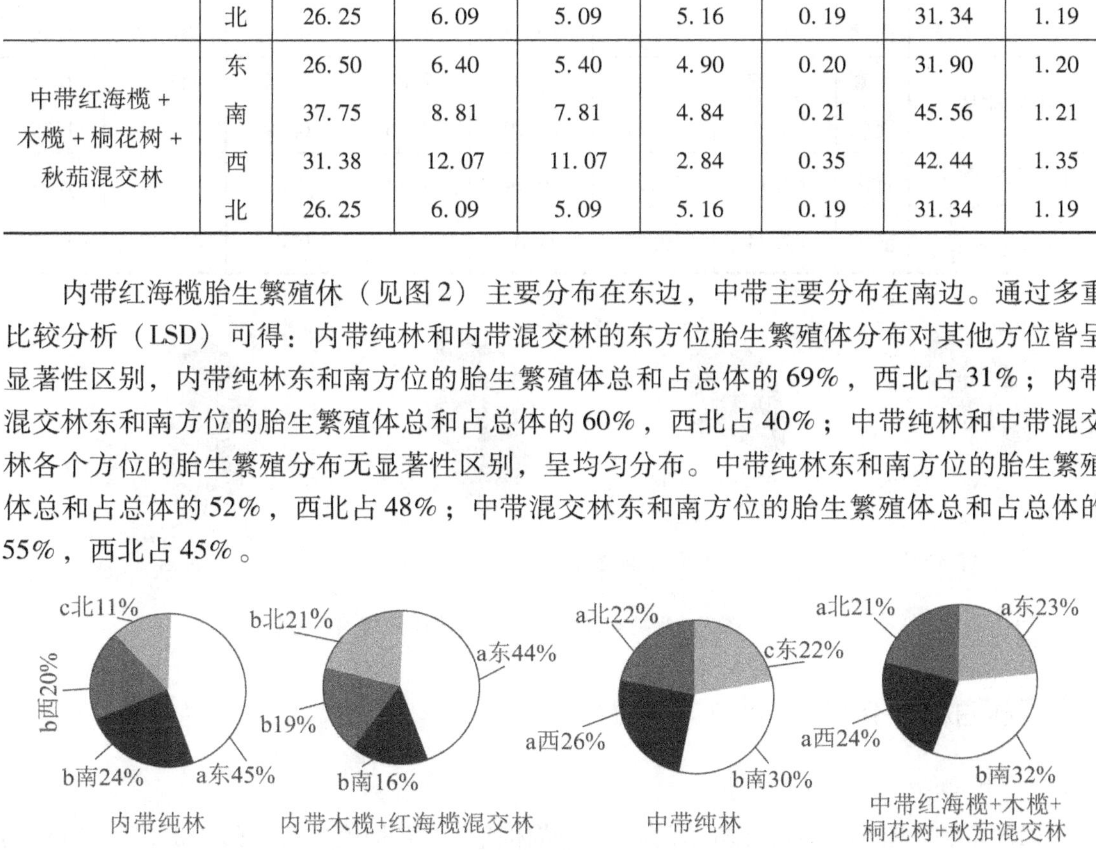

图 2　内带和中带红海榄群落不同方位胎生繁殖体分布

3.1.4 背潮和面潮的胎生繁殖体空间分布比较分析

根据各参数判定标准可知（见表4），胎生繁殖体的扩散系数 C 皆 >1；丛生指数 I 皆 >1；负二项参数 K 除了内带纯林，其他皆 >1；Cassie. R. M. 指标 $C_A>0$；每项平均拥挤度 $m^*>\bar{x}$；$m^*/\bar{x}$ 指标皆 >1。胎生繁殖体在背潮和面潮呈聚集分布。从饼图比例中（图3）可知，内带纯林面潮和背潮的胎生繁殖体量差别最大，通过配对样本 T 检验可得：$T=4.51$，相伴概率为 0.006，比显著性水平 0.05 和极显著水平 0.01 要小，拒绝 T 检验的零假设，因此，内带纯林面潮和背潮胎生繁殖体存在极显著区别；同理，内带木榄 + 红海榄混交林的 $T=2.420$，相伴概率为 0.046，因此存在显著区别；中带纯林的 $T=1.821$，相伴概率为 0.111，无显著性区别；中带红海榄 + 木榄 + 桐花树 + 秋茄混交林的 $T=0.389$，相伴概率为 0.707，无显著性区别。

表4 背潮和面潮聚集度分析

样地	方位	$\bar{x}$	C	I	K	C_A	m^*	$m^*/\bar{x}$
内带纯林	背潮	88.33	10.29	9.29	0.98	1.03	97.62	1.11
	面朝	30.33	10.36	9.36	3.24	0.31	39.69	1.31
内带木榄 + 红海榄混交林	背潮	67.63	8.17	7.17	3.12	0.32	74.79	1.11
	面朝	54.25	11.44	10.44	5.20	0.19	64.69	1.19
中带纯林	背潮	82.22	30.03	29.03	2.83	0.35	111.26	1.35
	面朝	35.33	14.79	13.79	2.56	0.39	49.12	1.39
中带红海榄 + 木榄 + 桐花树 + 秋茄混交林	背潮	68.11	17.14	16.14	4.22	0.24	84.25	1.24
	面朝	62.44	29.07	28.07	2.23	0.45	90.51	1.45

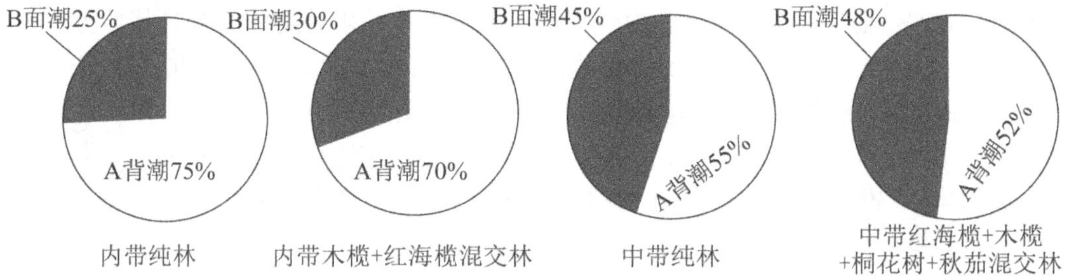

图3 背潮和面朝的胎生繁殖体分布

3.2 回归模型分析

3.2.1 Iwao $m^*-\bar{x}$ 回归分析

以内带和中带不同红海榄群落的胎生繁殖体拥挤度和均值进行回归分析，可得 m^* 与 $\bar{x}$ 的直线相关式：$m^*=8.9257+1.859\bar{x}$（相关系数 $r=0.754$）。Iwao $m^*-\bar{x}$ 回归分析法：$m^*=\alpha+\beta\bar{x}$，其中 $\alpha=8.9257>0$，说明4个样地的红海榄胎生繁殖体在树上的分布是个体群；$\beta=1.859>1$，红海榄胎生繁殖体是呈聚集分布的。$r=1$ 或 $=-1$，这是相关紧密度的极端情况。一般 r 的绝对值愈接近于 1，说明 m^* 与 $\bar{x}$ 的相关愈最密。计算的结果 r 值为 0.754，m^* 和 $\bar{x}$ 的关系密切相关，即红海榄胎生繁殖体呈现聚集分布与密度相关。

3.2.2　Toylar 幂法则分析

以内带和中带不同红海榄群落胎生繁殖体的方差 s^2 和均值 $\bar{x}$ 进行对数回归，可得：$\lg s^2 = 1.243 + 1.571\ \lg\ \bar{x}$（相关系数 $r = 0.637$），$\lg s^2 = \lg a + b\lg\bar{x}$ 式中，$b = 1.571 > 1$，证明在 4 个样地中的红海榄胎生繁殖体呈聚集分布，而 $a > 1$，说明胎生繁殖体分布具有密度依赖性，聚集度随密度的上升而增高。

4　讨论

不同潮带不同群落红海榄胎生繁殖体聚集强度的结果表明：一般情况下的混交林胎生繁殖体聚集度比纯林高，多种树种的混交林比两种树种的混交林聚集度高；中带纯林比外带纯林的聚集度高。由于混交林发挥了种间互补作用，合理占据了生活空间，充分利用了温度、光照、水分、土壤中的养分等生态因子，从而显著提高了林分的生产力，减轻了病虫危害[13]。纯林种内间的竞争，产生种群内的自疏现象，每株红海榄之间的空间范围广，枝条生长较长，胎生繁殖体产量不多，生长较好，可能采取了 K - 策略，从而降低了胎生繁殖体的聚集度。

红海榄属于嗜热广布性生态类群[14,15]。在内带红海榄群落不同冠层胎生繁殖体分布格局中，内带红海榄纯林和混交林的树冠外部接受阳光总量最多，接收热量较大；同时，加上内带红海榄郁闭度高，群落平均高度有 5 m 以上，具有较强烈的顶端优势作用，使得中下层接受阳光的照射少，上层的枝叶比中下层更加茂盛。因此，内带红海榄胎生繁殖体主要分布在上层冠层。中带红海榄树高均低于 3 m，加上该群落的其他树种普遍比红海榄低，林分空间较宽，中层的胎生繁殖体也可以得到较为充分的光照和温度，中层的枝叶多，呈圆锥状；再加上风浪对冠层上层的强烈干扰，使得胎生繁殖体主要分布在冠层中层。故中带红海榄中层的胎生繁殖体比上层和下层多。

高桥内带红海榄群落不同方位胎生繁殖体主要集中分布在东方位。从样地特征可知，内带树冠内部得到光照较少，东方位的枝叶相对能得到较多的光照。因此，胎生繁殖体平均拥挤度东侧最高。中带红海榄群落的其他树种比红海榄低，生长空间较大，红海榄可得到较多独立的生长空间，因此各个方位的胎生繁殖体数量较为平均。

高桥内带红海榄群落胎生繁殖体的背潮方位是向阳处，加上内带的面潮方向受到海风的影响较大，因此背潮面的胎生繁殖体分布较多；相对而言，中带的红海榄树高较低，接受光热比较均匀，受空间约束少，因此中带背潮和面潮面分布较为均匀。

Iwao $m^* - \bar{x}$ 回归分析法和 Toylar（1961）幂法则得出的结果表明红海榄胎生繁殖体呈现聚集分布，验证了上述胎生繁殖体不管是上、中、下冠层还是东、南、西、北方位或者是背潮、面潮皆是呈聚集分布的结果。有研究表明，在一般情况下（环境均一，生存条件良好），以母株为中心的繁殖方式使低龄树呈现聚集分布；随着年龄的增加，树木对光因子和营养条件等的要求加大及自疏、它疏等作用，种群会趋于均匀分布；随着年龄继续增加，种群将趋于随机分布的格局变化规律[16]。但物种和生境的差异，格局趋势会发生相应的变化，无完全统一的格局变化规律[17-19]。胎生繁殖体的聚集分布为了适应和抵御严酷的海陆潮间带的环境，有利于种群的生长和存活，是必要的。大部分的文献并没有解释为什么红海榄散布的胎生繁殖体落在附近长成植株而形成群状呈聚集的问题。从胎生繁殖体的聚集分布，可解释红海榄的自然更新时林下幼苗和林窗幼苗为什么呈现聚集分布的其中原因之一。胎生繁殖体聚集分布的研究结果，也证明了绝大多数自然种群都服从聚集分布而不服从随机分布的规律[20]。因此，在近自然森林经营理论和森林生态系统经营理论的前提下，结合本文的研究结果，笔者提出：在严酷的环境海陆潮间带进行造林，特别是造林困难的潮带，适宜进行红海榄的合理密集种植，提高红海榄胎生繁殖体或者其他树种胎生繁殖体的环境抵御能力，从而提高存活率。同时，参照了不同年龄阶段的锐齿栎种群[10]、胡杨林[21]、不同林区栓皮栎种群[22]、红松林主要树种[23-25]等空间格局，笔者提出红海榄从胎生繁殖体至衰退老林的分布格局演替过程（见图4）。

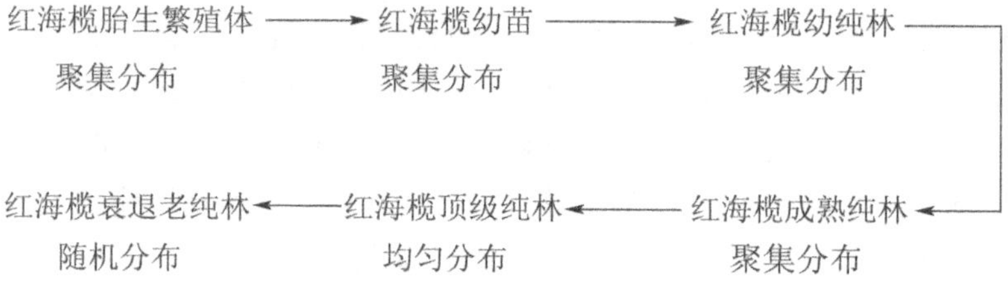

图4　红海榄分布格局演替

5　结论

红海榄生长在临海地带，受海风、海浪等外界因素的剧烈影响。红海榄除了具有胎生现象这一特征外，聚集分布对胎生繁殖体数量增长具有较大的帮助。在不同潮带不同群落中的上、中、下等不同冠层，东、南、西、北等不同方位，以及面潮和背潮两部分，通过胎生繁殖体在各个部分的分布比较和在各个部分的6种聚集度指标分析，表明高桥内带红海榄胎生繁殖体主要分布在上层冠层、东方位和背潮部分；中带红海榄胎生繁殖体主要分布在中层冠层，在各个方位以及面潮和背潮两部分的分布无明显区别；红海榄胎生繁殖体的空间分布格局皆为聚集分布。

参考文献

[1] 韩维栋，高秀梅．雷州半岛红树林生态系统及其保护策略［M］．广州：华南理工大学出版社，2009.

[2] 陈鹭夏，王文卿，林鹏．潮汐淹水时间对秋茄幼苗生长的影响［J］．海洋科学学报，2005，27（2）：35－37.

[3] 邓英英，汤孟平，徐文兵，等．天目山近自然毛竹纯林空间分布格局研究［J］．竹子研究汇刊，2011，30（1）：11－22.

[4] 黄志伟，彭敏，陈桂琛，等．青海湖几种主要湿地植物的种群分布格局及动态［J］．应用与环境生物学报，2001，7（2）：113－116.

[5] 李明顺，蓝崇钰，陈桂珠，等．深圳福田红树林的群落学研究Ⅱ．多样性与种群格局［J］．生态科学，1994，（1）：82－86.
[6] 梁华．澳门红树林植物组成及种群分布格局的研究［J］．生态科学，1998，17（1）：25－31.
[7] 李洪旺，王 旭，余雪标，等．海南东寨港秋茄 + 桐花天然红树林群落林分结构特征研究［J］．热带林业，2008，36（1）：30－33.
[8] 梁士楚．广西北海海岸沙生白骨壤种群分布格局研究［J］．广西科学，2001，8（1）：57－60，69.
[9] 卢杰，罗建，潘刚，等．长鞭红景天种群空间分布格局［J］．辽宁林业科技，2009，（4）：9－12.
[10] 梅世秀，袁志良，叶永忠，等．宝天曼自然保护区锐齿栎种群空间分布格局研究［J］．河南农业大学学报，2011，45（2）：220－225.
[11] 于传宗，慕宗杰，特日格勒，等．植物种群空间分布格局的研究方法［J］．西北林学院学报，2008，（5）：40－42.
[12] 张庆国，李桂亭，徐丽．山楂叶螨种群空间格局及其应用的研究［J］．应用生态学报，1993，4（4）：399－403.
[13] 张庆国，徐丽，李桂亭．苹果树冠山楂叶螨若螨空间格局的研究［J］．安徽农业大学学报，1993，20（3）：234－239.
[14] 张娆挺，林鹏．中国海岸红树植物区系研究［J］．厦门大学学报：自然科学版，1984，23（2）：232－239.
[15] 叶勇，曹长青．潮间带红树林分带的影响因素［J］．生态学杂志，2008，27（4）：615－618.
[16] 蔡飞，宋永昌．武夷山木荷种群结构和动态的研究［J］．植物生态学报，1997，21（2）：138－148.
[17] 戚继忠，张生．榛子种群空间格局及其动态的研究［J］．吉林林学院学报，1996，12（2）：99－103.
[18] 王得祥，陈海滨．秦岭华山松种群分布格局及动态研究［J］．西北植物学报，1998，18（4）：622－628.
[19] 刘仁林，朱玲琳．南方红豆杉天然群落种群空间分布规律的研究［J］．环境与开发，1997，12（1）：3－4.
[20] 郑元润．不同方法在沙地云杉种群分布格局分析中的适用性研究［J］．林业科学，2001，37（1）：6－10.
[21] 韩路，王海珍，周正立，等．塔里木胡杨林主要空间分布格局与动态研究［J］．西南林学院学报，2007，27（2）：1－4.
[22] 张文辉，卢志军，李景侠，等．陕西不同林区栓皮栎种群空间分布格局及动态的比较研究［J］．西北植物学报，2002，2（3）：476－483.
[23] 侯向阳，韩进轩．长白山红松林主要树种空间格局的模拟分析［J］．植物生态学报，1997，21（3）：242－249.
[24] 周元满，聂页，刘美欣，等．天然红海榄树冠结构的分形特征［J］．中南林业科技大学学报，2012，32（8）：37－41.
[25] 刘秀，郝海坤，庞世龙，等．两种半红树植物幼苗的耐盐性研究［J］．中南林业科技大学学报，2012，32（6）：43－47.

天然红海榄种群分布格局研究*

周元满，黄剑坚，韩维栋，杨淑贞
（广东海洋大学农学院，广东 湛江 524088）

摘　要：以湛江高桥红树林自然保护区中的天然红海榄种群为对象，采用相邻格子法进行野外调查，同时根据红海榄种群个体定位图，运用扩散系数、聚集指数、聚块性指数、扩散型指数、平均拥挤度、负二项参数、Cassie. R. M. 指标，分析天然红海榄种群在不同潮带、不同群落类型及不同取样尺度下的空间分布格局。结果表明：红海榄种群在高潮带和低潮带中趋向于随机分布的空间格局，中潮带则呈现为明显的聚集分布；红海榄种群在纯林中的分布格局略偏向于随机型，在混交林中则呈现较强的聚集分布，聚集度指标表现为 $C>1$，$I_\delta>1$，$K<8$，$m^*/\bar{x}>1$，$C_a>0$；红海榄种群在不同取样尺度的分布格局存在差异，聚集强度随着取样尺度的增大而减弱，在取样尺度为 5 m×5 m 时呈现明显的聚集分布，取样尺度为 5 m×10 m 时亦表现为聚集分布但聚集强度相对较小，取样尺度为 10 m×10 m 时其空间格局介于聚集分布与随机分布的临界状态。红海榄种群的分布格局与生境条件的异质性以及红海榄自身的生物学特性有关。

关键词：红海榄种群；天然林；分布格局；空间尺度

中图分类号：S758. 5　　文献标识码：A　　**文章编号**：1000－3142（2013）04－0496－06

Spatial distribution patterns of natural *Rhizophora stylosa* population

Zhou Yuanman，Huang Jianjian，Han Weidong，Yang Shuzhen
（College of Agriculture，Guangdong Ocean University，Zhanjiang 524088，Guangdong）

Abstract：According to the map of individual location，the distribution patterns of natural *Rhizophora stylosa* population were investigated in different tidal zones with different sampling scales at Gaoqiao Mangrove Nature Reserve applying 7 aggregation indices such as diffusion coefficient，aggregation index，patchiness index，dispersal index，mean crowding index，negative binomial parameter and Cassie index，and field data were obtained by tallying with contiguous grid quadrate method. The results showed that the natural *R. stylosa* population tended to be distributed randomly in high-and low-tide belts，while to be aggregative in the mid-tide belt. Furthermore，its distribution pattern tended slightly to randomness in pure forest，while to high aggregation in mixed forest，$C>1$，$I_\delta>1$，$K<8$，$m^*/\bar{x}>1$，$C>0$. Although，the spatial patterns of *Rhizophora stylosa* population differed at various spatial scales，the aggregation intensity of the population decreased with increment of sampling scale，the population showed aggregation pattern obviously at 5 m×5 m，

* 国家自然科学基金（31170511）；广东省自然科学基金（10152408801000021）。
原载于：广西植物，2013，33（4）：496－501。

aggregation pattern with relatively lower intensity at 5 m × 10 m, and critical status between aggregation and random at 10 m × 10 m sampling scale. It was correlated with heterogenicity of environmental conditions and its biological characteristics.

Key words: *Rhizophora stylosa*; natural forest; distribution patterns; spatial scales

种群空间分布格局是指在特定时间内，群落中某一种群的个体在空间的分布状况。植物种群的空间分布格局是由种群自身特性、种间关系和环境条件等因素综合影响所决定的，是种群生物学特性对环境条件长期适应和选择的结果，因而种群空间分布格局通常反映一定环境因子对个体行为、生存和生长的影响（洪伟等，2001）。植物种群的空间格局不但因种而异，而且同种植物在不同发育阶段、不同的生境条件也有明显差别（Druckenbrod et al.，2005）。研究种群分布格局的目的不仅在于了解物种的生态学特性和对种群水平结构进行定量的描述，更重要的是揭示空间分布格局的成因，预测种群及群落的动态变化（康华靖等，2007）。红海榄（*Rhizophora stylosa*）属红树科（Rhizophoraceae）植物，生长于热带、亚热带海岸潮间带的特殊环境中，在我国主要分布于广西、香港、广东和海南等地。红海榄为常绿灌木或小乔木，支柱根极为发达并形成一个稳固的支架，加强植株扎根于海岸滩涂的能力，种子在果实离开母树前发芽，具有特殊的“胎生繁殖”方式，是我国大陆沿海红树林生态恢复的优选树种（韩维栋等，2009；吴钿等，2010）。近年来，众多学者就红树林的树冠结构、空间结构及分布等进行了大量的研究（梁士楚等，2001；李建军等，2010；周元满等，2012）。传统研究方法只能研究单一尺度下树种的空间分布，但植物种群在不同空间尺度下常表现出不同的空间格局（王天阳等，2007）。受研究方法限制，有关红海榄种群的空间分布特征和变化规律尚未见详细报道。为此，笔者以湛江高桥红树林自然保护区中的天然红海榄为对象，对红海榄种群空间分布格局进行研究，揭示红海榄种群的空间动态变化以及群落演替趋势和种群适应机理，以期为红树林的科学管理及其生态系统的保护提供理论依据。

1　研究区概况

研究区位于雷州半岛廉江高桥国家级红树林自然保护区，该保护区始建于 1991 年 7 月，地处广东、广西交界的北部湾英罗港，东侧为卖皂海，西侧为官寨海。1997 年 12 月经国务院批准，由省级自然保护区晋升为国家级自然保护区。全区保护总面积1. 3 万 hm^2，是我国最大的红树林自然保护区，主要保护对象是红树林、鸟类及其栖息地、浅海生物资源等。区内有珍贵红树林树种 24 种，鱼类 127 种，贝类 110 种，鸟类 190 多种。保护区内主要红树植物有红海榄（*Rhizophora stylosa*）、白骨壤（*Avicennia marina*）、桐花树（*Aegiceras Corniculatum*）、秋茄（*Kandelia obovata*）、木榄（*Bruguiera gymnorrhiza*）5 个优势种。种群个体分布密集，土壤质地为松软的淤泥。2002 年，该保护区加入拉姆萨公约，成为国际重要湿地（李际平等，2010）。

2 研究方法

2.1 样地设置与调查

本研究通过对廉江市高桥红树林保护区中的高潮带、中潮带以及低潮带红海榄区域进行实地踏查后，选择有代表性的红海榄分布地段设置 7 块样地，其中中潮带 3 块，群落类型分别为红海缆纯林（Q1）、红海榄 + 木榄 + 秋茄 + 桐花树混交林（Q2）与红海榄 + 木榄 + 桐花树混交林（Q3）；低潮带 2 块，群落类型为红海榄 + 白骨壤 + 秋茄混交林，分别记为 Q4、Q5；高潮带 2 块，群落类型为红海榄 + 木榄 + 秋茄 + 桐花树混交林，分别记为 Q6、Q7。各样地面积均为 10 m×10 m（李建军等，2010）。在每块样地内采用相邻格子法设置 4 个 5 m×5 m 的小样方，共 28 个小样方。调查每个小样方内木本植物的种类、株高、地径、冠幅和株数等，并以设置的各样地一角为原点，测量每株植物的相对坐标（x，y），依据相对坐标绘制种群个体分布的点位图。同时调查红海榄的分布情况和生境条件。

2.2 种群分布格局测度方法

测定生物种群分布格局类型的数学模型较多，在实际应用中，各模型均有其适应性，应用效果较好且方法较为简单有效的是聚集度指标。本文结合扩散系数（C）、聚集指数（I）、扩散型指数（I_δ）、平均拥挤度（m^*）、聚块性指数指标（$m^*/\bar{x}$），Cassie R. M 指标（C_a）、负二项参数（K）7 种聚集度指标（刘映良等，2010；柴永青等，2010；徐坤等，2006），采用方差均值的 t 检验及随机分布偏离度的 F 检验进行分布格局的判定，并采用负二项参数（K）测定种群的聚集强度（洪伟等，2001；张金屯等，2004）。

3 结果与分析

3.1 不同潮带红海榄种群分布格局的比较分析

红海榄种群个体分布格局点位图直观反映了不同潮带红海榄种群在水平分布格局方面的差异（图 1）。中潮带红海榄的数量较多，呈现明显的聚集状态；低潮带的红海榄数量相对中潮带的较少，聚集程度相对较低；高潮带的红海榄数量很少，聚集程度不明显。

由红海榄种群的各项聚集度指标（表 1）可见，低潮带红海榄种群的扩散系数 $C = 1.860 > 1$，但经 t 检验，$t = 0.582 < t_{0.05}(7) = 2.365$；$I_\delta = 1.043 \approx 1$，经随机分布偏离度显著性检验 $F_0 = 1.26 < F_{0.05}(7, +\infty) = 2.01$；结合负二项参数 $K = 10.966 > 8$，$m^*/\bar{x} = 1.091 \approx 1$，$C_a = 0.091 \approx 0$，表明低潮带红海榄种群趋向于随机分布的空间格局。中潮带红海榄种群的扩散系数 $C > 1$，且 $t = 6.332 > t_{0.01}(3) = 5.841$，达 0.01 极显著水平；$F_0 = 2.97 > F_{0.05}(3, +\infty) = 2.60$，随机分布偏离度达 0.05 显著水平；结合负二项参数 $K < 8$，$I > 0$，$I_\delta > 1$，$m^*/\bar{x} > 1$，$C > 0$，表明中潮带红海榄种群分布为聚集分布格局。可见，7 种聚集度指标测定中潮带红海榄种群分布格局的结果具有良好的一致性。高潮带红海榄种群

的扩散系数 $C>1$，但 $t=0.234<t_{0.05}(7)$；$I_{\delta}\approx1$，经随机分布偏离度显著性检验 $F_0=0.98<F_{0.05}(7,\ +\infty)$；结合负二项参数 $K>8$，$m^*/\bar{x}\approx1$，$C\approx0$，表明高潮带红海榄种群分布格局趋向于随机分布型。

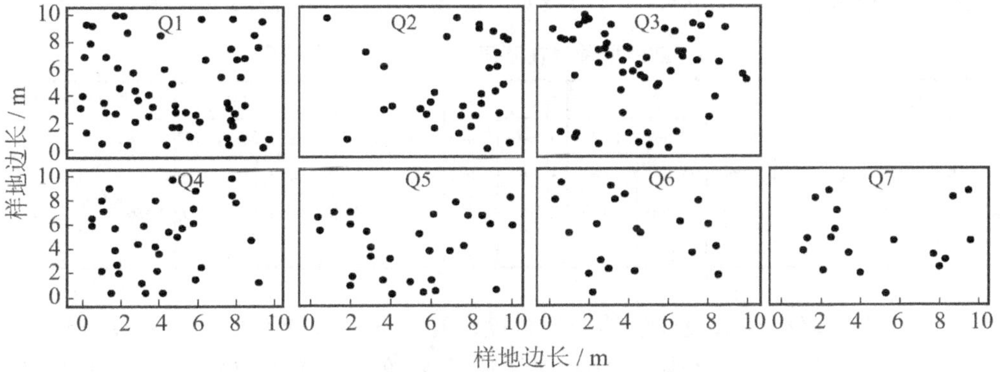

图 1　不同潮带红海榄种群分布点位图

表 1　不同潮带红海榄种群的聚集度指标

潮间带	群落类型	样方数	$\bar{x}$	S^2	C	t	I	I_{δ}	F_0	m^*	$m^*/\bar{x}$	K	C_a
低潮带	红海榄 + 白骨壤 + 秋茄	8	9.438	17.561	1.860	0.582	0.860	1.043	1.26	10.298	1.091	10.966	0.091
中潮带	红海榄 + 木榄 + 桐花树 红海榄 + 木榄 + 秋茄 + 桐花树	8	11.630	50.984	4.386	6.332**	3.386	1.305	2.97*	15.011	1.291	3.434	0.291
高潮带	红海榄 + 木榄 + 秋茄 + 桐花树	8	2.000	2.250	1.125	0.234	0.125	1.089	0.98	2.125	1.063	16.000	0.063

注：* 表示在 95% 的置信度下差异显著；* * 表示在 99% 的置信度下差异极显著。下同。

从聚块性指数（$m^*/\bar{x}$）和负二项参数（K）来看，根据聚块性指数越高聚集强度越高，负二项参数越小聚集强度越高（兰国玉等，2003；高邦权等，2005），判定该种群的聚集强度大小，其顺序为：中潮带 > 低潮带 > 高潮带（表 2）。

表 2　不同潮带红海榄种群的分布格局

潮间带	格局类型	聚集强度排序	C 法	I 法	I_{δ} 法	m^* 法	$m^*/\bar{x}$ 法	K 法	C_a 法
低潮带	R	②	R	C	R	R	R	R	R
中潮带	C	①	C	C	C	C	C	C	C
高潮带	R	③	R	C	R	R	R	R	R

注：C 为聚集分布；R 为随机分布。下同。

3.2　同一潮带不同群落类型中红海榄种群分布格局

由中潮带不同混交群落中红海榄的聚集度指标（表 3）可以看出，在红海榄纯林中，扩散系数 $C>1$，但 $t=0.540<t_{0.05}(3)=3.182$；$I_{\delta}$ 近似为 1，经随机分布偏离度显著性检验，$F_0=1.04<F_{0.05}(3,\ +\infty)=2.60$；$m^*/\bar{x}$ 亦接近于 1；C 接近于 0；$K>8$。表明红海榄纯林种群分布格局介于聚集分布与随机分布的临界状态，略趋向于随机型。在红海榄＋木榄＋桐花树混交群落中，扩散系数 $C>1$，且 $t=3.776>t_{0.05}(3)$，达 0.05 显著水平；$I_{\delta}>1$，经随机分布偏离度显著性检验 F_0 值大于 $F_{0.05}$；$K<8$，$m^{*}/\bar{x}>1$，$C_a>0$，因此，红海榄种群的空间格局为聚集分布。在红海榄＋木榄＋秋茄＋桐花树混交群落中，7 种聚集度指标及随机分布显著性检验结果均表明红海榄种群的空间格局为聚集分布。

表 3　红海榄种群在不同群落类型的分布格局

群落类型	样方数	$\bar{x}$	S^2	C	t	I	I_{δ}	F_0	m^{*}	$m^{*}/\bar{x}$	K	C_a	格局类型	聚集强度
红海榄纯林	4	15.750	22.688	1.441	0.540	0.440	1.045	1.04	16.190	1.028	35.757	0.028	C-R	③
红海榄＋木榄＋桐花树	4	8.250	33.687	4.083	3.776*	3.083	1.417	4.97*	11.333	1.374	2.676	0.374	C	①
红海榄＋木榄＋秋茄＋桐花树	4	15.000	45.500	3.033	3.490*	2.033	1.155	3.88*	17.033	1.136	7.377	0.136	C	②

中潮带不同群落中红海榄种群的聚集程度存在差异，以聚块性指数（$m^{*}/\bar{x}$）和负二项参数（K）可知，在混交林中红海榄种群的聚集强度明显大于纯林。群落中树种组成不同会造成林内温度、湿度、土壤微生物活动和地被物厚度等因素及种内种间关系的差异，每个物种都占据相应的生态位，种内竞争使种群的生态位宽度变宽，而种间竞争则使其生态位变窄。中潮带的 2 种混交林中，在生长和竞争种类增多的过程中，红海榄种群占有的实际生态位可能会变窄，并且由于红海榄和木榄拥有相似的生态位，在资源利用能力和对环境的适应能力极其相似，会产生物种间的竞争关系。随着生态位变窄，物种为了适应环境的变化，争取更多的资源，会产生聚集效应来扩大该物种的生态位。因此，混交林中红海榄种群的聚集强度比纯林大。红海榄纯林在中潮带长势较好，平均株高、平均地径和平均冠幅均大于其他 2 种混交林（表 4），随着植物种群发育及年龄的增大，它们对环境条件的要求也相应提高，在纯林中因种群个体占据的生态位是相同的，在阳光、土壤、养分等资源不充足的情况下，会产生种内竞争，受环境条件的限制，种群会发生自疏现象使种群的个体数量递减，减弱种群分布的聚集程度，这有利于提高种群利用资源的能力，扩大其生态位宽度，从而导致种群的分布格局趋向于随机分布型。通常情况下，林分如果不受严重干扰，经过漫长的进展演替后，顶级群落的水平分布格局应为随机分布（惠刚盈，2006）。可见，该红海榄纯林可能趋于近熟林。

表 4　红海榄种群在不同群落类型的生长特征

群落类型	平均树高/m	平均地径/m	平均冠幅/m
红海榄纯林	4.99	5.30	2.12
红海榄＋木榄＋桐花树混交林	3.02	5.26	2.07
红海榄＋木榄＋秋茄＋ 桐花树混交林	3.46	4.27	1.5

3.3　同一潮带红海榄种群在不同的取样尺度下的分布格局

以分布在中潮带的红海榄＋木榄＋秋茄＋桐花树群落为例，分析红海榄种群在不同取样尺度下的分布格局。由表 5 可见，在取样尺度为 5 m×5 m 与 5 m×10 m 时，7 种聚集度指标均表明红海榄种群为聚集分布的空间格局。但由聚块性指数（$m^{*}/\bar{x}$）和负二项参数（K）值可知，取样尺度为 5 m×5 m 时其聚集强度较大。在取样尺度为 10 m×10 m 时，扩散系数 $C>1$，但 $t=2.064<t_{0.05}(1)=12.706$；$I_\delta$ 接近于 1，$F_0=2.15<F_{0.05}(1, +\infty)=3.84$；$M^*/\bar{x}$ 近似于 1；C_a 亦接近于 0；$K>8$；表明红海榄种群分布介于聚集分布与随机分布的临界状态，略偏向于随机分布的空间格局。

由表 5 可见，红海榄种群分布格局在不同取样尺度上均呈现聚集分布，但聚集程度大小存在差异。随着取样面积的增大，负二项参数（K）相应增加，聚块性指数（$m^*/\bar{x}$）相应减小，表明种群的聚集度呈现下降的趋势。在小尺度 5 m×5 m 和中尺度 5 m×10 m，红海榄种群呈现聚集分布的空间格局，且聚集度较高，原因是红海榄是胎生植物，以母树为中心散播种子的这种生物特性造成的。而在大尺度 10 m×10 m，红海榄种群分布介于聚集分布与随机分布的临界状态，原因可能是大尺度生境条件，如气候、光照条件、土壤状况、群落郁闭度等影响增强，形成生物环境异质性，从而导致红海榄种群聚集度改变。

表 5　红海榄种群在不同取样尺度下的分布格局

取样尺度/m²	$\bar{x}$	S^2	C	t	I	I_δ	F_0	m^*	$m^*/\bar{x}$	K	C_a	格局类型	聚集强度
5×5	11.630	50.980	4.386	6.334**	3.386	1.305	6.21*	15.011	1.291	3.434	0.291	C	①
5×10	23.250	112.190	4.825	4.685*	3.825	1.177	3.37*	27.075	1.165	6.078	0.165	C	②
10×10	46.500	182.250	3.919	2.064	2.919	1.074	2.15	49.419	1.063	15.928	0.063	C-R	③

从统计意义上看，影响种群分布各种因素在某尺度上容易形成耦合关系，如果有利于种群生长，种群个体就容易在这种尺度下聚集生长。红海榄的聚集性最强的尺度发生在 5 m×5 m 面积上，说明种群在该尺度下可以最大限度地发挥生存能力，占据生态空间，实现斑块状更新。

4　结论与讨论

（1）聚集度指标是度量一个种群空间分布的聚集程度（随机、均匀或聚集），它克服了频次比较法出现种群同时属于多种分布的混乱矛盾的解释状态（洪伟等，2001）。种群的分布格局反映了种群在水平空间上的配置格局或分布情况，由于潮汐运动等因素的影响，导致不同潮带间的生境条件和群落环境产生差异，从而影响种群的分布格局，红海榄种群在高潮带和低潮带中趋向于随机分布格局，在中潮带则表现为聚集分布。

在廉江高桥红树林保护区内，低潮带是以白骨壤为优势种群的群落，中潮带以红海榄和木榄为优势种群，高潮带则以桐花树为优势种群。红海榄种群分布格局在不同潮间带的表现不一，主要是由于不同的潮间带的生境条件及群落类型都存在一定的差异。高桥红树林保护区靠近北部湾，潮汐类型为全日潮，对红树林而言，在全日潮海区，其浸淹频度相对较低而单个潮日内连续受浸淹时间较长。由于潮汐运动的影响，使每个潮带的生境条件都存在一定的差异，而高潮带和低潮带其海水的侵蚀规律性不强，只有中潮带潮汐冲刷和盐度影响规律明显（叶勇等，2008）。海岸生境植物的萌苗能力与盐度有关，盐度越高，种子的吸水量越低，种子的萌发和生长受到抑制。各种红树植物都有最适盐度范围，内滩土壤盐度较高，适合白骨壤等红树的生长；中前滩的盐度较低，适宜较不耐盐的红树生长，如红海榄和秋茄等。同时，红海榄具有独特的支柱根形态及适宜生长在一定深度和盐度海水的特性，所以，中潮带更适宜红海榄生长，红海榄植株相对较多，发育较好，且种群的聚集强度比高潮带和低潮带高。

（2）红海榄种群在不同群落中其分布格局存在差异，红海榄纯林种群分布格局介于聚集分布与随机分布的临界状态，略偏向于随机型，在混交群落里则呈现较强的聚集分布格局。在红海榄纯林中，种内竞争而发生的自疏现象是影响其分布格局的重要因素；而在混交群落中，种间竞争和红海榄这种以母树为中心散播种子的生物特性是影响其分布格局的重要因素，因为聚集生长有利于提高物种的竞争能力和对环境的适应能力，有效发挥群体效应，维持种群自身稳定。

（3）林木种群空间格局的尺度变异性受多因素制约，在较小尺度上，不同的空间格局特征可能是由于不同程度的种内或种间竞争、种子散布限制等因素所致；而在大尺度上不同的空间格局则可能是由物种分布的异质性以及土壤水分、pH 值、养分与地形等非生物环境的异质性造成的（Harms et al.，2000；张春雨等，2008）。随着取样尺度的不断增大，生态环境的各种因素，如气候、土壤状况、群落郁闭度、光照条件等影响增强，形成生物环境异质性，从而导致种群聚集度改变。红海榄种群随着取样尺度的增大，其聚集强度不断减弱，在取样尺度为 5 m × 5 m 上呈现明显的聚集分布，在取样尺度为 5 m × 10 m 上也表现为聚集分布但聚集强度相对较小，而在取样尺度为 10 m × 10 m 上的分布介于聚集分布与随机分布的临界状态，略偏向于随机型的分布格局。

（4）红海榄种群的分布格局除了与生境异质性、种内与种间竞争等方面有关，也与自身生物学特性有关。红海榄为胎生植物，胚胎在母树上发育成幼苗，使得种子不具有休眠的特征，成熟的胎生繁殖体从母树脱落后有些个体直接插入潮间带底泥并迅速定植。红海榄的胚轴较重，不易移动，一般散落在母树周围，种子长成植株，形成群状，而红海榄的这种以母树为中心散播种子的特性，不仅提高了该种群的聚集能力，还有利于该种群适应多变的生态环境。此外，还可能与人为的干扰和动物的啃食有关。在湛江廉江高桥国家级红树林自然保护区内，高潮带的部分地区设置了游道和科研基地，供游客游览和科考人员监测，中低潮带的部分地区则建设了部分养殖池塘，这些人工的建筑物和人为的活动，都会在一定的程度上对红树植物产生一定的影响，从而改变其分布格局。

参考文献

［1］韩维栋，高秀梅．雷州半岛红树林生态系统及其保护策略［M］．广州：华南理工大学出版社，2009.

［2］张金屯．数量生态学［M］．北京：科学出版社，2004.

［3］柴永青，曹致中，李学玲，等．肃北地区稀有植物裸果木种群的空间分布格局［J］．草业学报，2010，19（5）：239－249.

［4］Druckenbrod D L，Shugart H H，Davies I. Spatial pattern and process in forest stands with in the Virginia piedmont［J］．J Veget Sci，2005，16（1）：37－48.

［5］高邦权，张光富．南京老山国家森林公园朴树种群结构与分布格局研究［J］．广西植物，2005，25（5）：406－412.

［6］Harms K E，Wright S J，Calderon O，et al. Pervasive density-dependent recruitment enhances seedling diversity in a tropical forest [J]. Nature, 2000, 404 (10): 493 - 495.

[7] 洪伟，柳江，吴承祯．红锥种群结构和空间分布格局的研究 [J]. 林业科学，2001，37 (1)：6 - 10.

[8] 惠刚盈，胡艳波．角尺度在林分空间结构调整中的应用 [J]. 林业资源管理，2006，15 (2)：31 - 35.

[9] 康华靖，刘鹏，陈子林，等．不同生境香果树种群的径级结构与分布格局 [J]. 林业科学，2007，43 (12)：22 - 27.

[10] 兰国玉，雷瑞德．植物种群空间分布格局研究方法概述 [J]. 西北林学院学报，2003，18 (2)：17 - 21.

[11] 李建军，李际平，刘素青，等．红树林空间结构均质性指数 [J]. 林业科学，2010，46 (4)：6 - 14.

[12] 李际平，张宏伟，李建军，等．不同潮带红树林空间结构比较研究 [J]. 中南林业科技大学学报，2010，30 (1)：10 - 12.

[13] 梁士楚．广西北海海岸沙生白骨壤种群分布格局研究 [J]. 广西科学，2001，8 (1)：57 - 60，69.

[14] 刘映良，杜兴乔，方小平．荔波瘤果茶种群空间分布格局分析 [J]. 种子，2010，29 (8)：53 - 54.

[15] 王天阳，王国祥．玄武湖菹草种群空间格局分析及其环境效应 [J]. 生态环境，2007，16 (6)：1660 - 1664.

[16] 吴钿，周畅，刘敏超，等．五种海桑属红树植物叶片的结构及其生态适应 [J]. 广西植物，2010，30 (4)：484 - 487.

[17] 徐坤，谢应忠，李世忠．宁南黄土丘陵区退化草地群落主要植物种群空间分布格局对比研究 [J]. 西北农业学报，2006，15 (5)：123 - 127.

[18] 叶勇，曹长青．潮间带红树林分带的影响因素 [J]. 生态学杂志，2008，27 (4)：615 - 618.

[19] 张春雨，赵秀海，夏富才．长白山次生林树种空间分布及环境解释 [J]. 林业科学，2008，44 (8)：1 - 8.

[20] 张金屯，孟东平．芦芽山华北落叶松林不同龄级立木的点格局分析 [J]. 生态学报，2004，24 (1)：35 - 40.

[21] 周元满，聂页，刘美欣，等．天然红海榄树冠结构的分形特征 [J]. 中南林业科技大学学报，2012，32 (8)：37 - 41.

天然红海榄支柱根空间结构研究*

周元满，黄剑坚，王平，刘志美，刘美欣，韩维栋
（广东海洋大学农学院，广东 湛江 524088）

摘　要：通过对红海榄及其支柱根的定位，利用角尺度、大小比数和最小距离 3 个参数对特呈岛不同群落的红海榄支柱根空间结构进行研究。结果表明，红海榄纯林、红海榄 + 白骨壤、红海榄 + 木榄混交林 3 种不同群落中红海榄支柱根的平均角尺度分别是 0. 772、0. 692 和 0. 636，大于均匀分布的取值范围［0. 475，0. 517］，属于聚集分布格局；支柱根的直径大小比数和高度大小比数均接近 0. 5，从直径大小比数来看，在参照支柱根与相邻支柱根的结构单元中，径级分布较均匀；高度大小比数和直径大小比数在描述红海榄各参照支柱根与相邻根之间的生长优势方面具有较强的一致性；3 种群落中红海榄支柱根的最小距离分别是 2. 83 cm、1. 00 cm 和 2. 24 cm，平均距离分别是 10. 54 cm、9. 07 cm 和 8. 63 cm。3 个结构参数量化了参照支柱根与其相邻根之间的空间关系，对红海榄的有效保护及合理利用具有一定的实际指导意义。

关键词：红海榄；支柱根；角尺度；大小比数；最小距离

中图分类号：S727. 26　　**文献标志码**：A　　**doi**：10. 7525/j. issn. 1673 – 5102. 2013. 04. 009

Observation on spatial structure of *Rhizophora stylosa* prop roots in Techeng island

Zhou Yuanman, Huang Jianjian, Wang Ping,
Liu Zhimei, Liu Meixin, Han Weidong
(Agriculture College of Guangdong Ocean University, Zhanjiang 524088, Guangdong)

Abstract: The objective of this study is to investigate the spatial structure of *Rhizophora stylosa* prop roots in different community types in terms of 3 parameters of the uniform angle index, neighborhood comparison and nearest neighbor by setting the location of *R. stylosa* prop roots. The results showed that the average uniform angle indices of *R. stylosa* pure forest, *R. stylosa* + *Avicennia marina* and *R. stylosa* + *Bruguiera gymnoihiza* three mixed forests were 0. 772, 0. 692 and 0. 636, respectively, which were larger than the values of 0. 475 – 0. 517 when they are arranged evenly which showed the aggregated distribution pattern. The diameter neighborhood comparison and height neighborhood comparison of *R. stylosa* prop roots were all around 0. 5. By analyzing *R. stylosa* prop roots and their close prop roots, the main brace roots and minor brace roots were distributed uniformly according to the diameter neighborhood comparison. There was a good uniform in

* 国家自然科学基金（31170511）；广东自然科学基金（10152408810000021）；广东海洋大学大学生创新项目（CXXLI 2036）。

原载于：植物研究，2013，33（4）：435 – 440。

evaluating the growth potential of *R. stylosa* prop roots and their close prop roots in terms of the diameter neighborhood comparison and height neighborhood comparison. *R. stylosa* prop roots in 3 community types had the nearest neighbors of 2. 83 cm, 1. 00 cm and 2. 24 cm, and the average neighbors of 10. 54 cm, 9. 07 cm and 8. 63 cm, respectively. The determination of the spatial relationship between *R. stylosa* prop roots and their close prop roots has positive effects on the efficient protection of *R. stylosa*.

Key word: *Rhizophora stylosa*; prop roots; uniform angle index; neighborhood comparison; nearest neighbor

树植物的根系可分为支柱根、板状根和呼吸根。支柱根、板状根有利于红树植物体在滩涂上的固着，呼吸根使红树植物在被海水淹没时能够进行正常的呼吸活动。红海榄（*Rhizophora stylosa*）是红树科（Rhizophoraceae）红树属（*Rhizophora* L.）的一种红树植物，为常绿灌木或小乔木，红海榄植株能从茎杆上或近地表的茎节上，长出一些不定根，它向下深入土壤，并继续产生侧根，能起到支持植物直立生长的作用，成为增强植物整体支持力量的辅助根系，这类不定根称为支柱根。

地上根系发达是红海榄最为独特的形态外貌特征，密集的支柱根所形成的这种独特的形态外貌又被俗称为“鸡笼罩”，这些支柱根从树干或枝干上的各个部位成放射状拱形下弯伸出直插地面，使植株形成一个稳固的支架结构而貌似鸡笼，故得名。一株红海榄一般拥有几十条甚至上百条深扎进泥土的支柱根，如此密集的支柱根不仅能够增加植株本身抗击风浪的机械作用，使植株能在风浪频繁的沿海滩涂上生长，而且还可以减缓潮水流速，截留潮水中的泥沙。空间结构是指林木在林地上的分布格局及其属性在空间上的排列方式，也就是林木之间树种、大小、分布等的空间关系[1]。空间结构决定了树木之间的竞争势及其空间生态位，在很大程度上决定了林分的稳定性、发展的可能性和经营空间大小[2,3]，是种群与环境长期作用的结果，对描述林分及其状态的改变，揭示群落演替中植物替代关系的机制有特别重要的意义[4-6]。对红海榄支柱根空间分布格局的研究有助于了解单株木的生长状况及占据、利用生态空间的能力，揭示红海榄在防风消浪、保护堤岸、促淤造陆等方面的生态功能机理，笔者利用角尺度、大小比数和最短距离 3 个结构参数对特呈岛 3 种群落中红海榄支柱根的分布格局进行研究，探讨不同群落红海榄支柱根的空间结构特征，以期为更深入研究红树林的生态功能机理以及有效保护提供依据。

1　研究区概况

特呈岛是湛江港内的一个小岛，位于 E110°25′～110°27′，N21°09′～21°10′，北邻湛江市区与南三岛相距最近处约 800 m，东南为港湾出海口与太平洋相连，南为宽阔海湾与东头山岛和东海岛相望，西靠湛江港第四作业区，离市区霞山码头 1. 4 km。全岛南北宽 1. 4 km，东西长 2. 7 km，海岸线长 44 km，面积约 3. 6 km^2。特呈岛地形平缓，岛上高程一般在 5. 5 ～9. 0 m 之间。岛上 40 年来的平均年气温为 23. 1℃，最高月均气温（7 月）为 28. 9℃，最低月均气温（1 月）为 15. 6℃，属热带北缘季风气候，夏季多台风[7,8]。特呈岛红树林面积达 50. 7 hm^2，沿岛南部、东南部潮间带成片分布，群落组成类型多样。其中以白骨壤单优群落和白骨壤与红海榄混交群落为主。本文所选群落类型有：

红海榄纯林（Ⅰ）：位于中潮带地区。土壤多为沙地，林相较高，约 3. 5 m，支柱根较密，且多数会在树枝分叉处断开并多为两三棵混生。

红海榄+白骨壤混交林（Ⅱ）：位于中潮带，土壤为淤泥，但由于潮汐活动及海水侵蚀，现有极厚的泥沙沉积。群落中红海榄的林冠较矮，2 ～ 3 m，冠幅、地上根系幅度大，支柱根较多。

红海榄+木榄混交林（Ⅲ）：中偏高潮带，土壤多为沙地。木榄多与红海榄混生，红海榄林相在2 m左右，与上述两种群落相比，冠幅、地上根系幅度相对较小，支柱根相对较少。各样地基本特征值见表1。

表1　不同群落类型中红海榄林分及支柱根基本特征值

群落代号	郁闭度	平均树高/m	平均地径/cm	支柱根直径/cm			支柱根高度/cm		
				最小值	最大值	平均值	最小值	最大值	平均值
Ⅰ	0.8	3.50	5.6	1.4	2.9	1.97	4.3	123.6	38.31
Ⅱ	0.8	2.73	8.4	1.6	4.6	2.70	2.5	125.3	25.85
Ⅲ	0.7	2.00	4.6	4.5	2.8	2.12	2.2	61.7	22.47

2　研究方法

2.1　样地调查

2011年6—8月对特呈岛天然红海榄群落进行调查。在天然分布的不同红海榄群落类型的典型区域内，分别设置3个10 m×10 m的样地，对样地内红海榄进行定位和每木检尺，记录其株高、主干地径、冠幅、郁闭度等林分因子。在各群落类型中选取生长健康、主干明显、支柱根发达、冠幅与根幅相接近的红海榄植株，测量每条支柱根的高度及直径。支柱根调查采用空间因子调查法[9]，根据研究对象与一定空间范围内其他参考对象之间的关系确定相应因子的取值。调查的因子包括参照支柱根的直径、4棵相邻支柱根的直径以及与参照支柱根之间的距离、角尺度。同时调查红海榄的分布情况和立地条件。

2.2　红海榄支柱根的定位

利用罗盘仪将样地设置为南北-东西方向，用测绳和皮尺将红树榄主干定义为中线，然后用两根测绳将红海榄主干作为中线对拉相交于一点，支柱根系被分成4个小区，将中线在红海榄主干的交点设为原点，以东西方向作 X 轴，南北方向作 Y 轴，分别将4个小区的每条支柱根定位，测量每条支柱根坐标（X，Y），然后将4个小区的 X、Y 值转换到统一的坐标系中。不同群落中的红海榄支柱根分布位置如图1所示。

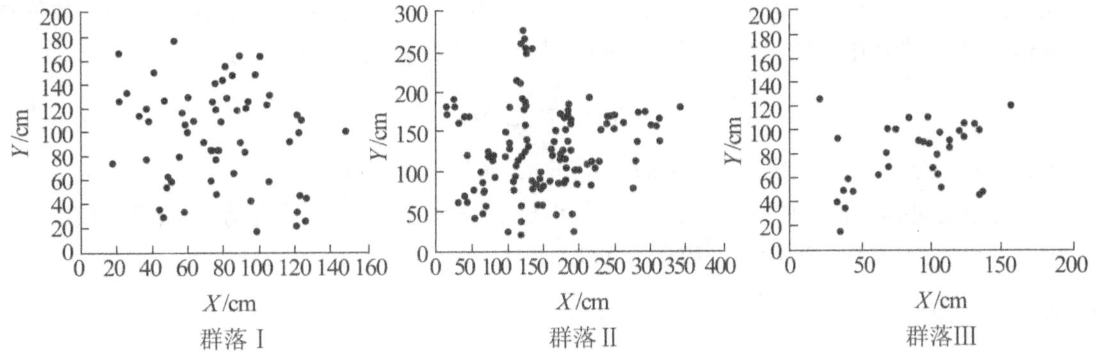

图 1　不同群落中红海榄支柱根的坐标点位图

2.3　角尺度

角尺度（W）用来描述相邻树木围绕参照树（i）的均匀性。最近相邻木均匀分布时的夹角设为标准角 α_0（$\alpha_0 = 72°$）[10]。角尺度采用 $n = 4$，即空间结构以参照树及其相邻最近 4 株树组成最小结构单元，角尺度（W）定义为 α 角小于标准角 α_0 的个数占所考察的 4 个夹角的比例[11,12]。表达式为：

$$W_i = \frac{1}{4}\sum_{j=1}^{4} Z_{ij}, \tag{1}$$

式中，当第 j 个 α 角小于标准角 α_0 时 $Z_{ij} = 1$；否则，$Z_{ij} = 0$。

平均角尺度（$\bar{W}$）的表达式：

$$\bar{W} = \frac{1}{N}\sum_{i=1}^{N} W_i, \tag{2}$$

式中，N 是每种 W_i 取值在单株红海榄支柱根系统中出现的次数。

由角尺度（W）定义可知，$W_i = 0$ 表示 4 株最近相邻木在参照树周围分布为特别均匀的状态，$W_i = 0.5$ 表示为随机分布的状态，$W_i = 1$ 则表示不均匀或呈聚集分布的状态，角尺度既可用分布图，也可用分布的均值表达，角尺度分布图对称表示林木为随机分布即位于中间类型两侧的频率相等；若左侧大于右侧则为均匀；若右侧大于左侧则为聚集状。由不同群落中所有红海榄支柱根的 W_i 取值，可计算出 W_i 值的分布，也就是每种取值可能在群落中出现的频率，以及分布的特征值均值（$\bar{W}$），两者能反映出林分整体的分布格局。当林分的分布格局从均匀向随机、再向聚集状分布变化，角尺度平均值随之由小到大，角尺度分布则由不对称到对称、再到不对称。

为全球角尺度在实际中的应用，前人研究[13-15]给出了角尺度均值差别方法，即随机分布的平均角尺度取值范围在［0.475，0.517］，小于 0.475 的分布为均匀分布，大于 0.517 则为聚集状分布。

2.4　大小比数

大小比数（U_i）是在大水分化程度基础上的改进，指林木胸径大于参照树的相邻木占 4 株最近相邻木的比例，用以描述林木个体的生长优势程度[16]。U_i 值越低，说明比参照树大的相邻木越少，参照树的优势度越大。本文红海榄支柱根对于此参数可应用红海榄支柱根的直径、根高度计测大小比数，用支柱根直径大小比数、支柱根高度大小比数描述红海榄支柱根的分化程度。与角尺度相同，大小比数亦采用 $n=4$，表达式为：

$$U_i = \frac{1}{4}\sum_{j=1}^{N} K_{ij}, \tag{3}$$

式中，当相邻支柱根 j 比参照根 i 大时，$K_{ij}=1$；否则，$K_{ij}=0$。

大小比数取值有 5 种可能。其中，大小比数分别为 1（绝对劣势）、0.75（劣势）、0.50（中庸）、0.25（亚优势）和 0（优势）。

2.5 最小距离

通过对红海榄的定位，利用数理统计可以得到红海榄支柱根之间的最小距离值，绘制支柱根的生存空间分布成图，分析不同支柱根的最小生存空间的变化，同时利用公式（4）可以得出不同群落红海榄的支柱根的平均距离，然后与最小距离做比较分析，探求其间的依存关系[17]，由红海榄支柱根的定位，得到红海榄支柱根之间的最短距离。

$$L = \sqrt{\frac{S}{N}} - D, \tag{4}$$

式中，L 为支柱根平均距离；D 为支柱根的平均直径；S 为根幅面积。

3 结果与分析

3.1 不同群落红海榄支柱根的分布格局

角尺度是一种用于描述林木个体水平地面上分布形式的空间格局参数，具有很强的解析能力。特呈岛 3 种群落类型中红海榄支柱根角尺度分布见图 2。

由图 2 可见，红海榄纯林（Ⅰ）支柱根角尺度中 $W_i=0$、$W_i=0.25$、$W_i=0.5$、$W_i=0.75$ 和 $W_i=1$ 出现的频率分别是 0%、0.8%、25.4%、36.5% 和 30.10%，右侧频率明显大于左侧频率，表现为聚集状分布。可见，支柱根分布很均匀的情况基本上不存在，均匀分布的也只是局部出现，大多数呈不均匀分布，然后是随机分布，很不均匀的占 30.10%。

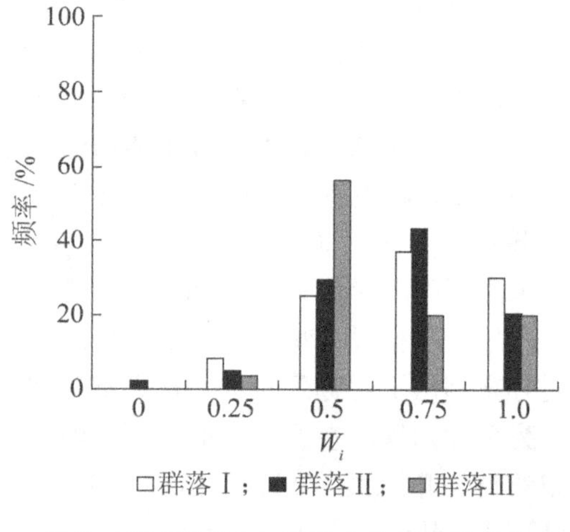

图 2　不同群落中红海榄支柱根角尺度分布

红海榄 + 白骨壤混交林（Ⅱ）中红海榄支柱根角尺度中 $W_i=0$、$W_i=0.25$、$W_i=0.5$、$W_i=0.75$ 和 $W_i=1$ 出现的频率分别是 1.50%、5.20%、29.30%、42.90% 和 21.10%，亦表现为聚集状分布。支柱根分布很均匀或者均匀的所占频率很小，共为 6.70%，跟群落Ⅰ相似，不均匀和随机分布的情况占优势。红海榄 + 木榄混交林（Ⅲ）中红海榄支柱根角尺度 $W_i=0$、$W_i=0.25$、$W_i=0.5$、$W_i=0.75$ 和 $W_i=1$ 出现的频率分别是 0、2.90%、55.90%、20.6% 和 20.6%。右侧频率明显的大于左侧频率，但中间部分凸出明显。群落Ⅲ中支柱根分布很均匀的情况不存在，均匀分布的占比例很小，随机分布比较明显，占 55.90%。不均匀或者是很不均匀分布的频率共占 41.2%。

群落Ⅰ、群落Ⅱ、群落Ⅲ的平均角尺度分别为 0.722，0.692 和 0.647（图 2），均大于随机分布的角尺度取值范围（0.475 ～ 0.517），可见，特呈岛 3 种不同红海榄群落的支柱根分布总体上趋于聚集分布格局，但由于平均角尺度的大小表明其聚集程度不同，大小排序为：群落Ⅰ > 群落Ⅱ > 群落Ⅲ。这可能是由于红海榄纯林（Ⅰ）位于潮间带的中潮地带，盐度较低，适宜较不耐盐的红海榄生长，种群密度较大，郁闭度达 0.8 左右，相对混交林而言表现出极强的优势建群地位及更强的占据和利用生态空间能力，因此支柱根也极为发达，而且分布密集，其聚集程度也较高。而在海榄 + 白骨壤混交林（Ⅱ）和红海榄和木榄混交林（Ⅲ）中红海榄的优势地位并不明显，尤其是红海榄 + 木榄混交林，由于分布于潮间带的中偏高潮带，而且以木榄占优势，种间竞争导致红海榄树冠及根径的生长受到抑制，红海榄林相较矮，冠幅及地上根系幅度相对较小，支柱根数量与密度亦相对较少，因此支柱根平均角尺度最小，聚集程度最低。

3.2　不同群落红海榄支柱根大小分化程度分析

3.2.1　红海榄支柱根直径大小比数

根据大小比数的定义，大小比数的取值越大，代表相邻的支柱根越占优势。特呈岛不同群落红海榄支柱根直径大小比数分布如图 3 所示。由图 3 可知，红海榄纯林其支柱根直径在结构单元中处于优势和亚优势的分别为 22% 和 24%，处于中庸状态的为 24%。处于劣势和绝对劣势的分别为 16% 和 14%；红海榄 + 白骨壤混交林中支柱根直径处于优势和亚优势的均为 22%，处于中庸状态的为 23%，处于劣势和绝对劣势的分别为 15% 和 18%，支柱根直径大小比数同红海榄纯林一样处于优势、亚优势和中庸状态的所占的频率基本相同，说明该群落中直径相对较小，直径比周围小的最少有 2 株以上，支柱根比较集中，支柱根之间竞争比较激烈。红海榄 + 木榄混交林中支柱根直径处于优势和亚优势的分别为 15% 和 26%。处于中庸状态的最多为 24%，处于劣势的为 15%，绝对劣势的为 20%。可见，在红海榄和木榄混交林中，红海榄参照支柱根及周围 4 株相邻根直径大小分布较均匀。

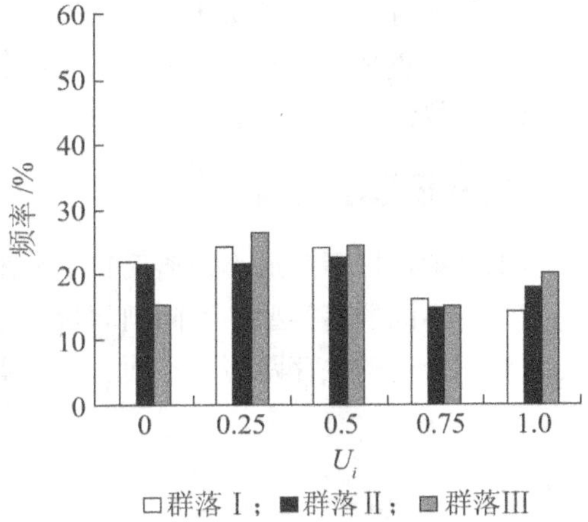

图 3　不同群落中红海榄支柱直径大小比数分布

红海榄纯林、红海榄 + 白骨壤、红海榄 + 木榄混交林 3 种群落中红海榄支柱根平均直径大小比数分别是 0.51、0.50 和 0.47，表明在红海榄纯林及红海榄 + 白骨壤混交林中每一条支柱根周围的 4 株相邻根有 50% 比参照支柱根的直径小，而红海榄 + 木榄混交林中支柱根直径大小比数的均值最小，但也接近 0.5，说明在参照支柱根周围比其大的相邻支柱根和比其小的支柱根数量基本相等，径级上看分布比较均匀。

3.2.2 支柱根高度大小比数

由图4可知，3种不同群落中红海榄支柱根平均高度大小比数分别为0.53、0.51和0.49，表明距离每一条支柱根最近4株相邻根系中，大于和小于参照支柱根的高度的根系数量基本相同。群落I中支柱根高度处于优势和亚优势的分别为22%和20%，处于中庸状态的为28%，处于劣势的为16%和绝对劣势的为14%。群落II支柱根高度大小比数处于优势和亚优势的分别为17%和23%，处于中庸状态的为24%，处于劣势的为22%和绝对劣势的为14%。群落II支柱根高度大小处于比较平均状态。群落III支柱根高度大小比数处于优势和亚优势的分别为23%和21%，处于中庸状态的为18%，处于劣势的为15%和绝对劣势的为23%。红海榄支柱根平均高度处于优势和绝对劣势的频率相同，说明支柱根高度分化比较严重。

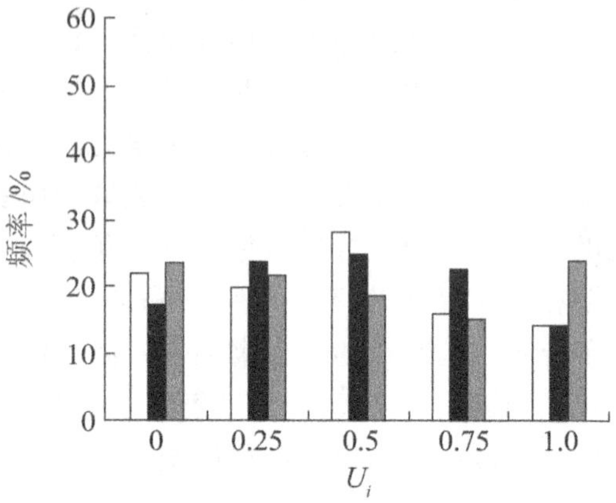

图4 不同群落中红海榄支柱根高度大小比数分布

从支柱根直径大小比数和支柱根高度大小比数的分析来看，两者在反映红海榄各参照支柱根与相邻根之间的生长优势方面，具有较强的一致性。

3.3 支柱根最小距离

林木的平均株距和最小距离反映了林木的空间分布格局和依存关系，对红海榄支柱根系而言，在不同群落类型、不同潮间带及不同立地环境条件下，其各级支柱根个体能够生存的距离和合适的生存距离也不同。特呈岛不同群落类型中红海榄支柱根的生存空间如图5所示。

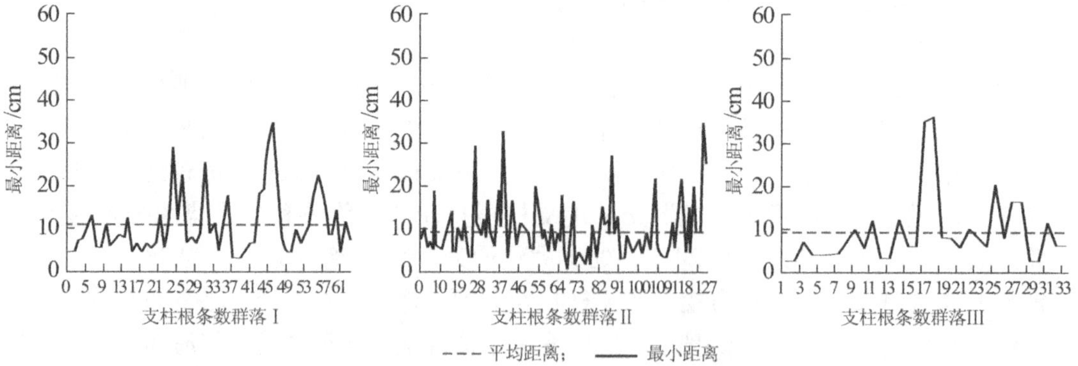

图5 不同群落支柱根间生存空间分布图

由图5、表2可知，群落I中红海榄支柱根之间平均株距为10.54 cm，最小距离为2.83 cm，这致使群落内的支柱根与其他植被对光照、养分、水分等生存空间的竞争很剧烈；

群落Ⅱ中红海榄支柱根间的平均距离为 9.07 cm，最小距离平均值为 1 cm，该距离为群落中红海榄支柱根生长的最小距离；群落Ⅲ支柱根间平均株距为 8.63 cm，最小距离为 2.24 cm。

表 2　不同群落红海榄支柱根的空间距离

群落代号	平均距离 /cm	最小距离 /cm
Ⅰ	10.54	2.83
Ⅱ	9.07	1.00
Ⅲ	8.63	2.24

3 种不同群落中红海榄支柱根之间的距离非常小，正是由于支柱根的密集生长，竞争激烈，从而产生出最适合支柱根系之间的距离尺度。

4　讨论

角尺度、大小比数和最小距离是描述空间结构的重要参数。通过对特呈岛 3 种群落类型中红海榄支柱根空间结构的比较分析可以看出，红海榄支柱根的分布密集并且能够形成相互依存的关系，为海岸带以及堤坝的防护提供了有利的条件。研究红海榄支柱根系的空间结构对红海榄的有效保护以及更好地发挥在防风消浪、保护堤岸、促淤造陆等生态功能方面有着重要的实际意义，同时为更深入研究红海榄支柱根的生态功能及科学种植提供依据。角尺度对复杂森林的空间结构有很强的解析能力，已经演变为新的刻画森林空间结构的重要参数[18]。红树林特有的生态功能与其盘根错节的发达根系密切相关，通过对红海榄支柱根角尺度的分析能比较快速、准确地了解支柱根的分布格局，不仅使比较复杂的结构得到详细的解析，还可以让重建林分成为可能。特呈岛 3 种群落中红海榄支柱根的平均角尺度分别为 0.722、0.692 和 0.647，均大于 0.517，分布格局属于聚集状分布。用大小比数对 3 种群落的红海榄支柱根的直径大小和高度大小进行了比较分析。3 种群落中直径大小分布都比较均匀，直径大小比数与高度大小比数均接近 0.5，反映各群落中红海榄支柱根与相邻支柱根之间在直径、高度的生长优势方面具有较强的一致性。用最小距离能较好地反映个体间的共存关系。3 种群落中红海榄支柱根的最小距离分别是 2.83 cm、1.00 cm和 2.24 cm，平均距离分别是 10.54 cm、9.07 cm 和 8.63 cm。测量支柱根之间的距离可以为今后红海榄生态系统的维护和重建过程提供参考。

参 考 文 献

[1] 张会儒，武纪成，杨洪波，等. 长白落叶松——云杉、冷杉混交林林分空间结构分析 [J]. 浙江林学院学报，2000，26 (3)：319－325.

[2] 惠刚盈，胡艳波. 混交林树种空间隔离程度表达方式的研究 [J]. 林业科学研究，2001，14 (1)：23－27.

[3] 惠刚盈，Gadow K V，Albert M. 角尺度——一个描述林木个体分布格局的结构参数 [J]. 林业科学，1999，35 (1)：37－4 2 .

[4] Gadow K V. Strukturen twieklung eines buehen-bchen-mischbestandes [J]. Allg Forest-U J Ztg，1997，168

(6): 103 - 106 .
[5] 宋英春, 李凤. 乌兰布和沙漠灌木种群空间格局研究 [J]. 植物研究, 2007, 27 (3): 331 - 337.
[6] 李军玲, 张金屯. 太行山中段植物群落优势种生态位研究 [J]. 植物研究, 2006, 26 (2): 152 - 156.
[7] 韩维栋, 高秀梅. 特呈岛红树林资源保护与利用研究 [J]. 林业资源管理, 2007 (02): 77 - 81.
[8] 许会敏, 叶蝉, 张冰, 等. 湛江特呈岛红树林植物群落的结构和动态特征 [J]. 生态环境学报, 2010, 19 (4): 864 - 869.
[9] 李际平, 张宏伟, 李建军, 等. 不同潮带红树林空间结构比较研究 [J]. 中南林业科技大学学报, 2010, 30 (1): 8 - 11.
[10] 李海涛. 植物种群分布格局研究概况 [J]. 植物学通报, 1995, 12 (2): 19 - 26.
[11] Fueldner K. Strukturbes chreibung von buchen-edellaubholz-mischw aeldern [M]. Goettingn: Cuvillier Verlag Goettingen, 1995.
[12] Gadow K V, Puumalainen J. Neue herausforderungen fur die waldoko system planung [J]. AFZ/Der Wald, 1998 (20): 1248 - 1250 .
[13] 惠刚盈, Gadow K V, 胡艳波. 林分空间结构参数角尺度的标准角选择 [J]. 林业科学研究, 2008, 17 (6): 687 - 692.
[14] 胡艳波, 惠刚盈. 优化林分空间结构的森林经营方法探讨 [J]. 林业科学研究, 2006, 19 (1): 1 - 8.
[15] 惠刚盈, 冯佳多. 森林空间结构量化分析方法 [M]. 北京: 中国科学技术出版社, 2003.
[16] 惠刚盈. 一个新的林分空间结构参数 [J]. 林业科学研究, 1999, 12 (1): 1 - 6.
[17] 禄树晖, 潘朝晖. 藏东南高山松种群分布格局 [J]. 东北林业大学学报, 2008, 36 (11): 22 - 24.
[18] 惠刚盈, Gadow K V, 胡艳波, 等. 林木分布格局类型的角尺度均值分析方法 [J]. 生态学报, 2004, 24 (6): 1225 - 1229.

天然红海榄支柱根的空间连接与分形表征*

周元满，黄剑坚，刘志美，王平，聂页，韩维栋
（广东海洋大学农学院，广东 湛江 524088）

摘　要：以广东湛江特呈岛红树林自然保护小区内的红海榄纯林、红海榄 + 木榄、红海榄 + 白骨壤、红海榄 + 木榄 + 白骨壤混交林 4 种群落类型为对象，运用最小距离指数、连接度指数分析红海榄支柱根的空间连接和分布规律；同时，采用分形维数与拓扑指数确定红海榄支柱根的分形特征，分析根系分支状况以及分形特征与支柱根性状之间的相关性。结果表明：红海榄同级支柱根之间的空间连接程度不高，近于随机分布格局；4 种群落类型中红海榄支柱根均具有较好的分形特征，分形维数为 1.468 5 ～ 1.554 5，具有较强的利用与占据生态空间的能力；红海榄支柱根拓扑结构复杂，拓扑指数为 0.366 4 ～ 0.448 5，接近叉状分支模式，有利于扩展生态空间和增加植株的稳定性；根系分形维数与支柱根数量、平均连接长度等性状之间的相关关系显著。

关键词：红海榄；支柱根；最小距离指数；连接度指数；分形维数；拓扑指数

中图分类号：S727.2　　　　**文献标识码**：A

Study on spatial connection and fractal characteristics of prop roots of natural *Rhizophora stylosa*

Zhou Yuanman, Huang Jianjian, Liu Zhimei,
Wang Ping, Nie Ye, Han Weidong
(Faculty of Agricultural Science, Guangdong Ocean University, Zhanjiang 524088, Guangdong)

Abstract: Four types of community (*Rhizophora stylosa* pure forest, *R. stylosa* + *Bruguiera gymnorrhiza* mixed forest, *R. stylosa* + *Avicennia marina* mixed forest, and *R. stylosa* + *B. gymnorrhiza* + *A. marina* mixed forest) in Techengdao Mangrove Nature Reserve, Zhanjiang of Guangdong Province, were used to analyze the spatial connection and distribution pattern of *R. stylosa* prop roots by nearest neighbor index and connectivity index. The fractal characteristics of prop roots and the correlation coefficients among fractal dimension, rooting characteristics and topological index were discussed by means of fractal dimension and topological indices. The results are as follows, The spatial connection among the same grade *R. stylosa* prop roots in different community types is not strong, and the same grade *R. stylosa* prop roots follows a randomized distribution pattern. The *R. stylosa* prop root in different communities has good fractal characteristics, the fractal dimension is between

* 广东省自然科学基金项目（10152408801000021）；国家自然科学基金项目（31170511）；广东海洋大学大学生创新项目（CXXL12036）。

原载于：林业科学研究，2013，26（3）：359－365。

1.468 5 - 1.554 5, revealing strong ability to occupy and utilize the ecological space of *R. stylosa* roots. The topological structure of *R. stylosaa* roots is complicated, the topological index is between 0.366 4 - 0.448 5, and the root branching is dichotomous-shaped, which is beneficial to the root volume of space explored. There is a significant correlation between the fractal dimension and topological parameters, and it also shows a significant relationship between fractal abundance and total root number and average link length respectively.

Key words: *Rhizophora stylosa*; prop roots; nearest neighbor index; connectivity index; fractal dimension; topological index

红树林是生长在热带、亚热带地区海岸潮间带，受到海水周期性淹浸的常绿木本植物群落，作为独特的海陆边缘生态系统，在自然生态平衡中起着特殊的作用。红树植物生长茂盛，地上根系极其发达，并形成一个稳固的支架结构，增强了植株扎根于海岸滩涂的能力[1,2]；而在红树林功能各异的根系如支柱根、板状根、膝状根、呼吸根、气生根和表面根中，支柱根系的抗风消浪、促淤保滩和固岸护堤效果最好[3]。

红海榄（*Rhizophora stylosa* Griff.）是我国南方雷州半岛红树林的三大优势树种之一，植株高大，具有发达的支柱根[4,5]，与其他一些红树植物如白骨壤（*Avicennia marina*（Forsk.）Vierh.）、桐花树（*Aegiceras corniculatum*（L.）Blanco）、木榄（*Bruguiera gymnorrhiza*（L.）Savigny）等共同构成了热带海洋海岸带独特的植物群落生态景观。红海榄支柱根在发挥红树林防护功能方面的重要作用不可忽视；然而，以往对红树林的研究却很少涉及根系，尤其缺乏对于支柱根系的分支状况、构型及空间扩展能力等分形特征方面的研究。空间结构决定了林木之间的竞争势及其空间生态位，它在很大程度上决定了林分的稳定性和经营空间大小[6,7]，分形理论是一种探索复杂性的科学方法和理论，近年来已成为研究无特征尺度却有着自相似性质体系的强有力的理论工具[8,9]，运用分形理论可以对不规则但又具有自相似特性的几何形体（如林木的根系、冠形、分枝特性等）的复杂程度进行定量的比较[10]。目前，有关植物根系生态学的研究主要集中在陆生植物，很少涉及水生植物，而且运用分形理论对根系的定量研究也主要集中在针对人工条件下的植物根系，而对天然植物根系的分形研究较少。为此，作者以广东湛江特呈岛沿海滩涂特殊环境下的天然红海榄为研究对象，对不同群落类型中红海榄支柱根的空间连接与分形特征进行研究，探讨红海榄支柱根的空间结构与分布规律，为揭示红海榄抗风消浪的机理，促进红树林生态系统的保护和经营提供理论依据。

1　研究区概况

研究地设在广东省湛江市特呈岛红树林自然保护区内，该岛位于110°25′～110°27′E，21°09′～21°10′N，离市区霞山码头1.4 km。全岛南北宽1.4 km，东西长2.7 km，海岸线长7.4 km，面积约3.6 km^2。特呈岛地形平缓，岛上高程一般在5.5～9.0 m之间，属于北热带海洋性季风气候区，年平均气温为23.1℃，1月份平均最低气温15.6℃，7月份平均最高气温28.9℃，夏秋盛吹偏南风，常有台风侵袭，并夹带暴雨，风力最大达12级以上。特呈岛四周波浪浪高全年以3级为主，潮间带为半日潮，潮高变化27～469 cm[11]。

特呈岛红树林资源丰富，群落组成类型多样，有重要的资源保护与利用价值。该岛是湛江港港口作业区的天然屏障，拥有红树林面积 50.7 hm^2，沿岛南部、东南部潮间带成片分布。群落类型主要为白骨壤单优群落和白骨壤与红海榄混交群落，镶嵌分布着纯红海榄群落、红海榄与木榄棍交群落，红海榄与木榄、白骨壤混交群落以及红海榄与桐花树混交群落[11,12]。本文所选的群落有：

（1）红海榄纯林：分布于特呈岛东村近岸潮间带上。林冠高约 3.5 m，支柱根较密，多数会在树枝分叉处断开且两三棵混生。土壤质地为沙砾。

（2）红海榄 + 木榄混交林：分布在东村，位于红树林后缘近堤岸处，群落中木榄占明显优势，长势良好，无枯枝。红海榄林冠高约 2.0 m，冠幅、地上根系幅度相对较小，支柱根相对较少。土壤多为沙地。

（3）红海榄 + 白骨壤混交林：主要分布在东村以及东村和里村之间的中低潮带，群落中两树种呈镶嵌状态，以白骨壤略占优势。红海榄林冠高 2.5 ～ 3.0 m，冠幅、地上根系幅度大，支柱根较多。土壤质地为淤泥。

（4）红海榄 + 木榄 + 白骨壤混交林：主要分布在东村，面积较小。该群落均分布于中高潮带，位于红树林靠岸缘，其中，木榄占优势，白骨壤次之，红海榄数量相对较少，平均林冠高约 3.0 m。土壤质地为沙砾。

2　材料与方法

2.1　材料收集

2011 年 6—8 月，在特呈岛红树林分布区的中潮带选取红海榄纯林、红海榄 + 白骨壤、红海榄 + 木榄混交林以及红海榄 + 木榄 + 白骨壤混交林 4 种群落类型，设置 10 m × 10 m 的固定样地，以单株红海榄的支柱根为研究对象，在各种不同红海榄群落样地中各选取 8 株生长健康、主干明显、根系完整、支柱根发达、冠幅与根幅相接近的植株作为标准木，将这些标准木定标牌并对其支柱根进行准确定位，记录每条支柱根的相对坐标与方位角。用坐标法测定各支柱根与主根之间的距离，以及与相邻同级支柱根之间的最小距离，同时记录红海榄的地径，支柱根的级数以及各级支柱根的根长、直径、分支角度，根系的内部连接个数，外部连接个数及连接长度。并根据外业调查数据应用 CAD2007 软件绘制根系结构与俯视图。

2.2　支柱根距离指数计算

支柱根距离指数是用同级支柱根之间的距离构造的指数。距离指数有最小距离指数和连接度指数[13]。最小距离指数用来确定支柱根的分布是否服从随机分布，连接度指数用来定量描述支柱根之间的连续性程度或隔离度。本文用各支柱根间最小距离代替个体间最小距离，公式如下：

$$N_{NI} = M_{NND}/E_{NND} \tag{1}$$

式（1）中，N_{NI}为最小距离指数，M_{NND}为支柱根与其最近相邻同级支柱根间的平均最小距离，E_{NND}为在假定随机分布前提条件下平均最小距离的期望值。

M_{NND}和 E_{NND}的计算公式如下：

$$M_{\mathrm{NND}} = \frac{1}{N}\sum_{i=1}^{N} N_{\mathrm{ND}}(i) \tag{2}$$

$$E_{\mathrm{NND}} = 1/2(\sqrt{d}),d = N/A \tag{3}$$

式（2）（3）中，N_{ND}（i）为支柱根 i 与其最近相邻同级支柱根间的最小距离，N 为支柱根的总数，d 为支柱根的密度，A 为植株的根幅面积。若 N_{NI}的取值为 0，则分布格局完全聚集分布；若 N_{NI}的取值为 1，则分布格局为随机分布；若 N_{NI}取其最大值 2.149，则格局为完全规则分布[14]。N_{NI}与 1 的差异显著性可通过标准正态分布来检验[15]。

$$u = | M_{\mathrm{NND}} - E_{\mathrm{NND}} | /\sigma,\ \sigma = 0.261/\sqrt{dN} \tag{4}$$

式（4）中，d、N 含义同上，σ 为标准差。按照正态分布检验的原则：若实际值 $u < 1.96$（即显著水平 α 为 0.05 时的临界值），预期值与观测值之间没有显著差异，则可从统计意义上认为实测值 N_{NI}等于 1，判断为随机分布；若 $u > 1.96$，预期值与观测值之间差异显著，则当 $N_{\mathrm{NI}} > 1$ 时为均匀分布，$N_{\mathrm{NI}} < 1$ 时为聚集分布。若 $u > 2.58$（即极显著水平 α 为 0.01 时的临界值），当 $N_{\mathrm{NI}} < 1$ 时，则可认为实测值 N_{NI}极显著小于 1，判断为聚集分布；当 $N_{\mathrm{NI}} > 1$ 时，则可认为实测值 N_{NI}极显著大于 1，判断为均匀分布。

连接度表示同级支柱根在生态功能与生态过程上相互联系的程度或潜力。连接度指数是最近相邻支柱根距离的反函数，它使用支柱根面积作加权数：

$$P_X = \sum_{i=1}^{N}\left[\frac{\dfrac{A(i)}{N_{\mathrm{ND}}(i)}}{\sum_{i=1}^{N}\dfrac{A(i)}{N_{\mathrm{ND}}(i)}}\right]^2, \tag{5}$$

式（5）中，P_X 为连接度指数；A（i）为支柱根 i 的面积；N_{ND}（i）为支柱根 i 到其相邻支柱根间的最小距离。P_X 取值从 0 到 1。若 P_X 取值大，则表明同级支柱根呈群聚分布；若取值接近 0，则为随机分布[14]。

2.3 根系分形维数计算

植物根系的结构极其复杂，但能表现出根系分生的自相似特征[16]。分形理论的主要研究内容是分形体的维数及自相似性规律[17]。自相似特征是用分形维数来刻画的，本文采用计盒维数来确定根系的分形特征，计盒维数的大小可以表示根系分支状况，是对占据面积随尺度变化规律的反映，揭示出种群占据与利用生态空间的能力[18]。具体方法是：根据红海榄支柱根在二维平面上的俯视图，先在方格纸上绘制边长为 L 的正方形，使其正好将俯视图覆盖在内，然后再依次将其分成边长为 $r = L/2^n$（$IF = 0 \sim 5$）的小正方形，计算根系所截的小正方形数目 N_r，随着边长 r 的逐渐变小，根系所截的小正方形的数量 N_r 逐渐增大，即正方形覆盖的根系越来越精细，所反映的根系分支也越来越多；根据不同 r 值所对应的 N_r 值，以 $\lg r$ 为横坐标、$\lg N_r$ 为纵坐标作图，求出其回归直线方程：

$$\lg N_r = -F_{\mathrm{D}}\lg r + \lg K \tag{6}$$

回归直线斜率的负数即为计盒维数 F_{D}，$\lg K$ 表示根量的多少，称为根丰度[19]。

2.4 根系拓扑指数计算

根系拓扑结构是研究根系构筑型的重要方法，而根系拓扑结构研究普遍采用拓扑指数来描述。拓扑指数表现了根系分支的复杂程度和分支模式，显示根系的扩张能力和竞争营养的能力。根据 Fitter[20] 提出的 2 种分支拓扑结构模型，根系分枝由连续的连接组成，连接分为内部连接和外部连接，2 个分支点之间为内部连接，分支与分生组织之间为外部连接。计算拓扑指数采用以下公式：

$$T_i = \lg a/\lg m, \tag{7}$$

式（7）中，T_i 为拓扑指数；m 为所有外部连接根系的总数；a 为最长根系通道内部连接总数。

3　结果与分析

3.1　红海榄支柱根的连接与分布规律

3.1.1　红海榄支柱根最小距离指数分析

依据 4 种群落类型中的红海榄支柱根各参数值，运用式（1）～（4），统计出各红海榄群落类型标准木一级支柱根与二级支柱根的最小距离指数（表 1）。

表 1　不同群落类型中红海榄支柱根参数值

类型	数量/根	平均最小距离/cm	平均直径/cm	根幅面积/m^2	支柱根密度/(根·m^{-2})	平均最小距离期望值/cm	最小距离指数/N_{NI}	σ	u 值	分布类型
A	16	11.59	3.48	1.248 8	12.8	13.97	0.83	0.018 2	1.307	随机
B	22	9.53	2.13	1.248 8	17.6	11.91	0.80	0.013 3	1.789	随机
C	6	7.33	2.52	1.000 0	6.0	20.41	0.36	0.043 5	3.007**	聚集
D	12	6.06	2.02	1.000 0	12.0	14.43	0.42	0.021 7	3.857**	聚集
E	18	9.55	3.08	1.078 0	16.7	12.24	0.78	0.015 0	1.793	随机
F	22	7.95	2.29	1.078 0	20.4	11.07	0.70	0.016 5	1.891	随机
G	13	11.48	2.80	1.068 0	11.2	14.92	0.77	0.021 6	1.593	随机
H	17	9.48	2.23	1.068 0	15.9	12.53	0.75	0.015 9	1.918	随机

注：A—红海榄纯林一级支柱根；B—红海榄纯林二级支柱根；C—红海榄 + 木榄混交林一级支柱根；D—红海榄 + 木榄混交林二级支柱根；E—红海榄 + 白骨壤混交林一级支柱根；F—红海榄 + 白骨壤混交林二级支柱根；G—红海榄 + 木榄 + 白骨壤混交林一级支柱根；H—红海榄 + 木榄 + 白骨壤混交林二级支柱根；下同。

红树林根系在自然环境中由于受种内、种间以及环境因子的综合影响，存在着不同的获取营养资源的能力，形成了根系空间分布特征的差异。由表 1 可见：红海榄 + 木榄混交林中，红海榄与木榄的树冠在水平空间分布上成镶嵌状，木榄占明显优势，由于种间竞争红海榄树冠及根径的生长受到抑制，红海榄林相较矮，支柱根数量较少，且基本都生长在主根附近，根系向四周扩张程度不高，根幅面积较小，支柱根密度也较少，分布较集中，最小距离指数较小，其中红海榄一级支柱根、二级支柱根的最小距离指数分别为 0.36 和 0.42。正态分布检验结果（表 1）表明：同级支柱根最小距离的预期值与观测值之间的差异达 0.01 极显著水平，呈现聚集分布格局；而其他群落类型中红海榄种群优势地位相对较强，林冠高及冠幅生长较大，支柱根极为发达，根系平均直径及根幅面积较大，一级支柱根和二级支柱根的空间扩展能力较强，同级支柱根的分布较分散，最小距离指数均在

0.7 以上。由正态分布检验结果可见：实际 u 值均小于 1.96（显著水平为 0.05 时的临界值），表明同级支柱根最小距离的预期值与观测值之间差异均不显著，空间分布呈随机分布格局。

3.1.2　红海榄支柱根空间连接度指数分析

在对红海榄支柱根面积和同级支柱根最小距离进行统计分析的基础上，根据表 2 利用式（5）计算出支柱根连接度指数（图 1）。由图 1 可见：4 种群落类型中红海榄一级支柱根、二级支柱根的连接度指数均在 0.05 ～ 0.20 之间，表明红海榄同级支柱根的空间连续性程度很低，近于随机分布格局。其中，红海榄纯林中一级支柱根和二级支柱根的连接度指数均比混交林小；红海榄 + 木榄混交林中一级支柱根的连接度指数最大，为 0.198，表明该群落类型中红海榄同级支柱根的连续程度比其他群落类型强，支柱根分布相对较集中，但由连接度指数的取值范围可知，其分布格局仍接近随机分布。这与本研究对不同群落类型中红海榄同级支柱根最小距离指数的研究结果一致。

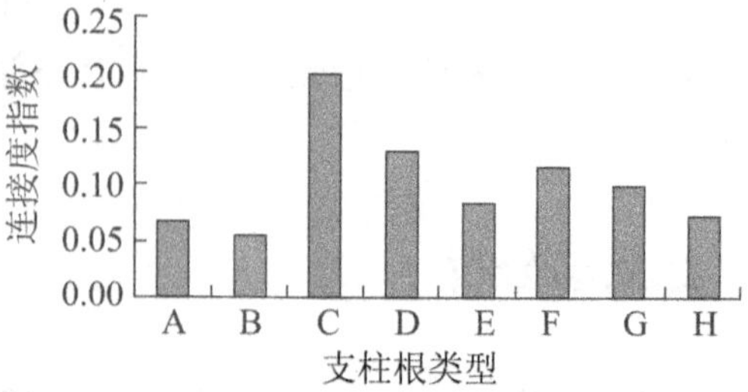

图 1　红海榄支柱根类型的连接度指数分布

3.2　不同群落类型中红海榄支柱根分形分析

3.2.1　红海榄支柱根的分形维数

依据对特呈岛不同群落类型中红海榄支柱根各性状的调查数据，采用计盒维数计算方法得出各群落类型中红海榄支柱根分形特征参数值（表 2）。

分形维数是对分形体的有效表征，分形维数越高，表明树木向不同方向伸展得越充分，利用与占据生态空间的能力越强。大部分树种生长特性值可能介于对空间具有严格的依赖性或完全独立的两种情况之间，其对应的分形维数介于 1 ～ 2 之间[17]。表 2 表明：红海榄支柱根回归模型的相关系数 R^2 均在 0.97 以上，达极显著相关（$p<0.01$）。不同群落类型中的红海榄支柱根分形维数为 1.468 5 ～ 0.554 5，表明红海榄支柱根均有较好的分形特征，向不同方向的伸展比较充分，有较强的利用与占据生态空间的能力。

表 2　不同群落类型中红海榄支柱根分形特征参数值

群落类型	分形维数	根丰度	R^2	显著性水平	总根长/m	生根数	平均分支角度/(°)	平均根径/cm	平均连接长度/m
红海榄纯林	1.554 5	1.592 8	0.975 4**	0.000 8	21.03	44	67.7	2.62	0.388
红海榄 + 白骨壤混交林	1.503 3	1.542 5	0.985 6**	0.001 7	16.80	40	60.2	2.78	0.352
红海榄 + 木榄混交林	1.468 5	1.515 8	0.982 3**	0.006 2	6.01	22	45.7	2.30	0.329
红海榄 + 白骨壤 + 木榄混交林	1.479 4	1.520 7	0.987 6**	0.009 7	10.68	34	47.6	2.46	0.340

由表 2 还可看出：各群落中红海榄支柱根分形维数的差异较小，其中，红海榄纯林的分形维数（1.554 5）最大，红海榄 + 木榄混交林的分形维数最小，为 1.468 5，说明红海榄纯林占据的生态位和扩展生态空间能力比其他混交群落中的红海榄强；同时，在不同类型的混交林中，群落内的不同物种的竞争对于红海榄支柱根分形特征的影响小，但在红海榄 + 白骨壤混交林中，红海榄支柱根表现出相对较好的分形特征，支柱根占据的面积更大，分形更加复杂，分形维数也比其他混交林大。这可能与红海榄种群所处的生境条件及群落中各种群的优势地位有关。

3.2.2　支柱根生长特性及其与分形维数的相关分析

不同群落类型中红海榄支柱根在总根长、生根数及平均分支角度 3 个性状上存在显著差异（表 2），其中，红海榄纯林生根性状最好。方差分析结果（表 3）表明：其差异显著性水平分别达 99.55%、97.88% 和 96.43%，说明红海榄支柱根的生根能力受到群落内种间竞争等生物环境的影响较大，即红海榄在群落中的优势地位越强，其生根能力也越强。另外，潮汐、土壤等非生物环境也是影响红海榄生根能力的重要因素，红树植物的生根和固定于底泥的阶段为主动散布阶段，本文所选的 3 种混交林中，红海榄 + 白骨壤混交林分布于海岸潮间带的中低潮带，土壤质地为松软的淤泥，中前滩深厚的淤泥及其适宜的盐度更适合于较不耐盐的红海榄等胎生红树植物的生长，能促进根系的萌发与生长，因此，红海榄根系的总根长、生根数及平均分支角度等均比其他分布于中高潮带的沙质土壤上的两种混交群落类型要大；而分形维数在不同群落类型中的差异并未达到显著水平，说明分形维数主要受到自身的生物学特性的影响。地上根系发达是红海榄最为独特的形态外貌特征，红海榄植株能从茎干上或近地表的茎节上长出不定根，成放射状拱形向下深入土壤，并继续产生侧根，使植株形成一个稳固的支架结构，成为增强植物整体支持力量的辅助根系，不同群落类型中红海榄均有着较强的根系扩张和占据生态空间的能力。

表 3　不同群落红海榄支柱根特性及其分形维数的方差分析

项目	总根长	生根数	平均分支角度	平均根径	平均连接长度	分形维数	根丰度
F 值	7.86	4.07	3.26	1.04	2.35	1.46	1.32
显著性水平	0.004 5**	0.021 2*	0.035 7*	0.218 0	0.069 5	0.097 3	0.156 4

注：$F_{0.05}(3,28)=2.95$，$F_{0.01}(3,28)=4.57$。*：$P<0.05$；**：$P<0.01$。

对分形维数与支柱根各性状的相关分析（表 4）表明：分形维数与平均连接长度的相关系数为 0.895 0，达 0.01 极显著水平，与生根数、平均分支角度的相关关系均达 0.05 显著水平。说明红海榄支柱根的分形维数与其分支状况有着同步的变化规律，根系的生根数、平均分支角度及平均连接长度随着分形维数的增大而增大，而且分形维数的微小差别会导致其分支状况的显著差异。这与杨培岭等[21]的研究结果一致。

根丰度能表示根量的多少，Thomas 等[22]研究表明，分形维数与根系的分支模式相关，而根丰度与根系的空间扩展能力、根系密度和营养物质的吸收效率相关。从表 2 可看出：根丰度和分形维数的变化趋势一致，各群落类型中红海榄支柱根的根丰度以红海榄纯林最大，为 1.592 8，红海榄 + 木榄混交林的根丰度（1.515 8）最小，而且不同群落类型中红海榄支柱根的根丰度差异不显著。说明不同群落类型中红海榄支柱根的空间扩展及营养获取能力的差异不明显。根丰度与生根数、平均分支角度、平均连接长度之间均呈显著正相关（表4），其中根丰度与生根数之间的相关性最高，相关系数为0.808 1，达0.01极显著水平；而根丰度与平均根径、总根长之间的相关性相对较小，均未达显著水平。

表4　支柱根性状与分形维数的相关分析

项目	性　状				
	总根长	生根数	平均分支角度	平均根径	平均连接长度
分形维数	0.398 4 (0.098 7)	0.745 6 (0.035 0)	0.669 5 (0.041 0)	0.322 6 (0.209 1)	0.895 0 (0.004 3)
根丰度	0.309 2 (0.180 6)	0.808 1 (0.006 2)	0.592 4 (0.046 7)	0.285 4 (0.316 2)	0.775 6 0.031 2

注：括号内数据为相关显著性水平。

3.2.3　红海榄支柱根的拓扑结构特征

拓扑结构也是反映根系构型的重要方面，在拓扑结构对植物根系构型的定量研究中常采用的指标是拓扑指数，根系分支越多，分支模式越复杂越接近叉状分支，其拓扑指数就越小[19]。

由红海榄支柱根拓扑指数（表5）可见：不同群落类型中红海榄支柱根的拓扑结构差异较小，拓扑指数为0.366 4 ～ 0.448 5，均接近叉状分支模式。说明各群落类型中红海榄支柱根的分支复杂程度高，这种根系的叉状分支可以增加根系的空间扩展能力及植株的稳定性，也有利于提高植物在营养缺乏的生境中获取营养资源的能力，从而使红海榄适应在沿海滩涂这种特殊的生境条件，也使红海榄在风浪频繁的沿海潮间带中经得起海浪的冲刷及台风的袭击，起到保护海岸及其生态系统的作用。

表5　红海榄支柱根拓扑指数

项目	群落类型			
	红海榄纯林	红海榄＋白骨壤混交林	红海榄＋木榄混交林	红海榄＋白骨壤＋木榄混交林
外部连接根系总数	44	40	22	34
最长根系通道内部连接总数	4	5	4	4
拓扑指数	0.366 4	0.436 3	0.448 5	0.393 1

4　结论与讨论

（1）最小距离指数和连接度指数能较好地揭示个体的空间分布格局。广东湛江特呈岛4种群落类型中除红海榄＋木榄混交林以外，其他各群落类型中红海榄同级支柱根之间空间连接程度不高，连接度指数接近于0，最小距离指数均在0.7以上，正态分布检验结果表明，同级支柱根最小距离的预期值与观测值之间差异均不显著，其空间格局呈随机分布。最小距离指数法和连接度指数法对红海榄支柱根分布格局的判定结果一致。

（2）分形维数的大小可以反映根系的扩展能力和营养竞争能力的差异。前人研究表明，杨树（*Populus spp.*）插穗根系的分形维数为 1.173 ～ 1.533[10]，冬小麦（*Triticum aestivum* Linn.）根系的分形维数为 1.059 ～ 1.241[16]。不同群落类型中天然红海榄支柱根均具有较好的分形特征，分形维数在 1.468 5 ～ 1.554 5，具有较强的利用空间与占据空间的能力。分形维数、根丰度与生根数、平均分支角度、平均连接长度之间均呈显著正相关关系。

（3）Fitter[20]研究表明，根系分形特征与拓扑结构之间是相互关联的。本文利用根系拓扑指数对其拓扑结构的分析与利用分形维数对分形特征的研究结果一致，红海榄支柱根拓扑指数为 0.366 4 ～ 0.448 5，接近叉状分支模式。说明各群落类型中红海榄支柱根的分支复杂程度高，有利于扩展生态空间和增加植株的稳定性。拓扑指数能很好地反映红海榄支柱根的分支特征，有助于红海榄支柱根的拓扑结构模型的建立。

（4）天然植物是对当地生境的良好适应者，红海榄支柱根的分支较多，有着较强的根系扩张能力和竞争营养的能力，这些密集的支柱根从树干或枝干上的各个部位成放射状拱形下弯伸出直插地面，使植株形成一个稳固的支架结构，这种被俗称为“鸡笼罩”的独特的形态结构，是对沿海滩涂地特殊环境条件的良好适应，不仅能够增加植株本身抗击风浪的机械作用，使植株能在风浪频繁的沿海滩涂上生长，而且还可以减缓潮水流速，截留潮水中的泥沙，发挥在抗风消浪、保护堤岸、促淤造陆、净化环境等方面的生态功能。通过对红海榄支柱根的研究，可以更好地为雷州半岛滨海湿地红树林生态系统的恢复与经营提供理论支持。

参考文献

[1] 吴钿，周畅，刘敏超，等．五种海桑属红树植物叶片的结构及其生态适应［J］．广西植物，2010，30（4）：484－487.

[2] 付春风，刘素青．特呈岛红树林空间结构分析［J］．广东农业科学，2010（2）：4－6.

[3] 何斌，温远光，袁霞，等．广西英罗港不同红树植物群落土壤理化性质与酶活性的研究［J］．林业科学，2002，38（2）：21－26.

[4] 石莉．中国红树林及其生态环境功能的综合分析与研究［D］．青岛：中国海洋大学，2003.

[5] 钟琼和，周元满，李际平，等．特呈岛红海榄支柱根系变化趋势分析［J］．防护林科技，2010（3）：27－29.

[6] 胡艳波，惠刚盈．优化林分空间结构的森林经营方法探讨［J］．林业科学研究，2006，19（1）：1－8.

[7] 惠刚盈，胡艳波．混交林树种空间隔离程度表达方式的研究［J］．林业科学研究，2001，14（1）：23－27.

[8] 李契，朱金兆，朱清科．分形维数计算方法研究进程［J］．北京林业大学学报，2002，24（2）：72－77.

[9] 刘兆刚，刘继明，李凤日，等．樟子松人工林树冠结构的分形分析［J］．植物研究，2005，25（4）：465－470.

［10］李火根，张博，黄敏仁，等．杨树插穗根系的分形特征［J］．林业科学，2006，42（11）：152－155．
［11］韩维栋，高秀梅．特呈岛红树林资源保护与利用研究［J］．林业资源管理，2007，4（2）：77－81．
［12］韩维栋，高秀梅，卢昌义，等．雷州半岛的红树林植物组成与群落生态［J］．广西植物，2003，23（2）：127－132．
［13］李哈滨，伍业刚．景观生态学的数量研究方法［M］．北京：中国科学技术出版社，1992．
［14］郭晋平．森林景观生态研究［M］．北京：北京大学出版社，2001．
［15］胥晓，苏智先，严贤春．坡向对四川冶勒红豆杉种群分布格局的影响——基于斑块信息的分析［J］．应用生态学报，2005，16（6）：985－990．
［16］杨培岭，罗远培．冬小麦根系形态的分形特征［J］．科学通报，1994，39（20）：1911－1913．
［17］洪伟，吴承祯．杉木种源高径生长的空间变异及其分形特征［J］．福建林学院学报，2001，21（2）：97－100．
［18］毕晓丽，洪伟，吴承祯，等．黄山松林不同树种树冠分形特征研究［J］．福建林学院学报，2001，21（4）：347－350．
［19］Eghball B，Settimi J R，Maranville J W，et al. Fractal analysis for morphological description of com roots under nitrogen stress［J］. Agronomy Journal，1993，85（2）：287－289.
［20］Fitter A H. The topology and geometry of plant root systems：influence of watering rate on root system topology in Trifolium pratens［J］. Annals of Botany，1986，58（1）：91－101.
［21］杨培岭，任树梅，罗远培．分形曲线度量与根系形态的分形表征［J］．中国农业科学，1999，32（1）：89－92．
［22］Thomas C W，Erik V E，Jonathan P L. Modelling applicability of fractal analysis to efficiency of soil exploration by root［J］. Annals of Botany，2004，94（1）：119－128.

红海榄叶面积指数的空间结构性*

黄剑坚[1]，刘素青[2]，韩维栋[2]

（1. 广东海洋大学寸金学院，广东 湛江 524094；2. 广东海洋大学农学院，广东 湛江 524088）

摘　要：以湛江市高桥红树林国家级自然保护区红树林植物红海榄为研究对象，选择叶面积指数（LAI）、树高、地径、冠径、枝下高等指标开展调查，运用半方差函数分析，选择球状模型拟合检验红海榄叶面积指数的空间结构性，并进行叶面积指数与树冠体积的相关分析。结果表明：红海榄的叶面积指数在空间上存在中等空间自相关性；叶面积指数与树冠体积存在显著的正相关性；迎潮面的叶面积指数高于背潮面。

关键词：红海榄；叶面积指数；树冠体积；空间结构性

中图分类号：S758. 5　　　**文献标志码**：A　　　**文章编号**：2095 - 1914（2013）02 - 0057 - 04

Spatial structure of leaf area index for *Rhizophora stylosa*

Huang Jianjian[1], Liu Suqing[2], Han Weidong[2]

(1. Cunjin College, Guangdong Ocean University, Zhanjiang 524094, Guangdong;
2. Agricultural College, Guangdong Ocean University, Zhanjiang 524088, Guangdong)

Abstract: Mangrove plant of *Rhizophora stylosa* in the Gaoqiao National Mangrove Nature Reserve on Zhanjiang Municipality, Guangdong Province was studied. The correlations between the leaf area index (LAI) and the plant crown volume were analyzed by surveying the LAI, the plant height, the basal diameter, the crown diameter, the height of the lowest branches, then by conducting the semi-variance function analyses, and testifying the LAI spatial structure of *R. stylosa* plants by simulating the spherical model1. The results showed that the LAI of *R. stylosa* plants was spatially autocorrelated at medium level in space structure. There was significant positive correlation between LAI value and the crown volume, and the *R. stylosa* LAI values of the wind ward side of the tide were higher than those of the lee ward side of the tide.

Key words: *Rhizophora stylosa*; leaf area index (LAI); crown volume; spatial structure

红海榄（*Rhizophora stylosa* Griffa）属红树科（Rhizophoraceae）的红树林植物，生长于热带、亚热带海岸潮间带中，为常绿灌木或小乔木，支柱根极为发达，抗风浪能力强，主要分布于广西、香港、广东和海南等地，是沿海红树林生态恢复的优选树种[1,2]。树冠体积是指树冠所占空间的体积，在生物量调查研究中，树冠体积可使各分量生物量模型拟合

* 广东省自然科学基金项目（S2012010008703）；广东省海洋渔业科技推广专项基金项目（A201008J02，2011011I02）。

原载于：西南林业大学学报，2013，33（2）：57 - 65。

精度与预估精度比常规的一些模型有较大幅度的提高[3]。叶面积指数（LAI）是反映作物长势与预报作物产量的一个重要农学参数，用来反映植物叶面数量、冠层结构变化、植物群落生命活力及其环境效应[4]。目前，关于叶面积指数的空间结构性研究主要运用地统计学原理对春大豆（*Glycine max*）、小麦（*Triticum aestivum*）、水稻（*Orisa sativa*）等作物建立其半方差函数模型进行空间结构性分析[5-8]。而红树林植物方面的叶面积指数空间结构性研究未见报道。叶面积指数与树冠体积的相关分析，亦是进行树冠体积与叶面积指数预估模型研究的基础[9]。因此，本文以广东湛江高桥红树林保护区的红海榄天然林为研究对象，通过采用地统计学、传统统计分析等方法分析红海榄叶面积指数的空间结构性，及其叶面积指数与树冠体积的关系，揭示叶面积指数与树冠体积之间的相关程度，可为红海榄生长性状指标与沉积物特性、胎生繁殖体产量信息的空间变异性及相关性分析提供理论基础。

1　研究区概况

广东省湛江市廉江高桥红树林保护小区属于全日潮区，地处广东、广西交界的北部湾英罗港，东侧为卖皂海，西侧为官寨海，为湛江红树林国家级自然保护区的核心区之一。高桥红树林保护小区总面积2 249.4 hm^2，有红树林1 361.6 hm^2，可划分为44个小班（小班数为当地林业部门的林地区划），是全国面积最大的红树林保护区[1]。该小区内有白骨壤（*Avicennia marina*）、桐花树（*Aegiceras corniculatum*）、红海榄、秋茄（*Kandelia obovata*）、木榄（*Bruguiera gymnorrhiza*）等主要红树植物，有海檬果（*Cerbera manghas*）、苦郎树（*Clerodendrum inerme*）、黄槿（*Hibiscus tiliaceus*）、杨叶肖槿（*Thespesia populnea*）等主要半红树植物。

2　研究方法

2.1　调查方法

选择高桥保护小区核心区凤地村的内带红海榄纯林和红海榄 + 木榄混交林为研究对象。红海榄纯林和红海榄 + 木榄混交林沉积物为淤泥，设置5个20 m×20 m的红海榄纯林样方和5个20 m×20 m的红海榄 + 木榄混交林样方，在红海榄纯林样方和红海榄 + 木榄混交林样方中，各随机选择30株生长健康、枝繁叶茂、树冠正常的红海榄标准木。红海榄标准木基本特征见表1。

表1　红海榄标准木基本特征

	平均株高/m	平均地径/cm	平均东西冠径/m	平均南北冠径/m	平均枝下高/m
红海榄纯林	4.3	5.4	4.3	2.5	2.4
红海榄 + 木榄混交林	2.7	5.2	2.5	2.1	1.8

具体调查方法如下：

（1）记录每株红海榄的株高、地径、东西冠径、南北冠径、枝下高等数据。

（2）划分单株红海榄的迎潮和背潮范围，记录从迎潮面到背潮面之间的冠径。

（3）用自制的细木棍获得计算叶面积指数所需要的数据，具体方法是在单株红海榄上根据冠径的大小选取东西冠径与南北冠径交叉点，以及分别在东西冠径、南北冠径的 0.2*R* 和 0.8*R* 处选取样点，最后在迎潮面与背潮面 0.2*r*、0.5*r*、0.8*r* 处选取样点，结果见图 1。

（4）用标尺测出每株红海榄的高度和枝下高，用皮尺测出冠径，用围尺测出每株红海榄的地径。

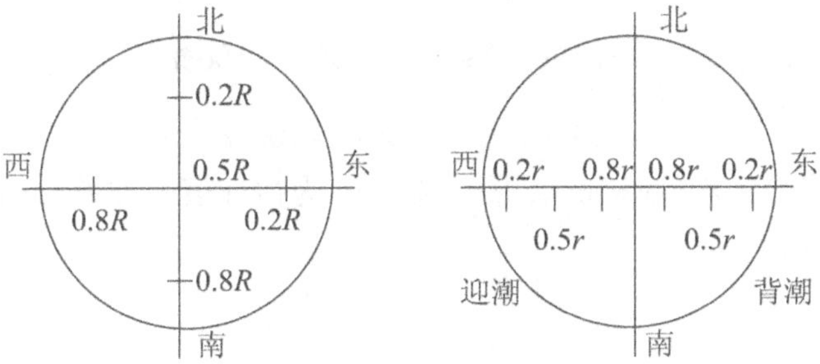

图 1　选取样点

R—东西、南北冠径；*r*—迎潮面、背潮面冠径

2.2　分析方法

2.2.1　叶面积指数的计算

采用斜点样方法测定叶面积指数[7]。本方法由植被盖度测定法改良而成，具体操作是用一头尖的细棒以 32.5°的顶角插入植冠，记录细棒从冠层顶部通过冠层一直达到底部的过程中与这根细棒相接触的叶片的数目，以下述公式计算叶面积指数[10]：

$$\mathrm{LAI} = \frac{1}{n \cdot \sum L_i} \quad (i = 1) \tag{1}$$

式中，n 为测定的样点数；LAI 为叶面积指数；L_i 为第 i 次所碰到的叶数。

2.2.2　树冠体积的计算

树冠体积的计算公式[11]为：

$$V_{\text{树冠}} = \frac{2}{3} b \pi r^2 \tag{2}$$

式中，r 为东西冠径加南北冠径除以 4；b 为冠高，即株高减去枝下高。

2.2.3　叶面积指数的空间结构性分析

采用半方差函数研究叶面积指数的空间结构性[12]。半方差函数是分析区域化变量空间结构性的重要工具，可反映区域化变量的空间自相关性[13]。

半方差函数的一般表达式为：

$$r(h) = 1/2\mathrm{Var}[Z(x) - Z(x+h)] = 1/2E\{Z(x) - Z(x+h)^2\} \tag{3}$$

在进行变差函数的具体计算时，采用 Matheron 推出的试验变差函数公式，即

$$\gamma(h) = \frac{1}{2N(h)}\sum_{i=1}^{N(h)}[Z(x_i) - Z(x_i + h)]^2 \tag{4}$$

式中，γ（h）为半方差函数；h 为相隔 2 点的矢量。采用 I 值检验法对红海榄叶面积指数测定数据所拟合的理论球状模型进行检验。I 值检验法是把交叉检验法和估计方差检验法 2 种检验性指标综合成一个统一的检验理论变差函数最优性指标[14]。

$$I = \overline{(Z^* - Z)}^2\left[P\left|1 - \frac{1}{[Z^* - Z)/S^*]^2}\right| + (1 - P)\right] \tag{5}$$

其中

$$P = \begin{cases} 0.1 & 0 \leqslant \overline{(Z^* - Z)^2} \leqslant 100\% \\ 0.2 & \overline{(Z^* - Z)^2} > 100\% \end{cases}$$

式中，P 为经验性参数；Z^* 为 Kriging 估计值；S^* 为估计值的方差。I 值越小表明半方差函数模型拟合精度越高。

3 结果与分析

3.1 叶面积指数的空间结构性分析

3.1.1 叶面积指数的基本分析

红海榄叶面积指数特征参数表现出明显的差异性，变幅大，最大值为最小值的 6.5 倍。按反映离散程度的变异系数（C_v）的大小可将空间变异性进行粗略分级[15]：$C_v <$ 10% 为弱变异性，10% $\leqslant C_v \leqslant$ 100% 为中等变异性，$C_v \geqslant$ 100% 为强变异性。由表 2 可得：叶面积指数的 C_v 为 31.82%，在 10% ～ 100%，属于中等变异性；偏度系数（C_s）为 12.58%，峰度系数（P_c）为 25.44%，叶面积指数概率分布基本符合正态分布。

表 2　红海榄叶面积指数统计特征值

均值	最大值	最小值	方差	变异系数（C_v）	偏度系数（C_s）	峰度系数（P_c）
6.25	13	2	3.96	0.318 2	0.125 8	0.254 4

3.1.2 叶面积指数的半方差分析

在选取叶面积指数的半方差模型时，首先根据式（4）计算出 γ（h）的散点图，选取拟合度最好的模型类型进行拟合。经计算后拟合，发现红海榄叶面积指数的半方差函数理论模型符合球状模型，即

$$\gamma = \begin{cases} 0 & h = 0 \\ C_0 + C\left[\frac{3}{2} \times \frac{h}{a} - \frac{1}{2}\left(\frac{h}{a}\right)^3\right] & 0 < h \leqslant a \\ C_0 + C & h > a \end{cases} \tag{6}$$

式中，C_0 为块金值；$C+C_0$ 表示基台值；a 为观测点之间的相关范围，采样特性在范围值内相关，在范围值外空间独立。

利用 I 值检验法对红海榄叶面积指数测定数据拟合的理论球状模型进行检验，适当调整 C_0、C 及 a，多次检验拟合精度。由表 3 可得：第 3 次拟合情况较好，试验与理论的估计方差之比更接近于 1，I 值最小。故第 3 次半方差函数拟合结果能更好地反映红海榄叶面积指数的空间结构性特征。

表 3　叶面积指数理论球状模型检验

C_0	C	a	$\overline{(Z^*-Z)^2}$	$\overline{((Z^*-Z)/S^*)^2}$	P	I
2.102	5.474	5.75	5.693	1.04	0.1	5.146
2.087	5.485	5.85	5.649	1.03	0.1	5.101
2.054	5.494	5.95	5.604	1.02	0.1	5.055

然后进行叶面积指数理论球状模型参数的计算，结果见表 4。由表 4 可得：红海榄叶面积指数的 u 为 27.2%，在 25%～75%之间；球状模型的红海榄叶面积指数的相关距离为 5.95。

表 4　叶面积指数理论球状模型参数

物种	理论模型	C_0	C_0+C	$\frac{C_0}{C_0+C}$ /%	a /m
红海榄	球状模型	2.054	7.548	27.2	5.95

3.2　迎潮面与背潮面叶面积指数分析

60 株红海榄标准木中，由于采集的叶面积指数数据服从正态分布，在同一株标准木上划分为迎潮面和背潮面，具有同质性，是 2 样本之间配偶成对的比较，所以采用配对样本 t 检验。分析可得：迎潮面叶面积指数的均值为 19.25 ±3.73，背潮面叶面积指数的均值为 17.13 ±4.91。成对样本相关系数为 0.863，在 0.05 显著水平上具有显著性。因此，红海榄叶面积指数迎潮面明显高于背潮面。

3.3　叶面积指数与树冠体积的相关分析

对叶面积指数与树冠体积进行相关分析，结果见表 5。由表 5 可得：纯林标准木的 Pearson 相关性为 0.886，其显著性为 0.046，在 0.05 水平（双侧）上相关，叶面积指数与树冠体积有明确关系。混交林方面，Pearson 相关性为 0.954，显著性为 0.031，相关性强，具有显著性。

表5 红海榄纯林和红海榄＋木榄混交林树冠体积与叶面积指数相关分析

		红海榄纯林		红海榄＋木榄混交林	
		LAI	树冠体积	LAI	树冠体积
LAI	Pearson 相关性	1	0.886*	1	0.954*
	显著性（双侧）		0.046		0.031
	N	30	30	30	30
树冠体积	Pearson 相关性	0.886*	1	0.954*	1
	显著性（双侧）	0.046		0.031	
	N	30	30	30	30

注：*为在0.05水平（双侧）上显著相关。

4 讨论

4.1 红海榄叶面积指数具有空间结构性

由于红海榄叶面积指数的经典统计分析只能概括其总体的变化，不能反映其局部的变化特征，即只在一定程度上反映样本总体，而不能定量地刻画变量的随机性和结构性、独立性和相关性，因此需进一步采用地统计学方法进行空间变异结构的分析，而地统计学理论刚好解决了上述问题。

红海榄叶面积指数理论球状模型分析中，基台值表示区域变量在空间上的总变异，块金值占基台值的百分数（u）可反映系统中变量的空间自相关性。若比值 $u<25\%$，说明变量具有强烈的空间自相关性；若 u 在 25%～75% 之间，表明变量具有中等空间自相关性；若 $u>75\%$，说明变量空间相关性很弱[16]。红海榄叶面积指数的 u 值在 25%～75% 之间，表明具有中等空间自相关性。红海榄叶面积指数的 u 值为 27.2%，比冬小麦抽穗期 u 值 34.5% 和大豆开花结荚期 u 值 34.4% 要小[12,13]，说明红海榄叶面积指数的空间自相关性比冬小麦抽穗期和大豆开花结荚期的空间自相关性强。林木树冠叶面积指数的空间自相关性比作物强，是合理的。红海榄处于一个非常复杂的潮间带环境，影响因子多，产生红海榄叶面积指数具有较强的中等空间自相关性的生理、土壤、生态学机制尚不清楚，仍有待于进一步研究。此外，由球状模型得到的红海榄叶面积指数的相关距离大于取样最大间距 1.83 m，说明取样尺度已满足本研究的要求。

4.2 迎潮面的叶面积指数高于背潮面

通过比较红海榄标准木在迎潮面与背潮面叶面积指数的不同，发现大多数情况下，迎潮面的叶面积指数明显要高于背潮面，对迎潮面与背潮面叶面积指数的配对样本 t 检验，得到的结果是在 0.05 的显著水平上具有显著性，也就是说红海榄迎潮面叶面积指数高于背潮面是可信的，红海榄迎潮面比背潮面长势更好。但迎潮面的叶面积指数高于背潮面的各种影响机制尚不清楚，仍有待于进一步研究。

4.3　红海榄叶面积指数与树冠体积存在明显的正相关性

对红海榄叶面积指数与树冠体积的数据进行相关分析，发现这 2 个因素间存在很强的正相关性。在纯林中，相关性为 0.886，显著性 0.046 小于显著水平 0.050，证明其既相关且显著；而混交林的相关性为 0.954，同样表现显著。如果红海榄的树冠体积比较大，排除其他因素的影响，其叶面积指数值也会相应较高，也就是说随着红海榄的生长，叶子会越来越密，单位面积的覆盖率会更高。该结果为红海榄树冠体积与叶面积指数预估模型的研究提供了前提。

5　结论

红海榄叶面积指数具有较强的中等空间自相关性；迎潮面的叶面积指数高于背潮面，迎潮面比背潮面长势更好。红海榄叶面积指数与树冠体积存在明显的正相关性。上述结果可为实现环境因子的精确管理，进而改善红海榄的长势，在一定区域范围内获得产量的全面提高提供了可能，进一步可为树冠体积与叶面积指数预估模型等研究提供理论基础。

参考文献

[1] 韩维栋，高秀梅．雷州半岛红树林生态系统及其保护策略［M］．广州：华南理工大学出版社，2009.

[2] 陈鹭真，王文卿，林鹏．潮汐淹水时间对秋茄幼苗生长的影响［J］．海洋学报，2005，27（2）：141－147.

[3] 熊妮娜，王佳，罗旭，等．一种基于三维激光扫描系统测量树冠体积方法的研究：以油松为例［J］．北京林业大学学报，2007，29（S2）：25－27.

[4] 薛丽红，曹卫星，罗卫红，等．光谱植被指数与水稻 LAI 相关性的研究［J］．植物生态学报，2004，28（1）：47－52.

[5] 薛亚锋，周明耀，徐英，等．水稻叶面积指数及产量信息的空间结构性分析［J］．农业工程学报，2005，21（8）：89－92.

[6] 张林青，苏祖芳弘，张亚洁，等．水稻拔节期群体茎蘖结构与叶面积指数及产量关系的研究［J］．扬州大学学报：农业与生命科学版，2004，25（1）：55－58.

[7] 任海，彭少麟．鼎湖山森林群落的几种叶面积指数测定方法的比较［J］．生态学报，1997，17（2）：220－223.

[8] 冯建波，肖伟中，张锁荣．小麦叶面积指数和产量空间结构性分析［J］．安徽农业科学，2008，36（32）：14021－14022.

[9] 赵聪慧，张淑娟，王凤花，等．春大豆叶面积指数的空间结构性分析［J］．农机化研究，2010（4）：26－29.

[10] 杜娟，范志霞，叶顶英，等．楠木人工林树冠体积与叶面积指数预估模型的研究［J］．浙江林业科技，2010，30（4）：37－41.

[11] 李迅．叶面积指数测定方法综述［J］．现代园艺，2011（7）：8－9.

[12] 张国岐．怎样测定果树树冠体积［J］．新农业，1979（7）：20.

[13] 薛亚锋，周明耀，徐英，等．冬小麦叶面积指数的空间结构性分析［J］．扬州大学学报：农业与

生命科学版，2006，27（1）：54－58.

[14] 王政权. 地统计学及在生态学中的应用［M］. 北京：科学出版社，1999.

[15] Dirk M，Binayak P. Spatial variability of hydraulic properties in a multi layered soil profile［J］. Soil Science，1996，161（3）：167－181.

[16] 郭旭东，傅伯杰. 河北省遵化平原土壤养分的时空变异特征：变异函数与 Kriging 插值分析［J］. 地理学报，2000，55（5）：555－566.

天然红海榄树冠结构的分形特征*

周元满，聂页，刘美欣，叶沛栋，曹柄权，韩维栋

（广东海洋大学农学院，广东 湛江 524088）

摘　要：运用计盒维数与关联维数对特呈岛红海榄纯林（A）、红海榄＋白骨壤（B）、红海榄＋木榄＋白骨壤混交林（C）群落中红海榄的树冠分形特征进行分析，探讨红海榄在不同群落中树冠分形特征的差异以及树冠的生长发育规律。结果表明：红海榄树冠具有较好的分形特征，其计盒维数为1.851 3，揭示了红海榄树冠对生态空间的占据能力较强；不同群落类型中红海榄树冠计盒维数存在差异，其中红海榄纯林树冠的计盒维数高于混交林，3 种群落类型中树冠计盒维数的大小排序为 A＞C＞B；红海榄侧枝数的分布比较均匀，一级侧枝分布格局的关联维数在 1.573 9 ～ 1.715 6 之间，表明红海榄枝条的扩展能力较强，空间关联程度较高，有利于发挥其防风、消浪等生态功能。

关键词：分形特征；天然红海榄；关联维数；计盒维数；树冠

中图分类号：S727.2　　**文献标志码**：A　　**文章编号**：I673－923X（2012）08－0037－05

Fractal characteristics of crown structure of *Rhizophora stylosa* natural forests

Zhou Yuanman, Nie Ye, Liu Meixin, Ye Peidong,
Cao Bingquan, Han Weidong

(Agriculture College of Guangdong Ocean University, Zhanjiang 524088, Guangdong)

Abstract: The fractal characteristics of crown of natural *Rhizophora stylosa* populations in different communities such as *Rhizophora stylosa* pure forest, *R. stylosa* + Avicennia mixed forest, *R. stylosa* + *Avicennia* + *Bruguiera gymnorrhiza* mixed forest in Techeng island were analyzed and compared by applying box-counting dimension and correlation dimension, and their growth performances and the differences in crown characteristics were discussed. The results show that Rhizophora in natural community had good fractal characteristics, its box-counting dimension was 1.851 3, thus revealing the strong ability to occupy and utilize the ecological space of *Rhizophora stylosa*; there were differences in crown fractal dimension among different communities, and the box-counting dimension values of *Rhizophora stylosa* population in natural pure forest were higher than that of the mixed forest, and the three communities' order in box-counting dimension tanked by magnitude: A > C > B; the canopy branches distribution of *Rhizophora styosa* was followed the uniform distribution, and the values of correlation dimension of primary branches were between 1.573 9 – 1.715 6. It was found that *Rhizophora stylosa* had stronger branches extension ability, higher individual spatial correlation degree, thus being beneficial

* 广东自然科学基金项目（10152408801000021）；国家自然科学基金项目（31170511）。
原载于：中南林业大学学报，2012，32（8）：37－41。

to full playing its ecological functions such as windbreak and wave dissipation etc.

Key words: fractal characteristics; natural *Rhizoplwra stydosa*; correlation dimension; box-counting dimension; crown

分形理论是由 Mande lbrot 在 1975 年正式提出与建立的一种探索复杂性的新的科学方法和理论[1]。分形分析的主要研究内容是分形体的维数及自相似性规律[2]，通过分形维数，可以对不规则但又具自相似特性的几何形体（如林木的根系、冠形、分枝特性及种群分布格局等）的复杂程度进行分析[3-6]，并能弥补传统的研究方法中存在的不足。树冠作为树木自身遗传特性和环境作用的综合体现，决定着林木外部形态以及对光能的截获、水分和养分的分布[7-9]，既是树木生长发育的结构基础，又直接影响种群的空间分布格局[4-10]。前人研究表明林冠结构的复杂性和动态是影响森林生态系统结构和功能的主要因素之一[11,12]，对于生长在海岸潮间带的红树林而言，树冠结构既决定着树木在生长发育过程中的竞争能力以及对风浪的抵抗力，也反映红树植物对沿海滩涂特殊生境因子的适应性。红海榄 *Rhizophora Stylosa* 是红树林红树科植物，分布在热带及亚热带的沿海滩涂湿地，冠形优美，支柱根系发达，是雷州半岛红树林的三大优势树种之一。对红海榄树冠分形特征的研究有助于进一步揭示其防风固岸、促淤造陆等生态功能。本研究以湛江特呈岛天然红海榄为对象，运用计盒维数与关联维数对红海榄纯林、红海榄 + 白骨壤、红海榄 + 木榄 + 白骨壤混交林群落中红海榄的树冠分形特征进行分析，探讨红海榄在不同群落中树冠结构的分形特征的差异，揭示红海榄树冠的生长发育规律及其利用生态空间的能力，为进一步探讨红树林的生态功能机理及生态系统的保护提供参考。

1 研究区概况

研究地位于湛江市的特呈岛，110°25′～110°27′E，21°09′～21°10′N，属于北热带海洋性季风气候区，长年温暖湿润。年平均气温 22.3℃，历年 1 月份平均气温极低，为 8.4℃，7 月份最高，全年几乎无冬季。年均降雨量 1 800 ～ 2 000 mm，年日照时数约 2 100 h。夏秋盛吹偏南风，常有台风侵袭，并夹带暴雨，风力最大达 12 级以上。冬、春季多吹偏北风，极少有受寒潮影响的低温阴雨天气。特呈岛四周波浪浪高全年以 3 级（0.5 ～ 1.4 m）为主，潮间带为半日潮，潮高变化 -27 ～ 469 cm[13]。特呈岛的陆地地势平缓，有极厚的松散沉积层。

特呈岛的红树林以白骨壤单优群落及白骨壤树落为主，群落类型主要有白骨壤群 *As. Avicennia marina*、白骨壤和红海榄混交群落 *As. Avicennia marina* + *Rhizophora stylosa*、红海榄群落 *Ass. Rhizophora stylosa* 等[14] 。本研究所选的红树林群落类型为：红海榄纯林（A）、红海榄 + 白骨壤混交林（B）与红海榄 + 白骨壤 + 木榄混交林（C）。

2 材料与方法

2.1 材料收集

试验于 2010 年 6—8 月在湛江市特呈岛红树林自然保护区中进行。在红海榄纯林

(A)、红海榄+白骨壤混交林(B)以及红海榄+白骨壤+木榄混交林(C)3种群落类型中，选择具代表性地段各设置3块10 m ×10 m样地，各样地中选取3～5株生长旺盛，主干明显，枝干粗壮，树冠自然伸展，树冠与树形大小比较接近的标准木，测量株高、枝下高、地径、冠幅与冠长，同时测量标准木一级枝条枝长、分枝角度、着枝深度、侧枝的方位角以及各一级分枝节点间的距离。

2.2 冠分形维数的计算

分形分析强调了尺度的重要性，尺度变化的内涵通过分形维数的变化反映出来，是刻画尺度依赖问题的有力工具[15]。分形维数包括关联维数、计盒维数、信息维数等，本研究采用计算简便且应用广泛的计盒维数计算树冠分形维数。

分形模型如下：

$$N(L) = CLD \tag{1}$$

式中，$N(L)$为测度指标（如质量、生物量等）；L为度量所采用的尺度指标（如长度、面积、体积等）；D为指数；C为比例系数（常量）。

本研究中$N(L)$取树冠的体积，L取冠幅中值，将式（1）在双对数坐标下进行线性回归，拟合的斜率即为分形维数值D[16]。

2.3 枝条结构分形维数的计算

采用分形分析的方法研究树冠分枝分布格局可以揭示在不同的观测尺度上枝条空间分布的变化规律。枝条格局关联维数是树冠枝条空间关联随尺度变化规律的反映，是树冠枝条对环境资源进行竞争和分配的结果，不同性质的环境资源具有不固定的表现尺度，从而导致枝条分布格局在不同尺度上空间关联程度的差异[17]。依据关联维数的计算公式

$$D_c = \lim_{\varepsilon \to 0} \frac{\lg[C(\varepsilon)]}{\lg(\varepsilon)} \tag{2}$$

首先将样木内的一级分枝为对象，分别测量各一级枝与所有其他一级枝之间的枝节点间距离，这个距离就是枝节点间的欧氏距离；然后给定一个距离值，查找小于该距离的欧氏距离个数（N_i）；变换距离值，可以得到一系列N_i；通过每一距离值对应的距离个数与距离总个数（N）的比值得到$C(\varepsilon)$。将$C(\varepsilon)$与对应的距离值在双对数坐标下进行（分段）直线拟合，所得拟合直线的斜率的绝对值为其关联维数。根据实测样木的冠长大小，本研究确定距离值为0～1.2 m，变换步长为0.1 m。

3 结果与分析

3.1 红海榄树冠计盒维数及分形特征

3.1.1 红海榄树冠的计盒维数

冠幅计盒维数是反映树冠的空间占据状态的参数，理论上，计盒维数越高，表明树木向不同方向伸展得越充分，占据与利用空间的能力越强。如果种群占据了全部的生态空

间，其计盒维数应为 2，计盒维数为生态占据维，余下的维数为生态间隙维，生态间隙维反映的是种群潜在占据生态空间的能力[18]。将外业调查收集整理而得到的 30 组红海榄冠幅中值和树冠体积数据代入式（1）进行线性回归拟合，得出关于红海榄整体树冠计盒维数的曲线模型（图 1）。由图 1 可见，分形模型决定系数 R^2 为0.816 3，达极显著相关（$P<0.01$），表明红海榄树冠具有较好的分形特征，计盒维数达 1.851 3，接近于 2（完全占据），说明红海榄枝条向不同方向充分伸展，占据与利用空间的能力较强，相应的生态间隙维则较低，这有利于红海榄充分获取阳光、水分、养料等资源，以便红海榄植株更好地生长。再加上红海榄支柱根系发达，植株强壮，从而能更好地发挥其防风消浪、护岸固堤及保淤造陆等生态功能。可见，模拟冠幅的分形分析方法能很好地揭示红海榄种群在水平方向上的空间分布规律。

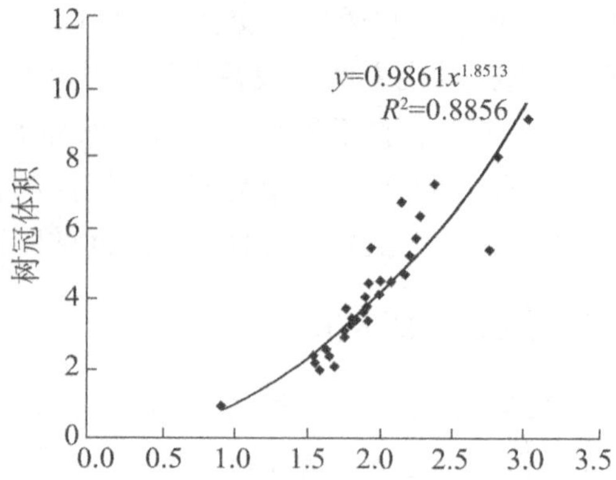

图 1　天然红海榄树冠结构的计盒维数

3.1.2　不同群落类型中红海榄树冠计盒维数比较

依据各样地标准木树冠体积与冠幅中值，利用式（1）进行线性回归，得出不同群落中红海榄树冠分形维数（表 1）。

表 1　不同群落类型中红海榄树冠计盒维数比较

群落代号	回归方程	计盒维数	相关系数	显著水平	平均冠幅 /cm
A	$N=1.842\ 1L^{1.863\ 0}$	1.863 0	0.965 8**	$P<0.01$	1.95
B	$N=0.887L^{1.5129}$	1.512 9	0.971 4**	$P<0.01$	1.83
C	$N=1.031\ 6L^{1.622\ 7}$	1.622 7	0.980 7**	$P<0.01$	1.75

**：$P<0.01$。

由表 1 可见，树冠分形模型相关系数均在 0.96 以上，达极显著相关（$P<0.01$）。不同群落中红海榄均具很好的分形特征，计盒维数在 1.512 9 ～ 1.863 0 之间，表明不同群落类型中红海榄种群具有不同的水平空间占据能力，这与其所处的生物环境有关。红海榄纯林其树冠的计盒维数高达 1.863 0（接近 2），表现出更强的水平空间占据和利用能力。这可能是因为红海榄纯林分布在潮间带的中潮或中潮偏高的地带，立地条件较好，海水的侵蚀程度相对较弱，种群个体数量多，冠幅生长较大，郁闭度高达 0.8 左右，因而对水平空间的占据程度更高，显示出极强的优势建群地位，对群落内部环境起着决定性作用，因此分形维数最高。而其他两种混交林中红海榄树冠分形维数均比纯林小，表明其占据水平空间的能力不及红海榄纯林。红海榄 + 白骨壤及红海榄 + 白骨壤 + 木榄混交林分布于潮间带的中潮偏低地带，并且以白骨壤为优势种，而红海榄处于或趋于劣势伴生地位，种群优势地位并不显著，其个体数量及冠幅生长相对较少，种群密度较小，两种混交群落中的红海榄除存在种内竞争外，还存在一定的种间竞争，在一定程度上限制了侧枝向四周的伸展，以致红海榄树冠对水平空间的占据程度比纯林低，分形维数亦小于纯林，但两种混交

类型中红海榄树冠分形维数差异不大。

3.1.3　同一群落中不同树种的分形特征

在红海榄 + 白骨壤 + 木榄混交林中，由于白骨壤个体处于明显的种群优势地位，树冠庞大，最大冠幅高达 6 m 以上，因此分形维数（1.877 8）最大（表 2）与其伴生的红海榄（1.622 7）、木榄（1.561 9）的冠幅分形维数相对较小并有接近的趋势，表明在一定的环境条件下，排除了激烈的竞争外，不同物种的种群可能具有相近的空间占据能力，生态位不重叠，可以有效地利用自然资源，这可能是植物对所处环境的一种生理生态适应。

表 2　同一群落中不同树种的分形维数

树种	回归方程	分形维数	相关系数	平均冠幅 /cm
红海榄	$N=1.031\,6L^{1.622\,7}$	1.622 7	0.980 7**	1.75
白骨壤	$N=1.389L^{1.877\,8}$	1.877 8	0.991 8**	4.53
木榄	$N=1.401L^{1.561\,9}$	1.561 9	0.965 9**	2.63

**：$P<0.01$。

3.2　红海榄分枝格局的关联维数

枝条是树木形态结构的重要构件，枝条的着枝深度、分枝方式及枝条节点间距离等是决定分枝空间格局以及树冠形态的重要因素。一级侧枝构成树的骨架，它的长短及其空间排列对树的形状起着支配作用，是研究树冠的结构和功能以及树木有机物生产量的基础。对于树木分枝格局自相似结构的有效表征是分形维数，通过统计各群落中红海榄标准木的各一级分枝与所有其他一级分枝的欧氏距离（表 3）求算出一级分枝格局的关联维数（表 4），可以进一步描述红海榄侧枝的空间相关程度，综合反映红海榄种群在群落中的占据程度。

表 3　不同频数下一级分枝节点间距离小于 ε 的欧氏距离

群落代号	频　数											
	<0.1	<0.2	<0.3	<0.4	<0.5	<0.6	<0.7	<0.8	<0.9	<1.0	<1.1	<1.2
A	9	19	32	45	57	65	78	91	102	108	113	121
B	7	16	31	43	50	62	76	82	90	98	100	100
C	6	13	25	37	45	56	67	72	77	81	81	81

表 4　不同群落中红海榄一级分枝格局的关联维数

群落代号	回归模型	关联维数	显著水平	相关系数	尺度范围 /m
A	$y=1.589x-0.451\,3$	1.588 9	$P<0.01$	0.966 8**	0.07 ～ 1.18
B	$y=1.700\,6x-0.583\,7$	1.700 6	$P<0.05$	0.951 6**	0.09 ～ 1.08
C	$y=1.602\,8x-0.634\,8$	1.602 8	$P<0.01$	0.934 7**	0.09 ～ 0.96

**：$P<0.01$。

由表4可见，3个群落中红海榄的枝条关联维数的直线拟合结果均达到极显著水平，其关联维数值在1.588 9 ～1.700 6之间，表明不同群落类型的红海榄一级分枝均具有较强的空间关联性，并且空间相关尺度变化程度差异不大。红海榄纯林其枝条关联维数（1.700 6）高于其他两种混交林，表明枝条的空间关联程度更高，枝条的扩展能力更强，树冠整体对水平空间的占据也更强，这可能是因为在两种混交群落中，红海榄的优势地位不强，种间竞争使其树冠枝条伸展能力受到优势种白骨壤分布的制约，枝条数量较少，且在不同方位的分布不及纯林均匀，个体占据的空间相对较少，因而空间联结程度亦低于纯林。但两种混交林中红海榄一级枝的关联维数较为接近，均在1.60左右，表明两种混交林中红海榄枝条的空间相关尺度变化程度差异很小。

4 结论与讨论

（1）林冠结构间接影响整个森林的生态系统结构和功能。应用树冠体积与冠幅中值的幂函数关系预测树冠的分形维数，可以对树冠的复杂形态进行定量比较与分析，揭示树冠分枝格局占据和利用生态空间的能力。分形维数高，则表明物种占据空间的能力强，物种能更好地利用资源，在与其他物种的竞争中处于优势地位。大部分树种生长特性值可能介于对空间具有严格的依赖性或完全独立的两种情况之间，其对应的分形维数介于1 ～2之间[19]。对特呈岛红海榄树冠计盒维数的分析表明，红海榄的树冠具有明显的分形特征，计盒维数达1.851 3，反映了树冠对空间的占有能力较强。不同群落类型中红海榄种群具有不同的水平空间占据能力，其中红海榄纯林树冠的计盒维数高于混交林，而不同混交类型中红海榄树冠分形维数差异不大。不同群落的大小排序为A>C>B。

（2）就红树林个体而言，不同红树植物的正常树冠结构不同，冠形有着明显的差异，其形成机制与植物的选传和生理因素密切相关；而对于一个植物群落而言，将受到自身、种间、种内关系及来自环境的多种因素的综合作用，其分形现象有一定的趋同性。在红海榄+白骨壤+木榄混交林中，3种红树植物树冠的计盒维数差异不大。表明混交林中各组成树种有近似的占据空间的能力，可以有效地利用自然资源。

（3）本研究采用了计盒维数和关联维数对不同群落类型的天然红海榄树冠的分形特征进行比较分析，以避免单一群落、单一分形维数分析的片面性。从整体上看，天然红海榄纯林与混交林中枝条的空间联结程度及占据生态空间的强度差异不大。红海榄侧枝的分布比较均匀，一级分枝的关联维数在1.588 9 ～1.700 6之间，空间关联程度较高，抵御风力和波浪的能力强。在海岸红树林生态系统恢复中可在中高潮带营造红海榄，既可扩大红树林造林面积，加强红树林防风固岸、促淤造陆的功能，还能改善中高潮带裸滩的造林环境，从而取得良好的社会和经济效益。

参考文献

[1] 李契，朱金兆，朱清科．分形维数计算方法研究进程［J］．北京林业大学学报，2002，24（2）：72－77.

[2] Wu C Z, Hong W. Study on weibull model for species abundance distribution tsoongiodendron odorum forest

[J]. Journal of Fujian Foreslly College, 1997, 17 (1): 20 – 24.
[3] 李火根，张协，黄敏仁，等．杨树插穗根系的分形特征 [J]. 林业科学，2006，42 (11)：151 – 155.
[4] 马克明，祖兀刚．兴安落叶松分枝格局的分形特征 [J]. 植物研究，2000，20 (2)：235 – 241.
[5] 祖元刚，赵则海，丛沛桐，等．北京东灵山地辽东栎林种样空间分布分形分析 [J]. 植物研究，2000，20 (1)：112 – 119.
[6] 毕晓丽，洪伟，吴承祯，等．黄山松林不同树种树冠分形特征研究 [J]. 福建林学院学报，2001，21 (4)：347 – 350.
[7] 刘兆刚，刘继明，李凤日，等．樟子松人工林树冠结构的分形分析 [J]. 植物研究，2005，25 (4)：465 – 470.
[8] 乍火根，汶敏仁．杨树新无性系冠层特性及叶片的空间分布 [J]. 应用生态学报，1998，9 (4)：345 – 348.
[9] 章志都，徐程扬，蔡宝军，等．林分密度对山桃树冠结构的影响研究 [J]. 北京林业大学学报，2009，31 (6)：187 – 192.
[10] 赵丹宁，熊耀国，宋露露．泡桐树冠结构与生长性状遗传相关的研究 [J]. 西北林学院学报，1995，10 (4)：11 – 16.
[11] Spies T A, Franklin J F. Gap characteristics and vegetation response in coniferous forests of the Pacific Northwest [J]. Ecology, 1989, 70: 543 – 545.
[12] Parker G G, Smith A P, Hogan K P. Access to the upper forest canopy with a large tower crane [J]. Bioscience, 1992, 42: 664 – 670.
[13] 韩维栋，高秀梅，吴钿．特呈岛种子植物区系研究 [J]. 湖南林业科技，2006 (06)：16 – 19.
[14] 韩维栋，高秀梅．特呈岛红树林资源保护与利用研究 [J]. 林业资源管理，2007，4 (2)：77 – 81.
[15] Harte J, Kingzig A, Green J. Self-similarity in the distribution and abundance of species [J]. Science, 1999, 284 (9): 334 – 336.
[16] 封磊，洪伟，吴承祯，等．杉木人工林不同经营模式树冠的分形特征 [J]. 应用与环境生物学报，2003，9 (5)：455 – 459.
[17] 宋萍，洪伟，吴承祯，等．天然黄山松种群的空间格局的分形特征——关联维数 [J]. 武汉植物学研究，2005，23 (1)：32 – 36.
[18] 倪红伟，马克明，赵伏臣．小叶樟种群分布格局的分形特征：计盒维数 [J]. 植物研究，2000，20 (2)：229 – 234.
[19] 洪伟，吴承祯．杉木种源高径生长的空间变异及其分形特征 [J]. 福建林学院学报，2001，21 (2)：97 – 100.

木榄胎生繁殖体产量预测模型*

黄剑坚[1]，刘素青[2]，李际平[3]，韩维栋[2]

（1. 广东海洋大学寸金学院，广东 湛江 524094；2. 广东海洋大学农学院，广东 湛江 524088；
3. 中南林业科技大学林学院，湖南 长沙 410002）

摘　要：建立一个用于预测木榄胎生繁殖能力的数学模型对于红树林造林和红树林管理具有重要意义。本文以广东省湛江市高桥红树林国家级自然保护区的木榄繁殖体为研究对象。对不同层次的指标进行了调查，然后进行了回归和路径的多元分析，建立了预测木榄胎生繁殖率的数学模型。结果表明：木榄种子产量与地径和冠幅的直径密切相关。与一级侧枝粗和分枝角度、叶长或叶形指数也呈显著正相关，暗示种子产量与表型特征密切相关。因此，我们可以通过改变表型特征来调节产量。通过多元逐步回归分析，我们建立了有效的回归方程：$Y = -148.131 + 127.471X_4 - 11.113X_5 + 2.048X_7$，可用于预测和控制木榄胎生繁殖体的产量。通径分析结果表明，决定种子产量的因素为 $X_4 > X_7 > X_5$。因此，增加冠幅是提高木榄单株种子产量的最好方法。

关键词：木榄；胎生繁殖体；产量预测；预测模型

中图分类号：S718.54　　**文献标识码**：A　　**文章编号**：1001－7488（2013）07－0163－07

Construction of a mathematic model for forecasting viviparous propagule yield of *Bruguiera gymnorrhiza*

Huang Jianjian[1], Liu Suqing[2], Li Jiping[3], Han Weidong[2]

(1. Cunjin College of Guangdong Ocean University, Zhanjiang 524094, Guangdong;
2. Agriculture College of Guangdong Ocean University, Zhanjiang 524088, Guangdong;
3. College of Forestry, Central South University of Forestry & Technology, Changsha 410002, Hunan)

Abstract: Construction of a mathematic model for forecasting viviparous propagule yield of *Bruguiera gymnorrhiza* is important for mangrove forestations and mangrove management. In this study, viviparous propagules of *B. gymnorrhiza* were used as the research object in Mangrove Nation Natural Reserve at Gaoqiao, Zhanjiang city, Guangdong province. The indexes of different layers were investigated, and then the multivariate analysis in regressive and path analysis were conducted to construct a mathematic model for forecasting viviparous propagule yield of *B. gymnorrhiza*. The result showed that: *B. gymnorrhiza* seed yield was very significantly correlated with the diameters of basal stem and crown. It also had significantly positive

* 国家自然科学基金项目（31170511）；中央财政林业科技推广示范资金（GXTG200904）；广东省自然科学基金项目（S2012010008703）；广东省海洋渔业科技推广专项基金项目（A201008J02，2011011I02）；湛江市科技攻关项目（2012C3106002）。

原载于：林业科学，2013，49（7）：163－169。

correlation with the diameter and crotch angle of lateral branches in first class, leaf length, or leaf-shaped index, suggesting the seed yield had close relationships with phenotypic characteristics. Thus, we could regulate the yield by changing the phenotypic characteristics. With multiple stepwise regression analysis we constructed effective regression equation: $Y = -148.131 + 127.471X_4 - 11.113X_5 + 2.048X_7$, which can be used for forecasting and controlling *B. gymnorrhiza* viviparous propagule yield. The results of path analysis showed that the factors determining the seed yield were $X_4 > X_7 > X_5$. *Thus, increasing the crown is the best way to increase the seed yield for individual B. gymnorrhiza.*

Key words: *Bruguiera gymnorrhiza*; viviparous propagule; forecast yield; forecasting model

木榄（*Bruguiera gymnorrhiza*）是红树科木榄属常绿乔木，生长于泛热带海岸的中潮带至高潮滩地，具有膝状呼吸根及支柱根，是我国红树林植物中分布最广的主要乔木树种之一，种子在母树上就已经萌发成苗，故称为胎生繁殖体或者胚轴（廖宝文等，2002）。木榄在生态、工农业和药用方面具有较高的价值（于凌杰等，2009；郑燕影等，2008）。近几年，国内学者在生理生态、化学组成方面对木榄进行了较多的研究（蔡由生等，2011；叶波平等，2010；郭庆水等，2010；李昉等，2010；陶毅明等，2009；姚贻强等，2009），但对木榄胎生繁殖体的产量预测研究甚少。我国木榄在生产上较多采用自然繁殖造林的方法，胎生繁殖体不仅是木榄繁殖及造林的物质基础，而且其数量和质量将直接影响到林木的数量、质量和造林任务的完成，产量的预测预报是红树林造林和经营管理的重要基础工作，即使采用遥感等先进的技术预测产量，也需要以单株产量的预测为基础。林木种子产量预测方法最早采用产量目测相对估计法，国内使用较多的是可见半面树冠法和树冠信息段预测法估测平均单株球果产量以及采用球果切开法预测饱满种子数量（陈幼生等，1993；喻方圆等，1996；1997a；1997b；周志翔等，1998；1999；孔凡斌，2002）。除此之外，还有平均标准木法、径阶代表木法、标准枝法、嫩枝测定法、四段标准枝法等预测种子的产量，但前 3 种预测结果与实际产量相差较大（中国科学院四川分院林业研究所园林化研究室，1960）。国外关于林木种子产量预测的研究甚少，少部分文献使用仿真进行美国西部海湾地区火炬松（*Pinus taeda*）种子园的产量预测（Byram et al，1999），大部分文献是关于向日葵（*Helianthus annuus*）、大豆（*Glycine max*）、土豆（*Solanum tuberosum*）等作物类的种子产量预测（Lewis et al.，1991；Abreu et al，2002；Millar et al，2011）。由于红树林独特的胎生繁殖方式和生境，与陆地森林杉木（*Cunninghamia lanceolata*）、落叶松（*Larix gmelinii*）和马尾松（*Pinus massoniana*）种子等有很大的不同，传统的方法难以对单株木榄胎生繁殖体产量进行有效和精确的预测。

数学模型预测法，主要是运用数学统计原理，通过分析各种影响产量的因素，得出主控因素和产量之间的关系式，建立预测产量数学模型。逐步回归分析法（王冬梅等，1999）估计模型参数，不仅可取得“最优”回归方程，而且可免去关于多重共线的复杂计算（即使变量之间不独立，也可利用逐步回归分析法建立回归模型）；通径分析法（陈强，1996；高惠璇，2005）可用于分析多个自变量与因变量之间的线性关系，是回归分析的拓展，可以处理较为复杂的变量关系。两种方法同时应用，在建立预测产量数学模型中有独特的分析优势。因此，本文提出利用逐步回归分析法和通径分析方法分析胎生繁殖体数量变化与树形树势、叶片性状、胎生繁殖体性状的复杂关系，揭示树形树势、叶片性状、胎生繁殖体性状对胎生繁殖体数量变化的直接和间接作用，找出影响产量的主要因素，对于提高预测的准确率和效率有重要的意义。本研究选择广东省湛江市廉江高桥红树林保护区的木榄胎生繁殖体作为研究对象，采取分层次多指标进行调查，利用多元逐步回归分析法和通径分析法进行分析，旨在为我国尽早建立合理的红树林胎生繁殖体产量预测预报体系提供依据，为单株林木产量预测的研究提供新的参考。

1 研究区概况

研究地点位于广东省湛江市廉江高桥红树林保护区，该区是红树林造林的胎生繁殖体生产基地，在此区域进行木榄林调查并建立木榄胎生繁殖体产量预测模型，具有典型性。该保护区（韩维栋等，2009）始建于1991年7月，地处广东和广西交界的北部湾英罗港，东临卖皂海，西临官寨海，位于北热带向南亚热带的过渡区域，属于北热带季风气候，受季风气候和海洋气候影响较大。年平均气温23℃，极端最高气温38.8℃，极端最低气温-1.4℃。年平均降水量1 534.6 mm，干湿季节明显，降雨集中在4—9月。全区保护总面积1.3万 hm^2，红树林主要分布在廉江市高桥镇的红寨、德耀、坡禾地等3个村的沿海滩涂上，是我国大陆地区连片面积最大的红树林生长区（韩维栋等，2009）。保护区内优越的生存环境为各种动植物提供了良好生境，区内共有珍稀红树林树种26种，其中有真红树8种，分别为木榄（*Bruguiera gymnorhiza*）、秋茄（*Kandelia candel*）、红海榄（*Rhizophora stylosa*）、桐花树（*Aegiceras corniclatum*）、白骨壤（*Vicennia mariana*）、海桑（*Sonneratia caseolaris*）、榄李（*Lumnitzera racemosa*）和老鼠勒（*Acanthus ilicifolius*）；另外还有半红树13种，引进的国外红树5种。

2 研究方法

2.1 调查方法

调查对象为广东省湛江市廉江高桥红树林保护区内木榄林。采用样方抽样法，在全面调查的基础上，在木榄林中设置20块10 m×10 m典型样地，在每块样地中随机抽取5株木榄调查木，共100株。调查指标包括胎生繁殖体结种数量（单株产量）、树形树势、叶片性状、胎生繁殖体性状共4个指标。树形树势包括树高 X_1、地径 X_2、枝下高 X_3、冠幅 X_4、一级侧枝数 X_5、一级侧枝粗 X_6、一级侧枝分枝角度 X_7；叶片性状包括叶长 X_8、叶宽 X_9、叶面积 X_{10}、叶片密度 X_{11} 以及叶形指数 X_{12}；胎生繁殖体性状包括种长 X_{13}、种宽 X_{14} 以及种形指数 X_{15}；产量方面用结种数量 Y 表示。其中，对每株标准木的树冠平均分为上、中、下3层，叶片性状的观测为分别在树冠的3个分层随机摘取一小枝，记录其叶片数量为叶片密度，每小枝上取10片成熟叶片，测量其长和宽，叶面积=(2/3)×叶长×叶宽，叶形指数=叶长/叶宽；每株树按四分法取30个胎生繁殖体，分别测量其长和宽，种形指数=种长/种宽（沙守峰等，2004）。

2.2 变量测定和分析方法

树高 X_1 采用自制标有刻度的标杆进行测量；枝下高 X_3、冠幅 X_4 等采用皮尺进行测量；地径 X_2 和一级侧枝粗 X_6 采用围尺测量，X_6 在侧枝的中段测量；一级侧枝数 X_5、叶片密度 X_{11} 采用人工数；一级侧枝分枝角度 X_7 采用角度尺，以水平角为零度角进行测量；叶长 X_8、叶宽 X_9、种长 X_{13} 和种宽 X_{14} 等采用直尺进行测量，再利用公式算出叶面积 X_{10}、叶形指数 X_{12} 和种形指数 X_{15}。

数据采用 SPSS16.0 和 MATLAB7.0 进行相关分析、多元逐步回归分析和通径分析。

3　结果与分析

3.1　样本基本分析

据表 1 可得，各个性状中，木榄胎生繁殖体结种数量 Y、一级侧枝粗 X_6 和一级侧枝分枝角度 X_7 的变异系数最大，分别为 58%、48% 和 44%；变异系数最小的是种形指数 X_{15}。从极差进行分析，极差最大是木榄的胎生繁殖体结种数量 Y，最大值是 631，最小值是 56，极差为 575，其标准差是 123.11，说明木榄胎生繁殖体结种数量分散程度比较高；一级侧枝分枝角度 X_7 和叶面积 X_{10} 的极差分别为 65.55° 和 54.93 cm²，变异系数分别为 44% 和 33%，标准差分别为 16.67° 和 11.11 cm²，说明分散程度较高。

表 1　木榄调查样本基本分析

	X_1/m	X_2/cm	X_3/m	X_4/m	X_5	X_6/cm	X_7/(°)	X_8/cm	X_9/cm	X_{10}/cm²	X_{11}	X_{12}	X_{13}/cm	X_{14}/cm	X_{15}	Y
最大值	3.9	25.1	1.07	4.33	8.00	10.9	72.8	15.26	9.94	73.22	13.00	2.76	16.9	1.69	10.95	631.00
最小值	1.96	4.95	0.28	1.38	2.00	2.01	7.25	6.52	3.13	18.29	7.00	2.01	11.79	1.14	8.4	56.00
极差	1.94	20.15	0.79	2.95	6.00	8.89	65.55	8.74	6.81	54.93	6.00	0.75	5.11	0.55	2.55	575.00
标准差	0.52	5.19	0.20	0.74	1.95	2.53	16.67	2.02	1.12	11.11	1.63	0.19	1.18	0.14	0.66	123.11
平均数	2.64	15.03	0.65	2.65	4.93	5.26	38.11	10.54	4.76	33.74	9.67	2.27	14.17	1.42	10.06	212. 53
变异系数	20	35	31	28	39	48	44	19	24	33	17	8	8	10	7	58

3.2　木榄胎生繁殖体结种数量与各性状指标的相关分析

1. 胎生繁殖体结种数量与树形树势指标的相关分析

据表 2 可得，木榄胎生繁殖体结种数量 Y 与地径 X_2 和冠幅 X_4 在 0.05 与 0.01 水平上均有显著的正相关关系；木榄胎生繁殖体结种数量 Y 与一级侧枝粗 X_6、一级侧枝分枝角度 X_7 在 0.05 水平上有显著的正相关关系；木榄胎生繁殖体结种数量 Y 与树高 X_1、枝下高 X_3 和一级侧枝数 X_5 相关不显著。分析结果表明胎生繁殖体结种数量与树形树势指标存在极为密切的关系。

表 2　木榄胎生繁殖体结种数量与树形树势指标的相关分析[①]

	X_1	X_2	X_3	X_4	X_5	X_6	X_7
Y	0.136	0.852*	−0.293	0.880*	−0.306	0.741*	0.470*

*：$P<0.05$。

2. 胎生繁殖体结种数量与叶片性状指标的相关分析

据表3可得，木榄胎生繁殖体结种数量 Y 与叶长 X_8、叶形指数 X_{12} 在0.05水平上有显著的正相关关系。其中，由于叶形指数 = 叶长/叶宽，可猜测叶长与叶形指数之间可通过相互的关系来影响木榄的胎生繁殖体结种数量，但需经过进一步研究论证方可说明。

表3　木榄胎生繁殖体结种数量与叶片性状指标的相关分析

	X_8	X_9	X_{10}	X_{11}	X_{12}
Y	0.519*	-0.023	0.258	-0.069	0.653*

*：$P<0.05$。

3. 胎生繁殖体结种数量与胎生繁殖体性状指标的相关分析

据表4可得，木榄胎生繁殖体结种数量与胎生繁殖体性状的3个指标相关性不显著，即种长 X_{13}、种宽 X_{14} 和种形指数 X_{15} 均对胎生繁殖体结种数量的增减无决定性影响。因此，可认为胎生繁殖体结种数量与胎生繁殖体性状关系不大。

表4　胎生繁殖体结种数量与胎生繁殖体性状指标的相关分析

	X_{13}	X_{14}	X_{15}
Y	0.313	0.197	0.103

3.3　木榄胎生繁殖体结种数量与各指标的多元逐步回归分析

1. 胎生繁殖体结种数量 Y 的正态分布性检验

在对木榄胎生繁殖体的结种数量进行多元回归分析之前，需要对其进行正态性分布检验。对木榄胎生繁殖体的结种数量 Y 进行正态性检验后利用 Shapiro-Wilk 的输出结果，结果表明，Shapiro-Wilk 统计量为0.898，显著水平 Sig. $=0.079>0.05$，所以因变量 Y 服从正态分布，进而可以对正态变量 Y 进行回归分析。

2. 胎生繁殖体结种数量的逐步回归分析

以木榄胎生繁殖体的结种数量 Y 作为因变量，以木榄各个指标：树高 X_1、地径 X_2、枝下高 X_3、冠幅 X_4、一级侧枝数 X_5、一级侧枝粗 X_6、一级分枝角度 X_7、叶长 X_8、叶宽 X_9、叶面积 X_{10}、叶片密度 X_{11}、叶形指数 X_{12}、种长 X_{13}、种宽 X_{14}、种形指数 X_{15} 作为自变量，进行多元逐步回归分析，直到建立最优的回归方程为止。

从拟合结果中筛选出最优的3个木榄胎生繁殖体结种数量预测模型结果（表5）：自变量冠幅 X_4、一级侧枝数 X_5 和一级侧枝分枝角度 X_7 被逐步引入回归方程后，决定系数 R^2 逐渐增大，说明被引入的3个自变量对木榄胎生繁殖体的结种数量所起的作用在增加。其中，模型1的校正的决定系数 $R^2=0.837$，说明模型的拟合度最好，冠幅 X_4、一级侧枝数 X_5 和一级侧枝分枝角度 X_7 与胎生繁殖体结种数量之间关系密切，同时说明回归方程参考价值比较高。由 $R^2=0.837$ 还可以计算出误差 e 对因变量的标准回归系数是0.299，该值的存在说明除了上述3个指标以外，尚有一些影响因素未被考虑。因此需要进行木榄冠幅 X_4、一级侧枝数 X_5 和一级侧枝分枝角度 X_7 与其他指标的相关系数分析。

表 5　木榄胎生繁殖体结种数量预测模型拟合结果

	模型	决定系数 R^2	方程的决定系数	校正的决定系数	标准误估计值
1	$Y = -148.131 + 127.471X_4 - 11.113X_5 + 2.048X_7$	0.924	0.854	0.837	49.681 28
2	$Y = -214.242 + 135.907X_4 + 1.758X_7$	0.909	0.826	0.813	53.210 34
3	$Y = -177.41 + 147.306X_4$	0.880	0.774	0.766	59.556 73

冠幅 X_4、一级侧枝数 X_5 和一级侧枝分枝角度 X_7 等 3 个自变量因子与产量、各个性状因子之间的相关系数以及显著性检验结果（表6）可得，冠幅 X_4 与一级侧枝数 X_5 相关性的统计显著性为 0.118，冠幅 X_4 与一级侧枝分枝角度 X_7 相关性的统计显著性为 0.063，一级侧枝数 X_5 与一级侧枝分枝角度 X_7 相关性的统计显著性为 0.228，均大于给定的显著水平 0.05。因此，X_4、X_5 和 X_7 变量之间是独立的。同时，由表 6 可得，冠幅、一级侧枝分枝角度分别与胎生繁殖体结种数量显著相关，但一级侧枝数与胎生繁殖体结种数量之间相关不显著。这种情况下一级侧枝数却被引入方程内，极有可能是因为一级侧枝数通过与其相关的其他指标来间接影响胎生繁殖体的结种数量，因此，需要进行木榄胎生繁殖体结种数量与各指标间的通径分析。进行通径分析的前提是结合表 6 木榄各性状与胎生繁殖体结种数量间、各性状间的相关分析结果，以及木榄胎生繁殖体结种数量的回归分析结果，方可计算出所需要的通径系数，进行进一步的分析论证。

表 6　木榄 X_4、X_5、X_7 指标与各指标的相关系数分析

	X_4	统计显著性 Sig.	X_5	统计显著性 Sig.	X_7	统计显著性 Sig.
Y	0.880	0.000	-0.306	0.050	0.470	0.004
X_1	0.160	0.200	-0.467	0.005	-0.006	0.488
X_2	0.865	0.000	-0.187	0.161	0.327	0.039
X_3	-0.388	0.017	0.314	0.046	-0.107	0.286
X_4	1	—	-0.223	0.118	0.286	0.063
X_5	-0.223	0.118	1	—	0.141	0.228
X_6	0.757	0.000	-0.563	0.001	0.184	0.165
X_7	0.286	0.063	0.141	0.228	1	—
X_8	0.511	0.002	-0.160	0.200	0.215	0.127
X_9	0.120	0.264	0.095	0.308	-0.133	0.241
X_{10}	0.357	0.027	-0.012	0.475	0.022	0.454
X_{11}	-0.037	0.423	-0.040	0.417	-0.164	0.193
X_{12}	0.613	0.000	-0.317	0.044	0.158	0.202
X_{13}	0.319	0.043	-0.015	0.469	0.117	0.268
X_{14}	0.200	0.144	0.344	0.032	0.079	0.339
X_{15}	0.111	0.279	-0.542	0.001	0.002	0.496

木榄胎生繁殖体结种数量预测模型回归系数及显著性分析结果见表 7，冠幅 X_4、一级侧枝数 X_5 和一级侧枝分枝角度 X_7 等 3 个自变量因子的偏回归系数、方程截距、标准回归系数、标准误差以及与之相对应的显著性检验结果（表 7）可得线性回归方程为：

$$Y = -148.131 + 127.471X_4 - 11.113X_5 + 2.048X_7$$

经 t 检验，截距与0之间的差异显著，各个性状指标的概率 P 值均小于给定的显著水平0.05，说明具有显著意义。因此，可认为上述回归方程成立。

表7　木榄胎生繁殖体预测模型回归系数及显著性分析

模型		非标准系数		标准化系数	t	统计显著性 Sig.
		B	标准误差 SE			
1	Constant	-148.131	47.021		-3.150	0.004
	X_4	127.471	13.630	0.761	9.352	0.000
	X_7	2.048	0.592	0.277	3.459	0.002
	X_5	-11.113	4.984	-0.176	-2.230	0.035
2	Constant	-214.242	39.088		-5.481	0.000
	X_4	135.907	14.025	0.812	9.691	0.000
	X_7	1.758	0.619	0.238	2.842	0.008
3	Constant	-177.410	41.276		-4.298	0.000
	X_4	147.306	15.042	0.880	9.793	0.000

3. 木榄胎生繁殖体结种数量与各指标间的通径分析

为了明确木榄各个指标对其结种数量的直接和间接影响程度，确定各个指标对木榄胎生繁殖体结种数量的重要性，对与木榄胎生繁殖体的结种数量关系较密切的冠幅、一级侧枝数和一级侧枝分枝角度3个性状进行通径分析（杜鹃，2012）。间接通径系数 = 相关系数 × 直接通径系数（贺江舟等，2010）。

经过通径分析（表8）可得，冠幅 X_4 对木榄胎生繁殖体结种数量 Y 直接影响的直接效应最大，直接通径系数达0.761；一级侧枝分枝角度 X_7 次之，直接通径系数为0.227；一级侧枝数 X_5 的直接作用最小，直接通径系数为 -0.176。通过分析各个间接通径系数还可发现，冠幅通过一级侧枝分枝角度和一级侧枝数来影响胎生繁殖体结种数量的间接因素较小；而一级侧枝分枝角度通过冠幅来影响木榄胎生繁殖体结种数量的间接作用较大，其间接通径系数为0.218，与其直接通径系数0.227相当；一级侧枝数对木榄胎生繁殖体结种数量则有负的直接作用和间接作用，通径系数的值较小，对木榄胎生繁殖体结种数量改变的影响不大。

根据上述分析可得3个指标对木榄胎生繁殖体结种数量直接影响作用的排序：冠幅 X_4 > 一级侧枝分枝角度 X_7 > 一级侧枝数 X_5。一级侧枝分枝角度 X_7 对木榄胎生繁殖体结种数量间接影响作用最大，其次是一级侧枝数 X_5。一级侧枝分枝角度 X_7 和一级侧枝数 X_5 皆是通过冠幅来影响木榄的胎生繁殖体结种数量。由于冠幅的直接影响作用最大，其他性状指标通过冠幅的间接影响较多，说明了冠幅指标对木榄胎生繁殖体结种数量的改变是极其重要的。

表 8　木榄胎生繁殖体结种数量与 X_4、X_5 和 X_7 的通径系数

指标	简单相关系数	直接通径系数	间接通径系数			决定系数
			X_4	X_5	X_7	
X_4	0.880	0.761	—	0.039	0.080	0.119
X_5	-0.306	-0.176	-0.169	—	0.039	-0.130
X_7	0.470	0.277	0.218	0.025	—	0.243

4　讨论

在正常年度，通过对广东湛江市高桥红树林保护区的木榄胎生繁殖体产量预测模型的研究，可初步认为，采用多元逐步回归分析法和通径分析法所建立的最优产量预测模型，其相关系数检验均达显著水平，预测效果均较理想。同时，为了检查预测模型的可靠性，再用调查数据对预测模型进行验证，误差在 -1.6% ～ 10.9% 之间。对比同类型的产量预测模型，如周志翔等（1998）构建的马尾松种子产量预测模型误差在 4.15% ～ 16.14% 之间；宋丛文等（1996）构建的杉木种子产量预测模型误差在 2.9% ～ 12.0% 之间；喻方圆等（1996；1997a；1977b）构建的马尾松种子预测模型和杉木种子园种子产量预测模型误差分别在 -18.09% ～ 14.46% 和 -14.58% ～ 13.42% 之间。因此，与上述预测模型相比，木榄胎生繁殖体产量预测模型比较合理，精度较高，是可行的，产量的预测只需要进行简单的测量，便可得到较为精确的预测。可见木榄胎生繁殖体产量预测模型简便易行、精度较高、适用性强，可减少预测的工作量，比陆地利用花芽数和年龄进行预测的种子预测模型（半面树冠法和信息段法等相关预测方法）更加方便，并且精度相当。基于多元逐步回归分析法和通径分析法预测的产量考虑了树种本身的多种因素，可能更接近真实情况。由于木榄胎生繁殖体产量预测模型是以正常年份的开花结实调查为基础，未考虑气候、群落退化等因素的特殊影响，对灾害年份以及其他预测方法还有待于进一步研究，特别是利用多年的观察结果，综合应用多种有效的预测方法以建立木榄胎生繁殖体产量预测模型的通用模型。总之，产量预测是一个极为复杂的问题，不同的预测方法和不一样的预测模型都具有一定的合理性和局限性。本文的研究证明，利用多元逐步回归分析法和通径分析法建立的木榄胎生繁殖体产量预测模型预测产量是可行的，但仍需进一步完善。

在预测模型中，相关分析的结果表明木榄的胎生繁殖体结种数量与其表型性状的关系密切。根据多元逐步回归分析得到有效的回归方程：$Y = -148.131 + 127.471X_4 - 11.113X_5 + 2.048X_7$。根据上述回归方程可以对木榄的胎生繁殖体数量进行预测和控制。在一定范围内，当木榄的一级侧枝分枝角度和一级侧枝数固定不变时，冠幅每增加一个标准单位，木榄的胎生繁殖体结种数量就相应地提高 127.471 个标准单位；当冠幅和一级侧枝分枝角度固定不变时，一级侧枝数每增加一个标准单位，木榄的胎生繁殖体结种数量就相应地减少 11.113 个标准单位；当冠幅和一级侧枝数固定不变时，一级侧枝分枝角度每增加一个标准单位，木榄的胎生繁殖体结种数量就相应地提高 2.048 个标准单位。同时，根据通径分析的结果，可以知道对木榄胎生繁殖体结种数量所起决定作用的大小依次是：冠幅 X_4 > 一级侧枝分枝角度 X_7 > 一级侧枝数 X_5。其中，一级侧枝分枝角度所起作用中有

一半是来自冠幅的间接作用。可见，增加木榄冠幅是提高单株木榄胎生繁殖体产量的最佳途径。如需预测木榄林分产量，在单木预测模型基础上，只需测量单位面积株数和面积便可。

5 结论

木榄胎生繁殖体产量与其表型性状地径、冠幅、一级侧枝粗、一级侧枝分枝角度、叶长和叶形指数关系密切，利用多元逐步回归分析法对15个指标进行分析可得到有效的回归方程为：

$$Y = -148.131 + 127.471X_4 - 11.113X_5 + 2.048X_7$$

其中，冠幅 X_4 对木榄胎生繁殖体产量起决定性作用，一级侧枝分枝角度 X_7 和一级侧枝数 X_5 通过冠幅影响产量。根据研究结果，提出增加木榄的冠幅是提高木榄胎生繁殖体产量的最佳途径。同时，根据预测方程，结合实际的情况，利用方程可对单株木榄和木榄林分的胎生繁殖体产量进行较为精确的预测，从而为红树林造林和经营管理提供依据。

参考文献

[1] 陈强．通径分析及其在林业试验统计分析中的应用［J］．云南林业科技，1996，74（1）：54－61.

[2] 陈幼生，喻方圆．利用开花结实信息段预测中、幼龄杉木球果产量的研究［J］．林业科学，1993，29（5）：443－448.

[3] 蔡由生，刘海利，龚景旭，等．中国湛江木榄（*Bruguiera gymnorrhiza*）的化学成分研究［J］．中国海洋药物，2011，30（1）：15－18.

[4] 杜鹃．通径分析在Excel和SPSS中的实现［J］．陕西气象，2012（1）：45－47.

[5] 高惠璇．应用多元统计分析［M］．北京：北京大学出版社，2005：324－341.

[6] 郭庆水，徐立新，袁潜华．木榄 Na^+/H^+ 逆向转运蛋白基因的克隆［J］．热带生物学报，2010，1（2）：105－109.

[7] 韩维栋，高秀梅．雷州半岛红树林生态系统及其保护策略研究［M］．广州：华南理工大学出版社，2009，1－10.

[8] 贺江舟，龚明福，范君华，等．逐步回归及通径分析在主成分分析中的应用［J］．新疆农业科学，2010，47（3）：431－437.

[9] 孔凡斌．马尾松开花结实特征及种子产量预测［J］．林业科学研究，2002，15（2）：150－155.

[10] 廖宝文，陈玉军，郑松发，等．深圳湾红树林植物木榄种源筛选早期试验［J］．林业科学研究，2002，15（6）：133－139.

[11] 李昉，李晓明，王斌贵．海洋红树林植物木榄化学成分研究［J］．海洋科学，2010，34（10）：24－27.

[12] 宋丛文，周志翔，冯春莲．杉木种子产量预测方法的初步研究［J］．华中农业大学学报，1996，15（3）：279－283.

[13] 沙守峰，伊凯，刘志，等．苹果杂种树叶片在预选中的应用研究［J］．北方果树，2004，26（3）：18－23.

[14] 陶毅明，陈燕珍，梁杨琳．铅胁迫对木榄幼苗抗氧化酶的影响［J］．生态学杂志，2009，28（2）：342－345.

[15] 王冬梅，沈颂东．逐步回归分析法［J］．工业技术经济，1999，16（3）：54，57.

[16] 喻方圆，陈幼生，吴琼美，等．福建省杉木种子园种子产量预测方法的研究［J］．南京林业大学学报，1996，20（2）：10－15.

[17] 喻方圆，陈幼生，肖石海，等．杉木种子园球果产量预测方法的研究［J］．林业科学，1997，33（3）：225－233.

[18] 喻方圆，陈幼生，肖石海，等．马尾松母树林种子产量预测方法的研究［J］．林业科学研究，1997，10（6）：634－638.

[19] 姚贻强，李桂荣，梁士楚．广西防城港红树植物木榄种群结构的研究［J］．海洋环境科学，2009，28（3）：301－304.

[20] 于凌杰，金国虔，叶波平．环境因子对药用植物木榄遗传多态性及其分布的影响［J］．海峡药学，2009，21（3）：21－26.

[21] 叶波平，管悦，许媛媛，等．木榄幼苗叶片 cDNA 文库的构建及其表达序列标签分析［J］．热带亚热带植物学报，2010，18（2）：140－150.

[22] 中国科学院四川分院林业研究所园林化研究室．杉木开花结实及产量预测的研究［J］．林业科学，1960，（1）：8－13.

[23] 周志翔，宋丛文，冯春莲．马尾松种子产量预测方法初步研究［J］．林业科学，1998，34（5）：129－133.

[24] 周志翔，宋丛文，冯春莲．杉木种子园种子产量预测预报模型研究［J］．林业科学，1999，35（1）：124－127.

[25] 郑燕影，张少华，刘睿，等．影响木榄叶片总黄酮含量的主因素分析［J］．中国天然药物，2008，6（5）：78－93.

[26] Abreu A D，Ramalho A P，Santos J B. Prediction of seed-yield potential of common bean populations［J］．Genetics and Molecular Biology，2002，25（3）：323－327.

[27] Byram T D，Richardson J W，Lowe W J. Predicting seed yields from loblolly pine seed orchards：A simulation approach using TImpSim［J］．Southern Journal of Applied Forestry，1999，23（2）：117－123.

[28] Lewis D C，Potte T，Weckert S E. The effect of nitrogen，phosphorus and potassium fertilizer applications on the seed yield of sunflower（*Helianthus annuus L.*）grown on sandy soils and the prediction of phosphorus and potassium responses by soil tests［J］．Nutrient Cycling in Agroecosystems，1991，28（2）：185－190.

[29] Millar K D L，Ebbs S D，Gibson D J，et al. Evaluation of physiological parameters for the prediction of seed yield and quality for soybean（*Glycine max*）plants grown in the presence of weed competition［J］．Plant Biosystems，2011，145（1）：1－11.

雷州半岛木榄群落种子雨研究*

韩维栋[1]，高秀梅[1,2]，林广旋[3]

（1. 广东海洋大学，广东 湛江 524088；2. 广东医学院，广东 湛江 524025；

3. 湛江红树林国家级自然保护区管理局，广东 湛江 524088）

摘　要：木榄种群的传播和定居主要依赖其种子雨。采用野外固定样方法对广东省雷州半岛高桥镇红寨木榄群落的种子雨动态和幼苗状况进行调查研究，结果表明：木榄种群种子雨从 2012 年 3 月初开始持续到 8 月下旬结束，历时约 170 d，密度为 37.4 粒/m^2，强度为 0.22 粒/(m^2・d)；种子雨分布的总体趋势表现为双峰型，第 1 个峰值出现在 6 月上旬，第 2 个峰值出现在 6 月下旬；5 月下旬木榄种子已基本发育成熟；木榄群落中木榄种群种子雨的密度远远大于木榄幼苗的密度。雷州半岛红树林区的木榄种子（胎生苗）最佳采种期为 6 月；建议加强其母树林的保护管理。

关键词：木榄；种子雨；雷州半岛

中图分类号：S718.54　　**文献标识码**：A　　**文章编号**：1002－7351（2013）04－0012－05

Study on the seed rain of *Bruguiera gymnorrhiza* community in Leizhou Peninsula

Han Weidong[1], Gao Xiumei[1,2], Lin Guangxuan[3]

(1. Guangdong Ocean University, Zhanjiang 524088, Guangdong;

2. Guangdong Medicinal College, Zhanjiang 524025, Guangdong;

3. Zhanjiang Mangrove National Nature Reserve Bureau, Zhanjiang 524088, Guangdong)

Abstract: The field fixed sample method was taken to survey and research *Bruguiera gymnorrhiza* dynamic and young seedling status of Hongzhai mangrove area, Gaoqiao Town, Leizhou Peninsula, Guangdong, the results showed that the seed rain of *B. gymnorrhiza* population began in early March and continued to the last 10 days of August in 2012, which lasted about 170 days, with the seed rain density of 37.4/m^2 and the seed rain strength of 0.22/(md); the distribution of the seed rain was bimodal in the overall trend, with the first peak in the first 10 days of June, and the second peak in last 10 days of June; the seed rain density was far greater than the density of the young seedlings in the community.

Key words: *Bruguiera gymnorrhiza*; seed rain; Leizhou Peninsula

种子雨（Seed Rain）直接影响土壤中种子库的储量和动态，是植物群落生态学研究

* 国家自然科学基金项目“雷州半岛木本植物区系变迁及其驱动力研究”（31170511/C1601）；广东省自然科学基金项目“红树林种子雨与种子库空间模式的研究”（9151027501000075）资助。

原载于：福建林业科技，2013，40（4）：12－16。

的重要内容[1]。植物的天然更新是植物种群得以延续和发展的前提，而种子雨是植物天然更新的关键环节，关系到植物种群的散布和定居[2]。雷州半岛红树林虽然有大量种子下落，但由于受涨落潮的影响，种子萌发成苗的数量十分有限。木榄（*Bruguiera gymnorrhiza*（L.）Savigny）是红树科（Rhizophoraceae）木榄属植物，是红树林中的重要植物，中国、非洲、印度、马来西亚和澳大利亚都有分布。木榄是小乔木或灌木，树干基部有板状或膝状支柱根，树皮灰色且有粗糙裂纹；叶对生，椭圆状长圆形，先端短尖；花单生，萼管暗黄红色。木榄的果未离开母树时，种子已萌发（“胎生”现象），本研究中所谓的种子是已经萌发并已经离开母树的种子。

目前，国内外关于木榄的研究主要在其药物利用方面[3]，对于其种子更新的研究很少，关于木榄群落种子雨模式、土壤幼苗状况的研究还未见报道[4-16]。本研究以雷州半岛木榄群落为研究对象，研究木榄群落种子雨动态和幼苗状况，以期为我国木榄种群管理与科学采种提供依据。

1　研究区概况

雷州半岛地理位置位于中国大陆的最南端（E109°30′～110°55′、N20°12′～21°35′），东临南中国海，地质上属琼雷拗陷的北部，北热带海洋性气候，年均气温22.3℃，年降水量 1 100～1 800 mm、陆地为酸性砖土壤或冲积土，沿海滩涂为盐咸土和红树林酸性硫酸土，主要森林类型有村落次生季雨林、红树林、常绿阔叶林、人工桉树（*Eucalyptus spp.*）林、人工木麻黄（*Casuarina equisetifolia*）林等。

研究样地位于雷州半岛西端高桥红树林区，行政位置为廉江市高桥镇红寨村（GPS：E110°20′42.9″、N21°36′2.3″）。高桥红树林区为湛江红树林国家级自然保护区核心区，有红树林面积 783 hm^2，其中木榄群落面积约 90 hm^2，该区木榄群落伴生红树树种有秋茄（*Kandelia candel*）、桐花树（*Aegiceras corniculatum*）、红海榄（*Rhizophora stylosa*）等。样地土壤为酸性硫酸盐土，林地平均潮位水面达树高 1.6 m 处。

2　研究方法

2.1　样方设置与调查

2012 年 3 月初，选择高桥红寨木榄群落为雷州半岛代表性木榄群落，在林缘往林内50 m 处设置 3 个 5 m×5 m 的样方（标志为 A、B、C），样方间呈南北向分布，每个样方间隔 10 m。分别对木榄群落的 3 个样方进行每木检测（包括种名、株数、树干胸径、树高、东西向和南北向冠幅）。同时在每个样方内安置 4 个（3 个样方共 12 个）网目为 1 mm 的种子收集器（尼龙网做成），收集器呈四角高、中间低的锅形，网口用铁丝作架，面积为 1 m^2（1.0 m×1.0 m，正方形），中间最低处离地面大约 2 m（高于高潮时的潮水水面）。

幼苗状况调查：在种子雨样方及周边林地 100 m 范围内随机选择在有较多红树植物幼苗之处设定 1 m×1 m 小样方 20 个，记录实生苗的种类、株数、高度和冠幅等。

计算群落各树种重要值：重要值 = 100 ×（相对密度 + 相对频率 + 相对优势度）。其中，相对密度（%）=100×(某个种的株数/所有种的株数总和)；相对频率（%）=100×(某个种的频度/所有种的频度总和)，频度=某个种出现的样方数/所调查统计的样方总数；相对优势度（%）=100×(某个种的胸高断面积之和/所有种胸高断面积之和)。

2.2 种子的收集与分类

自2012年3月初成熟种子下落开始，每隔10 d（左右）收集1次种子及其他凋落物(2012年3月13日第1次收集)，一直到2012年8月23日种子雨结束（收集网上无木榄种子为止)，前后历时173 d，共进行了17次固定样方种子（收集网中的种子含凋落物）收集。

对收集网内的凋落物进行分类，将种子与枯枝落叶等分开，对各类凋落物进行测量（称鲜重）和统计，同时将种子分为完整（成熟，下同)、虫咬、霉变、未熟、其他等5类。种子雨的密度=收集的种子数量（粒)/收集网面积；种子雨强度=收集种子的数量(粒)/收集网面积/收集天数。

2.3 数据分析与方法

所有数据采用SPSS 15.0和Excel 2003进行处理和分析，主要采用描述性统计和相关性分析等方法。

3 结果与分析

3.1 木榄群落特征

根据野外样方调查结果表明，高桥木榄群落林地地表水平，林内有潮汐冲刷浅沟，郁闭度为0.95，林相整齐，高3～5 m，叶面积指数约3.5，有伴生树种秋茄和桐花树。

由表1可见，木榄群落的树种组成以木榄为优势种，同时伴生有少量秋茄和桐花树。木榄群落中多数地段以木榄为单一优势种，3个样方统计得出木榄重要值为240.3，群落冠层主要由木榄组成，共有植株91株，其中木榄有84株。表明该样地木榄群落由木榄+秋茄+桐花树组成，A、B、C 3个样方林下木榄幼苗数量分别是：1株、28株、22株，均为1～2年生幼苗，3个样方平均木榄幼苗密度0.7 株/m^2，林下未见3年生以上幼苗，这主要是由于林地高度郁闭，导致幼苗缺少阳光而枯死。

表1 木榄群落特征

株数		树高 /m		冠幅 /m^2		胸径 /cm		相对密度/%	相对优势度/%	相对频度/%	重要值
		最大	平均	最大	平均	最大	平均				
木榄	84	4.8	3.9	18.0	7.9	12.4	5.3	92.3	98.0	50.0	240.3
秋茄	5	4.6	3.9	6.0	4.1	6.1	4.3	5.5	1.7	33.5	40.7
桐花树	2	3.2	2.8	7.5	4.3	4.1	3.1	2.2	0.3	16.5	19.0
总计	91	—	—	—	—	—	—	100	100	100	300

3.2　幼苗状况

木榄的种子散布首先是借助于重力，因此散布后主要分布在冠层范围内的林下，再经潮汐海水运送产生远距离的散布。部分散布成功的种子很快萌生为幼苗、补充种群个体。根据 20 个 1 m^2 样方调查统计，有木榄幼苗 118 株，即 5.9 株/m^2，平均高 0.75 m；秋茄幼苗 7 株，即 0.35 株/m^2，平均高 0.69 m；红海榄幼苗和桐花树幼苗各 2 株，即分别为 0.1 株/m^2，平均高分别为 0.47 m 和 0.62 m；林下稀少，主要集中在林窗生长，因此推测该群落木榄幼苗密度低于 0.7 株/m^2。

3.3　木榄种群种子雨组成与动态

3 个样方 12 个收集网共收集种子 449 粒（表 2），其中，完整种子总数为 362 粒（约占 80.6%），虫咬种子 62 粒（约占 13.8%）、霉变种子 6 粒（约占 1.3%）、未成熟种子 19 粒（约占 4.2%）。3 个样方内种子雨分布的趋势是相同的，均表现为双峰曲线（图 1 ～ 图 3）。样方 A 的第 1 个峰值出现在 5 月中旬，第 2 个峰值出现在 6 月下旬；样方 B、样方 C 的第 1 个峰值都出现在 6 月上旬，第 2 个峰值均出现在 6 月下旬。虫咬的种子主要出现在 3—6 月，与春夏两季昆虫处于活动高峰期有关。霉变和未成熟种子没有明显的变化规律。

表 2　各样方的木榄种群种子雨组成与数量（粒）

样方	完整	虫咬	霉变	未熟	其他	合计
A	78	15	2	5	0	100
B	122	15	2	7	0	146
C	162	32	2	7	0	203
总计	362	62	6	19	0	449

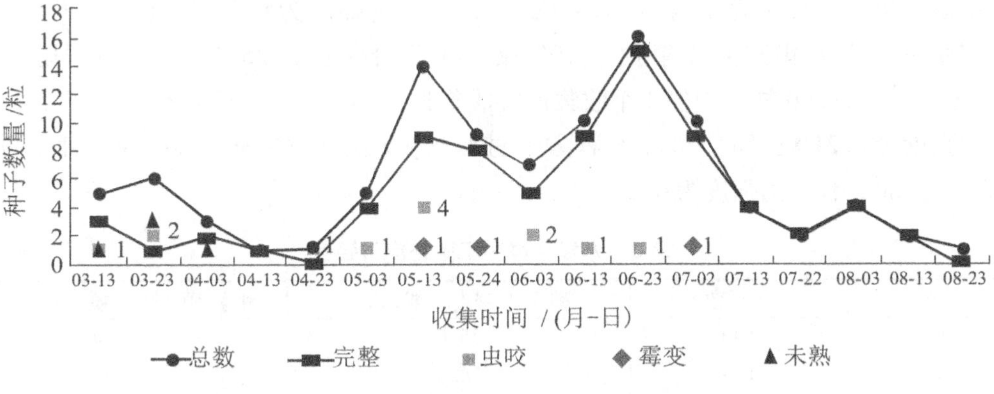

图 1　木榄群落样方 A 种子雨动态

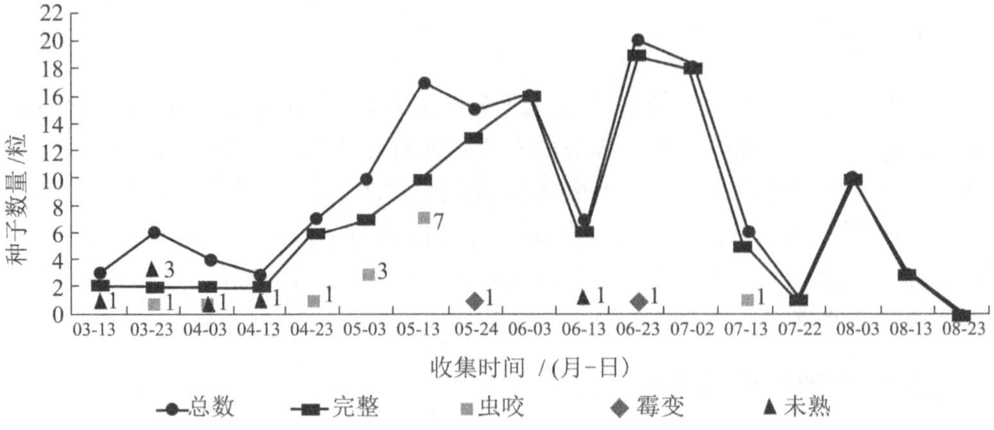

图 2　木榄群落样方 B 种子雨动态

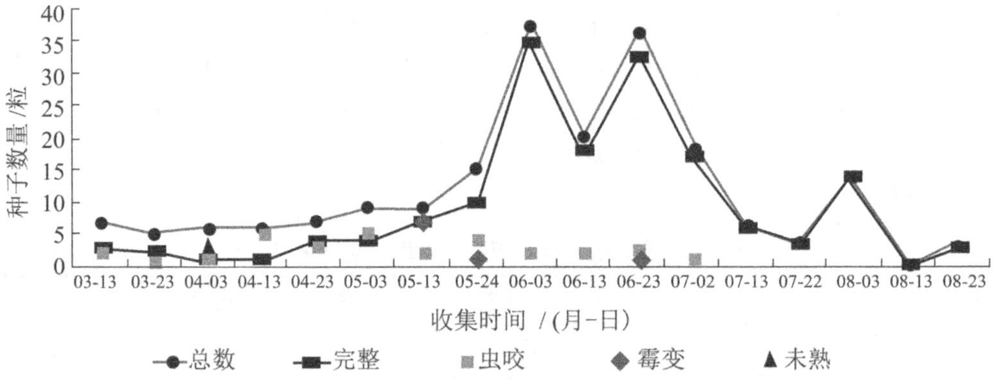

图 3　木榄群落样方 C 种子雨动态

3.4　木榄种群种子雨的密度和强度

由表 3 可知，种子雨密度为 37.4 粒/m^2，种子雨强度为 0.21 粒/(m^2 · d)。其中，A 样方中的 4 个收集网共收集种子 100 粒，种子雨密度为 25 粒/m^2，种子雨强度为 0.14 粒/(m^2 · d)；B 样方中的 4 个收集网共收集种子 146 粒，种子雨密度为 36.5 粒/m^2，种子雨强度为 0.21 粒/(m^2 · d)；C 样方中的 4 个收集网共收集种子 203 粒，种子雨密度为 50.8 粒/m^2，种子雨强度为 0.29 粒/(m^2 · d)。

表 3　木榄种群种子雨密度与强度

样方	种子数	种子雨密度/(粒/m^2)	种子雨强度/[粒/(m^2 · d)]
A	100	25.0	0.14
B	146	36.5	0.21
C	203	50.8	0.29
平均值	150	37.4	0.21

3.5　木榄种群种子雨的时序特征

与 3 个样方内的种子雨分布趋势情况相似，木榄种群种子雨分布的总体趋势表现为双峰曲线（图 4）。第 1 个峰值出现在 6 月上旬，第 2 个峰值出现在 6 月下旬。3 月中旬—5 月中旬，种子粒重增加明显，说明在这一阶段是木榄种子生长的高峰期；5 月下旬种子粒重出现 1 个高峰值，6 月以后种子粒重变化较小（图 5），说明在 5 月下旬开始收集到的木榄种子已基本发育成熟。

不同时期 3 个样方 12 个收集网（总面积 12.0 m^2）收集的各种凋落物的统计结果见表 4。在种子下落的第 1 个高峰到来之前（5 月中下旬），会产生较多的落叶，这可能与种子雨高峰到来之前（种子生长和萌发）需要较多的养分，植株的新陈代谢旺盛造成落叶较多有关；此外，8 月也会有大量叶片脱落，可能与 8 月广东一带台风天气有关。其他凋落物没有发现明显规律。

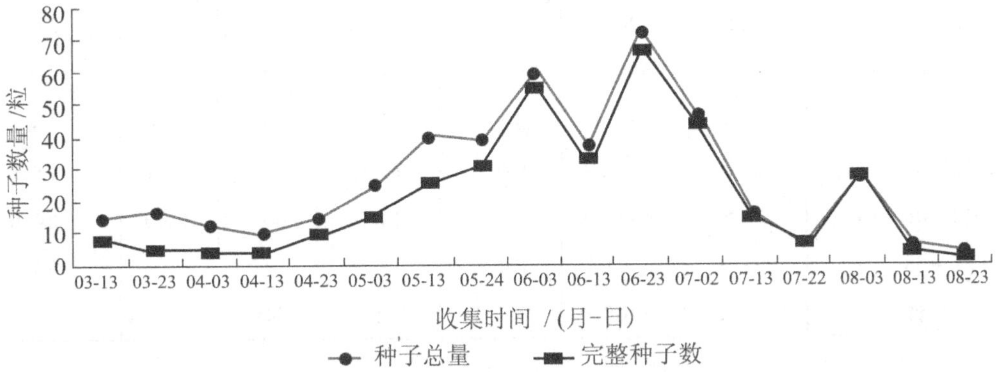

图 4　木榄群落种子雨的时序特征

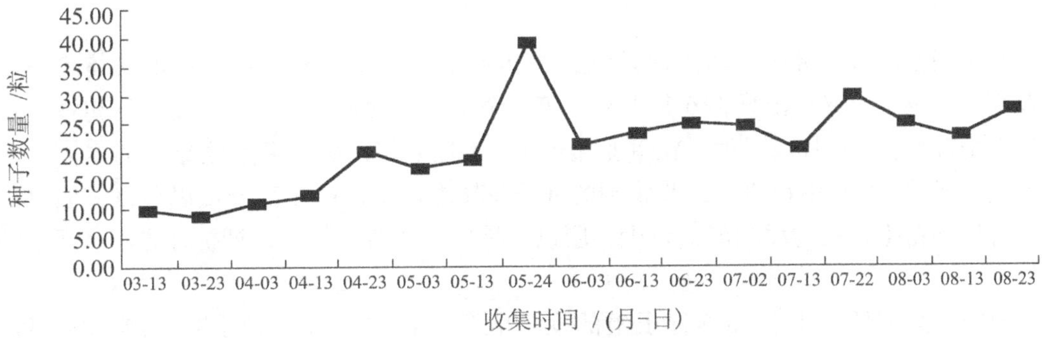

图 5　木榄群落种子粒重的时序特征

表 4　不同时段凋落物的组成及其鲜重

收集时间（年-月-日）	落枝 /g	落叶 /g	落花 /g	落萼 /g	种子		其他/g
					数量/个	质量/g	
2012-03-13	19.6	299.6	3.8	46.1	15	146.2	14.5
2012-03-23	2.1	561.9	7.5	38.8	17	148.0	21.3

续上表

收集时间 （年－月－日）	落枝/g	落叶/g	落花/g	落萼/g	种子		其他/g
					数量/个	质量/g	
2012－04－03	1.4	564.9	3.0	22.2	13	141.9	29.0
2012－04－13	11.4	344.5	5.5	13.6	10	123.4	27.2
2012－04－23	0.0	526.6	5.3	33.6	15	303.3	38.5
2012－05－03	8.2	589.1	11.0	45.0	25	429.1	41.7
2012－05－13	34.1	707.4	16.5	65.0	40	738.0	60.7
2012－05－24	123.1	850.1	27.5	99.4	39	1 526.4	73.5
2012－06－03	32.2	303.2	28.3	102.7	60	1 287.6	31.7
2012－06－13	96.2	313.3	41.2	63.2	37	862.0	49.2
2012－06－23	43.0	548.5	101.4	171.1	72	1 805.1	81.7
2012－07－02	24.8	626.6	99.1	121.8	46	1 127.2	102.6
2012－07－13	5.8	526.9	107.4	21.0	16	329.1	151.4
2012－07－22	16.4	428.6	77.7	17.3	6	179.3	58.5
2012－08－03	23.5	1 052.9	142.0	83.9	28	698.6	68.7
2012－08－13	34.5	642.2	97.1	14.0	6	136.1	14.0
2021－08－23	376.8	1 260.7	141.0	12.5	4	108.4	73.4
总计	853.1	10 147.0	915.3	971.2	449	10 089.9	937.6

4 小结

在雷州半岛红树林区，木榄种群种子雨历时约 170 d，其种子雨分布的总体趋势表现为双峰型，第 1 个峰值出现在 6 月上旬，第 2 个峰值出现在 6 月下旬。5 月下旬种子粒重出现 1 个高峰值，6 月以后种子粒重变化较小，5 月下旬开始大多数收集到的木榄种子已基本发育成熟。5 月中旬之前，收集到的种子单粒重较小，虽然部分可以萌发，但由于种子内可供幼苗生长的物质和能量较少，所以容易导致幼苗不强壮，抵抗外界不良环境的能力较差。

研究结果表明，木榄种群种子雨的模式大致为：木榄种群种子雨持续的时间较长（约 170 d），种子雨密度较大（平均达 37.4 粒/m^2），完整（成熟）种子所占比例高（约占 80.6%）。尽管如此，因为红树植物木榄生长于沿海滩涂，潮涨潮落导致大部分种子和幼苗被海水冲走，木榄种群种子雨的密度远远大于木榄幼苗的密度，木榄种苗就地成年概率低。

木榄是生长在热带、亚热带潮间带，适应陆地和海洋过渡的一种特殊的植物，对于近海环境和调节气候具有很重要的作用，是陆地森林不可替代的植物，应结合植物资源保护工程，采取一些人工措施促进木榄种群的更新。在雷州半岛红树林区，应在木榄种群种子雨密度最大、种子质量最好的6月组织采集木榄种子（胎生苗），采用人工培育实生苗、人工补种等方法提高木榄幼苗数量；同时，加强对木榄母树林的管护，如对其林窗进行人工辅助更新，从而促进这一优良红树树种种植面积不断扩大，保障海岸生态安全，保护生物多样性，促进社会、经济和生态和谐发展。

参考文献

[1] 周灿芳．植物群落动态研究进展［J］．生态科学，2000，19（2）：53－59.

[2] 于顺利，郎南军，彭明俊，等．种子雨研究进展［J］．生态学杂志，2007，26（10）：1646－1652.

[3] 范润珍，宋文东，韩维栋，等．红树植物木榄叶的基本化学成分的分析［J］．理化检验（化学分册），2008，44（8）：754－756.

[4] 潘春柳，赖家业，黎向东，等．单性木兰种子雨与天然更新的初步调查［J］．生态学杂志，2008，27（12）：2235－2239.

[5] 李峰，梁士楚，王丽君，等．桂林岩溶石山阴香群落土壤种子库［J］．生态学杂志，2007，26（10）：1511－1515.

[6] 张玉波，李景文，张昊，等．胡杨种子散布的时空分布格局［J］．生态学报，2005，25（8）：1994－2000.

[7] 邹莉，谢宗强，李庆梅，等．神农架巴山冷杉种子雨的时空格局［J］．生物多样性，2007，15（5）：500－509.

[8] 张健，郝占庆，李步杭，等．长白山阔叶红松（Pinus koraiensis）林木种子雨组成及其季节动态［J］．生态学报，2008，128（6）：2445－2454.

[9] 刘彤，周志强．蒙古栎种群种子雨与地表种子库［J］．东北林业大学学报，2007，35（5）：22－23.

[10] 吴大荣．福建省萝卜岩自然保护区闽楠种群种子雨研究［J］．南京林业大学学报，1997，21（1）：56－60.

[11] 卢昌义，林鹏．秋茄红树林的造林技术及其生态学原理［J］．厦门大学学报：自然科学版，1990，29（6）：694－698.

[12] 高秀梅，韩维栋．广东省红树林生态系研究展望［J］．广东林业科技，2008，24（2）：86－91.

[13] 廖宝文．海南东寨港红树林湿地生态系统研究［M］．北京：中国海洋大学出版社，2009.

[14] 王文卿，王瑁．中国红树林［M］．北京：科学出版社，2007.

[15] 陈国兴．福建（建瓯）赤皮青冈种子雨特征［J］．福建林学院学报，2011，31（2）：161－164.

[16] 高秀梅，易家碧，韩维栋．雷州半岛秋茄群落的种子雨动态研究［J］．广东林业科技，2012，28（1）：41－45.

雷州半岛秋茄群落的种子雨动态研究*

高秀梅，易家碧，韩维栋
（广东海洋大学，广东 湛江 524088）

摘　要：秋茄种子雨的质量和数量与时间分布影响着秋茄群落的更新演替。本文采用野外固定样方凋落物收集法，研究了雷州半岛太平镇麒麟村秋茄的凋落物数量质量特征，包括秋茄种子雨密度、种子雨强度、种子雨的时序特征等。结果表明，秋茄种子雨从当年12月初开始持续到次年5月下旬结束，种子雨有3个降落高峰，但以4月中旬降落的种子数量最多。

关键词：秋茄；种子雨；胎生苗；群落；雷州半岛

中图分类号：S718. 5　　**文献标识码**：A　　**文章编号**：1006－4427（2012）01－0041－05

Study on seed rain dynamics of *Kandelia candel* comunity in Leizhou Peninsula

Gao Xiumei，Yi Jiabi，Han Weidong
（Guangdong Ocean University，Zhanjiang 524088，Guangdong）

Abstract：The quantity and quality distribution of seed rain of *K. candel* community affect the community's succession. In this paper，The field station sampling method was used to investigate the characteristics of *K. candel* seed rain in Qiling Village，Taiping，Leizhou Peninsula. The investigation recorded the number，length and quality characteristics of *K. candel's* seed rain during fruiting phase and its seed rain distribution pattern，which indicated the natural seed rain peaked from March to April，when its seed rain season happened during the fruiting period from the early December，2010 to the end of May，2011 and the seed rain showed 3 raining peaks with the most heaviest rain peak happened in April.

Key words：*Kandelia candel*，seed rain，hypocotyl，community，Leizhou Peninsula

种子雨是在特定时间和特定空间内种子或果实从植物体上向地表扩散的过程。种子雨阶段是物种扩散的开端，是群落更新发展的关键环节。由于受各种因素的综合影响，不同生境条件下种子雨的特性不尽相同，因此，研究植物种子雨的特征，对深入研究植物群落的更新对策、发展动态和植被恢复具有重要意义[1,2]。自从 Harper 于 20 世纪 30 年代提出种子雨概念以来，种子雨的研究就成为植物种群生态学和群落生态学研究的重要内容之一，研究对象横跨农作物、草本植物和木本植物，研究内容涉及植物学、遗传学、生态

---

* 广东省自然科学基金项目“红树林种子雨与种子库空间模式的研究”（9151027501000075）、广东省部产学研专项“雷州半岛红树林湿地生态系统保护与利用的研究”（2008A03020300）。

原载于：广东林业科技，28（1）：41－45。

学、杂草科学、农学和林学等各个学科领域。国内近年对林木种子雨、种子库方面研究主要涉及陆地树种，如栲树、单性木兰、阴香、胡杨、蒙古栎、巴山冷杉、闽楠等[3-10]，而处于海岸潮间带的红树林植物种子雨却鲜有人涉足[11-14]。

秋茄为红树科秋茄树属植物，生于海湾和河流的冲积咸滩，是红树林植物中分布最广的种类。秋茄种子无胚乳，常于果实未离母树前即萌发，有长而粗的胚轴（突出果外成长棒状），即所谓的“胎生植物”。本研究中所谓的种子是指已萌发并已离开母树的种子。20 世纪 80 年代以来我国学者就对秋茄进行了生物学与生态学的研究工作[11]，然而对于秋茄种群天然恢复的基础性问题，如秋茄种子雨的时间动态问题、秋茄种子雨与落叶的关系等却鲜见研究报道。笔者以雷州半岛太平镇麒麟村天然分布的秋茄群落为案例，研究秋茄种子雨密度、强度和时序特征，以及不同时间的秋茄种子雨强度和种子重量等基本问题，为红树林的自然更新、生态恢复等提供了理论依据。

1 研究区概况

试验样地位于广东省湛江市太平镇麒麟村，海拔约 1 m，地处北纬 20°59.947′、东经 110°09.363′。属湛江湾的通明港河口海岸地貌，位于雷州湾西部边缘，为潮间带滩涂，地势平缓。样地内缘有一个高度为 5 m、宽度为 4 m 的海堤。样地位于河口一连片红树林区内，该红树林以秋茄（*Kandelia candel*）、无瓣海桑（*Sonneratia apetala*）为建群种，其他种类有红海榄（*Rhizophora stylosa*）、桐花树（*Aegicerascorniculatum*）、海漆（*Excoecaria agallocha*）等，面积约 100 hm^2。样地所在林地小班面积约 10 hm^2，为天然秋茄单优群落，林相整齐，高 4 ～ 7 m，冠层均为秋茄，林下有极少数的桐花树等灌木。该区属北热带海洋季风气候，长年温和湿润，年均温度 22.3°C，1 月最冷，7 月最热；年均日照时数约 2 000 h，全年无冬季，年均降雨量为 1 800 ～ 2 000 mm，集中在雨季（5—8 月），沿海夏季多台风（本研究期间样地无恶劣天气和严重病虫害影响）。样地潮汐为半日潮，高潮时样地水位约 1.5 m 深（根据野外水位在海堤上的痕迹高度记录）。土壤为淤泥质。

2 研究方法

2.1 种子雨收集网的设置

2010 年 11 月 28 日，在样地的红树林缘往林内 5 m 处设置 3 个样方，样方与海岸线平行（东西向），每间隔 10 m 设一个大小为 5 m×5 m 的样方（标记为 A、B、C），开展样方调查。2010 年 12 月 2 日，在每个样地内设置 4 个网目为 1 mm 的种子收集网，收集网呈四角高、中间低的锅形，网口为 0.85 m×0.85 m（正方形），中间最低处离地面约 1.5 m。

2.2 种子的收集与分类

种子的收集工作自 2010 年 12 月 2 日开始（12 月 12 日第一次收集）至 2011 年 5 月

22 日结束，每隔 10 天收集 1 次，直至收集网上无种子为止。对收集网内的凋落物进行分类、测量和统计，并进行烘干后分类统计。

2.3　数据分析方法

所有数据采用 SPSS 15.0 和 Excel 2003 进行处理和分析，主要采用描述性统计和相关性分析等方法。种子雨的密度 = 收集的种子数（粒）/收集网面积，种子雨强度 = 收集种子的数（粒）/（收集网面积 · 收集天数）。

3　结果与分析

3.1　秋茄群落特征

湛江市太平镇麒麟村红树林分布的秋茄单优群落，其群落郁闭度为 0.8，叶面积指数为 3，秋茄群落的概况见表 1。

表 1　太平镇麒麟村秋茄群落特征

种名	株数	树高 /m		冠幅 /m²		胸径 /cm		相对密度 /%	相对优势度/%	相对频度 /%	重要值
		最大	平均	最大	平均	最大	平均				
秋茄	123	5.5	3.1	3×4	1.5×1.5	33.0	4.9	94.6	98.6	75	89.4
桐花树	7	2.5	0.2	4×4	1.4×1.4	7.0	2.5	5.4	1.4	25	10.6
秋茄苗	5 750	0.8	0.3								

注：林内 3 个样方调查统计结果，样方面积 75 m²。

从表 1 可以得出，样地群落组成主要有秋茄和桐花树。秋茄群落中的秋茄为单一优势种，秋茄的重要值为 89.4。2.5 m 以上群落冠层全部由秋茄组成，桐花树有 7 株，呈丛状分布。林下有秋茄幼苗。

3.2　秋茄群落种子雨的密度、强度与各种凋落物组成

种子收集工作从 2010 年 12 月 2 日开始，至 2011 年 5 月 22 日结束，前后历时 172 天，共进行了 17 次固定样方种子收集网中的凋落物（含种子）收集。12 个收集网共收集种子 716 粒，种子雨密度为 82.6 粒/m²，种子雨强度为 0.48 粒/（m² · d）。3 个样方中，A 样方中的 4 个收集网共收集种子 334 粒，种子雨密度为 115.6 粒/m²，种子雨强度为0.67 粒/（m² · d）；B 样方中的 4 个收集网共收集种子 154 粒，种子雨密度为 53.29 粒/m²，种子雨强度为 0.31 粒/（m² · d）；C 样方中的 4 个收集网共收集种子 228 粒，种子雨密度为 78.89 粒/m²，种子雨强度为 0.46 粒/（m² · d）（表 2）。

表 2　不同地点的秋茄种子雨密度与强度

样方	种子数	种子雨密度 /(粒 · m^{-2})	种子雨强度 /(粒 · m^{-2} · d^{-1})
A	334	115.60	0.67
B	154	53.29	0.31
C	228	78.89	0.46
平均值	238	82.60	0.48

表 3 中的数据是不同时期收集的各种凋落物的数量和烘干后质量。散落果皮数量与种子数量基本相同，落枝数量没有明显的规律；落叶数较多的时间（收集日期，下同）为 12 月下旬和次年的 3 月下旬，可能与种子雨高峰到来之前（种子生长和萌发）需要较多的养分、植株的新陈代谢旺盛造成落叶较多有关。

表 3　不同时期凋落物的结构组成

收集时间	果皮数量/个	种子数量/粒	种子质量/g	落叶数量/枚	落叶质量/g	落枝数量/个
2010－12－12	49	37	18.64	860	201.49	0
2010－12－22	58	60	45.22	888	207.92	17
2010－12－31	27	28	30.99	329	78.26	3
2011－01－11	22	19	20.55	275	66.59	8
2011－01－21	12	12	18.98	234	57.36	1
2011－01－31	19	17	27.21	276	69.65	10
2011－02－10	51	54	94.81	375	98.51	8
2011－02－21	35	43	66.56	377	86.97	3
2011－03－02	67	65	143.27	739	156.60	5
2011－03－12	53	44	96.15	831	182.75	11
2011－03－23	42	44	134.43	1060	236.72	7
2011－04－02	23	21	57.90	428	100.96	6
2011－04－12	105	124	414.64	635	152.22	9
2011－04－22	75	76	282.26	413	118.98	12
2011－05－02	37	38	154.38	145	47.56	0
2011－05－12	29	25	89.76	239	59.75	5
2011－05－22	9	9	25.71	334	111.12	9
总计	713	716	1 721.46	8 438	2 033.41	114

注：种子和落叶重量指烘干后测得的总重量，由 3 个样方 12 个收集网统计结果，收集网总面积 8.67 m^2。

3.3　秋茄群落种子雨的时序特征

秋茄的种子在 12 月初开始成熟降落，结束于次年 5 月中旬，前后出现 3 个降落高峰，

2010 年 12 月 22 日收集 60 粒、2011 年 3 月 2 日收集 65 粒、4 月 12 日收集 124 粒，绝大部分种子集中在次年 4 月中旬降落（图 1）。

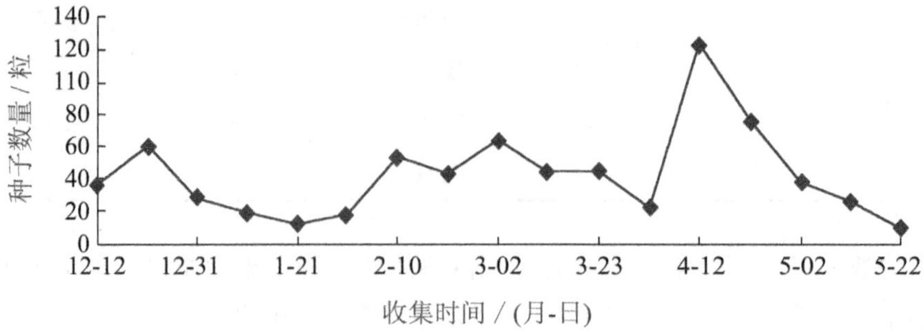

图 1　秋茄群落种子雨的时序特征

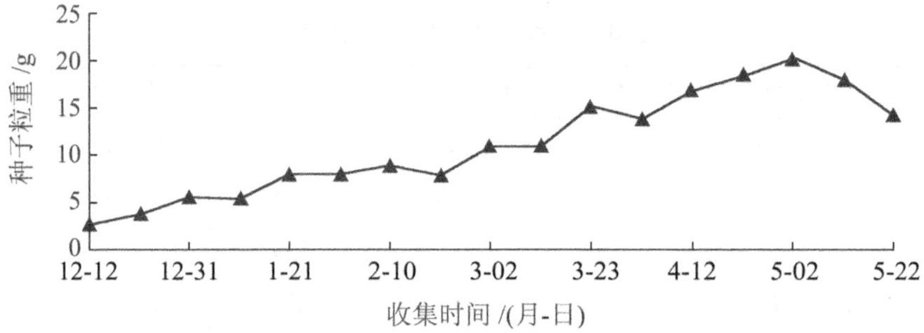

图 2　秋茄群落种子粒重的时序特征

从图 1 和图 2 可以看出，虽然秋茄种群的种子雨先后出现 3 个降落高峰，但前 2 个高峰出现时种子粒重（平均每粒种子的干重）较小，4 月中旬到 5 月中旬收集的种子粒重较大。

4　结果与讨论

通过本研究可以看出，秋茄种群种子雨持续的时间较长（170 多天）、种子雨密度较大（82.6 粒/m^2）。由于红树植物林秋茄生长于沿海滩涂，潮涨潮落导致大部分种子和幼苗被海水冲走。本研究结果表明，虽然秋茄种子雨有 3 个降落高峰，但前 2 个高峰收集的种子数较少（两者之和与第 3 个高峰收集的种子数相近），而且前 2 个高峰的种子粒质显较小，导致可供生长的物质和能量较少，即使种子能萌发其幼苗也不强壮、幼苗抵抗外界不良环境的能力较差，这是导致群落中秋茄幼苗较多但成年树相对较少的主要原因之一。因此，在湛江地区，应在秋茄种子雨密度最大、种子质量最好的 4 月中旬前后组织采集秋茄种子，采用人工培育实生苗、人工补种等方法提高秋茄幼苗数量，促进秋茄林的更新，不断扩大红树林种植面积，保障海岸生态安全、保护生物多样性，促进社会、经济和生态和谐发展。

参 考 文 献

[1] 于顺利，郎南军，彭明俊，等. 种子雨研究进展 [J]. 生态学杂志，2007，26 (10)：1646 - 1652.

[2] 陈国兴. 福建（建瓯）赤皮青冈种子雨特征 [J]. 福建林学院学报. 2011，31 (2)：161 - 164.

[3] 刘济明，钟章成. 梵净山栲树群落的种子雨、种子库及更新 [J]. 植物生态学报，2000，24 (4)：402 - 407.

[4] 潘春柳，赖家业，黎向东，等. 单性木兰种子雨与天然更新的初步调查 [J]. 生态学杂志，2008，27 (12)：2235 - 2239.

[5] 李峰，梁士楚，王丽君，等. 桂林岩溶石山阴香群落土壤种子库 [J]. 生态学杂志，2007，26 (10)：1511 - 1515.

[6] 张玉波，李景文，张昊，等. 胡杨种子散布的时空分布格局 [J]. 生态学报，2005，25 (8)：1994 - 2000.

[7] 邹莉，谢宗强，李庆梅，等. 神农架巴山冷杉种子雨的时空格局 [J]. 生物多样性，2007，15 (5)：500 - 509.

[8] 张健，郝占庆，李步杭，等. 长白山阔叶红松（Pinus koraiensis）林木种子雨组成及其季节动态 [J]. 生态学报，2008，28 (6)：2445 - 2454.

[9] 刘彤，周志强. 蒙古栎种群种子雨与地表种子库 [J]. 东北林业大学学报，2007，35 (5)：22 - 23.

[10] 吴大荣. 福建省萝卜岩自然保护区闽楠种群种子雨研究 [J]. 南京林业大学学报，1997，21 (1)：56 - 60.

[11] 卢昌义，林鹏. 秋茄红树林的造林技术及其生态学原理 [J]. 厦门大学学报：自然科学版，1990，29 (6)：694 - 098.

[12] 高秀梅，韩维栋. 广东省红树林生态系研究展望 [J]. 广东林业科技，2008，24 (2)：86 - 91.

[13] 廖宝文. 海南东寨港红树林湿地生态系统研究 [M]. 北京：中国海洋大学出版社，2009.

[14] 王文卿，王瑁. 中国红树林 [M]. 北京：科学出版社，2007.

无瓣海桑人工林树冠结构的分形分析*

周元满[1]，王平[1]，刘素青[1]，麦楚君[1]，冯慧敏[1]，徐正春[2]
（1. 广东海洋大学农学院，广东 湛江 524088；2. 华南农业大学林学院，广东 广州 510642）

摘　要：采用计盒维数对广东省雷州市附城镇不同年龄的无瓣海桑人工林的分形特征及侧枝分布格局进行分析。结果表明，无瓣海桑树冠有较强的占据与利用生态空间的能力，分形维数为 1.470 6；不同年龄无瓣海桑的树冠及分枝结构利用生态空间的能力均存在差异，不同树龄树冠的分形维数介于 1.20 ～ 1.80 之间，单个侧枝层面的分形维数介于 1.30 ～ 1.65 之间，接近于树冠的分形维数，表现树冠的自相似性的分形特征；从不同潮向及冠层来看，迎潮面的侧枝分布数量比背潮面的多，而位于树冠顶部的 1 号冠层侧枝的分形维数（2.004 9）比位于树冠基部的 2 号冠层（1.500 7）大，表明上层树冠的侧枝分布占据力和竞争力更强。

关键词：无瓣海桑；树冠结构；分形维数；分枝格局

中图分类号：Q944.3　　**文献标识码**：A　　**文章编号**：1001－389X（2012）03－0252－05

Fractal analyses on crown structure of *Sonneratia apetala* plantation

Zhou Yuanman[1]，Wang Ping[1]，Liu Suqing[1]，Mai Chujun[1]，
Feng Huimin[1]，Xu Zhengchun[2]
（1. College of Agriculture，Guangdong Ocean University，Zhanjiang 524088，Guangdong；
2. College of Forestry，South of China Agriculture University，Guangzhou 510642，Guangdong ）

Abstract：Based on the artificial *Sonneratia apetala* forest of different ages in Fucheng，Leizhou，the fractal characteristics and twig distribution patterns were analyzed by means of box-counting dimension. The results showed that the fractal dimension of *S. apetala* was 1.470 6，thus revealing the canopy complexity of *S. apetala* and its strong ability to occupy and utilize the ecological space. There was difference in the ability to use the space of canopy and twigs of different ages. The fractal dimension was between 1.20－1.80，while that of a single lateral branch layer was between 1.30－1.65，which was similar to fractal dimension of the canopy，showing the self-similarity of fractal features of canopy. So far as different tide directions and lateral branch distribution of canopy were concerned，more lateral branches were distributed in the direction towards tides than those in the opposite direction. The fractal dimension of lateral branches of the No. 1 canopy was 2.004 9，and that of the No. 2 canopy was 1.500 7，thus indicating the stronger ability and competitiveness in the distribution occupation of the lateral branches of the upper canopy.

* 广东省科技厅科技计划资助项目（2007B030200005）；广东省自然科学基金资助项目（10152408801000021）。
原载于：福建林学院学报，2012，32（3）：252－256。

Key words: *Sonneratia apetala*; canopy structure; fractal dimension; branching pattern

无瓣海桑（*Sonneratia apetala*）属海桑科（Sonneratiaceae）海桑属（*Sonneratia*）的一种红树植物，作为引入树种，经引种育苗试验，表明其在速生性、抗寒性、防风、消浪等方面显著优于其他红树，已成为华南沿海防护林体系工程建设中的优良树种之一[1,2]。研究无瓣海桑的树冠结构特征对深入研究其生长特性具有重要意义。目前国内外对树木结构的研究多集中在冠形因子、侧枝分布格局及影响因子等方面[3,4]。树冠形态错综复杂，要精确描述其形状、结构等问题，运用传统简单的几何方法进行研究具有一定困难。分形理论是由 Mandelbrot[5] 在 1977 年正式提出与建立的一种探索复杂性的科学方法和理论，目前已被逐渐地应用于自然科学界和人类社会中存在的无特征尺度却有自形相似的体系中[6]。笔者利用分形理论对广东省雷州市附城镇 3 个不同年龄的无瓣海桑树冠结构的分形特征进行分析，揭示了无瓣海桑在不同群落中树冠结构分形特征的差异，为红树林引种及保护红树林生态环境安全提供理论参考。

1　研究地概况

样地设在广东省雷州市附城镇的芙蓉村、土角村和岚北村，北纬 20°52′～20°56′，东经 110°09′～110°10′，属北热带季风气候，年平均气温 23℃，1 月份气温最低，7 月份最高，全年无冬季，年平均降水量 1 534.6 mm，台风、雷雨等灾害性气候时有发生，每年 5—12 月份都有台风入侵；同时还受季风气候的影响，常有大风，平均风速 3 ～4 m/s。试验林地位于平缓的潮间带内侧，不正规半日潮，高潮时水深 1.2 ～ 1.5 m，低潮时林地露出水面 0.6 ～ 1.2 m，海岸线南北朝向，壤质为淤泥。笔者所选的样地有：样地 I 位于附城镇的芙蓉村，1997 年造林，林下植被以秋茄（*Kandelia candel*）为主，林缘有木榄（*Bruguiera gymnorrhiza*）、桐花树（*Pittosporum tobira*）等红树植物幼苗；样地 Ⅱ 位于附城镇的土角村，2002 年造林，林下植被有白骨壤（*Avicennia marina*）、桐花树、木榄、秋茄、红海榄（*Rhizophora stylosa*）等；样地 Ⅲ 位于附城镇的岚北村，1993 年造林，林下植被极少。

2　研究方法

2.1　外业调查

2010 年 8 月在 3 种不同年龄的无瓣海桑人工林群落中选择具有代表性的地段分别设置 1 块 20 m×20 m 的标准地，再在每个标准地中分别选择 10 株生长健康、树冠发育良好、少病虫害的无瓣海桑标准木。具体方法如下：记录标准木的株高、枝下高、地径、胸径、冠幅等数量特征；划分标准木的迎潮面和背潮面范围，分别记录各潮向、侧枝条数、冠幅；将标准木树冠划分成上半层和下半层，位于树冠顶部的记为 1 号冠层，位于树冠基部的记为 2 号冠层，分别记录各冠层的长度；在各冠层中选择一生长良好的侧枝为标准枝，分别记录每标准枝的着枝倾斜角度、粗度、长度、侧枝数、侧枝顶端坐标。各样地的基本特征平均值见表 1。

表1 各样地基本特征平均值

样地	林龄/a	林分密度/(株·hm^{-2})	平均株高/m	平均枝下高/m	平均冠长/m	平均地径/cm	平均枝条数/条	平均冠幅/m	郁闭度
Ⅰ	13	2 400	8.50	0.21	8.29	26.16	33	4.04	0.8
Ⅱ	8	1 200	7.31	0.12	7.19	21.90	35	4.89	0.9
Ⅲ	17	1 695	11.75	0.53	11.22	27.32	36	3.51	0.9

2.2 树冠的分形维数

分形维数包括相似维数、容量维数、计盒维数、信息维数、关联维数等。文中采用适用广泛且计算相对简便的计盒维数进行计算[7]。常采用式（1）分形模型[8]

$$N(L)=CL^D, \tag{1}$$

式中，N 为测度指标（如重量、生物量等）；L 为度量所采用的尺度指标（如长度、面积等）；C 为比例系数（常量）；D 为分形维数。文中 L 取树冠纵面面积（m^2），考虑到不能砍伐红树林测量生物量，N 取树冠体积（m^3）。通过对公式（1）两边取对数转化为直线方程，拟合的斜率即为树冠的分形维数 D。

2.3 标准枝面积

由于单个轮生枝侧枝数量多，每个小侧枝所占据的空间构成了多个多边形，为了方便计算，以标准枝的主干为中轴分开两面 S_1、S_2，分别把 S_1、S_2 看作近似于三角形。为了测定枝条的面积，假想标准枝的主干为一直线 AB，即从枝条的根部连到枝条的顶端，作为 X 轴，垂直于 X 轴的直线作为 Y 轴，建立平面直角坐标系，分别记录 S_1、S_2 离 Y 轴最远的顶点的坐标（图1）。标准枝的面积为 S_1、S_2 之和[9]。

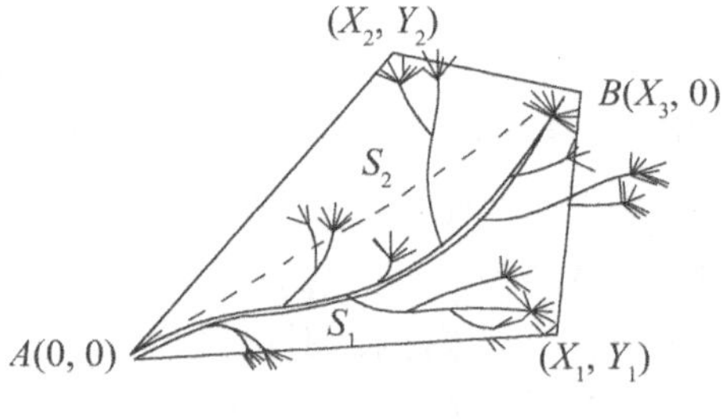

图1 单个轮生枝条占据空间体积的测定

3 结果与分析

3.1 无瓣海桑树冠的分形特征

3.1.1 无瓣海桑树冠的分形维数

将3个样地中无瓣海桑的全部数据视为一个整体对其树冠的分形维数进行分析，把3块样地的树冠纵面面积、树冠体积代入公式（1）进行线性回归方程的拟合，得出回归方程为 $N=0.596\,4L^{1.470\,6}$，决定系数 R^2 为0.816 3，达极显著相关（$P<0.01$），方程的指数即无瓣海桑树冠的分形维数（1.470 6）。分形维数是反映树冠的空间占据状态的参数，从理论上讲，其分形维数越高，表明树木向不同方向伸展得越充分，利用空间能力越强，占据空间的能力越大。大部分树种生长特性值可能介于对空间具有严格的依赖性或完全独立的2种情况之间，其对应的分维值介于1～2之间[10]。无瓣海桑的树冠分形维数接近

1.5，表现出较强的水平空间占据和利用能力。

3.1.2　不同年龄无瓣海桑树冠的分形维数

依据各样地中标准木树冠体积与纵面面积的数据，利用公式（1）进行线性回归，分别得出不同年龄无瓣海桑树冠的分形维数（表2）。

表2　不同年龄无瓣海桑树冠分形维数

样地	树龄/a	方程	分形维数	相关系数	t 值	P
Ⅰ	13	$N=0.5790L^{1.5170}$	1.5170	0.9873**	12.543	<0.01
Ⅱ	8	$N=0.2415L^{1.7998}$	1.7998	0.9475**	6.085	<0.01
Ⅲ	17	$N=0.9350L^{1.2472}$	1.2472	0.9657**	7.568	<0.01

**：$P<0.01$。

从表2可知，分形模型相关系数均大于0.9，达极显著相关（$P<0.01$）。不同年龄无瓣海桑树冠均具较好的分形特征，分形维数介于1.20～1.80之间。样地Ⅱ即8年生无瓣海桑人工林树冠分形维数为1.7998，接近2（完全占据），是3类样地分形维数中最高的，与样地Ⅰ、Ⅲ相比，其树冠结构更具有占据和利用空间的能力，在群落中竞争力非常大，这与其所处的地理及生物环境有关。由于该样地林分林龄较小，正处于生长旺盛期，初值密度最小，枝条充分伸展，平均冠幅达4.89 m（表1），能有效地利用阳光、空气等资源。从表1还可以看出，样地Ⅱ平均枝下高只有0.12 m，侧枝数量较多，说明个体分枝多且分枝高度较低，而枝条分布格局对树冠结构影响很大，因此样地Ⅱ虽树龄最小，树冠却表现出最高的分形维数，占有较大的生态位。样地Ⅰ林龄为13a的树冠分形维数为1.5170，表现出树冠具有较强的占据和利用空间的能力，竞争力较强，但由于林分密度较大，相对而言，侧枝的伸展受到一定的限制，再加上林下秋茄成林，在群落中存在一定的种间竞争，因此导致其树冠分形维数比8年生的小。样地Ⅲ树龄最大，但分形维数是3类样地中最小的，为1.2472，这可能是受到种群自身、种内关系及来自环境的多种因素的综合作用。该林分没有林下植被，平均枝下高较大，由于树种单一，近于成熟，种内竞争激烈，促使树木只有向高处生长，不能充分利用空间，其分形维数相对较小，占据空间能力也较弱。

综合分析表明，无瓣海桑树冠分形特征受林龄、密度等因素的综合影响，但基于研究的3类样地不仅年龄不同，林分密度也不同，为了进一步揭示分形维数与林分年龄、密度之间的关系，根据表2的分形维数值，计算出分形维数与林分年龄的相关系数为0.9987，$t=19.793$，相关关系显著（$P<0.05$）；而分形维数与密度的相关系数为-0.4228，$t=0.466$，呈不显著相关（$P>0.05$），说明密度和分形维数之间的关系不存在明显的规律性，这与封磊等[11]研究一致。可见，不同样地无瓣海桑树冠分形特征的差异在很大程度上是由林龄而导致的。

3.2　无瓣海桑分枝格局的分形特征

3.2.1　侧枝在不同潮向的分布规律

统计3类样地共30株标准木在迎潮面和背潮面的侧枝数，得到不同年龄标准木的侧枝方位分布状况（图2）。由图2可知，各样地标准木侧枝数量在迎潮面的分布比背潮面

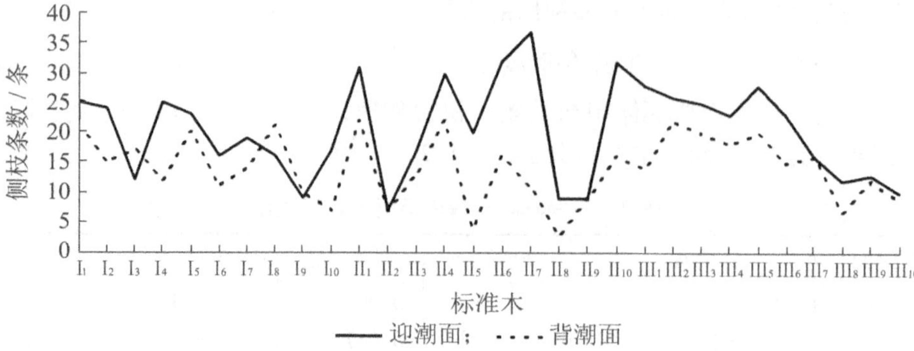

图 2　标准木侧枝在迎潮面与背潮面的分布

注：Ⅰ$_1$ ～ Ⅰ$_{10}$ 为样地Ⅰ的 10 株标准木；Ⅱ$_1$ ～ Ⅱ$_{10}$ 为样地Ⅱ的 10 株标准木；Ⅲ$_1$ ～ Ⅲ$_{10}$ 为样地Ⅲ的 10 株标准木。

的多。其中样地Ⅱ在两个潮向的分布差异较大，迎潮面枝条数在 20 ～ 32 之间，均比背潮面（9 ～ 22）的多，且每株数量相差较大，差值最大的达 26 枝；样地Ⅰ、Ⅲ在两个潮向分布的差异则相对较小；无瓣海桑的侧枝主要分布在迎潮面，这种树冠侧枝的分布格局对发挥无瓣海桑的生态功能十分有利，因为迎潮面面对风浪、潮水的冲击比背潮面更大，而多数侧枝分布在树冠的迎潮面能使树木从正面有效地抵抗风浪。

3.2.2　侧枝倾角的分布

在 3 个样地分别抽取 5 株标准木，统计 1 号冠层和 2 号冠层上每条标准枝的着枝倾斜角度（图 3）。由图 3 可知，各样地标准木侧枝在 1 号冠层的倾角主要集中在 20° ～ 40°范围内，2 号冠层的倾角主要集中在 40° ～ 60°范围内。样地Ⅰ与样地Ⅱ的侧枝倾角分布规律较为一致，即 1 号冠层的倾角较小，这样利于枝条向上延伸，说明枝条向上生长势强；而 2 号冠层的倾角较大，枝条向侧方延伸生长。样地Ⅲ是 3 类样地中树龄最大的，植株的平均株高也最大，2 个冠层侧枝倾角的分布虽有较大的差异，但与样地Ⅰ、Ⅱ的分布相反，1 号冠层的倾角较大，枝条向上生长势弱；2 号冠层的倾角较小，该冠层上的小侧枝数量多且较细小，枝条趋于向上生长。表明随着年龄的增长，树木通过自身生境调节，使枝条向四周得到最大的延伸，形成庞大、合理的树冠结构。

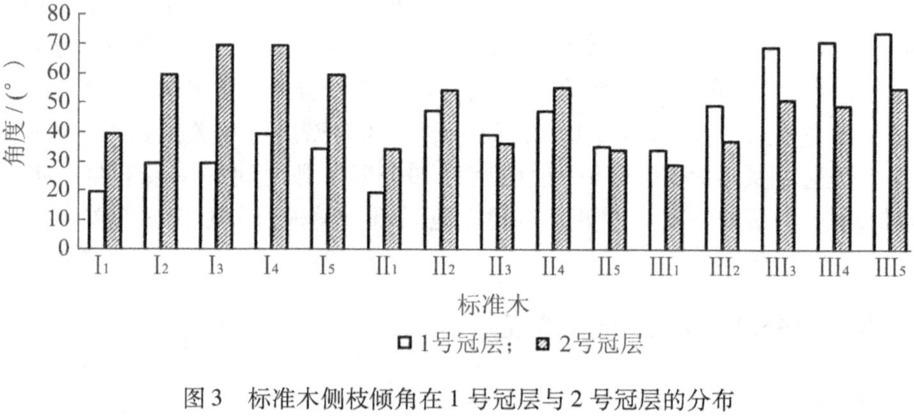

图 3　标准木侧枝倾角在 1 号冠层与 2 号冠层的分布

注：Ⅰ$_1$ ～ Ⅰ$_5$ 为样地Ⅰ的 5 株标准木；Ⅱ$_1$ ～ Ⅱ$_5$ 为样地Ⅱ的 5 株标准木；Ⅲ$_1$ ～ Ⅲ$_5$ 为样地Ⅲ的 5 株标准木。

3.2.3　分枝格局的分形维数

通过对各样地标准木的 1 号、2 号冠层的标准枝的测量，计算出各标准枝的面积，再利用公式（1），L 取小侧枝数，N 取标准枝的面积，得出不同年龄的枝条分形维数与不同冠层的枝条分形维数（表 3，表 4）。由表 3 可知，各树龄无瓣海桑枝条的分形维数介于 1.30 ～ 1.65 之间，尽管各树龄标准木枝条的面积与小侧枝数均有不同，但其分形维数没有显著差异，并且接近于树冠的分形维数，说明无瓣海桑树冠分枝格局的分形维数独立于尺度，表现出各枝条分枝格局的自相似性。有研究表明，兴安落叶松（*Larixgmelinii*）分形维数为 1.40 ～ 1.70[12]，红树植物木榄枝条的计盒维数为 1.22 ～ 1.55[13]，无瓣海桑枝条的分形维数为 1.301 4 ～ 1.540 2，表明其侧枝在树冠内的分布格局较为复杂，从不同冠层的侧枝的分形维数（表 4）来看，表明其侧枝利用生态空间的能力存在差异。

表 3　各样地无瓣海桑侧枝分形维数

样地	方程	分形维数	相关系数	t 值	P
Ⅰ	$N=0.592\,5L^{1.301\,4}$	1.301 4	0.781 9	2.794	<0.05
Ⅱ	$N=0.093\,3L^{1.642\,1}$	1.642 1	0.897 4	4.283	<0.01
Ⅲ	$N=0.216\,7L^{1.540\,2}$	1.540 2	0.896 2	4.255	<0.01

表 4　标准木侧枝在 1 号冠层与 2 号冠层分形维数

冠层	方程	分形维数	相关系数	t 值	P
1 号冠层	$N=0.178\,3L^{2.004\,9}$	2.004 9	0.855 7	3.554	<0.01
2 号冠层	$N=0.269\,9L^{1.500\,7}$	1.500 7	0.857 3	3.576	<0.01

分枝数量及其空间配置状态，不仅直接决定了树冠大小和形状，还影响着芽和叶的空间分布。另外，树木的分枝结构还是最重要的树体形态生成和生长因子[14]，其分形维数一般介于 1 ～ 2 之间，但在实际计算中计盒维数小于二维或在二维附近[15]。由表 4 可知，1 号冠层的分形维数为 2.004 9，接近于 2（完全占据），比 2 号冠层（1.500 7）大，表明无瓣海桑上层树冠的光能利用效率较高，上层树冠的侧枝比下层树冠对空间的占有能力更强，在树冠内的结构更加复杂，表明无瓣海桑的上层树冠在抵抗风浪等方面起主要作用。

4　结论

分形维数揭示树冠分枝格局占据生态空间的程度和利用生态空间的能力，其生态学意义在于刻画分枝格局的光能利用效率以及对其他环境资源的利用能力。无瓣海桑树冠对空间占有和利用能力较强，分形维数为 1.470 6，在种群格局中具有较强竞争力。不同年龄无瓣海桑树冠利用生态空间的能力存在差异，分形维数介于 1.20 ～ 1.80 之间。

从不同潮向及树冠层的侧枝分布来看，迎潮面的侧枝分布数量比背潮面的侧枝数量多，在抵抗风浪的方面起重要作用。位于树冠顶部的 1 号冠层的侧枝分形维数达 2.004 9，接近于 2（完全占据），说明无瓣海桑在上层树冠的光能利用效率较高，占据力和竞争力更强，而由于下层树冠侧枝倾角较大，侧枝向两侧伸展，通过侧枝的向上、向两侧延伸生长，使无瓣海桑形成复杂、稳固的树冠，能起到较好的防风、消浪、护堤的作用。

不同年龄的无瓣海桑分枝结构利用生态空间的能力不同，单个枝条的分形维数介于1.30 ～1.65之间，与整体树冠的分形维数（1.470 6）相近，说明无瓣海桑树冠分枝格局的分形维数独立于尺度，表现出各枝条分枝格局的自相似性，具有比较典型的分形特征。

树冠结构的分形分析表明，无瓣海桑树冠结构促进树木快速生长，能起到良好的社会和生态效益，是我国沿海红树林人工林生态系统恢复与重建的主要树种之一。但是，无瓣海桑有一定的竞争和扩散能力，因此，在引种时应适当考虑当地先锋树种的优劣势，合理地安排其种群空间格局，以免成为入侵种。

参考文献

[1] 廖宝文，李玫，郑松发，等．外来种无瓣海桑种内、种间竞争关系研究［J］. 林业科学研究，2003，16（4）：418－422.

[2] 李云，郑德璋，陈焕雄，等．红树植物无瓣海桑引种的初步研究［J］. 林业科学研究，1998，11（1）：39－44.

[3] Brown C L，Zimmerman M H. Trees Structure and Function［M］. Berlin：Springer Verlag，1971：203－230.

[4] 刘艳艳．樟子松人工林树冠结构的研究［D］. 哈尔滨：东北林业大学林学院，2005：4.

[5] Mandelbrot B B. Fractals：Form，Chance and Dimensions［M］. San Francisco：W. H. Freeman and Company，1977：3－50.

[6] 廖成章，余翔华．分形理论在植物根系结构研究中的应用［J］. 江西农业大学学报，2001，23（2）：192－196.

[7] 郑丽颖，田凯，王科俊，等．基于分形维数的复杂图像特征提取方法［J］. 哈尔滨工程大学学报，2001，22（5）：20－22.

[8] 陈军，李春平，关文彬，等．林带小钻杨树冠的分维结构［J］. 林业科学，2006，42（12）：6－12.

[9] 刘兆刚，刘继明，李凤日，等．樟子松人工林树冠结构的分形分析［J］. 植物研究，2005，25（4）：465－470.

[10] 洪伟，吴承祯．杉木种源高径生长的空间变异及其分形特征［J］. 福建林学院学报，2001，21（2）：97－100.

[11] 封磊，洪伟，吴承祯，等．杉木人工林不同经营模式树冠的分形特征［J］. 应用与环境生物学报，2003，9（5）：455－459.

[12] 马克明，祖元刚．兴安落叶松分枝格局的分形特征［J］. 木本植物研究，2000，20（2）：234－241.

[13] 梁士楚，王伯荪．红树植物木榄种群植冠层结构的分形特征［J］. 海洋通报，2002，21（5）：26－31.

[14] Suzuki T，Ohsaki K，Sato H Y，et al. A representation method for todo-fir shapes using computer graphics［J］. Journal of the Japanese Society，1992，74（6）：504－508.

[15] 孙博玲．分形维数（Fractal dimension）及其测量方法［J］. 东北林业大学学报，2004，32（3）：116－119.

第4章

红树林生态修复研究

1 研究区概况

广东省湛江市高桥红树林保护小区地处广西、广东交界的北部湾英罗港，西侧官寨海、东侧卖皂海（109°44′9″～109 ° 56′10″ E，21° 9′19″～21° 34′15″N），属于全日潮区，有红树林 1 361. 6 hm^2，总面积达 2 249. 4 hm^2，是中国面积最大的红树林保护小区（韩维栋等，2009）。该小区内主要红树植物有桐花树（Aegiceras corniculatum）、白骨壤（Avicenniamarina）、秋茄木榄（Bruguiera gymnorrhiza）和红海榄（Rhizophora stylosa）等，主要半红树植物有苦郎树（Clerodendurm inerme）、海檬果（Cerbera manghas）、杨叶肖槿（Thespesia populnea）和黄槿（Hibiscustiliaceus）等。高桥红树林保护小区为南亚热带季风气候区，受海洋气候和季风气候影响较大，最低气温 -1. 4℃，最高气温 38. 8℃，年平均气温 23℃，干湿季节明显，年均降水量 1 534. 6 mm，夏季多台风暴雨，常有雷暴，降雨主要集中在 4—9 月份。高桥红树林土壤多为浅海沉积、潮汐及河流搬运的堆积物在红树林生长作用下逐渐发育形成的盐渍沼泽土。

2 研究方法

2. 1 林窗调查

2012 年 7 月 10—30 日，对整个高桥保护小区红寨旅游区的所有秋茄纯林或者混交林的林窗进行踏查。选择边缘木地径大小基本一致的林窗，以使所调查林窗年龄相近。本研究共选取 35 个不同大小的秋茄林窗。调查因子包括秋茄幼苗的苗高、株数、地径、冠幅、苗龄、林窗面积和边缘木高度。美国生态学家 Runkle（1981）将林窗分为林冠空隙和扩展林窗。本研究所指的是应用最为广泛的扩展林窗。扩展林窗定义（吴宁，1999；李贵才，2003；Spies et al，1989）为：林窗边缘木（胸径 >20 cm，若无则采用胸径最大的边缘木）树干所围成的面积为扩展面积，其最大直径（L）为扩展长轴，与扩展长轴中心相垂直的直径（W）为扩展短轴。扩展林窗面积 A 计算公式为 $A = \pi LW/4$（Abe，1995）。如果林窗不规则且较大，则使用海伦公式（Brokaw，1982）计算。因此，从林窗面积的两个计算公式和林窗边缘木的平均树高 h，可推导出林窗体积 V 的两个计算公式：

$$V = A \times h = \frac{\pi LWh}{4}$$

或

$$V = \frac{h \times s \times (s-a) \times (s-b) \times (s-c)}{2} \tag{1}$$

式中，s 为半周长；a，b，c 为各边边长。

2. 2 红树林扩展林窗空间营养指数计算

盖度指植物地上部分投影面积占地面的比率，反映了植被的茂密程度和植物进行光合作用面积的大小。通常情况下，植物的枝叶之间互相重叠造成分盖度或者层盖度之和大于总盖度。结合盖度的生态学含义，红树林林窗空间营养指数是红树林林窗中的红树植物的地上部分投影面积乘以高与林窗空间体积的比率（即地上部分投影的体积占林窗空间体积的比率）。红树植物的地上部分投影面积，主要包括冠幅的投影和茎的投影。林窗空间营养指数由盖度的定义延伸而得。盖度反映的是植物生长程度和争夺有限空间资源进行光合作用能力的大小。红树林林窗空间营养指数表达的是林窗中的植物占据空间体积的比例，可反映不同物种植物（包括幼苗和幼树）的空间竞争特征、生长特征和适应特征。林窗分为林冠空隙和扩展林窗，林窗空间营养指数。亦可分为林冠空隙空间营养指数和扩展林窗空间营养指数。本研究选用扩展林窗空间营养指数。红树林林窗空间营养指数定义的关键问题是合理选择反映林窗植物生长特征的参数和影响因子。林窗植物的生长特征包括树种 N、地径 D、树高 H、冠幅 P 和林窗体积 V 等。植物茎所占据的空间面积远小于冠幅，并包含在冠幅的面积内，有重复计算的嫌疑，但可作为辅助指标进行参考。植物冠幅投影面积 S 可真实反映林窗空间营养，如果冠幅在地面上的投影基本上认定为椭圆，由椭圆面积公式 $S_2=\pi ab/4$（a 椭圆的长轴，b 为短轴）计算得到冠幅投影面积。当投影大致为圆时，面积公式为 $S=\pi r^2$，即 $S=\pi(R/2)^2$。式中，r 为圆的半径；R 为圆的直径。本研究采用投影为圆的算法。因此，研究红树林林窗空间营养指数选用林分内的目的树种的株数 N、树高 H、植物冠幅投影面积 S 和林窗体积 V 这 4 个参数。采用乘除法（钱颂迪，1990）对各被选指标进行多目标规划，根据乘除法的基本思想，x 是决策向量，当在 n 个目标 $f(x_1)$，…，$f(x_n)$ 中，有 k 个 $f(x_1)$，…，$f(x_k)$ 要求实现最小，同时有 $f(x_1)$，…，$f(x_n)>0$，采用评价函数：

$$Q(x)=\frac{f(x_1)f(x_2)\cdots f(x_k)}{f(x_k+1)f(x_k+2)\cdots f(x_n)} \tag{2}$$

根据乘除法的基本思想和由简单到复杂的思想，先从树高 H、植物冠幅投影面积 S_P 和林窗体积 V 这 3 个方面进行分析，树高 H 和植物冠幅投影面积 S_P 取大为优，林窗体积 V 取小为优。按式（2）对林窗空间体积指标的 3 个子目标进行综合，确定每株林窗植物的林窗空间营养指数计算公式如下：

$$A(g)=\frac{\dfrac{H(g)}{\sigma_H}\times\dfrac{S_p(g)}{\sigma_{sp}}}{V(g)\times\sigma_v} \tag{3}$$

式中，$A(g)$ 为 1 株幼苗或者幼树的空间营养指数；$H(g)$ 为目的树种的平均高；σ_H 为高标准差；$S_p(g)$ 为目的树种的冠幅投影面积；σ_{sp} 为目的树种的冠幅投影面积标准差；$V(g)$ 为林窗的空间体积；σ_v 为林窗空间体积标准差；$g=(g_1, g_2, \cdots, g_n)$。整个林窗内所有植物的空间营养指数 $Ar(g)$ 计算公式为：

$$A_r(g)=\frac{\sum_{i=1}^{N}\dfrac{H(g)}{\sigma_H}\times\dfrac{S_p(g)}{\sigma_{sp}}}{V(g)\times\sigma_v},\quad N\geqslant 1 \tag{4}$$

地径 D 可作为辅助指标，同理可得每株植物茎占据空间体积的比例，计算公式如下：

$$A_D(g)=\frac{\sum_{i=1}^{N}\dfrac{H(g)}{\sigma_H}\times\dfrac{S_D(g)}{\sigma_{SD}}}{V(g)\times\sigma_v},\quad S_D=\pi r_D^2 \tag{5}$$

式中，A_D 为 1 株幼苗或者幼树的茎占据空间体积的比例；S_D 为目的树种的茎投影面积；σ_{SD} 为目的树种的茎投影面积标准差；r_D 为茎的半径。由于红树林林窗空间营养指数是红树林林窗中的红树植物的地上部分投影面积乘以高与林窗空间体积的比率，在特殊情况下，需要加上林窗植物茎的投影方可描述清楚林窗植物的空间营养，可把式（4）和式（5）相加计算出林窗植物冠幅和茎的空间营养指数 A_{rD}（g），简化后可得：

$$A_{rD}(g) = \frac{\sum_{i=1}^{N} \frac{H(g)}{\sigma_H} \times \left[\frac{S_p(g)}{\sigma_{sp}} + \frac{S_D(g)}{\sigma_{SD}}\right]}{V(g) \times \sigma_v}, \quad N \geqslant 1 \tag{6}$$

一般情况下，使用式（3）和式（4）便可。

2.3 数据处理

采用 Excel 2007 进行数据的制表和制图，采用 SPSS 18.0 进行显著性分析。

3 结果与分析

3.1 秋茄林窗空间体积

共调查不同空间体积林窗 35 个，空间体积主要分布在 32 ～ 200 m^3。为了便于研究，以 40 m^3 为区分单位，将所调查秋茄林窗体积大小分为 5 个等级，即Ⅰ级为小于 40 m^3 的林窗，Ⅱ级为 40 ～ 80 m^3 的林窗，Ⅲ级为 80 ～ 120 m^3 的林窗，Ⅳ级为 120 ～ 160 m^3 的林窗，Ⅴ级为大于 160 m^3 的林窗。Ⅰ级林窗占 14.3%（5 个），Ⅱ级林窗占 34.3%（12 个），Ⅲ级林窗占 25.7%（9 个），Ⅳ级林窗占 17.1%（6 个），Ⅴ级林窗占 8.6%（3 个）。

3.2 秋茄林窗更新苗年龄及边缘木高度

对不同林窗更新苗的年龄和边缘木高度进行调查，发现该地区林隙内的更新苗年龄主要为 1 ～ 10 年。据表 1 可知，1 ～ 5 年生幼苗Ⅰ级林窗占 95% 以上，Ⅱ级林窗占 78.62%，Ⅲ级林窗占 70.33%，Ⅳ级林窗占 51.37%，Ⅴ级林窗占 60.72%。不同级别林窗同一苗龄的苗高呈较大差别，Ⅰ级林窗与Ⅳ级林窗的 1 ～ 5 年苗高差别为 0.34 m，6 ～ 10 年苗高差别为 0.36 m，在 0.05 水平上差异显著。因此，可以证明不同大小林窗间幼苗高度和冠幅的差异，并不是主要由幼苗年龄不同造成的。

35 个林窗边缘木高 2.3 ～ 5.7 m，在 0.05 水平上差异显著。同一地区同一林型林窗边缘木高度差别较大。

表 1　各林窗等级不同年龄等级幼苗比例及平均高

项目	Ⅰ		Ⅱ		Ⅲ		Ⅳ		Ⅴ	
	1 ～ 5a	6 ～ 10a	1 ～ 5a	6 ～ 10a	1 ～ 5a	6 ～ 10a	1 ～ 5a	6 ～ 10a	1 ～ 5a	6 ～ 10a
比例/%	95	5	78.62	21.38	70.33	29.67	51.37	48.63	60.72	39.28
平均高/m	0.18	0.27	0.28	0.36	0.39	0.50	0.52	0.63	0.37	0.46

3.3 秋茄林窗空间体积对幼苗高度、冠幅和地径的影响

图 1 表明：Ⅳ级林窗的平均苗高达 0.58 m，在 0.01 水平上Ⅰ和Ⅱ差异极显著，在

0.05 水平上Ⅱ、Ⅲ和Ⅳ级差异显著。因此，Ⅳ级林窗更有利于苗高的生长，秋茄幼苗苗高在空间体积为 120 ～160 m^3 的林窗生长最佳。

由图 2 可知：Ⅳ级林窗的平均冠幅为0.51 m，在 0.05 水平上Ⅰ和Ⅱ级林窗平均冠幅差异显著，Ⅲ和Ⅴ级无显著性差异。因此，Ⅳ级林窗空间体积能够影响幼苗冠幅。各级别林窗幼苗平均地径见图 3，各级林窗的地径差异不显著，Ⅳ级林窗的幼苗平均地径为 1.2 cm，Ⅰ级为 0.8 cm。秋茄林窗空间体积大小对幼苗地径影响不大。

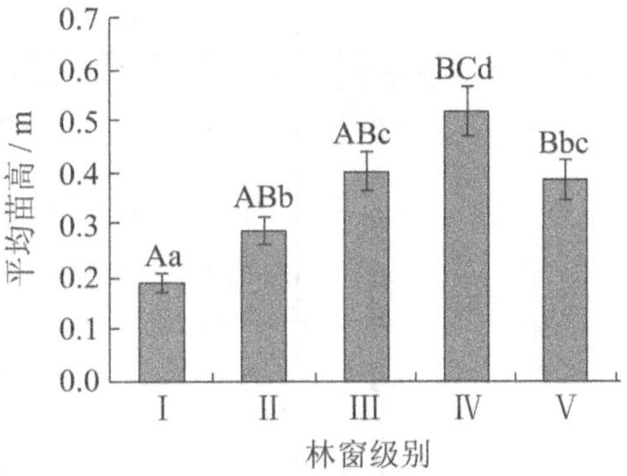

图 1　不同级别林窗幼苗平均高度

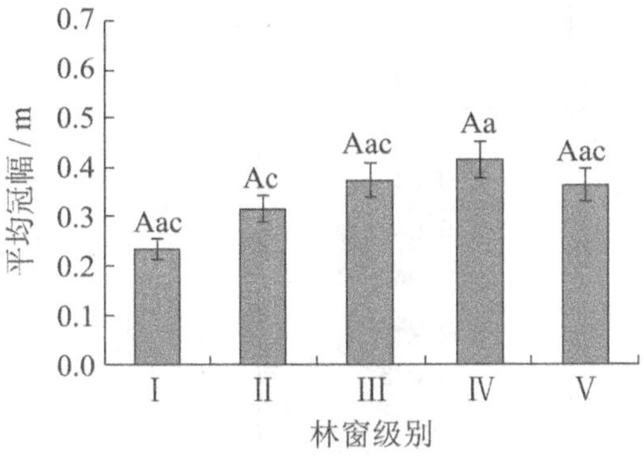

图 2　不同级别林窗幼苗平均冠幅

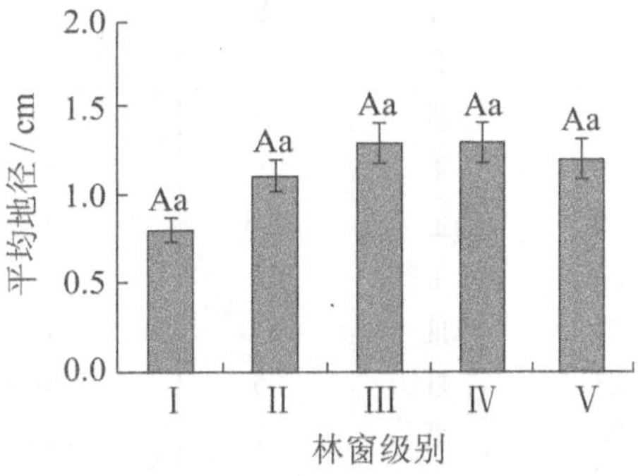

图 3　不同级别林窗幼苗平均地径

3.4　红树林林窗空间营养指数

由上述分析可知林窗幼苗小且多，林窗体积大，需要式（6）方可描述清楚。因此，根据林窗秋茄幼苗调查数据及式（1）和式（6）计算出各林窗所有幼苗的总空间营养指数（即林窗空间营养指数）。林窗秋茄幼苗空间营养指数普遍偏小（表 2）：Ⅰ级林窗空间营养指数为 0.003 ～0.011，均值 0.006；Ⅱ级林窗空间营养指数为 0.022 ～0.044，平均 0.031；Ⅲ级林窗空间营养指数为 0.033 ～0.046，均值 0.039；Ⅳ级林窗为 0.055 ～0.133，平均 0.082；Ⅴ 级林窗空间营养指数为 0.038 ～0.048，均值 0.042。Ⅰ级林窗空间营养指数与其他级别林窗的林窗空间营养指数在 0.05 水平上差异显著；Ⅱ、Ⅲ和Ⅴ 级林窗空间营养指数间无显著差异；Ⅳ级林窗空间营养指数与其他级别的林窗空间营养指数在 0.05 水平上差异显著，在 0.01 水平上差异极显著。

表 2　林窗空间营养指数

林窗编号	林窗等级	树种株数	林窗扩展体积 /m^3	林窗空间营养指数	平均指数
1	Ⅰ	34	34.98	0.011	
2	Ⅰ	15	36.76	0.005	
3	Ⅰ	21	22.62	0.008	0.006
4	Ⅰ	13	35.82	0.003	
5	Ⅰ	11	28.34	0.005	

续上表

林窗编号	林窗等级	树种株数	林窗扩展体积/m^3	林窗空间营养指数	平均指数
6	Ⅱ	51	70.32	0.022	
7	Ⅱ	45	60.46	0.025	
8	Ⅱ	39	51.88	0.022	
9	Ⅱ	42	46.39	0.028	
10	Ⅱ	74	61.31	0.041	
11	Ⅱ	68	76.49	0.028	
12	Ⅱ	67	67.50	0.031	0.031
13	Ⅱ	83	70.67	0.038	
14	Ⅱ	77	56.76	0.044	
15	Ⅱ	58	63.83	0.028	
16	Ⅱ	63	58.96	0.031	
17	Ⅱ	59	49.18	0.038	
18	Ⅲ	78	97.94	0.037	
19	Ⅲ	101	108.22	0.046	
20	Ⅲ	105	111.46	0.042	
21	Ⅲ	89	93.74	0.042	
22	Ⅲ	67	101.33	0.043	0.39
23	Ⅲ	95	106.46	0.033	
24	Ⅲ	97	117.55	0.041	
25	Ⅲ	71	105.29	0.038	
26	Ⅲ	82	116.15	0.036	
27	Ⅳ	107	135.71	0.056	
28	Ⅳ	128	132.54	0.067	
29	Ⅳ	115	146.37	0.055	
30	Ⅳ	127	126.71	0.106	0.082
31	Ⅳ	133	152.64	0.072	
32	Ⅳ	159	121.39	0.133	
33	Ⅴ	102	244.53	0.048	
34	Ⅴ	165	281.12	0.038	0.42
35	Ⅴ	126	187.56	0.039	

4 结论与讨论

高桥红树林秋茄林林窗主要以小体积林窗为主，体积分布在 32 ～ 200 m^3，与陆地上动辄上百平方米的林窗面积形成鲜明对比。红树林与陆地森林有很大不同，同一地区同一林型林窗边缘木高度差别较大，这可能由红树林木的环境敏感性特征所引起。在高桥，红树林的不同树种，在中外潮带是灌木，在内带则是高大的乔木。有时即使是内带，由于潮水浸淹时间、地势高低等环境的不同，同个树种的林木高度差别也大，即有乔木，也有灌木。陆地森林可能没有上述现象出现。因此，红树林林窗平面面积大小难以充分反映林窗效应。红树林秋茄林窗阈值空间体积为 120 ～ 160 m^3。Ⅳ级林窗幼苗平均冠幅宽于其他级别林窗，幼苗平均高度高于其他级别的林窗，进一步说明Ⅳ级林窗更适合秋茄幼苗生长。因此，健康林窗的空间体积应为 120 ～ 160 m^3，可促进秋茄幼苗高度和冠幅的生长，加快林窗更替的速度。在 35 个秋茄林窗中，空间体积为 127 m^3的林窗，幼苗平均高度最高（最高高度可达 80 cm），平均秋茄幼苗数量最多，平均冠幅最宽，在 35 个林窗中表现为最适合幼苗的生长。该体积是否为最佳空间体积阈值有待进一步证明。当秋茄林窗体积超过 160 m^3之后，可能是由于林窗空间体积过大，独特小气候以及林窗边缘壁面具有的强度热力效应等减弱，或者是过于恶劣的环境因素影响林窗热力状况，有利环境条件减弱甚至消失，影响幼苗生长，对林窗幼苗生长产生较为强烈的抑制作用。该推测有待以后研究证明。林窗对秋茄苗地径影响小，与鲜骏仁等（2007）的林窗对川西亚高山岷江冷杉（Abies faxoniana）幼苗基径影响不显著的结果一致。林窗对幼苗的影响，除了光、热等物理化学因素外，还有生物因素。林窗边缘样地和林下样地中昆虫的取食是幼苗死亡的最主要原因（朱小龙等，2008）。Sousa 等（2003）、Todd 等（2001）和 Krauss 等（2003）研究表明，林内遮荫条件下红树植物幼苗胚轴和幼枝易于被螃蟹取食。据长期观察，高桥林窗边缘木的郁闭度大，小体积林窗的中央接受光照时间短，螃蟹活动频繁，啃食秋茄幼苗胚轴，导致幼苗死亡，影响林窗幼苗生长。基于林窗具有影响幼苗高和冠幅的空间特征，本研究借鉴盖度的生态学含义，基于众多专家对林窗的相关研究，首次提出红树林林窗空间营养指数，为进行红树林林窗环境甚至是陆地森林林窗环境对植物影响的量化研究提供了重要参考。红树林林窗空间营养指数能够反映林窗植物对环境的适应能力，以及林窗植物自身的竞争力和生长规律。在 5 个级别的林窗中，不同级别林窗的空间营养指数呈现出梯度变化，Ⅳ级林窗最高。该结果与林窗空间体积大小对幼苗影响的结果一致，并且更直观。对于红树林植物种群林窗幼苗空间营养指数达到多少才是空间竞争的阈值，进入剧烈的空间竞争阶段，有待于进一步研究。林窗幼苗空间营养指数研究所使用的参数和样本林窗数目不多，用于分析的数据样本也不多，为了能更客观全面地反映指标参数的真实性和实用性，应该在不同地区、不同群落、不同潮带或者陆地森林林窗展开该指数研究。在应用过程中会存在问题，可作出相应的调整。影响红树林林窗植物生长的因子十分复杂，难以完全量化，在实际操作过程中尊重专家的经验和知识仍然十分重要。目前，绝大部分是进行健康森林的林窗研究。在以后的研究中，需要从森林经理学和生态学角度，更侧重于对退化非健康红树林林窗特征、模型、影响因子与影响机制等研究，以便深入进行红树林生态系统恢复和生态系统经营的相关研究。

参考文献

[1] 陈梅，朱教君，闫巧玲，等. 辽东山区次生林不同大小林窗光照特征比较 [J]. 应用生态学报，2008，19（12）：2555－2560.

[2] 窦军霞，张一平，马友鑫. 热带季节雨林林窗边缘不同热力作用面热力效应的季节变化特征 [J]. 生物多样性，2001，9（4）：366－372.

[3] 费世民，何亚平，何飞，等. 关于森林林窗中几个问题的综述和展望 [J]. 四川林业科技，2009，30（4）：28－37.

[4] 韩维栋，高秀梅. 雷州半岛红树林生态系统及其保护策略 [M]. 广州：华南理工大学出版社，2009.

[5] 胡理乐，李俊生，吴晓莆，等．林窗几何特征的测定方法［J］．生态学报，2010，30（7）：1911－1919．
[6] 胡蓉，林波，刘庆．林窗与凋落物对人工云杉林早期更新的影响［J］．林业科学，2011，47（6）：23－29．
[7] 黄剑坚，刘素青，韩维栋．雷州半岛高桥红树林内带林窗特征分析［J］．林业资源管理，2012，（5）：46－50．
[8] 霍常富，赵晓敏，鲁旭阳，等．林窗模型研究进展［J］．世界林业研究，2009，22（6）：43－48．
[9] 李兵兵，秦琰，刘亚茜，等．燕山山地油松人工林林隙大小对更新的影响［J］．林业科学，2012，48（6）：147－151．
[10] 李贵才，何永涛，韩兴国．哀牢山中山湿性常绿阔叶林林窗特征研究［J］．生态学杂志，2003，22（3）：13－17．
[11] 李旭光，何维明，董鸣．缙云山大头茶种群林窗动态的初步研究［J］．生态学报，1997，17（5）：543－548．
[12] 刘静艳，王伯荪，臧润国．南亚热带常绿阔叶林林隙形成方式及其特征的研究［J］．应用生态学报，1999，10（4）：385－388．
[13] 刘庆，吴彦．滇西北亚高山针叶林林窗大小与更新的初步分析［J］．应用与环境生物学报，2002，8（5）：453－459．
[14] 刘庆．林窗大小和位置对丽江云杉自然更新幼苗存活和生长的影响［J］．应用与环境生物学报，2004，10（3）：281－285．
[15] 刘金福，洪伟，许忠实，等．格氏栲林林窗物种多样性动态规律的研究［J］．林业科学，2003，39（6）：159－164．
[16] 龙翠玲，余世孝，魏鲁明，等．茂兰喀斯特森林干扰状况与林隙特征［J］．林业科学，2005，41（4）：13－19．
[17] 龙翠玲，余世孝．茂兰喀斯特森林的林隙物种组成动态及更新模式［J］．林业科学，2007，43（9）：7－12．
[18] 钱颂迪．运筹学［M］．北京：清华大学出版社，1999：444－466．
[19] 石培礼．亚高山林线生态交错带的植被生态学研究［D］．北京：中国科学院，1999．
[20] 宋新章，肖文发．林隙微生境及更新研究进展［J］．林业科学，2006，42（5）：114－119．
[21] 宋新章，张智婷，肖文发，等．长白山杨桦次生林采伐林隙幼苗更新动态［J］．林业科学，2008，44（3）：13－20．
[22] 涂云博．太白红杉林林窗特征及其对群落更新的影响研究［D］．西安：陕西师范大学，2008．
[23] 王微，陶建平，胡凯．华西箭竹对岷江冷杉林主要乔木树种幼苗结构及分布格局的影响［J］．林业科学，2007，43（1）：1－7．
[24] 吴宁．贡嘎山东坡亚高山针叶林的林窗动态研究［J］．植物生态学报，1999，23（3）：228－237．
[25] 鲜骏仁，胡庭兴，张远彬，等．林窗对川西亚高山岷江冷杉幼苗生物量及其分配格局的影响［J］．应用生态学报，2007，18（4）：721－727．
[26] 徐嘉，费世民，何亚平，等．川西南山地云南松林窗更新特征［J］．林业科学，2008，44（9）：7－12．
[27] 薛瑶芹，张文辉，马莉薇，等．不同生境下栓皮栎伐桩萌苗的生长特征及在种群更新中的作用［J］．林业科学，2012，48（7）：24－29．
[28] 闫淑君，洪伟，吴承祯．福建万木林中亚热带常绿阔叶林林隙更新研究［J］．林业科学，2012，40（6）：25－31．
[29] 臧润国，徐化成．林隙（Gap）干扰研究进展［J］．林业科学，1998，34（1）：90－98．

[30] 臧润国，杨彦承，刘静艳，等．海南岛热带山地雨林林隙及其自然干扰特征［J］．林业科学，1999，35（1）：2 - 8.
[31] 臧润国，王伯荪，刘静艳．南亚热带常绿阔叶林不同大小和发育阶段林隙的树种多样性研究［J］．应用生态学报，2000，11（4）：485 - 488.
[32] 张智婷，宋新章，肖文发，等．长白山杨桦次生林采伐林隙种子库特征［J］．林业科学，2009，45（1）：21 - 26.
[33] 张象君，王庆成，郝龙飞，等．长白落叶松人工林林隙间伐对林下更新及植物多样性的影响［J］．林业科学，2011，47（8）：7 - 13.
[34] 朱教君，谭辉，李凤芹，等．辽东山区次生林 3 种大小林窗夏季近地面气温及土壤温度比较［J］．林业科学，2009，45（8）：161 - 165.
[35] 朱小龙，赖志华，黄承勇，等．长苞铁杉幼苗在林窗不同位置的建立［J］．广西植物，2008，28（4）：473 - 477.
[36] Barik S K, Pandey H N, Tripathi R S, et al. Microenviro-ment variability and species diversity in tree fall gaps in a sub-tropical broadleaved forest [J]. Vegetatio, 1992, 103 (1): 31 - 40.
[37] Brokaw N V L. The definition of tree fall gap and its effect on measures of forest dynamics [J]. Biotropica, 1982, 14 (2): 158 - 160.
[38] Krauss K W, Allen J A. Factors influencing the regeneration of the mangrove Bruguiera gymnorrhiza (L.) Lamk. on a tropical Pacific island [J]. Forest Ecology and Management, 2003, 176 (123): 49 - 60.
[39] Runkle J R. Gap regeneration in some old-growth forests of the eastern United States [J]. Ecology, 1981, 62 (4): 1041 - 1051.
[40] Shin A, Takashi M, Tohru N. Factors influencing sapling composition in canopy gaps of a temperate deciduous forest [J]. Plant Ecology, 1995, 120 (1): 21 - 32.
[41] Sousa W P, Kennedy P G, Mitchell B J. Propagule size and predispersal damage by insects affect establishment and early growth of mangrove seedlings [J]. Oecologia, 2003, 135 (4): 564 - 575.
[42] Spies T A, Franklin J F. Gap characteristics and vegetation response in coniferous forest of the Pacific Northwest [J]. Ecology, 1989, 70: 543 - 545.
[43] Todd E. Minchinton canopy and substratum heterogeneity influence recruitment of the mangrove Avicennia marina [J]. Journal of Ecology, 2001, 89 (5): 888 - 902.
[44] Watt A S. Pattern and process in the plant community [J]. Journal of Ecology, 1947, 35 (1): 1 - 22.
[45] William P, Todd S F, Licona J C. Natural regeneration of timber species in logging gaps in two Bolivian tropical forests [J]. Forest Ecology and Management, 2003, 181: 313 - 322.

雷州半岛高桥红树林内带林窗特征分析*

——以湛江市廉江高桥红树林保护小区为例

黄剑坚[1]，刘素青[2]，韩维栋[2]

（1. 广东海洋大学寸金学院，广东 湛江 524094；2. 广东海洋大学农学院，广东 湛江 524088）

摘　要：对红树林林窗特征研究，是研究退化红树林生态系统恢复与重建、对次生红树林进行改造、科学管理红树林生态系统的基础。本文通过对雷州半岛廉江高桥红树林保护小区内带林窗特征进行调查，分析林窗大小结构、形成方式、形成木特征等。调查发现高桥红树林内带林窗主要以小面积林窗为主，分布在实际面积 1 ～ 10 m^2 之间和扩展面积 1 ～ 50 m^2 之间，林窗主要形成方式是枯死，其次是侧枝损坏，林窗形成木数量范围在 1 ～ 6 株之间，平均每个林窗有 2. 3 株形成木，形成木种类是红海榄、桐花树、木榄、秋茄，各占总比例的 5. 4% 、8. 9% 、60. 7% 、25. 0% ，形成木腐烂等级较高。

关键词：红树林，林窗特征，高桥

中图分类号：S718. 5　　　**文献标识码**：A　　　**文章编号**：1002 - 6622（2012）05 - 0046 - 05

The analysis of mangrove inside zone gap feature in Gaoqiao，Leizhou Peninsula

Huang Jianjian[1]，Liu Suqing[2]，Han Weidong[2]

（1. Cunjin College of Guangdong Ocean University，Zhanjiang 524094，Guangdong；

2. Agriculture College of Guangdong Ocean University，Zhanjiang 524088，Guangdong）

Abstract：Research on mangrove gap feature is the base of research on the restoration and reconstruction of degenerated mangrove ecosystem，and the base for improvement of secondary mangrove and scientific management of mangrove ecosystem. The survey of mangrove inside zone gap feature in Gaoqiao，Leizhou Peninsula was conducted and analysis was done on the size structure，the manners of gap formation and the gap maker feature and so on. This survey discovers the main area of mangrove inside zone gap in Gao-qiao is small，distributed in actual gap size of 1 – 10 m^2 and extended gap size of 1 – 50 m^2；the main gap maker is standing death，secondly is branch breakage. The number of gap makers is 1 – 6. The average of gap has 2. 3 gap makers；and gap maker species are Rhizophora stylosa，Aegiceras Corniculatum 、Bruguiera gymnorrhiza and Kandelia obovata Sheue，which account for is 5. 4% ，8. 9% ，60. 7% ，25. 0% respectively；The decay is at a higher level.

Key words：mangrove，gap feature，Gaoqiao

Watt 在 1947 年提出林窗的概念，至今林窗依然是林学研究者和生态学研究者关注的

* 广东省海洋渔业科技推广专项基金（C2 0100813102523）；国家自然科学基金（31170511）。

原载于：林业资源管理，2012（5）：46 - 50。

热点[1,2]。林窗的形成，被看成是对森林的一种小尺度干扰。

由于具有光照充足、气温和地温较高等独特小气候，为森林的更新和演替创造了良好的条件[3,4]，被认为是森林更新与演替中的重要因素与驱动因子[5]。

目前，陆地森林林窗的研究主要集中在模型、微环境、林窗与生物多样性、特征等多方面[6,7]。林窗的基本特征主要是大小、形状、形成方式、形成年龄、林窗形成木特征等。林窗的大小是研究林窗环境和林窗更新最重要的一个指标，大多数研究者将林窗的范围定义为 4 ～1 000 m^2，而面积大小的计算主要采用椭圆公式和海伦公式[8-10]。林窗的形成方式，主要表现为折干、折枝、掘根风倒或枯立[11]。林窗形成木是指创建林窗的树木，分为单形成木林窗、双形成木林窗和多形成木林窗，形成木不同可能会影响到其周围下层植被，从而影响林窗的更新和填充[12]。因此，在充分认识林窗基本特征基础上，将有助于进一步研究林窗 。

红树林（mangrove）是指在热带与亚热带地区的海岸潮间带滩涂上生长的木本植物群落；它被称为“海上森林”，是一种独特的陆海耦合的和具有高度复杂性的森林生态系统，也是地球上生产力最高的海洋生态系统之一，它的消浪护岸、净化环境污染、生物多样性栖息地等生态服务功能是陆地森林所不可取代的；它被专家学者、管理者与大众所关注，成为国际湿地公约局与各种国际组织进行生物多样性保护与生态保护的对象[13,14]。由于红树林特殊的生境，受到地形地势、海水盐度、底质、温度、潮水浸淹、风浪作用、滩涂高程、温度、pH 值等多种环境因子影响。红树林林窗比陆地森林林窗显得更加复杂。林学界和生态学界对红树林林窗的报道极少，尤其关于红树林林窗基本特征的报道极其罕见。对红树林林窗特征的研究，是研究退化红树林生态系统恢复与重建、对次生红树林进行改造，以及科学管理红树林生态系统的基础。本研究以廉江高桥红树林保护小区的内带红树林林窗为研究对象，通过对红树林林窗特征调查，分析林窗大小结构、形成方式、形成木特征等，旨在为红树林系统的生态恢复与重建及生态系统经营等提供科学理论依据。

1　研究区概况

广东省湛江市廉江高桥红树林保护小区属于全日潮区，地处广东、广西交界的北部湾英罗港，东侧卖皂海，西侧官寨海。该小区经过湛江市林业局的努力，1997 年 12 月经国务院批准成为湛江红树林国家级自然保护区的核心区之一；2002 年，成功加入拉姆萨公约，成为国际重要湿地。高桥红树林保护小区保护总面积 2 249. 4 hm^2，有红树林 1 361. 6 hm^2，可划分为 44 个小班（小班数为当地林业部门的林地区划），是全国面积最大的红树林保护区。该小区内主要有白骨壤（Avicennia marina）、桐花树（Aegi-ceras corniculatum）、红海榄（Rhizophora stylosa）、秋茄（Kandelia obovata Sheue）、木榄（Bruguiera gymnorrhiza）等主要红树植物，有海檬果（Gerbera ma nghas）、苦郎树（Clerodendurm inerme）、黄槿（H ibicus tiliaceus）、杨叶肖槿（thespesia populnea）等主要半红树植物。

2 调查方法

2011 年 7 月 23—29 日，在高桥保护小区红寨旅游区离岸 5 m 远的红树林林内使用标杆和线设置一个典型的 100 m×100 m 样地，再划分为 25 个 20 m×20 m 方格，沿着每一个方格调查此样地内所有出现的天然林窗或者人工林窗。根据实际林窗和扩展林窗的定义：实际林窗大小为倒木周围树木的树冠在地面上的垂直投影所围成的面积，假定林窗形状近似为一椭圆形，测量每个林窗的最大直径（L）和与其中心相垂直的直径（W）则 L 为椭圆长轴，W 为椭圆短轴；实际林窗边缘木（胸径 >20 cm，若没有则采用胸径最大的边缘木）树干所围成的面积为扩展面积，其最大直径（L）为扩展长轴，与其中心相垂直的直径（W）为扩展短轴[15-17]。因此，以椭圆面积公式 $A = \pi LW/4$ 计算实际林窗和扩展林窗的面积[3]，同时，记录林窗形成木的种类、数量、胸径分布结构、高度结构及形成方式等特征。

数据处理采用 Excel 2007。

3 结果与分析

3.1 林窗大小结构分析

林窗大小以林窗面积来确定，它是评价林窗中环境异质性和资源分配的一个重要指标[12]。雷州半岛红树林的基本特征决定红树林林窗不能按照陆地森林林窗面积（4 ～ 1000m²）作为界线。在廉江高桥红树林保护小区，即使面积大于 1 m² 小于 4 m² 也很容易分清是林窗面积还是林分内枝叶的间隙面积。根据多年的调查经验，雷州半岛红树林林内极少出现大于 300 m² 空地，大于 300 m² 的空地基本上属于红树林外缘滩涂和内缘空地。因此，根据雷州半岛红树林的特征，本文提出把林内空地 1 ～ 300 m² 作为红树林林窗面积进行界定。

1 hm² 面积红树林共有林窗 24 个（表 1），林窗实际面积大小在 1.53 ～ 22.45 m² 之间，扩展面积在 9.49 ～ 97.81 m² 之间。红树林特殊的生境及 2 ～ 6 m 高的林木群落特征决定红树林林窗面积与陆地动辄上百平方米的林窗面积形成鲜明的对比[5,12,18]。

如表 1 所示，红树林林窗实际面积平均大小为 7.15 m²，扩展面积平均大小为 26.81 m²，其中实际面积大小 1 ～ 5 m² 的林窗 10 个，5 ～ 10 m² 的 10 个，10 ～ 30 m² 的 4 个，扩展面积 1 ～ 20 m² 的 12 个，20 ～ 50 m² 的 9 个，50 ～ 100 m² 的 3 个。

表 1 红树林不同面积林窗分布

	实际面积 /m²				扩展面积 /m²			
内容	1 ～ 5	5 ～ 10	10 ～ 30	平均面积	1 ～ 20	20 ～ 50	50 ～ 100	平均面积
林窗数目	10 个	10 个	4 个	7.15 m²	12 个	9 个	3 个	26.81 m²

综上所述，高桥红树林林窗主要以小面积林窗为主，主要分布在实际面积 1 ～ 10 m² 之间和扩展面积 1 ～ 50 m² 之间。1 hm² 内林窗实际总面积为 171.7 m²，占样地面积的

1.7%；扩展林窗总面积为643.32 m^2，占样地面积6.43%。该比例与陆地林窗9%～50%的高比例有着显著差别，说明高桥红树林内带干扰频率相对较低，可能与高桥红寨旅游区红树林的保护、低矮的林相、高郁闭度等有直接关系。

3.2　林窗形成方式分析

林窗形成木泛指死亡后形成林窗的树木。陆地林窗是由处于林冠上层的乔木受到干扰后形成。陆地干扰因子包括树木内部的衰老和外部病虫害、雪压、风力、雷电和人为砍伐等。所以，传统陆地林窗形成木在林分中的自然死亡表现形式主要有掘根风倒、折干、折大枝、枯立、人为砍伐和自然火烧等原因形成[8]。由于潮间带红树林干扰因子相对比陆地干扰因子复杂，如受到树木内部的衰老、风浪、海水运动、沉积物质、病虫害等自然因子和人为砍伐、人为填埋、围塘养虾等人为因子的影响，以至于林窗的形成方式依照陆地上的提法进行分析实属不妥。故本文在传统分析的基础上，针对红树林林窗的特点，提出侧枝损坏、枯死、人为砍伐等3种方式。在同一个红树林林窗中，常见到各种方式的混合作用。据调查（图1）林窗数目与形成木数量的比例为1∶2.3，高桥红树林小区主要形成方式是枯死，林窗数目11个，形成木数星28株；其次是侧枝损坏，林窗数目5个，形成木11株，最少是侧枝损坏+枯死，林窗数目1个，形成木2株。据分析，枯死的主要原因可能是2008年1—2月遭遇了50年以来罕见的长时间（30 d以上）强降雪及冰冻灾害和2010年的虫害。由于研究样地处于人类活动比较活跃的地方，人为因子影响大，因此人为而形成林窗7个，占总比例29.2%。

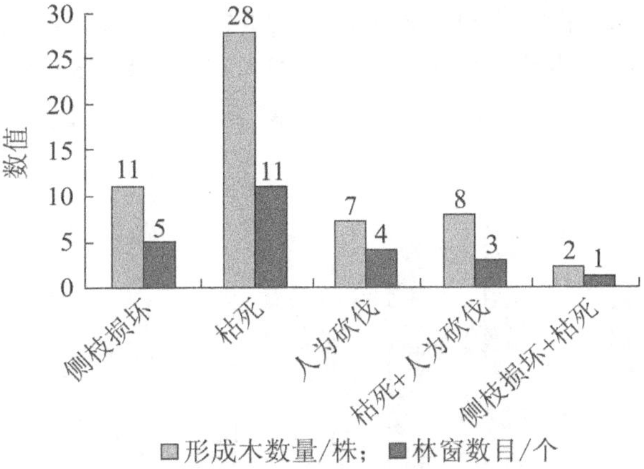

图1　高桥红树林林窗形成方式及形成木数量

据笔者长年调查经验可知，红树林特呈岛小区在海边风浪的侵蚀作用下：红树林内带和中带低洼地由于长时间浸淹，无幼苗生长，林木死亡，形成大小不一的林窗空地；或者由于风浪作用导致沙丘移动，以致周围形成低洼地，长时间浸淹导致林木或苗木死亡，从而形成林窗空地。这种林窗形成方式或许只有红树林才特有，但在全日潮区的高桥，其红树林林窗的形成方式并非如此，而是如上所述，主要是由树木枯死形成。

3.3　林窗形成木分析

3.3.1　林窗形成木数量

林窗形成木（gap maker，GM）指的是创建林冠空隙的主林层树木，在外界因子的作用下，当主林层达到一定高度和年龄后就会死亡，从而形成林窗[18]。陆地林窗形成木的多少与一次干扰的强度或主林层的组合方式有关，在太白红杉林林窗研究中，将形成木数量为1株的定义为Ⅰ级，2株为Ⅱ级，3株为Ⅲ级，4株为Ⅳ级，大于4株为Ⅴ级[12]。本文采用上述分级法进行分析。高桥红树林林窗形成木数量范围在1～6株之间，平均每个林窗有 2.3 株形成木，其中（图 2）Ⅰ级最多，比例高达 33.33%；Ⅱ级比例为 29.16%；Ⅲ级、Ⅳ级和Ⅴ级的比例分别为 20.83%，8.33%，8.33%。形成木数量与陆地太白红杉林窗内形成木数量一致，但比藏东南亚高山冷杉林 4.88 株林窗形成木的数量少[12,19]。

3.3.2 林窗形成木种类、高度与地径

高桥红树林保护小区红寨旅游区的林窗形成木种类主要以秋茄、桐花树、木榄、红海榄为主，其中红海榄形成木 3 株，桐花树形成木 5 株，木榄形成木 34 株，秋茄形成木 14 株，各占总比例的 5.4%、8.9%、60.7%、25%。木榄林窗形成木占一半以上，其次是秋茄。据报道[20]，2008 年的寒害致使雷州半岛广东湛江红树林国家级自然保护区的天然林树种红海榄和木榄遭受重创。木榄大量分布于红寨区域，红海榄主要分布在风地村区域，故得出林窗形成木种类以木榄为主。同时，通过对调查数据的分析得出，秋茄枯死的株数占秋茄总林窗形成木的 57.1%，人为砍伐只占 21.4%。林窗形成木秋茄的平均高度和平均地径（图 3）为 3.21 m 和 17.6 cm，桐花树为 2.92 m 和 14.9 cm，木榄为 2.71 m 和 15.76 cm，红海榄为 3.83 m 和 7.53 cm，表明形成木基本以老树为主。

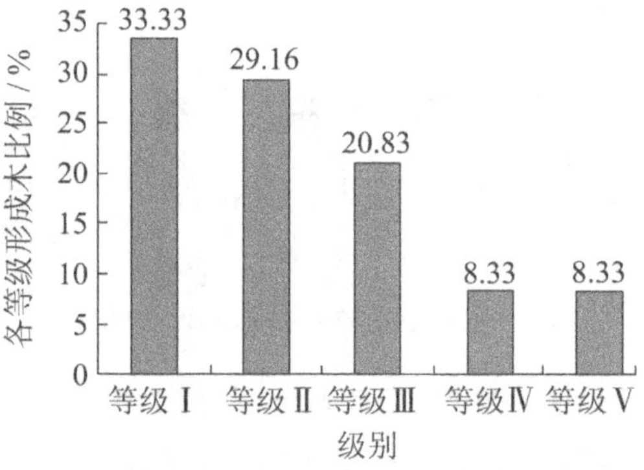

图 2 林窗各等级形成木比例

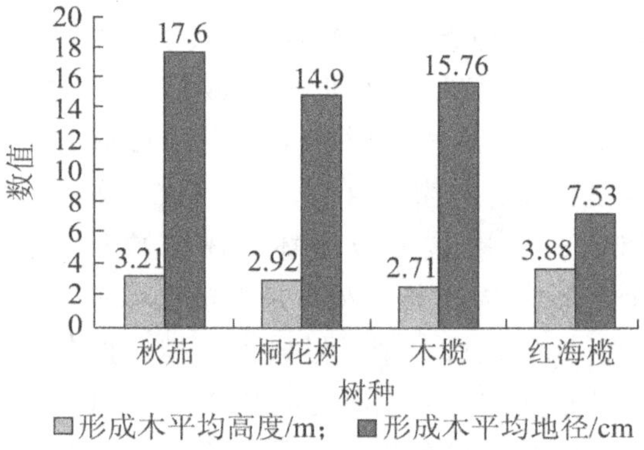

图 3 林窗形成木的种类、高度及地径

3.3.3 形成木的腐烂等级

本文以太白红杉林林窗形成木的 4 个腐烂程度等级为基础[12]，参考红树林的自身特点加以改进，得出结论：树木已死，树皮、树枝保持完整者为Ⅰ级；树木已死，树枝不完整，树皮易脱落者为Ⅱ级，树木已死，树皮易脱落，树木边材已开始腐烂者为Ⅲ级，倒木已完全腐烂，心材已破碎者为Ⅳ级。

表 2 林窗形成木各腐烂程度等级所占比例

腐烂等级	Ⅰ级	Ⅱ级	Ⅲ级	Ⅳ级
高桥林窗形成木所占比例 /%	17.3	17.6	25.6	39.5

据表 2 可得，高桥红树林林窗形成木腐烂等级Ⅰ级比例为 17.3%，Ⅱ级为 17.6%，Ⅲ级为 25.6%，Ⅳ级为 39.5%，林窗形成木的腐烂等级较高，表明大部分林窗形成已有相当长的时间。究其原因可知，红树林林窗形成木的环境比陆地林窗形成木的环境更加复杂和恶劣，同时还与林窗形成年龄、污损生物、表土丰富的微生物等紧密相关。

4　结论与讨论

本文对高桥红树林保护小区红寨旅游区的林窗特征进行调查，此次 1 hm^2 面积中共调查林窗 24 个。根据红树林特殊的生境和群落特征，提出将红树林林内空地 1 ～300 m^2 作为红树林林窗面积，得出高桥红树林林窗主要以小面积林窗为主，主要分布在实际面积 1 ～10 m^2之间和扩展面积 1 ～50m^2 之间。

由于红树林不同于陆地森林，本文针对红树林林窗的特点，提出从侧枝损坏、枯死、人为砍伐等 3 种林窗形成方式，来对高桥红树林保护小区红寨旅游区的林窗特征进行分析。通过调查可知，高桥红树林区林窗主要形成方式是枯死，林窗数目 11 个，形成木数量 28 株；其次是侧枝损坏。

同时，本文还对林窗形成木的数量、种类、高度、地径、腐烂等级等进行了分析，得出高桥红树林内带林窗形成木数量范围在 1 ～6 株之间，平均每个林窗有 2.3 株形成木，其中 I 级的最多，其次是Ⅱ级，形成木种类主要是红海榄、桐花树、木榄、秋茄，各占总比例的 5.4%、8.9%、60.7%、25.0%；形成木树种的平均地径在 7.53 ～17.6 cm 范围内，冠层低矮，平均树高在 2.71 ～3.83 m 之间；形成木腐烂等级较高。

由于高桥全区面积大，危险系数高，沉积物深，工作量巨大，难以进行全区红树林内带、中带以及外带的林窗调查。在以后的林窗研究中，会在其他小区，如安全系数高的特呈岛小区，按照 3 个潮带进行全部的林窗特征调查，以便更好地分析不同潮带的林窗特征。对红树林林窗进行分析时，考虑到红树林林窗不同于陆地森林林窗，本文根据红树林的特殊情况，提出分类并进行分析，具有一定的合理性。在以后红树林林窗的研究中，要从森林经理学和生态学的角度，更侧重于模型、微环境、空间结构、影响机理等方面的研究。

参考文献

[1] Wall A S. Pattern and process in the plant community [J]. Journal Ecology, 1947, 35 (1): 1 -22.

[2] 霍常富，赵晓敏，鲁旭阳，等. 林窗模型研究进展 [J]. 世界林业研究，2009，22 (6): 43 -48.

[3] Abe S, Masaki T, Nakashizuka T. Factors influencing samplmg composition in canopy gaps of a temperate deciduous forest [J]. Vegetalion, 1995, 120 (1): 21 -32.

[4] Barik S K, Pandey H N, Tripa R S, et al. Microenvironment varra-bility and species diversity in treefall gaps in a sub-tropical broad-leaved forest [J]. Vegetation, 1992, 103 (1): 31 -40.

[5] 李贵才，何永涛，韩兴国. 哀牢山中山湿性常绿阔叶林林窗特征研究 [J]. 生态学杂志，2003，22 (3): 13 -17.

[6] 霍常富，赵晓敏，鲁旭阳，等. 程根伟林窗模型研究进展 [J]. 世界林业研究，2009，22 (6): 43 -48.

[7] 费世民，何亚平，何飞，等. 关于森林林窗中几个问题的综述和展望 [J]. 四川林业科技，2009，30 (4): 29 -37.

[8] 鲜骏仁，胡庭兴，张远彬. 林窗对川西亚高山岷江冷杉幼苗生物量及其分配格局的影响 [J]. 应用生态学报，2007，18 (4): 721 -727.

[9] Canham C D, Denslow J S, platt W J, et al. Light regime sbeneath closed canopie and treefal I gaps in temperate and tropical forests [J]. Journal of Research, 1990, 20: 620 - 631.

[10] Awton R O, Putz F E. Na tural disturbance and gap-phase regeneration in a wind-exposed tropical cloud forest [J]. Ecology, 1988, 69 (3): 764 - 777 .

[11] Hubbell S P, Foster R B, Brien S T, et al. Light gap disturbances, recruiment limitation and tree diversity in a Neotropical forest [J]. Science, 1999, 283: 554 - 557.

[12] 涂云博. 太白红杉林林窗特征及其对群落更新的影响研究 [J]. 陕西师范大学学报, 2008.

[13] 韩维栋, 高秀梅. 雷州半岛红树林生态系统及其保护策略 [M]. 广州: 华南理工大学出版社, 2009: 1 - 6.

[14] 王文卿, 王瑁. 中国红树林 [M]. 北京: 科学出版社, 2007.

[15] 吴宁. 贡嘎山东坡高山针叶林的林窗动态研究 [J]. 植物生态学报, 1999, 23 (3): 228 - 237.

[16] 李贵才, 何永涛, 韩兴国. 哀牢山中山湿性常绿阔叶林林窗特征研究 [J]. 生态学杂志, 2003, 22 (3): 13 - 17.

[17] Spies T A, Franklin J F. Gap characteristics and vegetation response in coniferous forest of the pacific northwest [J]. Ecology, 1989, 70: 543 - 545.

[18] 刘庆, 吴彦, 吴宁. 玉龙雪山自然保护区丽江云杉林林窗特征研究 [J]. 应用生态学报, 2003, 14 (6): 845 - 848.

[19] 罗大庆, 郭泉水, 薛会英. 藏东南亚高山冷杉林林隙特征与干扰状况研究 [J]. 应用生态学报, 2002, 13 (7): 777 - 780.

[20] 廖宝文, 李玫, 陈玉军, 等. 中国红树林恢复与重建技术 [M]. 北京: 科学出版社, 2010.

雷州湾红树湿地景观格局演变及驱动力分析*

曹林[1]，韩维栋[2]，李凤凤[1]，张裕娇[1]

（1. 南京林业大学森林资源与环境学院，江苏 南京 210037；2. 广东海洋大学农学院，广东 湛江 524088）

摘　要：基于3S技术及IAN景观格局分析软件，运用景观生态学的研究方法，以1977年、1991年、2000年、2008年的4期雷州湾通明海红树林湿地卫星影像为主要数据源，以SRTM 90 m DEM、Globcover 300 m及1∶10万土地利用数据为辅助数据，对研究区内湿地土地类型变化及景观空间格局的时空演变进行分析。研究结果表明：1977—1990年，人类干扰强烈，红树湿地被大面积破坏，同时其他林地及滩涂盐沼面积也大幅降低。这期间的红树林湿地景观以天然红树林景观为主，破碎度逐渐增加。1991—2000年，红树林转变率有所减少，红树林以大面积隔离保护及部分地区恢复为主，面积局部增加，红树景观由自然景观和人为景观共同构成。2001—2008年，研究区内虾塘养殖面积有所增加，局部破坏与整体保护并存，红树林面积局部减少，总体增加，呈现自然红树林景观及半自然半人工红树林景观并存的红树景观格局。

关键词：雷州湾红树湿地；湿地景观；遥感；GIS；IAN

Change of mangrove wetland landscape pattern and its driving forces in Leizhou Bay

Cao Lin[1], Han Weidong[2], Li Fengfeng[1], Zhang Yujiao[1]

(1. College of Forest Resources and Environment, Nanjing Forestry University, Nanjing 210037, Jiangsu;
2. Agricultural College, Guangdong Ocean University, Zhanjiang 524088, Guangdong)

Abstract: Based on 3S technology and IAN platform, the spatial and temporal changes of land use matrix and landscape patterns in Tongming-Hai of Leizhou Bay were analyzed in terms of satellite images in 1977, 1991, 2000 and 2008 and the auxiliary data from SRTM 90 m DEM, Globcover 300 m and 1∶100 thousand land-use map. The results showed that from 1977 to 1990, due to the strong disturbance of human beings, mangrove wetlands had been extensive damaged, and the other forest lands and tidal salt marsh areas were also greatly reduced. But the natural mangrove forest still dominated the landscape of the areas during this period. From 1991 to 2000, the change rate of mangrove was declined, and existed mainly in the large areas of isolated and protected mangrove together with the scattered and restored mangroves. The mangrove areas were partially increased, and composed of both the natural landscapes and the man-made landscape. From 2001 to 2008, the shrimp farming areas increased, the part damage and overall protection of mangrove were co-existed

* 广东省部产学研究专项“雷州半岛红树林生态系统构建与资源利用研究”（2008A030203007）资助。
原载于：林业科技开发，2010，24（4）：18－24。

in the study areas. The mangrove landscape pattern was showed as coexisted landscape of the natural mangrove forest landscape and the seminatural landscape.

Key words：Leizhou bay mangrove wetland；landscape pattern；remo te sensing；GIS；IAN

红树林是生长在热带、亚热带低能海岸潮间带上部，受周期性潮水浸淹，以红树植物为主体的常绿灌木或乔木组成的潮滩湿地木本生物群落。它是我国重要的海岸湿地类型，自然分布于我国的海南、广西、广东、福建、台湾等省区。长期以来，由于对红树林在沿海地区社会、经济持续发展中的重要作用认识不足，致使红树林遭受围垦、砍伐及工程占用严重破坏，红树林面积急剧减少，林相日益残败[1]。

分析湿地景观空间格局是研究湿地景观功能和动态的基础，可以定量化揭示湿地景观变化的动因和机制[2]。借助景观生态学相关理论，采用遥感和GIS相结合的手段，以湛江国家级红树林保护区内的典型保护小区——雷州湾通明海红树湿地为研究对象，在 ENV I 4.6 中将 1977 年、1991 年、2000 年和 2008 年的遥感分类结果进行比较，建立土地利用变化矩阵。使用 IAN 及 FRAGSTATS 景观指数分析软件，在景观级别（landscape metric）上选取具有代表性的景观特征指标定量分析研究区景观格局的动态变化，揭示导致其变化的驱动力，为退化湿地景观的恢复及现有湿地生态系统的保护提供理论依据。

1 研究区概况

广东湛江红树林国家级自然保护区位于中国大陆最南端，呈带状散式分布在广东省西南部的雷州半岛沿海滩涂上，跨湛江市的徐闻、雷州、遂溪、廉江四县（市）及麻章、坡头、东海、霞山四区，地理坐标为东经 109°40′～110°35′，北纬 20°14′～21°35′。保护区占地面积 20 278 hm^2，1990 年经广东省人民政府批准建立，1997 年晋升为国家级，是中国最大的红树林湿地保护区。自 2001 年起，中荷两国政府通过中荷合作本次研究的主要数据为 LANDSAT 2 MSS 多光谱（1977－2－12）、LANDSAT 5TM 多光谱（1991－10－30）、LANDSAT 7 ETM + 多光谱、全色（2000－10－30）及 SPOT 5 多光谱、全色（2008－1－13）卫星影像数据。虽获取月份有一定差异，但由于红树林为常绿林，季节差异对红树林反射光谱信息影响不大。其中 LANDSAT 影像数据全部来源于美国马里兰大学 GL-CF（globalland coverfacility）影像库。

湛江红树林保护区并不是一个单独的保护区域，而是由散布在广东省西南部雷州半岛 1556 km 海岸线上 72 个保护小区组成（见图 1）。这些保护小区由红树林群落、滩涂以及相关的潮间带栖息地组成。雷州湾通明海红树湿地正是其中较为典型一处，研究区内有数千公顷以上红树连片分布，曾是大陆沿岸最集中、面积最大的红树林，也是重要的候鸟迁徙地。但是，20 世纪 80 年代以来此区域曾开发为大陆沿岸面积最大的滩涂海水养殖区，致使红树林分布星散，景观格局破碎化程度提高。

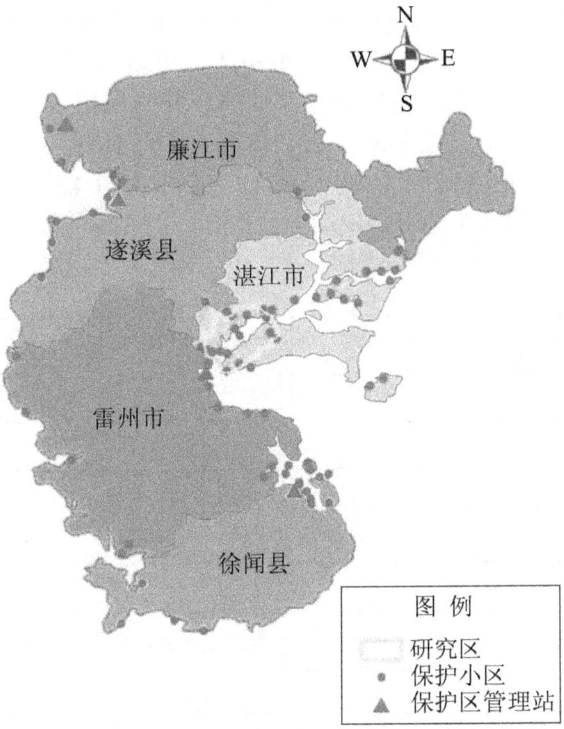

图 1　雷州湾通明海红树湿地相对位置示意图

2　研究方法

2.1　遥感数据预处理

本次研究的主要数据为 LANDSAT 2 MSS 多光谱（1977 - 2 - 12 ）、LANDSAT 5 TM 多光谱（1991 - 10 - 30）、LANDSAT 7 ETM + 多光谱、全色（2000 - 10 - 30 ）及 SPOT 5 多光谱、全色（2008 - 1 - 13）卫星影像数据。虽获取月份有一定差异，但由于红树林为常绿林，季节差异对红树林反射光谱信息影响不大。其中 LAND SAT 影像数据全部来源于美国马里兰大学 GL-CF（ global land coverfacility）影像库，这些影像数据已经辐射校正和几何粗校正，所以只需波段叠加（band stack）并借助通明海域 1∶10 000 地形图数据对其进行几何精校正（RMS 控制在 1 个像元内）便可用于后续的遥感影像特征提取。购买的 SPOT 5 影像为 1A 级产品，此类产品是 SPOT 数据经辐射校正处理后的产品，包含了用以进行后续几何校正的辅助数据。为了保证多时相数据分析空间参考的一致性，同样借助 1∶10 000 地形图对其配准，并设置相同的投影坐标系（Beijing 1954 3 Degree 111E）。根据湛江红树林国家级自然保护区、7 个红树林自然保护小区及其边界红树林调查资料确定研究区边界，并以此设置掩模在 ENVI 4. 6 中对 4 期卫星影像进行裁剪，选出研究区（AOI）。借助 ENVI 4. 6 主成分分析算法分别融合 ETM + SPOT 5 的全色和多光谱影像，在保留卫星影像光谱分辨率的基础上进一步提高其空间分辨率，为后续的遥感影像分类提供数据准备。数据预处理流程如图 2 所示。

辅助数据包括空间分辨率 90 m 的数字高程模型数据（SRTM 90 m DEM Version 4，数据来源于 CGIAR international research centers)，1980 年、1996 年、2000 年三期全国 1∶10 万土地利用图（ARC / INFO COVERAGE 矢量格式，更新时间 2000 年）。以上数据将作为 1977 年、1991 年、2000 年 3 期遥感影像分类结果合并的依据。Globcover 东南亚地区土地利用数据（空间分辨率 300 m，数据来源于 POSTEL 研究中心，是基于 ENVI2 SAT MER IS 传感器的遥感分类影像，更新时间为 2005—2006 年），用于辅助 2008 年 SPOT 5 影像分类。还有通明海区 GPS 控制点（GPS-D 级、北京 54 坐标系）数据用于校正 GPS，中国南海海图（大放鸡至硇洲岛）用于野外调查。

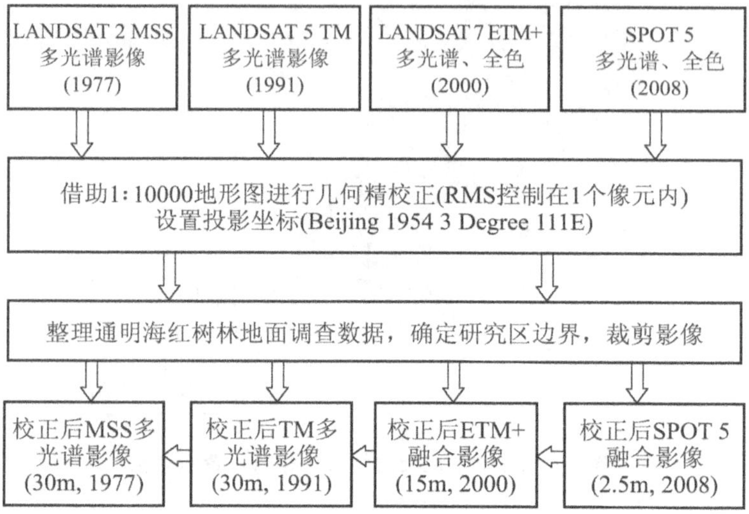

图 2　4 期多源卫星影像数据预处理流程图

2.2　遥感影像分类

2008 年 SPOT 5 影像分类采用有监分类的方式，每个地类选取具有代表性的 20 个采样点，GPS（Trim 2 ble Nomad 多通道接受，取平均值，PDOP < 5）在采样区的中心位置获取坐标（美国政府取消 SA 后，GPS 定位精度为 ±（7 ～ 15） m），借助 ENVI 4.6 进行图像特征分析和筛选、分类波段优化子集，并选取训练区（通过 Jeffries-Matusita，Transfo rm ed D ivergence 参数检验样本类型之间的分离性，检验结果均大于 1.8）。通过支持向量机（SVM）方法分类，分类后处理构建混淆矩阵得出总体分类精度 87.26%，Kappa 系数 0.853。遥感影像分类技术流程如图 3 所示。

无监分类是在多光谱影像中搜寻、定义其自然相似光谱集群的过程，它不必对影像地物获取先验知识，仅依靠影像上不同类别地物光谱（或纹理）信息进行特征提取，再统计特征的差别来达到分类的目的。在缺乏研究区红树林历史调查资料的情况下，对于 1977、1991、2000 年影像的特征提取，无监分类比有监分类（需要选取训练区反复训练）更加客观且精度较高[3]。通过 ISODATA 算法（最大迭代次数 10，阈值为 5）将影像分为 105 类，借助 1∶10 万土地利用图（在 Arc GIS 9.3 中重分类、合并属性信息，分层显示空间信息）、Globcover 土地利用数据及红树生长适宜区掩模（DEM 提取 [-2，0]），通过专家知识将研究区土地类型合并为红树林 、其他林地、滩涂盐沼、水田耕地、居民地和水域 6 类，结果如图 4a、b、c 所示。

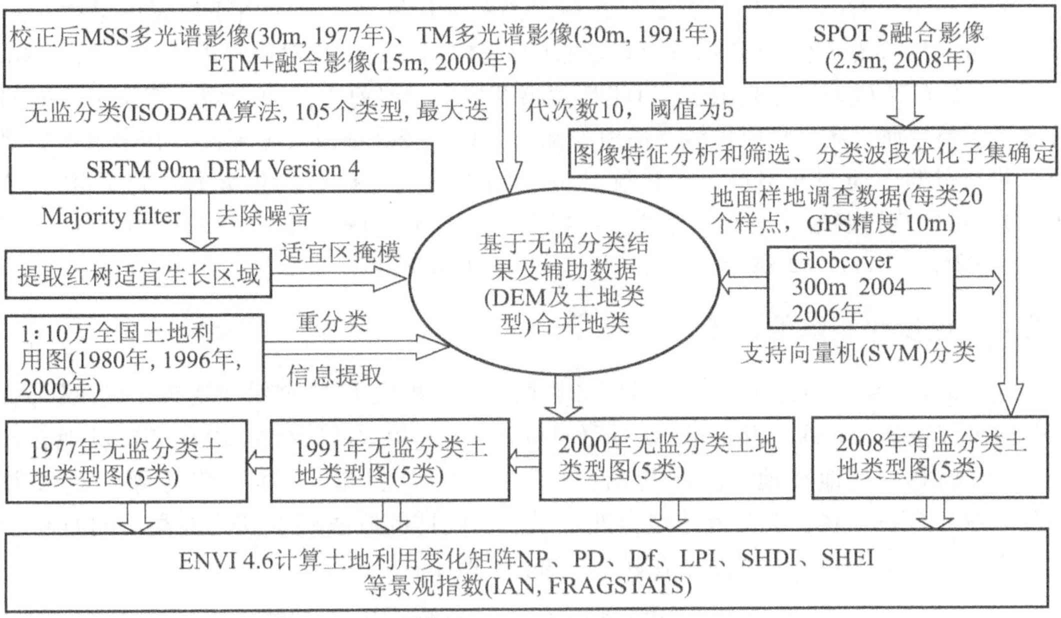

图 3　遥感影像分类及景观格局分析技术路线图

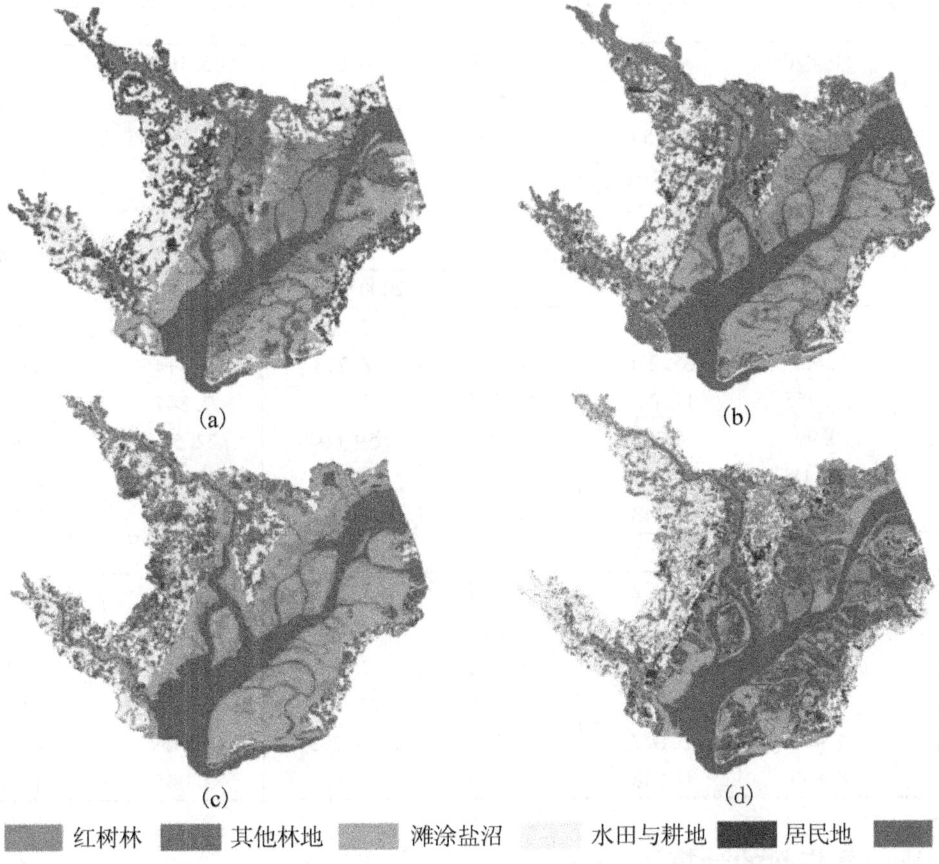

（a）1977 年 MSS 分类图；（b）1991 年 TM 分类图；（c）2000 年 ETM + 分类图；（d）2008 年 SPOT 5 分类图

图 4　1977—2008 年雷州湾红树湿地 4 期卫星影像分类图

从图 4 可以看出，红树林主要分布在海湾和河口区域，这是由于红树林的生长不仅需要咸水，也需要淡水。同时，海湾是很好的庇护区，这里相对风平浪静[4]。数图 4d 中红树及滩涂较为破碎，这是由于 SPOT 传感器获取影像时海水潮面较高，淹没了沿海的部分区域。整个研究区呈现以水域、沿海滩涂为主体，沼泽地景观为基质，其余景观类型呈补丁状散布的湿地空间格局。通过统计分类结果图上红树林的像元数（像元重采样为 30 m），可知红树湿地占地面积分别为：4 078. 335 hm^2（1977 年），3 221. 168 hm^2（1991 年），2 925. 287 hm^2（2000 年），3 348. 899 hm^2（2008 年）。

2.3 土地变化矩阵的计算

在 Arc GIS 9. 3 中将 4 期分类后影像数据打开，提取 1977 年分类影像中的水体信息，将其转换成掩模（mask）并借助 Raster Calculator 工具提取此区域中 1991 年的其他五大类信息（红树林、其他林地、滩涂盐沼、水田耕地、居民地），通过统计像元数可得到 1977—1991 年间水体演变为其他地类的情况。以同样的方法获得其他地类不同时间段的变化规律，建立土地类型变化混淆矩阵，如表 1 所示。

表 1　4 期影像分类图提取的土地类型变化混淆矩阵

单位:%

土地类型	红树林	其他林地	滩涂盐沼	水田耕地	居民地	水域
	1977—1990					
红树林	50. 870	4. 143	3. 318	4. 647	5. 108	3. 452
其他林地	6. 214	54. 513	6. 859	10. 393	7. 185	1. 474
滩涂盐沼	16. 960	9. 559	55. 634	3. 093	9. 787	2. 501
水田耕地	13. 317	18. 581	13. 117	58. 222	16. 104	1. 304
居民地	9. 866	12. 233	12. 609	20. 847	60. 423	0. 473
水域	2. 263	0. 844	8. 416	2. 692	1. 222	90. 587
	1991—2000					
红树林	57. 655	5. 904	10. 245	3. 772	5. 162	3. 112
其他林地	9. 462	65. 258	7. 884	8. 713	8. 414	1. 633
滩涂盐沼	13. 255	12. 242	69. 262	5. 869	7. 847	8. 770
水田耕地	10. 994	9. 383	3. 283	59. 694	22. 544	0. 640
居民地	7. 118	6. 202	1. 187	21. 276	53. 685	0. 470
水域	1. 497	0. 943	8. 135	0. 603	2. 256	85. 373
	2001—2008					
红树林	68. 201	5. 992	16. 677	3. 438	4. 508	4. 124
其他林地	3. 409	68. 849	4. 127	12. 325	9. 748	1. 058
滩涂盐沼	8. 977	10. 034	49. 111	2. 163	3. 833	8. 439
水田耕地	6. 041	8. 570	2. 553	65. 266	9. 024	0. 827
居民地	4. 414	5. 827	1. 741	15. 793	70. 559	0. 371
水域	8. 850	0. 638	25. 771	0. 557	2. 045	84. 914

2.4 景观格局指数的计算

借助 IAN 及 FRAGSTATS 软件在景观级别上选取具有代表性的景观特征指标分析研究

区景观格局的动态变化。IAN 由美国威斯康星大学麦迪逊分校森林景观生态实验室开发（第1版，2004年8月发布），其栅格统计分析功能与 APACK 相比更加强大。系统由开源脚本语言 Ruby 开发，易于扩展且兼容性强，支持更多、更大容量数据格式的并发运行，此特性对于较高分辨率的影像分类数据（如 SPOT 5 融合数据）处理相当有效。用户可以选择在图形界面（GUI）、命令行或程序接口下进行操作，兼具易用性和专业性[5]。景观类型级别指标及计算结果如表2所示。

其中，LPI（最大斑块占景观面积比）指标有助于确定景观优势类型，其值的大小决定着景观中的优势种、内部种的丰度等生态特征，可以反映干扰的强度及人类活动的方向。SHDI（香农多样性指数）在景观级别上等于各斑块类型的面积比乘以其值的自然对数之后的和的负值[6]。SHDI = 0 表明整个景观仅由一个斑块组成；SHDI 增大，说明斑块类型增加或各斑块类型在景观中呈均衡化趋势分布。SHEI（香农均度指数）等于香农多样性指数除以给定景观丰度下的最大可能多样性（各斑块类型均等分布）。SHEI = 0 表明景观仅由一种斑块组成，无多样性；SHEI = 1 表明各斑块类型均匀分布，有最大多样性。

表2　景观类型级别指标计算结果

景观格局指数	1997年	1991年	2000年	2008年
斑块数量：$NP = N$	195	263	318	439
斑块密度：$PD = \frac{N}{A} \times 100$	0.6034	0.8138	0.9841	1.3584
分形维数：$D_f = \frac{2 \times \ln(0.25P)}{\ln A}$	1.7178	1.5091	1.5428	1.6231
最大斑块占景观面积比：$LPI = \frac{\max a_{ij}}{A}$	14.1354	19.4083	17.2082	24.7206
香农多样性指数：$SHDI = -\sum_{i=1}^{m}(P_i \ln P_i)$	1.7917	1.4861	1.6312	1.7230
香农均度指数：$SHEI = \frac{-\sum_{i=1}^{m}(P_i \ln P_i)}{\ln m}$	0.9868	0.7637	0.8662	0.9291
优势度指数：$D = \log_2 m + \sum_{i=1}^{m} P_i \log_2(P_i)$	0.1637	0.2915	0.2738	0.1832

注：公式中 N 为斑块数量，A 表示景观总面积（m^2），P 表示斑块的周长（m），a_{ij} 表示斑块面积（m^2）；P_i 表示每一斑块类型所占景观总面积的比例，m 表示景观中不同斑块类型的总数。

3　驱动力分析

3.1　1977—1990年

由表1可知，1977—1990年大量红树林转变为滩涂盐沼（16.960%）、水田耕地（13.317%）及居民地（含建设用地，9.866%）。由于环境意识的欠缺及经济利益的驱动，红树林被视为“荒地”，其生长地被其他用地所占用，致使红树林的面积不断减少，从4 078.335 hm^2（1977年）减少到3 221.168 hm^2（1991年）。沿海的红树林被开垦作为农业用地，鱼塘和虾塘，有的变为工业用地和居住用地，也有用作为港口或发展其他项目[7]。其他林地及滩涂盐沼面积大幅降低，主要转变为水田耕地及居民地，其中

13.117%的滩涂盐沼转变为水田耕地，18.581%的其他林地转变为水田耕地，12.233%转变为居民地（含建设用地）。随着河流筑坝、河水改道、滩涂地被大面积开发用于农业或水产养殖而基本干枯，红树林及其他林地丧失其生境。大片滩涂被改造成稻田、鱼塘和养虾池，或用于工业、土地开发和其他非森林用地。薪柴和木炭生产也过度开发红树林及其他林地，在人口过于稠密、薪柴奇缺的地区，甚至小树枝和幼苗也被用作薪柴。

此阶段人类干扰强烈，红树湿地被大面积破坏，面积大规模减少。红树林景观属于自然景观[8]。从景观类型级别指标来看，斑块的数量、密度指数有较大提高，而多样性指数、均度指数及形状指数却有所下降，造成这一景观总体格局的主要原因首先是由于人们的过度开发和不合理利用，导致该地区红树林和绿地面积减少及破碎度增加。

3.2 1991—2000 年

1991—2000 年，通明海红树林转变率有所减少，13.255%转变为滩涂盐沼，10.994%转变为水田耕地，同时有部分滩涂盐沼（10.245%）、水田耕地（3.772%）及居民地（含建设用地，5.162%）也转变为红树林地；7.884%的滩涂盐沼、8.713%的水田耕地及 8.414%的居民地（含建设用地）转变为其他林地。红树林面积仍在减少，从 3 221.168 hm^2（1991 年）减少到 2 925.287 hm^2（2000 年），但趋势与 1977—1991 年相比趋于缓和，红树湿地退化率由 21.02%变为 9.18%。景观类型级别指标上均度指数及多样性指数的不断提高也说明红树湿地逐渐呈均衡化趋势分布且多样性不断提高。

据调查，研究区内部分红树林仍在退化。从景观类型级别指标来看，斑块的数量、密度指数依然有所提高，但是和前一期相比趋势较为平缓。2000 年的形状指数虽然和 1977 年相比有所减少，但和 1991 年相比仍有上升趋势。就 1977 年的分形维数而言，沼泽地很少受到人为的干扰，一般没有规则的几何形状，且形状比较复杂，故其分形维数较大。就 2000 年的分形维数而言，有林地的分形维数下降，在人为的干扰下，特别是按照人为的几何形状规划红树林、公益林及生态林，使斑块形状趋向于简单化，降低了该景观的破碎度[9]。同时，由于保护区内正在实行“退耕还湿 ”的保护政策，耕地、盐田、鱼塘等人工景观也出现了不规则的形状。1990 年广东省政府批建了省内第一个红树林省级保护区——湛江红树林保护区，并于 1997 年晋升为国家级保护区。保护区十几年来，造林 2 000 多公顷，将红树林面积从 20 世纪 80 年代的 5 800 多公顷恢复到 7 800 多公顷，有效地恢复了红树林海岸湿地。此阶段研究区内红树林以大面积隔离保护及部分地区恢复为主，红树林面积局部增加，红树景观由自然景观和人为景观共同构成[7]。

3.3 2001—2008 年

2001—2008 年，红树林仍有转变为其他地类的趋势，8.977%转变为滩涂盐沼，6.041%转变为水田耕地及养殖池。由于历史原因，在《广东省林地保护管理条例》（1998 年）实施后，林业、海洋水产、国土等部门对沿海湿地的管理权属一直得不到妥善处理，一些地方红树林的保护和管理工作难度很大。据 2001 年广东省红树林资源调查及中海航空执法检查发现，大部分地方的红树林缺乏有效保护，受破坏相当严重[9]。但是，与 20 年前相比，此变化趋势已大幅度减少，同时有部分滩涂盐沼（16.677%）、水田耕地、养殖池（3.438%）及居民地（含建设用地，4.508%）转变为红树林地。2002 年保护区先后编制了《湛江红树林国家级自然保护区总体规划》《湛江红树林保护区管理计划》，并在保护区执行，按照功能分区对保护区进行分类经营和管理。国家林业局与荷兰政府于 2001 年签署了关于“广东省雷州半岛红树林综合管理和海岸防护”（IMMCP）的合作项目，项目建设期从 2001—2006 年，宗旨是保护和扩展红树林湿地，提高管理水平，建立可持续的资源利用模式，增进公众环境意识，推动沿海经济可持续发展[10]。该项目的实施对通明海红树林的保护起到了重要的作用，开展了无瓣海桑及乡土红树造林。红树林面积有所增加，从 2 925. 287 hm^2（2000 年）增加到 3 348. 899 hm^2（2008 年），增长率为 14. 48%。这期间研究区水域变化幅度较大，8. 850% 的红树林及 25. 771% 的滩涂都变为水域，这是由于 2001 年与 2008 年 2 景影像中海潮高度不一致所引起的估算误差。

此阶段研究区内呈现虾塘养殖面积大幅增加、局部破坏及整体保护并存的局面，红树林面积局部减少，但呈现自然红树林景观及半自然半人工红树林景观并存的红树景观格局。斑块的数量、密度指数及形状指数都有较大提高，反映出人类活动范围的不断扩大和干扰活动的加剧，加速了景观的破碎化[11]。

4　讨论与建议

在遥感分类影像的基础上对 4 期红树湿地土地类型数据进行土地利用变化及景观格局分析，研究表明在 1977 年以前雷州湾通明海红树湿地受自然因素影响为主，海洋动力及气候因素共同作用，红树景观聚合度较高。1977—1990 年，人类干扰强烈，红树湿地被大面积破坏，同时其他林地及滩涂盐沼面积也大幅降低。此时的红树景观仍以自然红树林景观为主，破碎度逐渐增加。1991—2000 年，红树林转变率有所减少，红树林以大面积隔离保护及部分地区恢复为主，红树面积局部增加，红树景观由自然景观和人为景观共同构成。2001—2008 年，研究区内虾塘养殖面积增加，局部破坏及整体保护并存，红树林面积局部减少，呈现自然红树林景观及半自然半人工红树林景观并存的红树景观格局。

保护红树林就是保护人类的生存环境，必须认真处理好经济发展与环境保护的关系，让经济建设与自然环境和谐共赢，实现可持续发展[12]。建立自然保护区是国际公认保护湿地生态环境的最有效方法。以自然保护区为核心，建立健全红树林资源管理档案，定期开展动态监测，可实现对红树林资源信息的动态管理。然而，本研究表明，通明海红树林湿地并没有因为保护区的建立而得到明显有效的保护，如区内圈地养殖等非法土地利用与开发现象普遍，在保护执法方面广东湛江红树林国家级自然保护区管理局尚未能开展红树林资源动态管理。因此，有关部门须协调好湿地资源的永续利用和区域可持续发展，加快通明海红树林的恢复和重建；在加强对未成林地保护和管理的同时，尽快建立红树林资源管理信息系统，实施生态补偿机制；多途径筹集保护资金，积极推动退塘还林；努力推进通明海红树林湿地生态旅游规划及国际湿地保护研究交流与合作的进程，建立通明海红树林湿地公园；加大红树林湿地的科普宣传与公众参与保护的力度[13]，让关心和保护红树林成为通明海区沿海全体公民的自觉行动。

参 考 文 献

[1] 何克军，林寿明，林中大．广东红树林资源调查及其分析［J］．广东林业科技，2006，22

(2): 89 -93.

[2] 王树功，黎夏等，刘凯，等. 近20年来淇澳岛红树林湿地景观格局分析 [J]. 地理与地理信息科学，2005，21 (2): 53 -57.

[3] Ruili Lang, Guofan Shao, Bryan C, et al. Optimizing unsupervised classifications of remotely sensed imagery with a data A assisted labeling approach [J]. Computers & Geosciences, 2008, 34 (12): 1877 -1885.

[4] 林鹏. 红树林 [M]. 北京：海洋出版社，1984.

[5] Ruiz Luna A, Erlanger Robles C A. Modifications in coverage patterns and land use around the huarache carmaker lagoon system, Sinaloa, Mexico: A multitemporal analysis using LANDSAT images [J]. Estuarine, Coastal and Shelf Science, 1999, 49: 37 -44.

[6] Hens L, Ierynck E, Van Y T, et al. Land cover changes in the extended HA long city area, north eastern Vietnam during the period 1988 - 1998 [J]. Environment, Development and Sustainability, 2000, 2 (3/4): 235 -252.

[7] 王胤，左平，黄仲琪，等. 海南东寨港红树林湿地面积变化及其驱动力分析 [J]. 四川环境，2006，25 (3): 44 -49.

[8] 张学玲，蔡海生，丁思统，等. 鄱阳湖湿地景观格局变化及其驱动力分析 [J]. 安徽农业科学，2008，36 (36): 16066 -16070.

[9] 林中大，刘惠民. 广东红树林资源及其保护管理的对策 [J]. 中南林业调查规划，2003，22 (2): 35 -38.

[10] 王树功，黎夏，刘凯，等. 环内伶仃洋河口湾湿地动态变化 [J]. 中山大学学报，2007，46 (2): 105 -108.

[11] 邬建国. 景观生态学——格局、过程、尺度与等级 [M]. 北京：高等教育出版社，2000: 106 -120.

[12] 王伯荪，廖宝文，王勇军，等. 深圳湾红树林生态系统及其持续发展 [M]. 北京：科学出版社，2002: 1 -323.

[13] 林康英，张倩媚，简曙光，等. 湛江市红树林资源及其可持续利用 [J]. 生态科学，2006，25 (3): 222 -225.

湛江高桥不同潮带红树林三维褶皱综合指数比较分析*

黄剑坚[1]，刘素青[2]，韩维栋[2]，麦楚君[2]，冯慧敏[2]
（1. 广东海洋大学寸金学院，广东 湛江 524094；2. 广东海洋大学农学院，广东 湛江 524088）

摘　要：本文对森林生态系统的三维褶皱指数进行改进，提出三维褶皱综合指数 $F_{S,J,C}$，利用该指数对广东湛江高桥红树林保护区不同潮带群落进行实证调查计算，得出外带样方 1 的 Delaunay 三角网结构最为复杂，综合指数为 19.936。最后得出潮带群落稳定性是外带 > 内带 > 中带。该结果给红树林的保护提供了一定的参考。总的来说，该综合指数方便进行系统结构稳定性的分析，可作为森林健康评价和稳定性评价的指标。

关键词：红树林，三维褶皱综合指数；Delaunay 三角网

中图分类号：S718.5　　**文献标识码**：A　　**文章编号**：1009－5470（2013）04－0073－05

Comparison of three-dimensional pleat total index in different mangrove tidal zones of Gaoqiao, Zhanjiang

Huang Jianjian[1], Liu Suqing[2], Han Weidong[2], Mai Chujun[2], Feng Huimin[2]
(1. Cunjin College, Guangdong Ocean University, Zhanjiang 524094, Guangdong;
2. Agricultural College, Guangdong Ocean University, Zhanjiang 524088, Guangdong)

Abstract: This study intended to improve the forest ecosystem three-dimensional pleat index and to put forward a new index $F_{S,J,C}$. The new index was used to calculate the different mangrove tidal zones in Gaoqiao, Zhanjiang, China. The result showed that No. 1 Delaunay triangulated network outside the tidal zone is the most complex, with $F_{S,J,C}$ of 19.935, and that the stability is better in area outside the tidal zone, followed by that inside the tidal zone, and then the middle tidal zone. The result provides a reference for mangrove protection. Overall, the index is convenient for analyzing the system structure stability, and can be used to assess forest health and stability.

Key words: mangrove; three-dimensional pleat total index; Delaunay triangulated network

森林空间结构决定了林木之间的竞争优势及其空间生态位，并对林木的生长、发育和稳定性有极大的影响。同时，空间结构也是森林生态系统经营的重要因子，其复杂程度与

* 中央财政林业科技推广示范资金（GXTG200904）；国家自然科学基金（31170511）；广东省自然科学基金（S2012010008703）；广东省海洋渔业科技推广专项基金（A20100 8J02，2011011I02）。

原载于：热带海洋学报，2013，32（7），73－77。

森林生态效益密切相关，传统的一维、二维研究方法在研究森林空间结构时，存在许多不足之处。三维的研究方法可以有效结合物种组合的垂直性和水平性，能够表现森林生态系统结构的空间特征。余新晓等[1]首先提出了森林生态系统三维褶皱指数。该指数在森林生态系统稳定性的评价中有着显著的优点，对森林生态系统结构的调整、系统稳定性及物种多样性的提高都具有一定的指导意义[1,2]。该指数的理论基础是运用插入形心的逐点插入算法建立 Delaunay 三角网，然后将该种方法应用于三维模型，实现森林生态系统的空间三角网（图 1），从而有效地反映了森林三维模型水平和垂直方向结构的复杂程度，并可以表征群落结构稳定性。指数越小，森林生态系统层次越简单，结构越容易遭到破坏，反之森林生态系统结构越容易恢复，越稳定。

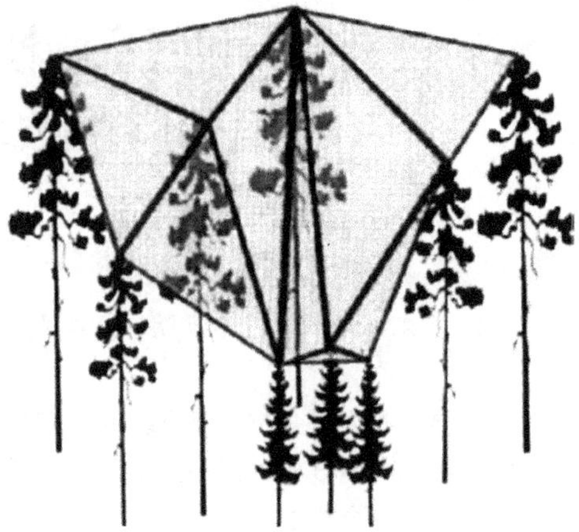

图 1　空间三角网示意图

余新晓等[1]与宋思铭等[2]并未解释“胸径三维褶皱指数”和“树高三维褶皱指数”的物理含义，也未能给予合理准确的解释。本文提出，胸径三维褶皱指数反映森林三维模型水平方向结构的复杂程度，树高三维褶皱指数则反映森林三维模型水平垂直结构的复杂程度。但仅仅依靠胸径三维褶皱指数或树高三维褶皱指数难以表示一个森林或者一个群落的空间三角网的全部特征。因此，本文提出三维褶皱综合指数，除了统计的需要外，其目的是找出一个指数可以综合反映森林生态系统空间三角网的综合复杂程度，综合体现胸径三维褶皱指数和树高三维褶皱指数的特征。本文以红树林为例，探讨该指数的运用。

红树林指的是在热带与亚热带地区的海岸潮间带滩涂上生长的木本植物群落，被称为“海上森林”或者“海底森林”[3]。在众多红树林空间结构研究文献中[4-12]，使用二维的方法研究了其空间分布格局、空间大小分化和大小组合、混交度、竞争强度，但并未涉及红树林结构的稳定性和三维方面的研究。本文主要利用三维褶皱综合指数进行不同潮带不同典型红树林群落的比较研究，为红树林生态系统空间结构的稳定性和三维方面的研究提供一定的参考，为构建红树林健康评价体系和进行红树林生态恢复提供基础。

1　研究区概况

广东省湛江市廉江高桥红树林保护小区，地处广东、广西交界的北部湾英罗港，东侧卖皂海，西侧官寨海，1997 年 12 月经国务院批准成为湛江红树林国家级自然保护区的核心区之一，2002 年被列入国际重要湿地名录。该小区属全日潮。高桥全区保护总面积2 249. 4 hm^2，有红树林 1 361. 6 hm^2，主要树种有白骨壤 *Avicenniamarina*、桐花树 *Aegiceras corniculatum*、红海榄 *Rhizop horastylosa*、秋茄 *Kandelia obovata*、木榄 *Bruguiera gymnorrhiza* 等。

2 研究方法

2.1 调查方法

分别对保护区的外带、中带和内带进行样方调查（本文的外带、内带、中带的划分是相对概念，以群落外围为外带，群落的中间为中带，群落靠近岸边的为内带），选取没有人为因素干扰的样方。红海榄生长在红树林的中内缘，属于演替中后期树种，在高桥区主要分布在中带。本文采用设定10 m×10 m标准样方，x轴为自西向东，y轴为自南向北，用每木调查法，把每个样方划分为4个5 m×5 m的调查单元，外带设2个样方，中带（即群落的中间地带）设3个样方，内带设2个样方。调查的因子包括林木的横坐标、纵坐标、树高、冠幅、胸径（乔木）或者地径（灌木）。调查林分基本情况见表1，7个样地共843株。

表1 高桥红树林调查样地林分群落特征

样方号	位置	树种组成	树种比例	调查株数	树高/m		平均冠幅/m	胸径（或地径）/cm		郁闭度	沉积物质地
					平均	标准差		平均	标准差		
1	外带	红海榄:木榄:白骨壤	44:37:166	247	1.39	0.324	0.68	2.42	0.638	0.80	沙泥
2	外带	红海榄:木榄:白骨壤	37:23:158	218	1.61	0.339	0.91	2.56	0.599	0.82	沙泥
3	中带	红海榄	62	62	4.99	0.322	1.96	5.16	0.991	0.95	淤泥
4	中带	红海榄:木榄:桐花树	32:2:29	63	2.49	0.585	1.64	4.22	1.392	0.92	淤泥
5	中带	红海榄:木榄:秋茄:桐花树:白骨壤	57:4:4:4:1	70	3.24	0.669	142	411	1.237	0.90	淤泥
6	内带	红海榄:木榄:秋茄:桐花树	7:18:35:8	68	3.04	0.688	165	4.87	1.468	0.90	半淤泥
7	内带	红海榄:木榄:秋茄:桐花树	8:63:1:43	115	1.95	0.334	1 35	3.74	1.294	0.95	淤泥

2.2 分析方法

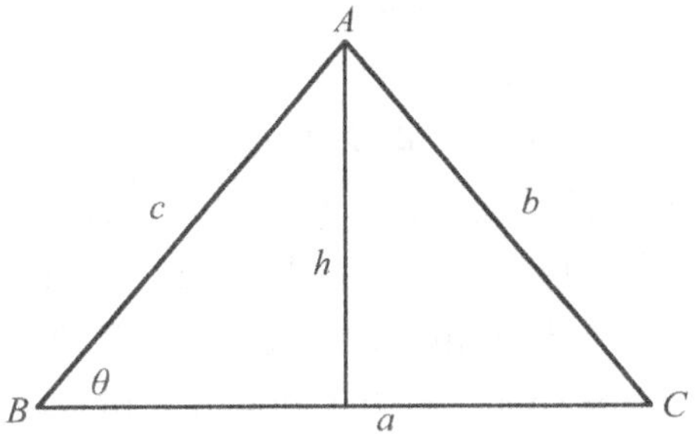

图2 三角网

设向量$\boldsymbol{c}$由两个向量$\boldsymbol{a}$与$\boldsymbol{b}$按下列方式定出：$\boldsymbol{c}$的模$|\boldsymbol{c}| = |\boldsymbol{a}|\,|\boldsymbol{b}|\sin\theta$，其中$\theta$为$\boldsymbol{a}$、$\boldsymbol{b}$间的夹角，其中$\boldsymbol{c}$的方向垂直于$\boldsymbol{a}$与$\boldsymbol{b}$所决定的平面，$\boldsymbol{c}$的指向按右手规则从$\boldsymbol{a}$转向$\boldsymbol{b}$来确定（图2），向最$\boldsymbol{c}$称为向量$\boldsymbol{a}$与$\boldsymbol{b}$的向最积，且$|\boldsymbol{c}| = |\boldsymbol{a}|\,|\boldsymbol{b}|\sin(\boldsymbol{a}, \hat{\boldsymbol{b}})$[13]。如图2所示，$\triangle ABC$为三角网中任意一个三角形，据两向量的向量积的定义可以计算出该三角形的面积，结果可得：

$$S_{\triangle ABC} = \frac{1}{2}BC \times h = \frac{1}{2}|\overline{BC}|\,|\overline{BA}|\sin\theta = \frac{1}{2}|\overrightarrow{BC}|\,|\overrightarrow{BA}| \quad (1)$$

生态系统三维结构指数（即三维褶皱指数$F_{S,I} = \sum_{i=1}^{n} S_{S,I}/A$,其中$S_{S,I}$为三角网中任意三角形的面积，$A$为该样地的面积[1]。

因为在生态系统的空间三角网（x，y，z）中，x为样方内树木的横坐标，y为样方内

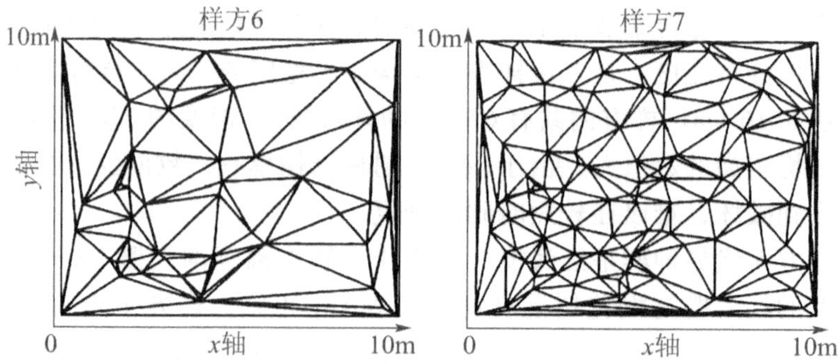

图5　6号（左）与7号（右）样方三角网

4　结论

国外有众多研究群落稳定性的文章，其中多样性指标是研究热点之一。许多理论探索与实验分析研究对多样性与稳定性之间的关系进行了深入的探讨，并支持了多样性与稳定性假说[14-17]。雷州半岛以北的红树林，多样性指数极低，但群落能够在极其恶劣的环境中生存并发展，可见多样性指标并不是影响红树林群落稳定性的最主要因子。因此，本文提出，影响红树林群落稳定性的可能是其结构因子，包括空间结构、特殊的生理结构等，是其影响群落稳定性的最主要影响因子。该提法有待于进一步研究证明。

本文提出红树林生态系统的三维褶皱综合指数 $F_{S,1,C}$，可以反映红树林生态系统结构稳定性。现有的红树林健康评价文献中，较少见红树林生态系统的结构稳定性指标[18,19]。因此，该指标可以用于树林的健康评价和稳定性评价。同时本文得到的高桥红树林三维褶皱指数范围与文献[1,2]中的“三维褶皱指数”在其范围内甚至略高，这可能与所取的样地或者红树林本身的特点有关。红树林地区的特殊环境，调查的皆是小样地。外带由于林分密度高达24 700 株/hm^2 以上，远超宋思铭等[2]研究中的林分密度。宋思铭等[2]的研究中样地群落多样，从纯林到混交林，所计算出来的三维褶皱指数范围大。由于该指标的计算与（x，y）坐标有很大的关系，因此外带的三维褶皱综合指数略高是正常的。同时，中带与内带的样方3 ～ 样方6的林分密度为6 200 ～7 000 株/hm^2，树高与胸径相差不大，计算出来的三维褶皱综合指数相差不大，在其范围内也属正常。

在本研究所调查的7块样方中，样方1的综合指数最大，结构最稳定，样方4结构指数最小，结构最不稳定。经过分析，高桥红树林的各潮带红海榄样方稳定性的比较得出，外带 > 内带 > 中带。在进行高桥红树林保护时，必须侧重在中带的保护，高桥红树林中带是古老的红海榄纯林或混交林，稳定性差。同时，林下沉积物深达0.5 ～0.7 m。由于高浓度的 H_2S 使沉积物又黑又臭，对红树植物的根系的生长非常不利。因此，中带的红树林更新非常缓慢，自然条件恶劣，一旦被毁将难以恢复。2011 年 7 月份的调查中，在修建风地村沿岸的虾塘海堤时，毁坏了不少离岸较近的古老红海榄，完全改变了其林地的边缘生境条件，其恢复非常困难。本文只对高桥的红树林进行了调查，至于其他红树林小区是否具有中带稳定性最差和红树林纯林稳定性最差的特征，还需进一步进行调查分析。

参考文献

[2] 余新晓，张振明，宋思铭，等．森林生态系统结构与功能模型［M］．北京：科学出版社，2010：231 - 237.

[2] 宋思铭，余新晓，张振明，等．北京山区森林生态系统三维褶皱指数［J］．东北林业大学学报，2011，39（7）：54 - 56，62.

[3] 王文卿，王瑁．中国红树林［M］．北京：科学出版社，2007.

[4] 李际平，张宏伟，李建军，等．不同潮带红树林空间结构比较研究［J］．中南林业科技大学学报，2010，30（1）：8 - 11.

[5] 李建军．广东湛江红树林生态系统空间结构优化研究［D］．长沙：中南林业科技大学，2010：1 - 12.

[6] 付春风，刘素青．基于生态系统经营的雷州半岛红树林空间结构研究［J］．林业资源管理，2009，（02）：55 - 59.

[7] 付春风，刘素青．雷州半岛红树林空间结构研究［J］．华南农业大学学报，2009，（03）：55 - 58.

[8] 付春风，刘素青．特呈岛红树林空间结构分析［J］．广东农业科学，2010，（02）：4 - 6，27.

[9] 李建军，李际平，刘素青，等．红树林空间结构均质性指数［J］．林业科学，2010，（06）：6 - 14.

[10] 李建军，李际平，刘素青，等．基于 Hegyi 改进模型的红树林空间结构竞争分析［J］．中南林业科技大学学报，2010，（12）：23 - 27.

[11] 张宏伟．不同潮带红树林林分空间结构比较研究［D］．长沙：中南林业科技大学，2010：35 - 38.

[12] 张宏伟，李际平，李建军．不同潮带红树林林分空间结构均质性研究［J］．中南林业科技大学学报，2011，（04）79 - 83.

[13] 同济大学应用数学系．高等数学（上册）［M］．5 版．北京：高等教育出版社，2002：63 - 65.

[14] Naeem S，Thompson L J，Lawler S P. Dechnmg biodiversity can alter the performance of ecosystems［J］. Nature，1994，368：734 - 736.

[15] Grime J P. Benefits of plant diversity to ecosystems：Immediate，filter and founder effects［J］. Journal of Ecology，1998，86：902 - 910.

[16] Lt B L，Chamov E L. Diversity-stability relationships revisited：Scaling rules for biological communities near equilibrium［J］. Ecological Modeling，2001，140：247 - 254.

[17] Shruin J B，Arnott S E，Hillebrand H，et al. Diversity-stability relationship varies with latitude inzooplankton［J］. Ecology Letters，2007，10：127 - 134.

[18] 王丽荣，李贞，蒲杨婕，等．海南东寨港、三亚河和青梅港红树林群落健康评价［J］．热带海洋学报，2011，30（2）81 - 86.

[19] 王树功，郑耀辉，彭逸生．珠江口淇澳岛红树林湿地生态系统健康评价［J］．应用生态学报，2010，21（2）391 - 398.

Restoration of mangrove plantations and colonisation by native species in Leizhou bay, South China*

Ren Hai, Jian Shuguang, Lu Hongfang, Zhang Qianmei,
Shen Weijun, Han Weidong, Yin Zuoyun, Guo Qinfeng

Abstract: To examine the natural colonisation of native mangrove species into remediated exotic mangrove stands in Leizhou Bay, South China, we compared soil physical-chemical properties, community structure and recruitments of barren mangrove areas, native mangrove species plantations, and exotic mangrove species *Sonneratia apetala* Buch. Ham-between plantations and natural forest. We found that severely degraded mangrove stands could not regenerate naturally without human intervention due to severely altered local environments, whereas some native species had been recruited into the 4 – 10 year *S. apetala* plantations. In the first 10 years, the exotic species *S. apetala* grew better than native species such as *Rhizophora stylosa* Griff and *Kandelia candel* (Linn.) Druce. The mangrove plantation gradually affected soil physical and chemical properties during its recovery. The exotic *S. apetala* was more competitive than native species and its plantation was able to restore soil organic matter in about 14 years. Thus, *S. apetala* can be considered as a pioneer species to improve degraded habitats to facilitate recolonisation by native mangrove species. However, removal to control proliferation may be needed at late stages to facilitate growth of native species. To ensure sustainability of mangroves in South China, the existing mangrove wetlands must be managed as an ecosystem, with long-term scientfic monitoring program in place.

Key words: competitive exclusion, mangrove, ecosystem restoration, invasive species

Introduction

Woody mangrove plants are well known for their well developed morphological and physiological adaptations to their environmental conditions. Mangrove species grow at the interface between land and sea in tropical and sub-tropical regions with high salinity, brackish

* Ren H, Jian S, Lu H, Zhang Q, Shen W, Yin Z, Heshan National Field Research Station of Forest Ecosystem, South China Botanical Garden, The Chinese Academy of Sciences, Guangzhou 510650, China.

E-mail: renhai@ scib. ac. cn.

Tel: +86 – 20 – 37252916.

Fax: +86 – 20 – 37252916.

Han W: Guangdong Ocean University, Zhanjiang, 524088 Guangdong, China.

Guo Q: Northern Prairie WRC, US Geological Survey, Jamestown, ND 58401, USA.

Guo Q: Southern Research Station, USDA, Asheville, NC 28804, USA.

waters, and muddy, anaerobic soils, and play a very important role in the ecosystem processes of coastal areas. Mangroves create unique ecological environments that host rich assemblages of species, and also protect and stabilise coastlines, enrich coastal waters, yield commercial forest products, and support coastal fisheries (Snedaker 1984). However, accumulating evidence shows that mangrove species are particularly sensitive to human disturbances (Kovacs 1999; Lugo 1999; Zedler 2000; Kathiresan and Bingham 2001; Macintosh et al. 2002). In the past several decades, habitat destruction through human encroachment has been the primary cause of mangrove loss. Diversion of freshwater for irrigation and land reclamation have destroyed extensive mangrove forests, and heavy historical and continuing exploitation has severely damaged the remaining mangrove habitats. Early mangrove management has focussed on timber production and fuel wood, and mangroves have been managed for cultivation of fish, shrimp, and ecotourism. Because of this, conservation of remaining mangrove, and restoration of the most extensively degraded mangrove, has become a growing concern for ecologists, policy makers, and the general public (FAO 1994; Field 1999; Ellison 2000).

Field (1999) and Ellison (2000) have reviewed and summarised many mangrove remediation/restoration projects. Among the restoration projects, silviculture is the principal practice. Coastal stabilisation and environmental mitigation or remediation have often been the objectives (Lewis 2005). Many restored mangrove forests resemble forest plantations rather than truly integrated or natural mangrove ecosystems. These plantations could be used as a first step toward mangrove remediation (Ellison 2000). Along with the relative reduction of sea-level and the physical and chemical amendment of the soils, the mangrove community succession is gradual and progressive, and species replacement is orderly and predictable, from the simple pioneer stage through to the final stage (Zedler 2000). Where degraded mangrove systems are revegetated, continued monitoring and thorough assessment are needed to help understanding the recovery processes. This knowledge will help developing strategies to promote better remediation of degraded mangrove. However, so far little has been done to monitor and assess the early development and growth of planted stands, especially when exotic species are planted and recolonisation by native mangrove species occurs.

Guangdong province in China has important mangrove habitats, harbouring about 50% of Chinese mangrove (Lin 1999), over 80% of which are in the Leizhou Peninsula (Li 2003). The destruction of mangrove habitats has been caused by continual deforestation, fish/ shrimp-pond building, and the extension of urban areas. The total area of mangrove ecosystem in Leizhou Peninsula decreased from about 14 027 ha to about 7 305. 8 ha (including the 2 378. 3 ha successfully remediated during 1991 – 2000) from 1956 to 2001. According to the State Forestry Administration of China, 2 000 ha mangrove will be planted per year during 2003 – 2007, with Leizhou Peninsula as the key area. Three classical remediation methods (natural remediation, indigenous species planting and exotic species introducing of mangrove) have been practised in the Leizhou Peninsula during the past 10 years (Han et al. 2003; Lin and Liu 2003).

various numbers of 10 m × 10 m quadrats were placed along each transect depending on the length of the transects (number of quadrats: barren sites, 3; native plantation, 4; natural site, 3; exotic species plantation 4 year, 3; exotic species plantation 5 year, 7; exotic species plantation 8 year, 8; exotic species plantation 10 year, 3). For each of the four types of ecosystems (i. e. natural mangrove forest, barren site, native species mangrove plantation, and *S. apetala* plantations) and the four age classes (4, 5, 8 and 10 year) of *S. apetala* plantation, only three quadrats were selected for further analysis. The number of species, plant height, diameter at breast height (DBH-trees only), basal diameter, crown size, and growth status (alive or dead) of each individual were recorded. Density, basal area and absolute frequency, the important value (IV), number of species, and Shannon-Weiner (SW) index were computed (Snedaker 1984; Krebs 1985).

Three 20cm soil cores were taken from each of the 10 m × 10 m quadrats randomly to form a mixed sample, using a 3.7 cm diameter coring tube. Three replicates were taken from each quadrat at low tide. Water content was measured by the weight loss method. Salinity was measured using an optical refractometer, and temperature and pH were measured using an auto-thermometer and a pH meter, respectively. Samples were oven-dried at 80 ℃ for about 3 days until constant dry weight was obtained, then stored for analysis. Analysis of organic matter, total N, total P, and clay followed Wartel et al. 1995 (see also Arnold 1986; Robert et al. 1997; Bosire et al. 2003).

The sediment characteristics data were assessed by a Tukey-test after one-way ANOVA ($P < 0.05$) to indicate significant differences. All statistics were analysed by SPSS 11.5 software.

Results

Physical conditions

Among the ecosystems studied, the barren sites showed the harshest physical conditions for plant growth, i. e. lowest organic matter, total N, and total P content, but highest proportion of sand compared to other sites. In contrast, the natural mangrove forests showed the best conditions as indicated by the high content of organic matter, total N and clay. In the planted stands of exotic species, all conditions improved with planting age, i. e. salinity, organic matter content, and proportion of clay all increased with planting age while pH declined, and there was no clear trend in total N and P. By the 10th year, most conditions in the exotic plantations had become similar to those found in natural mangrove. This suggested that

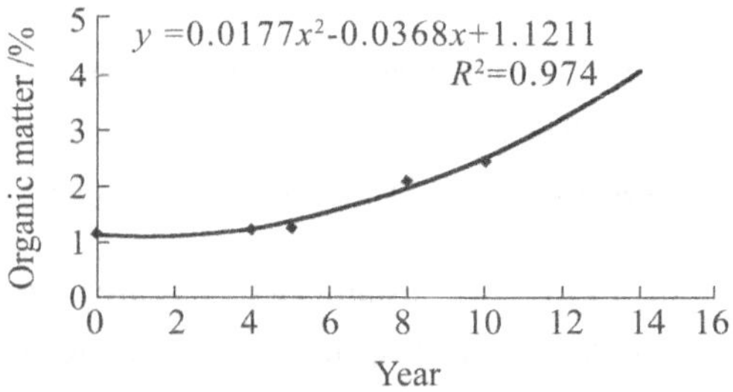

Fig. 2 Relationship between age of plantation and soil organic matter content

there were significant effects of mangrove plantation on soil physical and chemical properties during the course of recovery (Table 1). The improvement in soil physical and chemical properties in plantations facilitated the invasion of native mangrove species. Regression analysis showed that the organic matter content of plantations could reach that of natural mangrove communities in about 14 years (Fig. 2).

Table 1　Sediment characteristics of different stands at the study sites (mean ± SD). Values followed by different letters are significantly different (P <0.05; Tukey-test after one way ANOVA)

Stand	Salinity/%	pH	Temperature /℃	Organic matter /%	Total N /%	Total P/%	Clay/%	Water content / (g/kg)
Barren sites	1.31 ± 0.10^{b}	7.05 ± 0.12^{a}	28.2 ± 0.1^{a}	1.14 ± 0.03^{d}	0.053 ± 0.003^{a}	0.032 ± 0.003^{b}	10.3 ± 0.1^{b}	45.2 ± 0.2^{a}
Native mangrove plantation	2.57 ± 0.21^{a}	6.96 ± 0.08^{a}	27.3 ± 0.2^{b}	1.79 ± 0.16^{cd}	0.104 ± 0.006^{a}	0.044 ± 0.001^{ab}	20.3 ± 5.0^{a}	73.5 ± 1.0^{a}
Natural mangrove forest	2.22 ± 0.28^{a}	6.53 ± 0.21^{a}	26.5 ± 0.1c	4.02 ± 0.50^{a}	0.152 ± 0.017^{a}	0.038 ± 0.001^{ab}	26.1 ± 4.7^{a}	79.1 ± 5.8^{ab}
Exotic species plantation (4 year)	1.22 ± 0.08^{b}	7.02 ± 0.13^{a}	27.1 ± 0.1^{bc}	1.24 ± 0.50^{d}	0.136 ± 0.008^{a}	0.051 ± 0.011^{a}	18.8 ± 1.9^{ab}	72.6 ± 2.3^{b}
Exotic species plantation (5 year)	1.23 ± 0.20^{b}	6.70 ± 0.55^{a}	27.2 ± 0.1^{bc}	1.29 ± 0.20^{d}	0.053 ± 0.008^{a}	0.026 ± 0.001^{b}	20.3 ± 4.1^{ab}	73.6 ± 1.1^{b}
Exotic species plantation (8 year)	1.97 ± 0.33^{ab}	6.83 ± 0.18^{a}	26.8 ± 0.3^{c}	2.11 ± 0.40^{c}	0.106 ± 0.099^{a}	0.036 ± 0.006^{b}	23.0 ± 6.2^{a}	73.8 ± 2.3^{a}
Exotic species plantation (10 year)	2.04 ± 0.33^{a}	6.47 ± 0.07^{a}	26.9 ± 0.1^{bc}	2.45 ± 0.26^{b}	0.122 ± 0.009^{a}	0.038 ± 0.004^{ab}	24.2 ± 2.3^{a}	76.9 ± 1.6^{a}

Community structure

In the past 10 years, no plants (including mangrove species) were found in the barren sites (Table 2). Pure stands of *R. stylosa* and *K. candel* were planted separately but neither species colonised or invaded each other's stands, although in natural mangroves *A. marina*, *K. candel*, *Aegiceras corniculatum* (Linn.) Blanco and *R. stylosa* are the dominant species.

In the *S. apetala* plantations, the planted species was still the single dominant species after 10 years, and both species richness and density of mangroves were lower than that in natural mangrove communities, although most element conditions were already restored.

Recruitment

We did not observe any native mangrove species seedlings in 1 – 3 year *S. apetala* plantations. The plant height, DBH and cover of *S. apetala* all increased with planting age. However, native species such as *K. candel*, *R. stylosa*, *A. marina*, and *A. corniculatum* started to colonise in 4 year *S. apetala* plantations and more species and individuals were observed in 4 – 5 year plantations. The monoculture native species mangrove plantations grew slowly and no natural regeneration or recolonisation was observed. Comparatively, the species richness was higher and there were rapid recruitments, with most of the new seedlings being native species in natural forests. The 5 year plantation ranked second in terms of seedling density (both native species and exotic species). The 8 year plantation ranked the third in recruits but the planted species had no new seedlings, and all recruited seedlings belonged to one recolonised native species. The 10 year plantation had two species (one planted and one native) and 52.4% of the seedlings belonged to native species (Table 3). The regeneration of mangrove was determined by seed source and seedling quantity. Table 3 also indicated that *S. apetala* could not regenerate in its plantation. Somenative mangrove species could invade the 4 - 5 year-old *S. apetala* plantations, but those native species disappeared after 10 years in plantation. In addition, most recolonisation occurred in quadrats far away from seawater.

Table 2 Community characteristics of the study sites with different stands. IV Important value SWI Shannon-Weiner index

Stand	Characteristic	*Avicennia marina*	*Rhizophora stylosa*	*Kandelia candel*	*Aegiceras corniculatum*	*Sonneratia apetala*	Total
Native mangrove plantation	Density /(N/ha)[a]		7 333	5 767			13 100
	Basal area /(m^2/ha)		0.026	0.239			0.265
	Frequency		0.3	0.7			
	IV		0.33	0.67			1.00
	Mean stand height /m		1.9	0.9			1.55
	Number of species						2
	SWI						0.47
Natural mangrove forest	Density /(N/ha)[a]	13 133	1 233	7 967	2 400		24 733
	Basal area /(m^2/ha)	1.103	0.166	0.236	0.091		1.596
	Frequency	1.0	1.0	1.0	1.0		
	IV	0.48	0.13	0.23	0.15		1.00
	Mean stand height/m	1.21	1.10	1.70	1.60		1.62
	No of species						5
	SWI						1.38
Exotic species plantation (4 year)	Density /(N/ha)[a]	367	2 267	233		700	3 567
	Basal area /(m^2/ha)	0.064	0.137	0.100		9.888	10.189
	Frequency	0.7	1.0	1.0		1.0	
	IV	0.10	0.31	0.12		0.48	1.00
	Mean stand height/m	1.40	1.31	1.00		3.5	3.32
	No of species						4
	SWI						1.47
Exotic species plantation (5 year)	Density /(N/ha)[a]	6 533	200	1 867	200	1 467	10 267
	Basal area /(m^2/ha)	0.906	0.068	0.780	0.003	3.005	4.760
	Frequency	1.0	0.7	1.0	0.3	1.0	
	IV	0.36	0.07	0.20	0.03	0.34	1.00
	Mean stand height /m	0.9	0.72	0.71	0.50	4.35	4.35
	Number of species						5
	SWI						1.40

续上表

Stand	Characteristic	*Avicennia marina*	*Rhizophora stylosa*	*Kandelia candel*	*Aegiceras corniculatum*	*Sonneratia apetala*	Total
Exotic species plantation (8 year)	Density /(N/ha)[a]			11 833		1 567	13 400
	Basal area /(m^2/ha)			0. 504		1. 733	2. 237
	Frequency			1. 0		1. 0	
	IV			0. 54		0. 46	1. 00
	Mean stand height/m			1. 00		7. 50	7. 50
	Number of species						2
	SWI						0. 77
Exotic species plantation (10 year)	Density /(N/ha)[a]					1. 067	1. 067
	Basal area /(m^2/ha)					7. 005	7. 005
	Frequency					1. 0	1. 0
	IV					1. 00	1. 00
	Mean stand height/m					12. 2	12. 2
	Number of species						1
	SWI						0. 00

Table 3　Seedling density (individuals/ha) of mangrove trees in quadrats with different stands

Stand	*S. apetala*	*K. candel*	*R. stylosa*	*Avicennia marina*	*Aegiceras corniculatum*	*Acanthus ilicifolius*	Total
Barren sites	0	0	0	0	0	0	0
Native plantation	0	0	0	0	0	0	0
Natural site	0	5 333	667	2 333	930	0	9 263
Exotic　4 year	25	175	1 775	550	0	0	2 525
Species　5 year	200	2 057	87	5 586	86	0	8 016
Plantation　8 year	0	6 950	0	0	0	0	6 950
10 year	333	0	0	0	0	367	700

Discussion

Long time periods may be required for barren lands to develop vegetation in extremely degraded environments without human assistance. We found no natural recolonisation in barren sites after 20 years but some species had recruited into several *S. apetala* plantations after 4 years. These results indicate that clearing mangroves may provide an obstacle to natural regeneration, whereas *S. apetala* plantations can greatly modify the site conditions in a way that facilitates the survival and establishment of the propagules of native species. These results are somewhat similar to those of other studies (Field 1999; Ellison 2000; Bosire et al. 2003; Liang et al. 2005). Compared with barren sites, salinity and interstitial water temperature were lower, and the organic matter content was higher, in most restored and natural sites. The possible causes include shading, aerial roots breaking waves, hydrological dynamic changes, and plant nutrition cycle.

Our study suggests that natural regeneration may not occur, and that artificial regeneration (i. e. plantation) of native mangroves may not be effective, in seriously degraded mangrove ecosystems. In severely degraded ecosystems, regeneration of mangrove vegetation might not occur without human intervention because natural regeneration replies on naturally occurring propagules of mangroves. Natural colonisation rates vary among sites and mangrove species, but it is still the first choice for a restoration program. After the physical environment is modified, artificial regeneration involves planting of propagules (seeds) or seedlings in severely degraded region where there are insuffcient seeds or natural regeneration pathways.

Our results indicated that the growth performance of the exotic mangrove species, *S. apetala*, was better than that of some native species such as *R. stylosa* and *K. candel* in the first 10 years after plantation. Due to its fast growth and high adaptability, *S. apetala* is now also being introduced to Fujian Province (108°30′E and 24°23′N). Local governments even intended to widely expand distribution of this species in China's southeast coasts. However, restorationists are beginning to worry about its invasive potential in native mangrove stands.

Therefore, it is necessary to assess the ecological risk of such species introduction at a broader (regional) scale (Zan et al. 2003). Our study has shown that *S. apetala* plantations facilitated the recolonisation of native mangrove species in early stages, where it behaves as a nurse plant. However, its high self-regeneration ability in the community prevents the natural succession of the native community. Therefore, we might use *S. apetala* as a pioneer species to improve habitats and to facilitate recolonisation of native mangrove species. As soon as the deposition conditions are restored, ornative species are suppressed by the exotic species, we should then artificially remove *S. apetala* so that native species can dominate the community. Thus, the restoration could then follow ideal natural self-organisation processes.

It is clear that monitoring of the plantations for only 10 years is still not long enough to examine whether recolonised native species can eventually take over or outcompete the planted exotic species without human intervention, since the deposition conditions have not yet been fully restored. We suggest removing planted exotic mangrove species about 5 years later to ensure the performance of native species, but the optimal time for this artificial removal needs further investigation. Further monitoring and comparative studies of different remediation treatments would be useful. It is also clear that, to make sustainable use of mangrove in South China, it is necessary to protect all the existing mangrove wetlands in situ by setting up natural reserves and excluding further anthropogenic destruction, and developing a solid scientific program for restoration. Furthermore, carefully designed broad-scale monitoring and enhanced education programs are critically required to effectively protect the limited resources of mangrove ecosystems.

Acknowledgements We thank Drs. Rui-Jiang Wang and Hong-Fu Wan of the South China Botanical Garden and all staff of the Administration of Zhanjiang Mangrove National Natural Reserve for field assistance during the study. We also thank anonymous reviewers for their valuable comments on the early version of the manuscript. This project was supported by the Knowledge Innovation Program of the Chinese Academy of Sciences (KSCX2 - SW - 132), Natural Science Foundation of China (30670370, 30600072) and the Guangdong Sci-Tech Planning Project (2005B60301001).

References

[1] Chen Y J, Liao B W, Zheng S F et al. Dynamics and speciesdiversities of artifical Sonneratia apetala, Sonneratia caseolaris and Kandelia candel communities [J]. Chin J Appl Ecol, 2004, 15: 924 - 928.

[2] Han W D, Gao X M, Teunissen E. Study on *Sonneratia apetala* productivity in restored forests in Leizhou Peninsula, China [J]. J For Res, 2001, 12: 229 - 234.

[3] Han W D, Gao X M, Lu C Y, et al. Mangrove flora and associations of Leizhou Peninsula [J]. Guihaia, 2003, 23: 127 - 132.

[4] Zan Q J, Wang B S, Wang Y J, et al. Ecological assessment on the introduced *Sonneratia caseolaris* and *S. apetala* at the Mangrove Forest of Shenzhen Bay. China [J]. Acta Bot Sin, 2003, 45: 604 - 612.

[5] Kathiresan K, Bingham B L. Biology of mangroves and mangrove ecosystems [J]. Adv Mar Biol, 2001, 40: 81 - 251.

[6] Kovacs J M. Assessing mangrove use at the local scale [J]. Landsc Urban Plan, 1999, 43: 201 - 208.

[7] Krebs C J. Ecology: the experimental analysis of distribution and abundance [M]. 2rd edn. New York: Harper & Row, 1985.

[8] Lewis R R. Ecological engineering for successful management and restoration of mangrove forests [J]. Ecol Eng, 2005, 24: 403 - 418.

[9] Li Z Q. Orientation and management strategy of mangrove forest in the forestry development of Guangdong [J]. Prot For Sci Technol, 2003, 56: 36 - 38.

[10] Li Y, Zhen D Z, Chen H X, et al. Preliminary study on introduction of mangrove *Sonneratia apetala* Buch-Ham [J]. For Res, 1998, 11: 39 - 44.

[11] Liang S C, Liang M Z, Wu Y L, et al. Analysis of the spatial structure of natural *Sonneratia caseolaris* + *S. apetala* forest in Futian, Shenzhen [J]. Guihaia, 2005, 25: 393 - 398.

[12] Liao B W, Zheng S F, Chen Y J, et al. Biological characteristics and ecological adaptability for non-indigenous mangrove species *Sonneratia apetala* [J]. Chin J Ecol, 2004, 23: 10 - 15.

[13] Liao B W, Li M, Zheng Z F, et al. Niches of several mangrove species in Dongzhai harbor of Hainan island [J]. Chin J Appl Ecol, 2005, 16: 430 - 407.

[14] Lin Z L. Current situation and conservation of mangrove forest in Guangdong [J]. Ocean Inf, 1999, 6: 25 - 27.

[15] Lin Z D, Liu H M. Protection and management countermeasures for mangrove resource in Guangdong province [J]. Central South For Invent Plan, 2003, 22: 35 - 38.

[16] Lin K Y, Zhang Q M, Ren H. Mangrove resource and sustainable development at Zhanjiang [J]. Ecol

Sci, 2006, 23: 23 - 29.

[17] Lugo A E. Mangrove forests: a tough system to invade but an easy one to rehabilitate [J]. Mar Pollut Bull, 1999, 37: 427 - 430.

[18] Macintosh D J, Ashton E C, Havanon S. Mangrove remediation and intertidal biodiversity: a study in the Ranong mangrove ecosystem, Thailand [J]. Estuar Coast Shelf Sci, 2002, 55: 331 - 345.

[19] Robert L, Morlang A, Gorman L. Monitoring the coastal environment. Part Ⅱ. Sediment sampling and geotechnical methods [J]. J Coast Res, 1997, 13: 308 - 330.

湛江湾红树林土壤理化性质的研究*

韩维栋，高旭东

（广东海洋大学，广东湛江 524025）

摘　要：湛江湾红树林在防止海岸侵蚀和减轻台风危害中起到重要作用。为研究其土壤环境现状，选择东海大堤、礼部村、特呈岛 3 个代表性的红树林样地，采集各样地土层深为 0 ～ 10 cm、10 ～ 20 cm、20 ～ 30 cm、30 ～ 50 cm 的土壤样品，采用常规土壤实验方法测定 pH、有机碳含量、全氮量、碱解氮含量、全磷量、速效磷量、全钾量、速效钾量和水溶性盐量等 9 个理化指标，结果表明：随着土层加深，土壤的上述各理化性质均有显著变化，土壤呈强酸性，向酸性硫酸盐土方向演化，土壤盐分含量高，具有显著盐渍化特征。建议优化红树林土壤环境。

关键词：红树林；土壤理化性质指标；酸化；湛江湾

中图分类号：S153.6　　　**文献标志码**：A　　　**论文编号**：2013 - 1244

红树林是生长在热带、亚热带海岸潮间带或河流入海口的木本植物群落，由丰富的红树林树种、林缘植物、其他植物群落以及生活或栖息于此的其他海洋生物组成红树林湿地生态系统，为许多海洋生物提供了一个理想的栖息场所[1]，是适应陆地与海洋过渡带的一种特殊森林类型，被誉为“海上森林”“水上绿洲”“海岸卫士”“鸟的天堂”[2]，红树林在防风消浪、固岸护堤、净化海水、保护生物多样性等方面发挥了极重要作用，近些年，红树林的保护与生态恢复受到普遍重视。

1　研究方法

1.1　研究地概况

红树林土壤受到海水与凋零物的作用，土壤特性不同于陆地土壤。据调查，红树林每年的凋零物达 6.3 ～ 12.6 t/hm^2，凋零物经微生物分解释放出各种营养元素，这些元素部分被海水带走，部分存留于土壤中被植物重新吸收利用[3-5]。土壤特性尤其是土壤营养状态是生态系统最直接的影响因子，决定了红树林生长的好坏，但相关的研究并不多见[6-14]。笔者通过对湛江湾红树林土壤理化性质的比较与分析，揭示其红树林土壤的主要特性，旨在为红树林的保护与管理提供科学依据，对沿海红树林保护和恢复具有重要的实践指导意义。

湛江湾位于广东省湛江市，湛江湾内的东海大堤、遂溪县黄略镇、特呈岛等都分布有大面积红树林，主要由无瓣海桑（*Sonneratia apetala*）、白骨壤（*Avicennia marina*）、红海榄

* 基金项目：国家自然科学基金项目“雷州半岛木本植物区系变迁及其驱动力研究”（31170511/C1601）。
原载于：中国农学通报，2013，29（31）：27 - 31。

(*Rhizophora stylosa*)等树种组成。湛江湾属南亚热带季风气候，冬无严寒，夏无酷暑，年最冷月平均温度15.5～16.0℃，年平均温度23.0～23.5℃；年降水量1 400～2 000 mm，年蒸发量1 800 mm，有明显的干湿季。湛江港潮汐属不规则半日潮，大小潮位由湾外到湾内逐步增高，历年平均高潮位为1.3 m，平均低潮位－0.98 m，潮差2.28 m，水流方向基本与航道一致，年平均水温为24.10℃，7月为高温月（达28.9℃），2月为低温月（17.2℃）；样地海拔1 m以下，土壤由花岗岩、玄武岩等火成岩和沉积岩母质风化发育而成，含铁丰富，从而在滨海河湾处形成丰富的冲积堆积沙土或滩涂泥质土[6]。

1.2 研究方法

在湛江湾红树林区选取3个样地，每块样地呈方形10 m×10 m。

样地A：东海大堤，位于湛江市麻章区，地理位置为110°E、21°06′N，东海大堤红树林新造林地于2002年4月造林，现面积约100 hm^2，株行距为2～3 m，树高8～10 m，红树林资源丰富，群落组成类型多样，以无瓣海桑为主的红树林生态系统，林地表现为沉积过程。

样地B：黄略镇礼部村，位于110°18′E、21°21′N，礼部村红树林区新造林地于2008年造林，现有红树林面积约为8 hm^2，株行距为1～2 m，树高约3 m，红树林区以秋茄(*Kandelia candel*)群落为主，林地表现为沉积过程。

样地C：特呈岛，位于湛江港湾之内，地理坐标是东经110°25′～110°27′，北纬21°09′～21°10′，特呈岛东有南三岛，西有湛江港，南为辽阔海湾，现有红树林面积20 hm^2，株行距1.5～2.5 m，树高3～4 m，以白骨壤单优群落为主的红树林生态系统，林地表现为侵蚀过程。

采样时间为2010年3月12—16日，分别在东海大堤红树林区（样地A）、黄略镇礼部村红树林区（样地B）和特呈岛红树林区（样地C）钻取土样，每个样地取四分对角4个重复点。土壤取样从表层至下分为4层，即0～10 cm深、10～20 cm深、20～30 cm深、30～50 cm深，采样时剔除树叶和杂物，相同层次土壤混合均匀。采集后的土壤立即用塑料袋密封，带回实验室根据需要经自然风干、拣去根系、研磨、过孔径为0.9 mm（20目）和0.3 mm（60目）筛处理后，对其pH、有机碳含量、全氮量、碱解氮含量、全磷量、速效磷量、全钾量、速效钾量和水溶性盐量等9个理化性质指标的实验分析。土壤实验测定采用常规方法，具体实验操作参照《土壤农化分析》[7]内容。

采用Excel 2003数据分析软件对实验结果进行数据统计分析。

2 结果与分析

2.1 湛江湾红树林土壤有机碳的含量和分布

结果表明（表1），湛江湾红树林3个样地土壤各层有机碳含量在（23.47±1.52）～（49.71±3.82）g/kg的范围内，平均含量为（31.02±6.93）g/kg。不同样地的土壤有机碳含量随着深度的增加变化也不同，A、B两个样地0～10 cm、10～20 cm深土层有机碳含量大于20～30 cm，30～50 cm深土层有机碳含量维持在较高水平。样地C土层有机碳含量随着土层深度的增加而逐渐上升，30 ～ 50 cm 深土层有机碳含量维持在较高水平。

表 1　湛江湾红树林土壤有机碳含量

单位：g/kg

样地	0 ～ 10 cm	10 ～ 20 cm	20 ～ 30 cm	30 ～ 50 cm	平均
A	24.03 ±2.10	28.16 ±0.99	23.47 ±1.52	28.37 ±2.86	26.01 ±2.45
B	28.11 ±0.68	28.02 ±2.45	24.46 ±3.25	28.11 ±4.62	27.18 ±1.83
C	32.17 ±3.54	36.43 ±2.46	41.18 ±4.13	49.71 ±3.82	39.87 ±8.77
平均	28.10 ±4.07	30.87 ±4.21	29.70 ±8.86	35.40 ±10.8	31.02 ±6.93

2.2　湛江湾红树林土壤 NPK 含量及变化状况

2.2.1　湛江湾红树林土壤 N 含量及变化状况

结果（表 2）表明，湛江湾红树林 A、B、C 3 个样地土壤不同层次的全氮和碱解氮含量多有自上而下递减的趋势，全氮含量在（0.93 ±0.26）～（2.65 ±0.52）g/kg 范围，平均含量为（1.25 ±0.19）g/kg；碱解氮含量在（86.13 ±35.24）～（315.70 ±35.64）mg/kg 范围，平均含量为（219.34 ±81.99）mg/kg。湛江湾红树林 3 个样地表层 0 ～ 10 cm 深土壤全氮和碱解氮含量相对较高，可说明它们的表层土壤有机态氮含量和转化率相对较高[7]。

2.2.2 湛江湾红树林土壤磷素含量状况

湛江湾红树林 3 个样地各层土壤全磷含量在（0.13 ±0.05）～（0.45 ±0.12）g/kg 范围，平均为（0.26 ±0.10）g/kg；各层土壤速效磷含量在（12.45 ± 2.42）～（37.12 ±5.6）mg/kg 范围，平均为（21.38 ±3.92）mg/kg（表 3）。实验结果表明，湛江湾红树林区 3 个样地 0 ～ 10 cm深土壤中全磷和速效磷含量相对较高，30 ～ 50 cm 深的土壤中全磷和速效磷含量相对较低，土壤全磷和速效磷含量随着土壤深度的增加而逐渐减少，样地 A 全磷量与速效磷量相对较高，有机态磷转化率较高，全磷和速效磷含量属中等水平[13]。这说明样地 A 为外来速生树种无瓣海桑林地磷素转化率较高，样地 B 乡土树种秋茄林地和样地 C 乡土树种白骨壤林地磷素转化率属于一般水平。

表 2　湛江湾红树林土壤全氮和碱解氮含量

测定指标	样地	0 ～ 10 cm	10 ～ 20 cm	20 ～ 30 cm	30 ～ 50 cm	平均
全氮含量 /(g · kg⁻¹)	A	1.37 ±0.46	1.10 ±0.77	0.93 ±0.26	0.78 ±0.13	1.05 ±0.30
	B	1.16 ±0.22	1.32 ±0.15	1.18 ±0.14	1.41 ±0.74	1.27 ±0.13
	C	2.65 ±0.52	1.02 ±0.46	1.04 ±0.27	0.99 ±0.36	1.43 ±0.83
	平均	1.73 ±0.75	1.15 ±0.15	1.05 ±0.13	1.06 ±0.32	1.25 ±0.19

续上表

测定指标	样地	0 ～ 10 cm	10 ～ 20 cm	20 ～ 30 cm	30 ～ 50 cm	平均
碱解氮含量/(mg·kg^{-1})	A	183.42	114.11	101.51	86.13	121.29
	B	314.31	287.02	293.30	246.41	285.26
	C	315.70	307.31	222.62	160.30	251.48
	平均	271.14	236.15	205.81	164.28	219.34

表3　湛江湾红树林土壤全磷和速效磷含量

测定指标	样地	0 ～ 10 cm	10 ～ 20 cm	20 ～ 30 cm	30 ～ 50 cm	平均
全磷含量/(g·kg^{-1})	A	0.45 ±0.12	0.41 ±0.23	0.38 ±0.15	0.29 ±0.08	0.38 ±0.08
	B	0.21 ±0.05	0.19 ±0.03	0.18 ±0.04	0.13 ±0.05	0.18 ±0.04
	C	0.32 ±0.04	0.23 ±0.06	0.21 ±0.05	0.16 ±0.02	0.23 ±0.08
	平均	0.33 ±0.12	0.28 ±0.11	0.26 ±0.10	0.19 ±0.08	0.26 ±0.10
速效磷/(mg·kg^{-1})	A	37.12 ±5.6	23.84 ±4.12	22.70 ±6.57	12.45 ±2.42	24.03 ±12.3
	B	18.14 ±5.62	17.38 ±7.14	15.68 ±3.12	13.59 ±1.29	16.20 ±2.28
	C	33.09 ±6.45	24.11 ±5.32	21.66 ±6.12	16.77 ±4.14	23.91 ±8.16
	平均	29.45 ±9.5	21.78 ±3.37	20.01 ±3.5	14.27 ±2.16	21.38 ±3.92

2.2.3　湛江湾红树林土壤钾素含量状况

湛江湾红树林3个样地土壤不同层次全钾含量变化较小，大多呈递增的趋势（表4），总体上，全钾含量在（3.23 ±0.98）～（16.77 ±2.44）g/kg 范围，平均为（11.01 ±5.11）g/kg，速效钾含量在（34.07 ±13.14）～（892.66 ±61.74）mg/kg 范围，平均为（303.16 ±394.64）mg/kg。

湛江湾红树林3个样地全钾、速效钾含量差异较大，样地A不同深层含量最高。可说明样地A外来速生树种无瓣海桑林地矿物钾转化率较高，样地B乡土树种秋茄林地和样地C乡土树种白骨壤林地全钾和速效钾含量属于一般水平。

表4　湛江湾红树林土壤全钾和速效钾含量

测定指标	样地	0 ～ 10 cm	10 ～ 20 cm	20 ～ 30 cm	30 ～ 50 cm	平均
全钾含量/(g·kg^{-1})	A	13.87 ±2.31	15.97 ±1.25	16.77 ±2.44	16.67 ±3.12	15.87 ±1.5
	B	3.23 ±0.98	4.79 ±1.21	6.86 ±1.58	7.70 ±1.79	5.65 ±2.26
	C	8.31 ±2.21	10.18 ±1.66	13.39 ±1.23	14.12 ±1.47	11.50 ±2.90
	平均	8.47 ±5.32	10.31 ±5.59	12.34 ±4.96	12.83 ±4.49	11.01 ±5.11

续上表

测定指标	样地	0 ～ 10 cm	10 ～ 20 cm	20 ～ 30 cm	30 ～ 50 cm	平均
速效钾量 /(mg·kg^{-1})	A	714.50	830.86	872.06	892.66	827.52
	B	64.59	40.17	36.10	34.07	43.73
	C	36.10	39.36	34.88	42.61	38.24
	平均	271.73	303.46	314.35	323.11	303.16

2.3　湛江湾红树林其他理化性质状况

2.3.1　湛江湾红树林土壤 pH 分布特征

实验结果（表 5）表明，湛江湾红树林 A、B、C 3 个样地土壤 pH 差异不大，不同样地的 pH 随土壤深度的增加逐渐下降，样地 C 平均 pH 值较低，3 个样地中 30 ～ 50 cm 深土层 pH 最低，总体上，pH 值在（2.41 ±0.06）～（3.50 ±0.21）的范围内，平均为（3.01 ±0.34），土壤呈强酸性，其值应受红树林植物根系影响，30 ～ 50 cm 深土层为受根系层覆盖 pH 最低。

表 5　湛江湾红树林土壤 pH

样地	0 ～ 10 cm	10 ～ 20 cm	20 ～ 30 cm	30 ～ 50 cm	平均
A	3.50 ±0.21	3.44 ±0.12	3.38 ±0.09	3.01 ±0.11	3.33 ±0.25
B	3.44 ±0.21	3.30 ±0.22	2.73 ±0.35	2.71 ±0.11	3.05 ±0.37
C	2.83 ±0.13	2.70 ±0.14	2.69 ±0.16	2.41 ±0.06	2.66 ±0.21
平均	3.26 ±0.34	3.15 ±0.37	2.93 ±0.35	2.71 ±0.30	3.01 ±0.34

2.3.2　湛江湾红树林土壤盐分含量分布特征

湛江湾红树林 A、B、C 3 个样地土壤盐分含量均较高（表 6），随土壤剖面深度的增加，盐分含量呈递减趋势，表层 0 ～ 10 cm 深盐分含量最高，样地 C 盐分平均含量最高，由于红树林土壤受海水周期性的浸渍，极少受陆源淡水影响，其土壤表层 0 ～ 10 cm 深盐分累积含量较高。总体上，湛江湾红树林样地土壤盐分含量在（7.50 ±2.51）～（22.23 ±2.64）g/kg 范围，平均含量（14.57 ±2.82）g/kg，土壤含盐量高[7]，具有盐渍化特征。

表 6　湛江湾红树林土壤盐分含量

单位：g/kg

样地	0 ～ 10 cm	10 ～ 20 cm	20 ～ 30 cm	30 ～ 50 cm	平均
A	17.80 ±2.14	13.05 ±3.10	9.85 ±1.56	7.50 ±2.51	12.05 ±5.15
B	16.08 ±2.54	14.83 ±1.45	14.38 ±1.66	10.68 ±1.47	13.99 ±2.70
C	22.23 ±2.64	18.40 ±1.42	17.18 ±3.54	12.90 ±1.25	17.68 ±4.67
平均	18.70 ±3.08	15.43 ±2.68	13.80 ±3.67	10.36 ±2.70	14.57 ±2.82

3 结论

通过对湛江湾红树林区 3 个样地从表层至下 0 ～ 10 cm、10 ～ 20 cm、20 ～ 30 cm、30 ～ 50 cm 深的 4 个不同深度的土壤进行 pH 值、有机碳含量、全氮量、碱解氮含量、全磷量、速效磷量、全钾量、速效钾量和水溶性盐量 9 个理化性质指标的实验分析，所测样地 A、B、C 土壤理化指标含量各有差异，随着土壤剖面深度的变化，上述土壤各理化性质均有变化，主要结论如下：

（1）湛江湾红树林 3 个样地土壤各层有机碳平均含量为（31.02 ±6.93）g/kg。说明其为碳汇区，其含量受沉积或侵蚀过程影响。东海大堤、礼部村 2 个样地红树林区地貌呈沉积过程；但是，近年来，特呈岛样地红树林区地貌呈侵蚀过程，表现其所在样地 C 土层有机碳含量随着土层深度的增加而逐渐上升，30 ～ 50 cm 深土层有机碳含量维持在较高水平。

（2）湛江湾红树林 3 个样地土壤不同层次的全氮和碱解氮含量多有自上而下递减的趋势，全氮平均含量为（1.25 ±0.19）g/kg；碱解氮平均含量为(219.34 ±81.99）mg/kg。它们的表层土壤有机态氮含量和转化率相对较高。

（3）湛江湾红树林 3 个样地全磷量、速效磷量、全钾量、速效钾量和水溶性盐等理化性质指标检测结果表明，外来速生树种无瓣海桑林地比乡土慢生树种秋茄和白骨壤的林地表现出较高的矿物转化率。土壤盐分含量高，具有显著盐渍化特征。

（4）湛江湾红树林区 3 个样地 pH 值在（2.41 ±0.06）～（3.50 ±0.21）的范围内，平均为 3.01 ±0.34，土壤呈强酸性，其值应受红树林植物根系影响，30 ～ 50 cm 深土层为受根系层覆盖 pH 最低。土壤呈强酸性，向酸性硫酸土趋势演化。

4 讨论

土壤有机碳含量和组成不仅表明土壤有机质的水平，也是反映土壤质量或土壤健康的一个重要指标，直接影响土壤肥力和生物的生长[8,9]。在生物参与下，NPK 等营养元素通常可以反复再循环和利用[10,14]。土壤 pH 是土壤的一个基本性质，也是影响土壤理化性质的一个重要化学指标，它直接影响着土壤中各种元素的存在形态、有效性及迁移转化[8,14]，实验地红树林土壤 NPK 含量较丰富，由于地处热带，在潮汐作用下，养分的转化率明显高于一般陆地土壤。红树林土壤是潜在的酸性硫酸盐土[15,16]，这是因为埋藏有红树林残体的土壤经围垦后，在干湿交替情况下，在厌氧环境下含硫的红树林残体分解后产生黄铁矿，黄铁矿氧化产生 H^+ 和 SO_4^{2-}，使土壤变成强酸性，因此，红树林土壤沉积过程也就是一个酸化过程。红树林土壤长期受周期性海水浸淹，土壤富含盐分，具有明显盐渍化特征。湛江湾红树林土壤理化性质指标分析结果与其他研究结果一致[15,16]，进一步表明上述理化过程的存在，而且这些指标的变化与树种（生长速度及根系分布特征）、潮水（深浅、搬运）、地貌过程（沉积或侵蚀）和地理位置（大陆或是岛屿、是否邻近河口）等因素相关。

茂密生长的红树林有明显的沉积海水中悬浮颗粒，进而发挥造陆的作用，同时红树具有增肥土壤、增加土壤有机质和养分含量的作用，也会加重土壤盐渍化和酸化作用，建议在红树林密林地中因地制宜打些空心桩，桩内填砂石，桩体可通气，减轻林地酸化，可为红树林动植物提供适宜的繁殖和生存环境，防止大树因土壤酸化枯死，从而维持了红树林生态系统健康。

在外业调查过程中，笔者感受到了湛江湾地理位置的重要性，维系着粤西地区经济的运作与发展，航道运输、海上作业尤为频繁，部分周边居民生活和工厂污水直接排放到海洋中，还有些居民到红树林滩涂采集贝类、撬小蚝、挖沙虫、电虾等，经常性地挖掘和踩踏红树林林区的土壤，这些都对红树林土壤造成严重的污染和破坏，加重了土壤盐渍化，同时有特呈岛白骨壤古树因表层土壤侵蚀破坏而干枯死亡。因此，建议有关环境保护和管理部门要在红树林林外缘滩涂 50 ～ 100 m 外设置保护界，防止林区遭受港口航道运输作业的影响，避免进一步侵蚀林地，尽力控制污水的排放，保护红树林生态系统环境，同时，建议加大宣传力度，监督和指导周边居民不进入红树林土壤区域作业，不向红树林海岸倾倒生活垃圾并做好红树林地的清洁工作，保护和管理好红树林土壤资源。

参考文献

[1] 陈桂珠. 研究保护和开发利用红树林生态系统 [J]. 生态科学，1991，9 (1)：116 - 119.

[2] 韩维栋，高秀梅. 雷州半岛红树林生态系统及其保护策略 [M]. 广州：华南理工大学出版社，2009.

[3] 徐海，陈少波，张素霞，等. 红树林土壤基本特征及发展前景 [J]. 安徽农业科学，2008，36 (4)：1496 - 1497.

[4] 陈粤超. 湛江红树林保护区现状、存在问题与策略 [J]. 林业科技管理，2004 (2)：35 - 36.

[5] Boto K G，Wellington J T. Soil characteristics and nutrient status in a northern Australian mangrove forest [J]. Estuaries，1984，7 (1)：61 - 69.

[6] 韩维栋. 广东特呈岛国家级海洋公园总体规划专题研究 [M]. 广州：华南理工大学出版社，2010：2 - 3.

[7] 鲍士旦. 土壤农化分析 [M]. 北京：中国农业出版社，1999：40 - 178.

[8] 王艳芬，陈佐忠，Tieszen L T. 人类活动对锡林郭勒地区主要草原土壤有机碳分布的影响 [J]. 植物生态学报，1998，22 (6)：545 - 551.

[9] 苏永中，赵哈林. 土壤有机碳储量、影响因素及其环境效应的研究进展 [J]. 中国沙漠，2002，22 (3)：220 - 228.

[10] 方晰，田大伦，项文化，等. 杉木人工林土壤有机碳的垂直分布特征 [J]. 浙江林学院学报，2004，21 (4)：418 - 423.

[11] 黄昌勇. 土壤学 [M]. 北京：中国农业出版社，1999：192 - 197.

[12] 林德喜，樊后保，苏兵强，等. 马尾松林下套种阔叶树土壤理化性质的研究 [J]. 土壤学报，2004，41 (4)：655 - 659.

[13] 佘济云，田蜜. 长沙市城乡交错带湿地松人工林土壤特性 [J]. 武汉大学学报，2010，2 (1) 120 - 124.

[14] 刘景双，杨继松，于君宝，等. 三江平原沼泽湿地土壤有机碳的垂直分布特征研究 [J]. 水土保持学报，2003，17 (3)：5 - 8.

[15] 林初夏，吴志峰. 酸性硫酸盐土的酸度类型及其测定方法 [J]. 生态环境，2003，12 (4)：505 - 507.

[16] 祝寿泉，张粹雯. 红树林与酸性硫酸盐 [A]. 范航清，梁士楚. 中国红树林研究与管理 [M]. 北京：科学技术出版社，1995：6 - 12.

雷州半岛高桥红树林沉积物中砷的分布*

黄剑坚[1]，韩维栋[2]，刘素青[2]

（广东海洋大学：1. 寸金学院，2. 农学院，广东 湛江 524000）

摘　要：采用五态连续提取法（SEP）对雷州半岛高桥红树林群落内外不同深度的沉积物砷含量进行测定。结果表明，高桥红树林湿地 0 ～ 60 cm 深处沉积物中除 Al－结合态砷和 Ca－结合态砷含量低，难以检出外，交换态砷、残渣态砷、Fe－结合态砷皆可检出，沉积物砷积累以残渣态砷和 Fe－结合态砷为主，总砷测定含量为（7.34 ± 0.39）～（10.32 ± 0.48）mg/kg，其中以 20 ～ 40 cm 深处沉积物总砷测含量最多；不同深度沉积物砷含量中林内与林区外裸滩呈现不同的分布规律，林外裸滩－林缘－林内的表土总砷含量呈波浪式分布，以林缘为最高，总砷达（9.97 ± 1.29）mg/kg，林内显著大于林外裸滩（$P<0.05$），林内沉积物对砷的吸附强度较林外裸滩高。

关键词：红树林；沉积物；砷；雷州半岛高桥

中图分类号：S173　　　**文献标志码**：A　　　**文章编号**：1673－9159（2012）04－0088－06

the distribution of arsenic concentration in the mangrove sediments in Gaoqiao，Leizhou Peninsula

Huang Jianjian[1]，Han Weidong[2]，Liu Suqing[2]

（1. Cunjin College of Guangdong Ocean University；

2. Agricultural College of Guangdong Ocean University，Zhanjiang 524000，Guangdong）

Abstract：The As contents in sediments collected from inside mangrove and outside mangrove area in Gaoqiao，Leizhou Peninsula，were analyzed with SEP method. The result showed that the main fractions of As in the 0－60 cm deep sediments were in residual As and Fe-As forms，the fractions of Al-As and Ca-As were little and hardly could be detected. The exchangeable state As，Fe-As and residual state As did not obviously increase or reduced with the increase of sediments deepness outside and inside the area of the west village mangrove community，except for the exchangeable state As other forms of As contents in *Bruguiera gymnorrhiza* sediments of the area's Hongzhai tourist area were showed decreasing tendency with increasing sediment depth，and the As contents at surface sediments displayed a wave type distribution line from outside edge to inside edge of the area. The seawater wave was the main potential powerful factor to cause the mangrove arsenic concentration in the area.

Key words：mangrove；sediment；arsenic；Gaoqiao of Leizhou Peninsula

---

* 国家自然科学基金（31170511）；广东省海洋渔业科技推广专项基金（C20100813102523）。
原载于：广东海洋大学学报，2012，32（4）：88－93。

红树林为一种独特的陆海耦合的并具有高度复杂性的森林生态系统，其消浪护岸、净化环境、生物多样性栖息地等生态服务功能已引起了社会的极大关注[1-3]。我国在利用红树林处理重金属污水研究领域方面已做了广泛深入的研究[4,5]。重金属中的砷是一种类金属元素，具有致畸、致癌、致突变作用，在自然界中分布广泛，常以硫化物、砷酸盐的形式存在，并可通过食物链传播[6,7]，最终影响人类健康。国内关于红树林沉积物中 As 的报道较少。李柳强和丁振华等使用 Tessiser 法对国内红树林主要分布区沉积物中的砷含量、分布、形态以及影响因素进行系统的研究，指出人类活动是影响总砷的主导因素[8]；韩维栋等采用五态连续提取法（SEP）对特呈岛沉积物不同深度和不同群落内外砷含量进行了比较分析，白骨壤纯林内 0 ～ 60 cm 深处的沉积物，随着深度的增加而总砷含量增高，林外则相反；红海榄纯林内林外总砷分布规律与白骨壤纯林内一致，并提出了红树林酸性硫酸土的砷环境基准值为 60 mg/kg[9]。目前有关红树林砷的研究还缺少对红树林不同混交林群落内外砷分布规律的分析。笔者以高桥红树林保护区的不同混交林内外沉积物的砷含量为研究对象，分析红树林内外砷积累分布格局及分布规律，为环境砷污染水平监测提供参考，为合理利用天然红树林处理砷污染提供依据。

1　研究区域概况

湛江高桥红树林保护小区位于广东省最西端，北部湾东北角（21°31′N，109°40′E），为湛江红树林国家级自然保护区核心区，该地区气候类型为南亚热带海洋性季风气候，年平均气温 23.2℃，1 月平均气温为 15.5℃，7 月平均气温为 28.9℃。年均降水量为 1 417 ～ 1 802 mm，该地年日照时数为 1 864 ～ 2 160 h，太阳能年总辐射量为 4 270 ～ 4 940 MJ/m^2[10]。高桥红树林区拥有红树林湿地面积约 2 000 hm^2，是中国大陆现存连片红树林面积最大的红树林区，林带长达 27 km，分布有红树树种 26 种，鱼、贝、虾、蟹、昆虫、鸟类等 700 多种[11]。

2　研究方法

2.1　取样

取样点使用皮尺从林缘一直往外拉和往里拉，呈一直线，直线垂直于海岸线，在各位点做好标记，样点位于 8 处（图 1）。其中 3 号样点与 4 号样点在与红树林岸线垂直的同一直线上。3 号样点位于高桥西村白骨壤 + 桐花树混交林林区（距离林缘外 15 m），林相高约 3.5 m，郁闭度 0.8；4 号样点位于高桥红树林旅游区木榄林混交林林区（距离林缘外 15 m），林相高约 3.0 m，郁闭度 0.7。6 号样点为高桥西村白骨壤 + 桐花树混交林林缘外 30 m的裸滩。采用自制长 100 ～ 120 cm，外缘直径 10.5 cm，管壁厚 0.2 cm 的采样管分别在 3 号、4 号、6 号样点打桩获取地表至 60 cm 深处的沉积物样品，按土表向下深度0 ～ 20 cm，20 ～ 40 cm，40 ～ 60 cm 分别装入取样袋并标注。除 3 号、4 号、6 号样点外，其余样点 1 号、2 号、5 号、7 号、8 号皆采用采样管分别在样点直向打桩获取地表至 20 cm 深处的沉积物样品，分别装入取样袋并标注。采集的土样进行风干，研磨，过不同粒径筛孔备用。

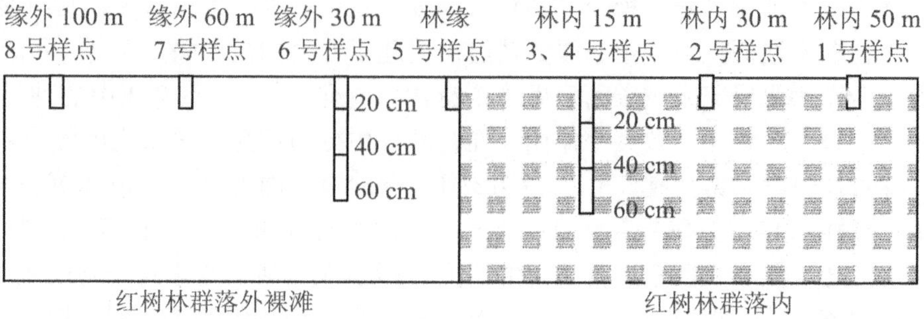

图 1　取样点分布

2.2　测定分析

采用氢化物－原子荧光光谱法（HG-AFS）进行总砷及砷形态的分析测定。砷的形态测定采用五态连续提取法（SEP）[11]。仪器采用双道原子荧光分析仪（北京金索坤 SK－2003 型）。分析中使用的酸和标准物质均为符合国家标准或专业标准的优级纯试剂，其他为分析纯试剂和去离子水。数据采用 Excel 2007 软件进行统计。数据以平均值 ± 标准差表示。

3　结果与分析

3.1　高桥红树林林区不同深度沉积物砷分布

3.1.1　白骨壤＋桐花树混交林林区不同深度沉积物砷分布

高桥西村红树林群落林内 0 ～ 60 cm 深处沉积物总砷测定值为（9.53 ±0.15）～（10.65 ±0.10）mg/kg（图 2），0 ～ 60 cm 深处沉积物（图 3）中各态砷主要以残渣态存在，含量 4.76 ～ 6.11 mg/kg，分布随着深度的增加而增加；其次为 Fe－结合态，表层含量最高，达 4.58 mg/kg；Al－结合态在表土微量存在，在 20 ～ 60 cm 深处未检测出；交换态含量（0.23 ± 0.002）～（0.31 ± 0.01）mg/kg，呈均匀分布；Ca－结合态在 0 ～ 60 cm深处沉积物中未检出。

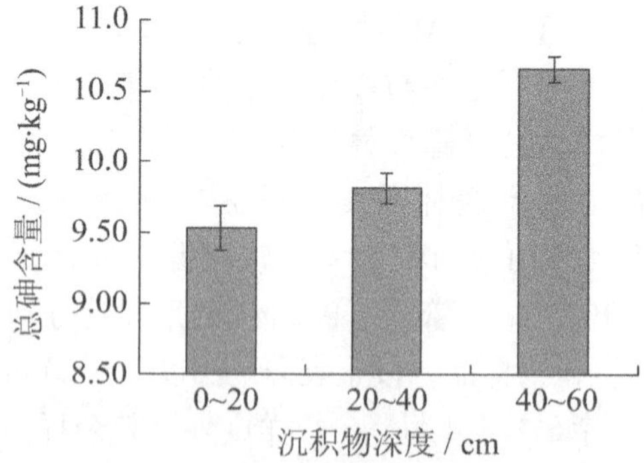

图 2　白骨壤＋桐花树混交林区
总砷不同深度分布

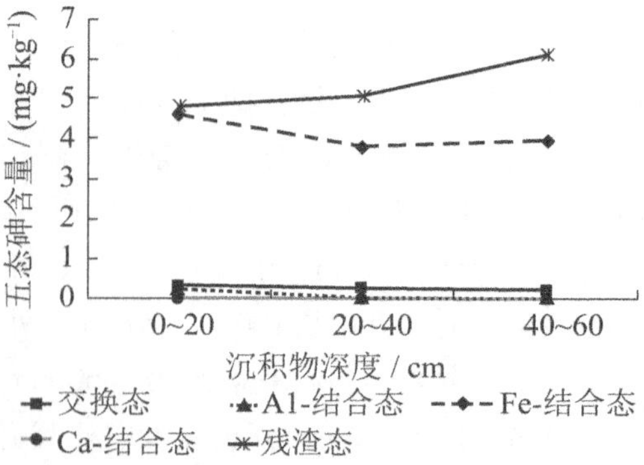

图 3　白骨壤＋桐花树混交林区
各态砷不同深度分布

3.1.2　木榄 + 秋茄混交林林区不同深度沉积物砷分布

高桥红寨旅游区高潮带木榄林内 0 ～ 60 cm 深处沉积物总砷含量为（1.77 ±0.06）～（5.34 ±0.08）mg/kg（图4），比西村混交林沉积物砷含量低；其含量和沉积物深度呈反比。交换态砷平均分布 0 ～ 60 cm 深处沉积物中（图 5），微量检出含量（0.20 ±0.01）～（0.21 ±0.01）mg/kg；Al – 结合态仅在 20 ～ 40 cm 深处沉积物中微量检出，约 0.30 ± 0.04 mg/kg；Fe – 结合态砷以 0 ～ 20 cm 沉积物中居多，分布随着沉积物深度的增加，含量减少；Ca – 结合态仅在 0 ～ 20 cm 深处沉积物微量检出，而混交林中未检出，可能与该点的沉积物中粗粒沙多有关。0 ～ 60 cm 深处沉积物中残渣态砷含量（1.52 ±0.04）～（2.99 ±0.11）mg/kg，残渣态砷、总砷等含量随着沉积物深度增加而含量减少。

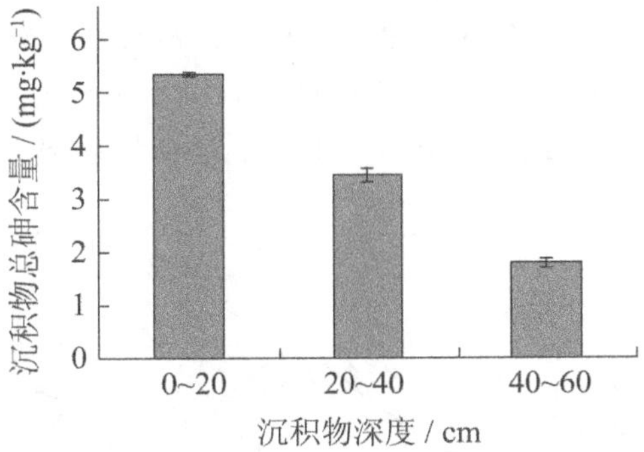

图 4　木榄 + 秋茄混交林总砷不同深度分布

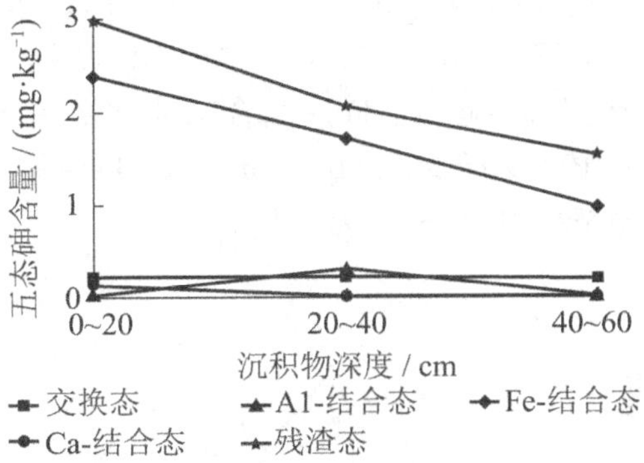

图 5　木榄 + 秋茄混交林沉积物不同深度的五态砷分布

3.2　红树林林区外裸滩不同深度沉积物砷分布

据图 6 可知，高桥西村林缘外 30 m 裸滩 0 ～ 60 cm 深处沉积物总砷测含量为（7.34 ±0.39）～（10.32 ±0.48）mg/kg，呈现中间层多，两头相对少的分布。交换态砷平均分布 0 ～ 60 cm 深处沉积物中（图 7），微量检出含量（0.21 ±0.01）～（0.25 ±0.01）mg/kg；Al – 结合态未检出；Fe – 结合态砷平均分布 0 ～ 60 cm 深处沉积物中，与林中分

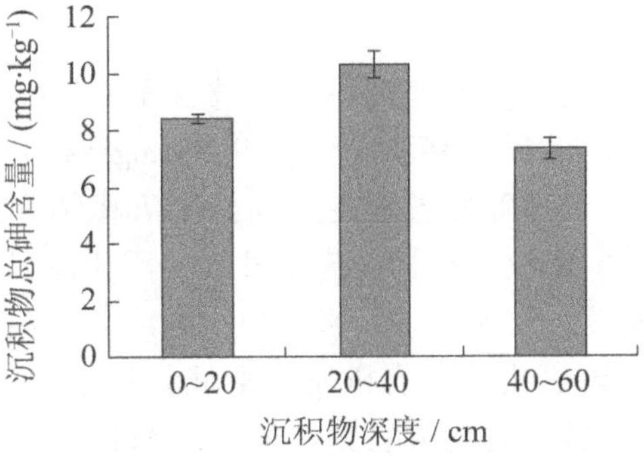

图 6　红树林区林缘外裸滩沉积物不同深度的总砷分布

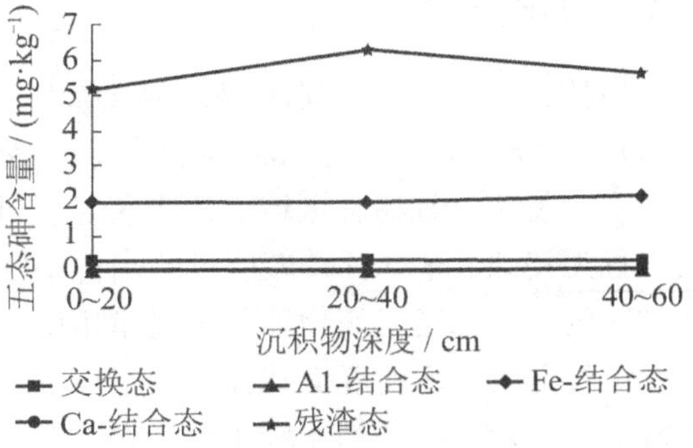

图 7　红树林区林缘外裸滩沉积物五态砷不同深度分布

布完全不一致，可能与无红树林树根的吸附有直接相关；Ca－结合态未检出；0 ～ 60 cm深处沉积物中残渣态砷含量（1.52 ±0.04）～（2.99 ±0.11）mg/kg，残渣态砷含量呈现中间层多，两头相对少的分布。

3.3 红树林群落内外表土总砷分布和各态砷分布

高桥红树林群落表土沉积物深度的沉积物总砷及各结合态砷含量分布规律（图8、图9）。总砷呈现波浪式分布，林缘外100 m含量最低，仅（2.79 ±0.39）mg/kg；林缘最高，总砷达（9.97 ±1.29）mg/kg。从林缘外向林内，呈递增趋势；从林缘朝岸方向，呈递减趋势。经T检验（p 值 =0.045 <0.05），可得林内沉积物和林外沉积物总砷含量差异显著，表明该红树林区沉积物中对砷的吸附强度林内较林外裸滩高。从林缘外裸滩到林内，残渣态砷林缘内30m的含量最高，达（5.19 ±0.27）mg/kg；林缘内50 m含量骤减，仅（2.47 ±0.08）mg/kg；残渣态砷从林缘外100 m向林缘，呈递增趋势；从林缘至林内50 m呈递减趋势。Fe－结合态砷含量在林缘外含量最高，为（5.02 ±0.16）mg/kg；林缘外100 m最少，仅0.96 mg/kg。Fe－结合态砷从林缘外100 m向林缘，呈递增趋势；从林缘至林内30 m呈骤减趋势。

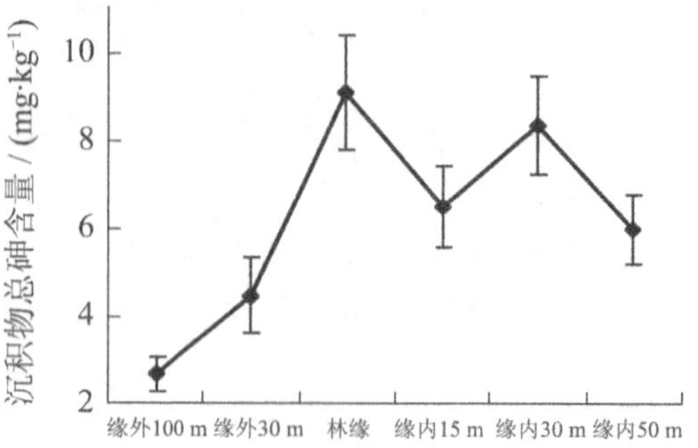

图8 红树林群落内外表土总砷分布

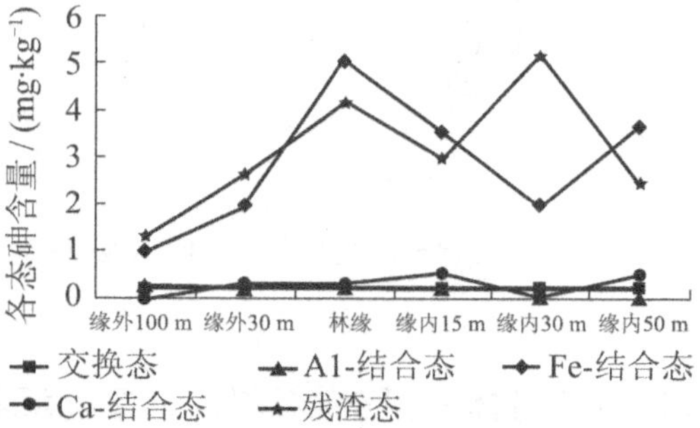

图9 红树林群落内外表土各态砷分布

4 讨论

4.1 总砷分布

高桥林内沉积物不同深度总砷含量比特呈岛林内不同深度沉积物总砷含量（2.65 ±0.16）～（8.86 ±0.44）mg/kg 高[9]，与李柳强检测的湛江高桥砷含量9.83 mg/kg基本一致[8]。特呈岛红树林区域受海浪侵蚀严重[1]，表土对砷的吸附能力远低于沉积物保持较好且无侵蚀、造陆活动较明显的高桥小区。高桥木榄混交林林区与白骨壤＋桐花树混交林林区的不同深度沉积物砷分布规律相反。究其原因，可能与该区域沉积物的成分有很大关系。经分析，木榄混交林林区位于高桥红树林旅游区内带，有机质含量低，粗沙粒多，受浸淹时间短，沉积物比较干燥，与之前西村白骨壤＋桐花树混交林林区沉积物完全不同。西村白骨壤＋桐花树混交林林区沉积物是淤泥，呈现黑、腥臭、pH低、水分含量高等特点。红树林岸线垂直的同一直线上不同深度的不同性质的沉积物对砷的吸附差别明显。与赵广孺、韩维栋的研究基本一致，不同红树林林区、不同采样点、不同深度的砷分布无明显规律[9,12]。其含量主要受其来源、细颗粒物质的吸附和絮凝、pH 值、有机质等影响[12-14]；而其他元素（如 Zn、Cr、Ni、Cu、Pb、Co、、Mo、Hg 等微量元素）分布规律明显[12,15-16]。据调查，高桥红树林附近 50 km 区域并没有含砷矿物的冶炼以及含砷化合物制造等工业的存在。那么，砷可能主要来源于陆上附近区域农业和养殖业含砷农药的施用。因此，在进行砷积累分布格局和分布规律分析时，必须进一步分析沉积物质地如盐度、pH 值、含水量、有机质等与砷含量的关系。

红树林群落内外表土总砷的分布呈现一定规律：林外低，林缘最高，林内次之，类似波浪对红树林的冲刷，林缘受力最大，在林内呈衰减趋势。即林外裸滩 - 林缘 - 林内表土总砷含量的分布呈波浪式分布的规律性。特呈岛的群落内外表土总砷的分布呈现同样的分布特点。经查阅资料，无文献可解释上述现象。是什么原因导致林缘表土总砷含量高，还有待于进一步研究。由于红树林沉积物中富集的 As 含量不仅取决于有机物含量，还取决于沉积物的特性、矿物组分、沉积环境、自然搬运和人为排放[17]。

4.2 不同形态砷分布

酸性和中性沉积物以 Al-As 和 Fe-As 为主，占总砷的 50% 左右，Ca-As 占总砷的 10% ～20%[18]。本文结果 Fe-As 最高，Al-As、Ca-As 和交换态 As 含量低或未能检出，说明沉积物的 Fe^{3+} 离子多而易与 AsO_4^{2-} 形成难溶性砷酸盐[18]，这与当地多 Fe^{3+} 离子的北部湾海洋环境的火山地质情况相关。在林内，含量高的如残渣态 As 和 Fe-As，在不同深度，含量差别大；林外含量差别小；残渣态砷不管在红树林群落内外表土分布，还是在 0 ～60 cm 深处，皆在各态中呈现最高，与该区域沉积物特性有很大的关系。因此，各态砷呈现不同的分布规律，是由各种环境因子的共同作用从而决定了红树林 0 ～60 cm 深处沉积物中各态 As 的含量、分布、形态和迁移特征[8]。在进行红树林砷含量测定，包括其他种类重金属测定，样点选择至关重要，在样点选择上尚有待进一步改进。本文仅仅对红树林区两种主要群落的土壤砷进行了检测分析，而对研究区域其他红树群落沉积物中砷的吸附沉积机理未进行全面探讨，有待继续深入研究。

5 结论

红树林白骨壤 + 桐花树混交林林区林内外沉积物交换态、Fe - 结合态与残渣态砷等随着沉积物深度的增加，含量增加或减少的趋势不明显。木榄混交林林区的各态砷含量除了交换态砷外都随着沉积物深度的增加而有含量减少的趋势。高桥红树林林内及林缘外滩涂沉积物属无砷污染的自然沉积物，沉积物砷含量 <11 mg/kg。红树林区沉积物砷积累分布格局和分布规律会因立地、潮汐、淡水流向、不同树种组合特征等因子的影响而导致总砷及各形态砷含量的差异，因而高桥红树林林区不同深度沉积物砷分布和红树林林区外裸滩不同深度沉积物砷分布呈现不同的分布规律。在红树林群落内外表土总砷含量的分布，从林缘外至林内，初步分析具有波浪式分布的规律性，以林缘为最高。潮汐海浪为影响红树林沉积物中表土总砷分布的主要因子。

参考文献

[1] 韩维栋，高秀梅．雷州半岛红树林生态系统及其保护策略［M］．广州：华南理工大学出版社，2009：1－12.

[2] 王文卿，王瑁．中国红树林［M］．北京：科学出版社，2007：1－5.

[3] 宋南，翁林捷，关煜航．红树林生态系统对重金属污染的净化作用研究［J］．中国农学通报，2009，25（21）：305－309.

[4] Chen G Z，Miao S Y，Tam N F Y，et al. Effect of synthetic waste water on young Kandelia candel plants growing under greenhouse conditions［J］．Hydrobiologia，1995（295）：263－273.

[5] Wong Y S. Tam N F Y，Chen G Z，et al. Response of Aegiceras corniculatum to synthetic sewage under simulated conditions［J］．Hydrobiologia，1997，（352）：89－96.

[6] Mandal B K，Suzuki K T. Arsenic round the world a review［J］．Talanta，2002，58：201－235.

[7] 毕伟东，王成艳，王成贤．砷及砷化物与人类疾病［J］．微量元素与健康研究，2002，19（2）：76－79.

[8] 李柳强，丁振华，刘金铃，等．我国红树林主要分布区表层沉积物砷的分布及形态特征［J］．环境科学研究，2008，21（6）：171－175.

[9] 韩维栋，高秀梅，黄剑坚，等．特呈岛红树林沉积物总砷及多态砷含量测定［J］．湖南林业科技，2008（6）：25－27.

[10] 林广旋，卢伟志．湛江高桥红树林及周边地区植物资源调查［J］．广东林业科技，2011，27（5）：38－43.

[11] 武斌，廖晓勇，陈同斌，等．石灰性沉积物中砷形态分级方法的比较及其最佳方案［J］．环境科学学报，2006，26（9）：1468－1472.

[12] 赵广孺，王军广，赵志忠，等．海南岛北部红树林区沉积物中微量元素含量及垂直分布特征［J］．安徽农业科学，2011，39（26）：16097－16099；16138.

[13] 李柳强，丁振华，刘金铃，等．中国主要红树林表层沉积物中重金属的分布特征及其影响因素［J］．海洋学报，2008，30（5）：159－164.

[14] 陈世宝，华珞，白玲玉，等．有机质在土壤重金属污染治理中的应用［J］．农业环境与发展，1997，14（3）：26－30.

[15] 谢海伟，文冰，郭勇，等．深圳福田红树植物群落特征及金属元素分布状况［J］．广西植物，2010，30（1）：64－69.

[16] 郑文教，林鹏．深圳福田白骨壤红树林 Cu，Pb，Zn，Cd 的累积及分布［J］．海洋与湖沼，1996，27（4）：386－393.

[17] Singh A K，Benerjee D K. Grain size and geochemical partitioning of heavy metals in sediments of the Damodar River：a tributary of the lower Ganga，India［J］．Environ Geol，1999，39（1）：91－98.

[18] Samuel V H，Rudy S，Carlo V，et al. Solid phase speciation of arsenic by sequential extraction in standard reference materials and industrially contaminated sediments samples［J］．Environmental Pollution，2003，122：323－342.

特呈岛红树林土壤总砷及多态砷含量测定*

韩维栋，高秀梅，黄剑坚，凌大炯，刘亚云
（广东海洋大学农学院，广东 湛江 524088）

摘　要：采用氢化物－原子荧光光谱法分析表明：特呈岛红树林中白骨壤古树群落和红海榄群落土壤无砷污染，总砷含量及五态砷合计含量均小于 10 mg/kg，其中以残渣态砷和 Fe－结合态砷为主，后者占五种形态砷合计的 25.6%～72.2%，土壤 Fe－结合态砷 > 交换态砷 > Al－结合态砷 > Ca－结合态砷。

关键词：红树林；土壤；总砷多态砷；含量；特呈岛
中图分类号：S153.6　　**文献标识码：**A　　**文章编号：**1003－5710（2008）06－0025－03

特呈岛有红树林 50.7 hm^2，是中国海岸最漂亮的红树林之一，其中白骨壤古树群落有古树植株 500 余株[1]。研究其红树林砷多态含量水平可反映港区砷污染及其在红树林植株积累的现状，为将来的砷污染水平监测提供参考。

1　研究地概况

特呈岛是湛江港内的一个小岛，位于东经 110°25′～110°27′，北纬 21°09′～21°10′，北邻湛江市区与南三岛相距约 800 m，东南为港湾出海口与太平洋相连，南为宽阔海湾与东头山岛和东海岛相望，西靠湛江港第四作业区，离市区霞山码头 1.4 km。全岛南北宽 1.4 km，东西长 2.7 km，海岸线长 7.44 km，面积约 3.6 km^2。特呈岛地形平缓，岛上高程一般在黄海标高 5.5～9.0 m 之间。岛上 40 年来的平均年气温为 23.1℃，最高（7 月）月均气温为 28.9℃，最低（1 月）月均气温为 15.6℃，属热带北缘季风气候，夏季多台风。

湛江港潮汐属不规则半日潮，大小潮位由湾外到湾内逐步增高，潮汐涨落时间港内要比港外的硇洲岛延迟 2～3 h，根据湛江港历年（34 年）记录潮汐资料计算并换算为黄海系标高：历年平均高潮位 1.3 m，平均低潮位 －0.98 m，潮差 2.28 m；历年最高潮位 4.88 m（1980 年 7 月 22 日），历年最低潮位 －2.48（1975 年 1 月 28 日）；大潮平均高潮位 2.2 m，大潮平均低潮位 －1.56 m；小潮平均高潮位 0.44 m，小潮平均低潮位 －0.37 m。港湾内以风波为主，涌浪很少，一般波高 0.3 m，港湾内最大的优点是水深浪静。特呈岛附近航道涨潮流速 0.6 m/s，退潮流速 1.13 m/s，霞山—麻斜航道涨潮流速 0.5 m/s，退潮流速 1.25 m/s。总的说来，港湾内退潮流速比涨潮流速大[1]。特呈岛风

* 基金项目：湛江市科技招标项目（2004－3－1）；广东海洋大学红树林闭队项目（0712117）。
原载于：湖南林业科技，2008，35（6）25－27。

景秀丽，资源丰富，是湛江港港口作业区的天然屏障，地理位置得天独厚。

2 研究方法

2.1 红树林样地概况

土样采集于特呈岛东村的白骨壤古树群落（Ass. Avicenniamarina）和红海榄群落（Ass. Rhizophora stylosa）。这2个群落分布于东村至里村的近岸潮间带上，林地海水（土壤自由水）盐度22‰、pH值7.9。白骨壤群落是特呈岛的主要红树林群落，总面积约40 hm^2，高潮时其林地地表浸水深0.5～1.2 m，有较多直径2～5 cm的砾石，土壤为灰色多砾石的沙质土壤，深40～50 cm，林缘外为沙质土壤，土壤深30～60 cm；有机质含量20%～30%，群落灰绿色，植株胸径12～25 cm，林冠高3～6 m，郁闭度为0.85～1.00。红海榄群落林地地表高潮时浸水深0.4～1.0 m，为灰黑色粘质土壤，林缘外为泥沙质土壤，有机质含量25%～37%，群落绿色，林冠高2～3.5 m，郁闭度为0.7～0.95，植株支柱根极为发达。

2.2 取样与测定方法

采用自制长100～120 cm，外缘直径10.5 cm，管壁厚0.2 cm的PVC管分别于2个红树林群落内、林缘外滩涂垂直向下打桩，取地表至60 cm深的土壤样品，按深度0～20 cm、20～40 cm、40～60 cm分别装入取样袋并标注，同时分别在林内土壤取样点采集白骨壤或红海榄植株根、粗枝、叶。4个取样点GPS为：红海榄林外30 m处，110°09.205′E，21°26.027′N；红海榄林内15 m处，110°09.195′E，21°26.023′N；白骨壤林外30 m处，110°09.084′E，21°26.204′N；白骨壤林内15 m处，110°09.067′E，21°26.200′N。采集土样风干，研磨，过不同孔径筛后备用。

采用氢化物-原子荧光光谱法（HG-AFS）进行总砷及砷形态的分析测定。砷的形态测定采用五态连续提取法（SEP）[2]，称取样品0.5 g，加入1 mol/L NH_4Cl 25 mL，振荡0.5 h，离心分离得提取的上清液，测定第一态（交换态）；残余物加0.5 mol/L NH_4F 25 mL，振荡1 h，离心分离得提取上清液，测定第二态（Al-结合态）；残余物加0.1 mol/L NaOH 25 mL，振荡17 h，离心分离得提取上清液，测定第三态（Fe-结合态）；残余物加0.25 mol/L H_2SO_4 25 mL，振荡1 h，离心分离得提取上清液，测定第四态（Ca-结合态）；第五态（残渣态）砷、土壤总砷及植物样品总砷含量采用硝酸-硫酸-高氯酸消煮后，内含物定容至25 mL，其间加入100 g/L硫脲5 mL和抗坏血酸1∶1混合液，补水至刻度并混匀，待测，其他各种形态砷的含量则将提取液用定量滤纸过滤后待测。1%硼氢化钾为还原剂，超纯水为载流，用双道原子荧光分析仪（北京金索坤SK-2003型）测定待测液的砷浓度。分析中使用的酸和标准物质均为优级纯试剂，其他为分析纯试剂和去离子水。数据统计采用Excel和SPSS软件。

3　结果与分析

3.1　特呈岛红树林群落土壤总砷含量

特呈岛白骨壤群落土壤总砷测定结果：林内土壤为（2.8212 ±0.1865）～（6.2737 ±0.3597）mg/kg，林缘外滩涂土壤为（1.2993 ±0.1103）～（8.5859 ±0.4722）mg/kg；各态测定值合计的砷含量对应前组数据分别为（3.3874 ±0.0172）～（7.6984 ±0.3798）mg/kg 和（1.4643 ±0.3443）～（5.2706 ±0.1365）mg/kg（见表 1）。其中林内 20 ～40 cm深土壤与 0 ～20 cm 深土壤的砷含量相近并较其他土层的砷含量高，其原因一方面是该林缘外裸露滩涂是由白骨壤群落消失后林地转化的结果，另一方面是地表受侵蚀使林缘外原有 0 ～20 cm 深的土层消失。

表 1　特呈岛白骨壤群落土壤总砷及各结合态砷含量

单位：mg/kg

砷的形态	白骨壤群落林内土壤砷含量		白骨壤群落林外裸滩土壤砷含量		
	0 ～20 cm 深土壤	20 ～40 cm 深土壤	0 ～20 cm 深土壤	20 ～40 cm 深土壤	40 ～60 cm 深土壤
交换态	0.200 8 ±0.017 9	0.336 0 ±0.000 1	0.216 4 ±0.011 3	0.199 7 ±0.000 3	0.189 7 ±0.001 1
Al－结合态	0.116 9 ±0.121 5	未测出	未测出	未测出	0.102 2 ±0.047 8
Fe－结合态	1.339 0 ±0.125 8	3.160 9 ±0.365 1	1.929 3 ±0.064 6	1.576 2 ±0.063 6	1.057 30 ±0.091 5
Ca－结合态	未测出	未测出	未测出	未测出	未测出
残渣态	1.688 5 ±0.042 1	4.667 4 ±0.304 5	3.189 9 ±0.132 5	0.781 6 ±0.147 2	0.509 9 ±0.024 3
各态砷合计	3.387 4 ±0.017 2	7.698 4 ±0.379 8	5.270 6 ±0.136 5	2.172 8 ±0.455 5	1.464 3 ±0.344 3
总砷测定值	2.821 2 ±0.186 5	6.273 7 ±0.359 7	8.585 9 ±0.472 2	1.299 3 ±0.110 3	1.562 8 ±0.318 0

特呈岛红海榄群落总砷测定结果：林内土壤为（2.6494 ±0.1574）～（8.8568 ±0.4412）mg/kg，林缘外滩涂土壤为（5.7187 ±0.2673）～（8.9076 ±0.5023）mg/kg；各态测定平均值合计的砷含量对应前组数据分别为（2.9012 ±0.3129）～（8.7269 ±0.0911）mg/kg 和（7.4343 ±0.5520）～（8.1281 ±0.5787）mg/kg（见表 2），砷各态合计含量裸滩土壤显著高于林内土壤。其中林内 20 ～40 cm 和 40 ～60 cm 深土壤与林缘外滩涂 0 ～20 cm 深土壤的砷含量较高，其原因一方面是该林缘外裸露滩涂是由红海榄群落消失后林地转化的结果，另一方面地表侵蚀林缘外原有 0 ～30（40）cm 深的土层消失。

3.2　特呈岛红树林群落土壤各态砷含量

特呈岛红树林群落土壤砷积累以残渣态砷和 Fe－结合态砷为主。其中 Fe－结合态砷含量以红海榄群落外 30 m 处裸滩 40 ～60 cm 深土层的最低，其含量占各态砷合计的 25.6%、占总砷测定值的 23.3%；以白骨壤群落林外裸滩 40 ～60 cm 深土层的最高，其含量占各态砷合计的72.2%、占总砷测定值的67.7%。其次是交换态砷、Al－结合态和Ca－结合态砷，含量低常难以检测（表1、表2）。0～20 cm深土层，白骨壤群落和红海榄群落林内土壤Al－结合态和Ca－结合态砷含量大小存在相异的现象，原因是前者砾石等粗砂粒较后者多，同时可能还受潮汐等因子的影响。特呈岛白骨壤群落林内土壤交换态、Fe－结合态与残渣态砷有随着土层深度的增加而含量增加的趋势，而林外滩涂土壤则相反。特呈岛红海榄群落此趋势不明显，如残渣态砷含量随土深增加而增加（表2）。

表2　特呈岛红海榄群落外裸滩土壤总砷及各结合态砷含量

单位：mg/kg

砷的形态	红海榄群落林内土壤砷含量			红海榄群落林外30 m处裸滩土壤砷含量		
	0～20 cm深土壤	20～40 cm深土壤	40～60 cm深土壤	0～20 cm深土壤	20～40 cm深土壤	40～60 cm深土壤
交换态	0.019 8 ±0.001 9	0.070 7 ±0.006 4	0.278 4 ±0.004 9	0.214 2 ±0.002 0	0.015 9 ±0.001 3	0.007 4 ±0.000 2
Al－结合态	0.219 2 ±0.123 9	0.191 0 ±0.003 2	未测出	未测出	未测出	未测出
Fe－结合态	1.732 6 ±0.048 6	1.670 5 ±0.055 9	4.524 6 ±0.079 4	2.693 8 ±0.312 1	2.833 1 ±0.379 2	2.079 2 ±0.380 8
Ca－结合态	0.010 3 ±0.137 3	未测出	0.903 8 ±0.193 8	未测出	未测出	未测出
残渣态	1.561 4 ±0.047 7	1.282 7 ±0.022 5	3.104 1 ±0.138 8	4.719 1 ±0.247 9	5.265 6 ±0.062 1	5.908 8 ±0.085 1
各态合计	3.637 6 ±0.297 9	2.901 2 ±0.312 9	8.726 9 ±0.091 1	7.434 3 ±0.552 0	8.115 0 ±0.330 6	8.128 1 ±0.578 7
总砷测定值	2.649 4 ±0.157 4	5.162 9 ±0.462 9	8.856 8 ±0.441 2	5.718 7 ±0.267 3	7.819 2 ±0.537 1	8.907 6 ±0.502 3

4　结论与讨论

特呈岛红树林林内及林缘外滩涂土壤属无砷污染的自然土壤，土壤砷含量<10 mg/kg。但也会因立地和潮汐特征等因子的影响而导致总砷及各形态砷含量的差异。

在酸性和中性土壤中，以Al-As和Fe-As为主，占总砷量的50%左右，Ca-As占总砷量的10%～20%[2]。在酸性土壤中以Al-As最高，其次是Fe-As，而Ca-As比前两者都要低[3]。本文结果Fe-As最高，其次是A-As，而Ca-As比前两者都要低或未能测出。说明其土壤Fe^{3+}离子多而易与AsO_4^{2-}形成难溶性砷酸盐[4]，这与当地多Fe^{3+}离子的红礁石的地质情况相关。

我国土壤砷元素背景值为9.6 mg/kg，2.5～33.5 mg/kg[5]，含砷农药施用、含砷矿物的冶炼以及含砷化合物制造等工业废物的排放、含砷货物运输均可能导致土壤砷的污染。土壤砷污染会使人居环境及农产品砷含量升高，进而危害人畜健康。砷在土壤中以无机态为主，在氧化条件下砷酸盐是其主要形态，在还原条件下亚砷酸盐是主要形态。亚砷酸盐在酸性土壤中容易被铁、铝等氧化物固定，毒性较低。而亚砷酸盐在土壤中的溶解度较高，毒性也较强[6]。红树林土壤是典型的酸性硫酸土，pH值偏低，可出现H^+、Fe^{2+}、Mn^{2+}的毒害以及其他有害物质的转化，从而加剧砷对植物的毒害。参考其他土壤类型的砷环境基准值[7]，红树林酸性硫酸土的砷环境基准值建议定为60 mg/kg。

参考文献

[1] 韩维栋，高秀梅．特呈岛红树林资源保护与利用［J］．林业资源管理，2007，29（2）：77－81.

[2] Samue l V H，Rudy S，Carlo V，et al. Solid phase speciation of arsenic by sequential extraction in standard reference material sand industrially contaminated soil samples［J］．Environmental Pollution，2003，122：323－342.

[3] 武斌，廖晓勇，陈同斌，等．石灰性土壤中砷形态分级方法的比较及其最佳方案［J］．环境科学学报，2006，26（9）：1468－1472.

[4] 胡省英，冉伟彦．土壤环境中砷元素的生态效应［J］．物探与化探，2006，30（1）：83－91.

[5] 中国环境监测总站．中国土壤元素背景值［M］．北京：中国环境科学出版社，1990.

[6] Voigt D E，Brantley S L. Hannet R J C. Chemical fixation of arsenicin contaminated soils［J］．Applied Geochemistry，1996，11：633－43.

[7] 李勋光，顾宗濂，李小平，等．几种类型土壤中砷环境基准的比较研究［J］．土壤学报，1995，32（3）：341－348.

第5章

红树植物利用研究

白骨壤果实水提物的急毒试验及致突变性评价*

高秀梅，韩维栋，于增杰
（广东海洋大学农学院，广东 湛江 524088）

摘　要：为了检测白骨壤果实水提物的急性毒性和致突变性，采用改良寇氏法进行急性经口毒性试验；采用小鼠骨髓嗜多染红细胞微核试验，对受试物进行致突变性研究。结果表明，白骨壤果实水提物经口 LD_{50} >10 000 mg/kg，小鼠骨髓嗜多染红细胞微核试验显示无诱发微核作用。白骨壤果实水提物属实际无毒级物质，在该实验条件下，无致突变作用。

关键词：白骨壤的果实水提物；急性毒性试验；骨髓微核试验

白骨壤是真红树植物种类之一，在我国自然分布于海南、广东、广西、福建等地沿海滩涂，是这些沿岸低潮至高潮带的广布种，并常组成较大面积的单优群落。其果实富含淀粉，直径 1 ～ 2 cm，单个鲜果重 2 ～ 3 g，果期 6 ～ 9 月，民间作为人类食物或猪的饲料。白骨壤果实含单宁，直接食用有苦涩味，故民间常采取水煎法进行加工。民间经验表明不同土壤上生长的白骨壤，果实食用品质迥异。在泥质滩涂上生长的无苦味，质软；在沙质滩涂上生长的则略带苦味，质硬。由于较广泛地作为食物利用，白骨壤的果实目前仍作为红树林植物产品在海岸农贸市场上进行商品交易。白骨壤果实除作为粮食、菜肴或盐浸做早菜直接给人类食物外，还能作为酿酒的原料。白骨壤果实在民间有广泛的用途，但未见对其安全性评价的资料，本文通过急性毒性试验和骨髓微核试验对其安全性进行评价，以丰富毒理学资料。

1　材料与方法

1.1　白骨壤果实水提物的制备

白骨壤果实采集于广东湛江特呈岛，由广东海洋大学农业生物技术研究所鉴定。将白骨壤果实阴干、粉碎后，过 40 目筛，称取干粉 50 g，加 500 mL 蒸馏水浸泡 1.5 h，温火煎煮 1 h，过滤，加 400 mL 蒸馏水继续煎煮 1 h，将两次滤液合并，浓缩至 50 mL，每毫升含生药 1 g。

1.2　试验动物

KM 小白鼠 200 只，普通级，体重分别为 18 ～ 22 g 和 25 ～ 30 g，雌雄各半，购于广

* 广东省湛江市科技招标项目（2004－3－1）；广东海洋大学红树林团队项目（0712117）。
原载于：林业科技开发，2008，22（4）：98－99。

西医科大学实验动物中心，合格证号：桂 SCXK2003－0003，饲养观察 7 d 后用于试验。

试验动物的饲养环境温度控制在 25 ～ 28℃，湿度为 60% ～ 80%，室内无对流风。饲料为广东医科大学动物实验中心提供的小鼠全价颗粒料，自由采食、饮水，每日更换饮水 1 次，隔天更换 1 次垫料。

1.3 试验器材

小型粉碎机，PHS－3C 型数字酸度计（杭州梵隆仪器有限公司，型号：PHS－3C），高压蒸汽灭菌器（上海博讯实业有限公司医疗设备厂，型号：YXQ－SG46－280S），眼科剪，眼科镊，带油镜头显微镜，细胞计数器，小鼠灌胃器（广东医科大学动物实验中心）。

1.4 试剂

乙醇（分析纯）、甲醇（分析纯）、甘油（分析纯）、小牛血清（长春宝泰克生物制剂公司）、环磷酰胺（江苏恒瑞医药股份有限公司产品），吉姆萨储备液（取吉姆萨染料 1 g，甘油 66 mL，甲醇 60 mL。先将染料置于研钵内，加入少量甘油混合研细，再分次倒入剩余的甘油继续研磨，然后转移置烧杯内继续研磨，然后转移置烧杯内，加入少量甘油混合研细，于 60℃放置 2 h，冷却后加入甲醇，混和静置 14 d，过滤于棕色瓶内，存放于阴凉处。临时用 pH614 的磷酸盐缓冲液配成 10% 的应用液）。

1.5 试验方法

1.5.1 急性经口毒性试验（改良寇氏法）

急性经口毒性试验按改良寇氏法[1,2]进行。将 18 ～ 22 g 小鼠随机分为 5 组，每组雌、雄各 5 只，组间剂量比为 1∶0.7，各组剂量分别为 20 000，14 000，9 800，6 860，4 802（mg/kg），灌胃体积为 0.02 mL/g 体重，灌胃前隔夜禁食 8 h，给药后依表 1 观察 7 d 内动物的一般活动情况及存活情况。记录中毒症状及死亡情况，求出 LD_{50}。

表 1　白骨壤果实水提物的动物急性毒性试验观察

观察项目	表现和症状
自发活动	增多、减少、窜动和倦卧不动
肌肉运动	震颤、抽搐、麻痹、共济失调
肌张力	增强、减弱、肌强直、肌松弛
反应	紧张不安、反应迟钝
植物神经	竖毛、流泪、流涎、凸眼、腹泻、扭体反应
呼吸	抑制、急促、衰竭
皮肤颜色	苍白、紫绀、充血
死亡时间	急死、缓死
死亡症状	挣扎、角弓反张、口吐白沫

1.5.2 小鼠骨髓嗜多染红细胞微核试验[3]

将 25 ～ 30 g 小白鼠 50 只，随机分为 5 组，每组 10 只，雌雄各半。Ⅰ组为阴性对照组，Ⅱ、Ⅲ、Ⅳ组分别给予不同剂量的白骨壤果实水提物，Ⅴ组为阳性对照组。其中阴性对照组给予生理盐水（SW），阳性对照组给予环磷酰胺（CP）100 mg/kg，受试物的 3 个剂量分别为 5 000，2 500，1 250（mg/kg）。给予受试物的方法为灌胃，连续 2 次，间隔 24 h。在第 2 次给予受试物后 6 h，将各组小鼠脱颈处死，分别取其两侧股骨制骨髓涂片，将干燥的涂片置于甲醇液中固定 10 min，取出晾干，固定好的涂片用 1∶10 吉姆萨 －磷酸盐缓冲液（pH 6.4）染色 20 min，备检，采用双盲法阅片。每张玻片计数 1000 个嗜多染红细胞（PCE），并计数含微核的嗜多染红细胞数。微核率按下式计算，并以千分率表示：嗜多染红细胞微核率（‰）=（含微核的嗜多染红细胞数/嗜多染红细胞总数）×1000。用 t 检验比较各组供试小鼠微核率的差异[4]。

2　结果与分析

2.1　经口急性毒性试验

试验结果：小鼠给药后无兴奋、不安、窜动、跳跃、竖毛、流泪、流涎、凸眼、扭体反应等现象，于给药后 1 h 内恢复安静，采食饮水均正常，整个实验期间没有动物死亡，观察 7 d。第 8 天称体重后处死小鼠，解剖发现胃充盈，肠无胀气。解剖肉眼观察心、肝、脾、肺、肾、肾上腺、胸腺、卵巢、子宫、睾丸、胃、肠及胸腔、腹腔，各器官均无异常，高剂量组试验前体重为（22.72 ± 1.37）g，称量后的体重为（25.53 ± 1.31）g，LD_{50} >10 000 mg/kg，属实际无毒级物质。

2.2　小鼠骨髓嗜多染红细胞微核试验

由表 2 可见，各剂量组小鼠骨髓嗜多染红细胞微核率与阴性对照组比较，差异无显著性（$P>0.05$）；而阳性对照组与阴性对照组相比，差异极显著（$P<0.01$）。各剂量组间无明显差异，说明动物敏感，试验数据可靠。结果表明：受检样品对小鼠骨髓嗜多染红细胞微核试验结果为阴性。

表 2　白骨壤果实水提物的骨髓微核试验结果统计

组别	剂量 /（mg·kg^{-1}）	动物数 /只		PCE 数 /个		微核数 /个		微核率 /‰	
		雌	雄	雌	雄	雌	雄	雌	雄
Ⅰ	SW	5	5	5000	5000	27	27	5.4	5.4
Ⅱ	5000	5	5	5000	5000	35	37	7.0	7.4
Ⅲ	2500	5	5	5000	5000	37	29	3.7	5.8
Ⅳ	1250	5	5	5000	5000	24	30	4.8	6.0
Ⅴ	100（CP）	5	5	5000	5000	115	119	23**	23.8**

注：与阴性对照组比较。**：$P<0.01$。

3　结论与讨论

（1）小鼠骨髓嗜多染红细胞微核试验主要是对染色体结构完整性的改变进行评估。

微核是在细胞的有丝分裂后期，染色体有规律地进入子细胞形成细胞核时，仍然留在细胞质中的染色单体或染色体的无着丝粒断片或环。它在末期以后单独形成一个或几个规律的次核而被包含在子细胞中的胞质内而形成，由于它比核小得多，故称微核。在形态上，微核为完全游离于细胞浆中，染色及结构与主核一致，体积小于主核 1/3 的小核。微核的出现往往是由于受到染色体断裂剂作用的结果，另外也可能在受到纺锤体毒物的作用时，主核没有能够形成，代之以一组小核。此时小核往往比一般典型的微核稍大，染色与细胞核一致，呈圆形或杏仁状。因而微核试验能够检测化学或其他物质因素是否破坏细胞染色体的完整性，是否影响染色体的正常分离，能否引起致突变作用[5-7]。

（2）本研究利用小鼠骨髓嗜多染红细胞微核试验，对白骨壤果实水提取物的致突变性进行了评价。研究结果表明，白骨壤果实水提取物为实际无毒物质，在该实验条件下，无致突变作用。

参 考 文 献

[1] 徐淑云，卞如濂．药理实验方法学［M］．北京：人民卫生出版社，2002.
[2] 中华人民共和国卫生部．食品安全性评价程序和方法［S］．中华人民共和国卫生部，1994.
[3] 沈建中．动物毒理学［M］．北京：中国农业出版社，2002.
[4] 俞渭江．生物统计附实验设计［M］．北京：中国农业出版社，1980.
[5] 辛力，王彦泓，李伟．极替沙星遗传毒性及致突变作用的研究［J］．癌变·突变·畸变，2002，14(1)：36－38.
[6] 中华人民共和国卫生部．化妆品卫生规范［S］．中华人民共和国卫生部，2002.
[7] 曹佳，林真，余争平．微核试验原理方法及其在人群监测和毒性评价中的应用［M］．北京：医学科学出版社，2000.

白骨壤叶总黄酮的超声辅助提取及抗氧化活性研究*

夏杏洲[1,2]，韩维栋[3]，杨维[1]，郭远鑫[1]，王维民[1]，谌素华[1]

（1. 广东海洋大学食品科技学院，广东 湛江 524088；
2. 华南理工大学轻工与食品学院，广东 广州 510640；
3. 广东海洋大学农学院，广东 湛江 524088）

摘 要：在单因素试验基础上，采用响应面分析法研究乙醇体积分数、固液比、超声功率和提取时间4个白骨壤叶总黄酮超声辅助提取因素，并比较白骨壤叶总黄酮的体外抗氧化作用。结果表明：白骨壤叶总黄酮超声提取的最佳工艺条件为以粒度40～60目的白骨壤叶干粉为原料、乙醇体积分数为64.39%、固液比为1:28.20（g/mL）、提取功率为293.63W、提取时间为40 min，该条件下白骨壤叶中总黄酮提取率为4.185%。白骨壤叶总黄酮体外清除羟自由基、超氧阴离子自由基和1，1－二苯基苦基苯肼（DPPH）自由基的 IC_{50} 值分别0.232，0.829，23.692（mg/L），其清除3种自由基的能力均高于VC。

关键词：白骨壤叶；黄酮；超声辅助提取；响应面分析法；抗氧化活性

中图分类号：R284.2　　**文献标识码：**A　　**文章编号：**1002－6630（2012）14－0020－05

Ultrasonic-assisted extraction and antioxidant activity of total flavonoids from *Avicennia marina* leaves

Xia Xingzhou[1,2], Han Weidong[3], Yang Wei[1],
Guo Yuanxin[1], Wang Weimin[1], Chen Suhua[1]

(1. Food Science and Technology College of Guangdong Ocean University, Zhanjiang 524088, Guangdong;
2. College of Light Industry and Food Sciences, South China University of Technology, Guangzhou 510640, Guangdong; 3. Agriculture College of Guangdong Ocean University, Zhanjiang 524088, Guangdong)

Abstract: On the basis of one-factor-at-a-time experiments, response surface analysis was employed to optimize four process parameters affecting the ultrasonic-assisted extraction of total flavonoids from *Avicennia marina* leaves including ethanol concentration, solid-to-solvent ratio, ultrasonic power and extraction time. Besides, the antioxidant activity *in vitro* of total flavonoids from *Avicennia marina* leaves was evaluated. The optimal extraction conditions were found as follows: dried *Avicennia* marina leaf powder (particle size: 40－60 mesh) was extracted with 64.39% aqueous ethanol solution at a solid-to-solvent ratio of 1:28.20

* 广东省科技厅科技计划项目（2008A030203007）；广东海洋大学自然科学基金－红树林团队项目（0712117）。
原载于：食品科学，2012，33（14）：20－24。

(g/mL) and a ultrasonic power of 293.63 W for 40 min. Under these conditions, the extraction yield of total flavonoids was 4.185%. The IC_{50} of the obtained extract against hydroxyl, superoxide anion and DPPH radicals were 0.232, 0.829 and 23.692 mg/L, respectively. All three types of radicals could be more effectively scavenged by the extract than VC.

Key words: *Avicennia marina* leaves; flavonoids; ultrasonic-assisted extraction; response surface methodology (RSM); antioxidant activity

白骨壤（*Aricennia marina*），别名海榄雌、海豆、灰榄等，为马鞭草科白骨壤属植物，主要分布于广东、广西、海南等地，是红树林主要群落之一[1,2]。白骨壤含有黄酮类、醌（B、C）等10多种具有药用功能的有机物，是降压通血管的民间食疗植物[3,4]，白骨壤叶捣烂外敷可治疗脓肿[1]。黄酮类化合物是重要的抗癌物质，具有抗氧化活性和消除自由基活性、抗癌活性、抗发炎、抗菌和抗病毒、抑制血小板凝集以及改善血管脆性等多种生理功能。从植物中提取的天然黄酮类化合物也已广泛应用于食品工业，产生了巨大的经济效益。高效、快速提取白骨壤叶中总黄酮的工艺研究已经成为一个重要的课题。超声波可在液体中产生空穴作用，破坏植物细胞和细胞膜结构，还有助于溶质扩散、增加细胞内容物通过细胞膜的穿透能力，有助于内容物的释放与溶出；超声波法不但能大大缩短提取时间，而且可提高有效成分的提出率和原料的利用率[5]。本实验旨在探讨超声波辅助、乙醇－水浸提白骨壤叶总黄酮的提取工艺、并采用响应面法优化工艺条件，同时采用体外实验测定其抗氧化活性，以期为白骨壤资源的保护和综合利用提供实验依据。

1 材料与方法

1.1 材料与试剂

白骨壤叶（鲜叶洗净、烘箱50℃干燥、粉碎过筛制成白骨壤叶粉末备用）采于湛江东海岛。

芦丁、焦性没食子酸（均为分析纯）、DPPH（分析纯）、水杨酸（分析纯）、EDTA-Na_2（分析纯）、VC（分析纯）、亚硝酸钠、硝酸铝、硫酸亚铁、三羟甲基氨基甲烷、盐酸、无水乙醇、过氧化氢。

1.2 仪器与设备

JY92－2D超声波细胞粉碎机、TDL－5－A低速台式离心机、DK－98－1数控电热恒温水浴锅、DHG－9245AI电热恒温鼓风干燥箱、UV－751GD紫外－可见光分光光度计、pHSJ－3F雷磁实验室pH计、RE－52A旋转蒸发器、POCES2连续投料粉碎机。

1.3 方法

1.3.1 总黄酮含量的测定

1.3.1.1 标准曲线的绘制

精确称取干燥至质量恒定的芦丁标准品0.0542 g，用体积分数50%乙醇溶液溶解并定容于100 mL容量瓶中。精密吸取0,1.0,2.0,3.0,4.0,5.0,6.0(mL)分别置于50 mL比色管中，加 5 g/100mL 亚硝酸钠 1.0 mL，摇匀放置 6 min，再加 10 g/100mL 硝酸铝 1.0 mL，摇匀放置 6 min。最后加 4 g/100mL 氢氧化钠 10.0 mL，加水至刻度线，摇匀放置 10 min 后，510 nm 处测其吸光度。以芦丁标准物质量浓度（C）为横坐标、吸光度（A）为纵坐标绘制曲线，其回归方程为：$A = 11.162C + 0.0006$，$R^2 = 0.9998$。

1.3.1.2　白骨壤叶中总黄酮的提取分离及测定

称取定量白骨壤叶粉末，按照设定方式超声辅助浸提，提取液离心（4000 r/min）10 min，取上清液，经 AB－8 大孔树脂纯化[6]、乙醇梯度洗脱，洗脱液冷冻干燥即得白骨壤叶总黄酮粉末。称取适量上述粉末，以 50% 乙醇溶液溶解并定容至 50 mL；精密吸取 2 mL 上述溶液，按 1.3.1.1 节实验方法测其吸光度，根据回归方程计算提取液中总黄酮的含量。根据下式计算总黄酮提取率：

$$\text{总黄酮提取率（\%）} = \frac{\text{提取物总黄酮质量}}{\text{白骨壤叶质量}} \times 100$$

1.3.2　白骨壤叶总黄酮的超声辅助提取条件的单因素试验

采用超声辅助、乙醇溶液浸提白骨壤叶中黄酮化合物，其影响因素主要有原料的粒度、所用溶剂的体积分数、用量以及超声辐射量等因素。因超声处理过程中温度会自动升高，暂不考虑温度对提取过程的影响。本实验主要考察原料粒度、乙醇体积分数及用量、超声处理功率、时间对总黄酮提取率的影响。每个处理做 3 次重复实验。

1.3.3　响应面法优化总黄酮提取工艺条件

在以上单因素试验的基础上，选择影响超声辅助提取的主要因素乙醇体积分数、固液比、超声功率和超声处理时间 4 个因素，以总黄酮提取率为指标，选用中心复合模型（central composite design，CCD），利用 Design Expert 7.1 软件，设计 4 因素 5 水平的响应面分析试验，对提取工艺进行优化；每个试验重复 3 次。

1.3.4　白骨壤叶总黄酮的抗氧化活性实验

取 1.2.1.2 节中分离到的黄酮粉末，配制适宜质量浓度溶液进行抗氧化活性实验。

1.3.4.1　羟自由基（·OH）清除活性的测定

参照 Smironff 等[7]的方法并加以改进。在 10 mL 比色试管中依次加入 6 mmol/L $FeSO_4$ 溶液2.0 mL、不同质量浓度的待测液 2.0 mL、6 mmol/L 的 H_2O_2溶液 2.0 mL，摇匀静置 10 min，再加入6 mmol/L的水杨酸溶液 2.0 mL，摇匀，静置 30 min 后于 510 nm 处测其吸光度；做 3 次平行实验，取平均值。按下式计算清除率：

$$\text{清除率} S\text{（\%）} = \frac{A_i - A_j}{A_0} \times 100$$

式中，A_0为空白对照；A_i 为某质量浓度黄酮类组分的吸光度；A_j为无水杨酸时的吸光度。

1.3.4.2　DPPH 自由基清除活性的测定

参照赵爱云等[8]的方法。取 2.0 mL 样品溶液，加入 2.0 mL、0.1 mmol/L DPPH 溶液，混匀后在室温下避光反应 20 min；以等体积的去离子水代替样品溶液作对照组，以等体积的 95% 乙醇代替 DPPH 作空白组。在 517 nm 波长处测吸光度，并以等体积样品提取溶剂和 95% 乙醇混合液为空白调零；做 3 次平行实验，取平均值。按下式计算清除率：

$$S\text{（\%）} = \left(1 - \frac{A_1 - A_0}{A'}\right) \times 100$$

式中，A_1 为样品组的吸光度值；A_0 为空白组的吸光度；A'为对照组的吸光度。

1.3.4.3　超氧阴离子自由基（$O_2^- \cdot$）清除活性的测定

采用邻苯三酚自氧化法[9]。取 0.1 mol/L Tris-HCl（pH8.2）缓冲液 4.5 mL，置于 20℃水浴中预热 20 min，分别加入 0.1 mL 不同浓度样品溶液和 5 mmol/L 邻苯三酚溶液 0.3 mL，混匀后于 25℃水浴中反应 5 min，加入 10 mol/L HCl 溶液 1 mL 终止反应，320 nm 处测定吸光度 A_i，空白对照组以相同体积的去离子水代替样品。做 3 次平行实验，取平均值。清除率计算式为：

$$S\ (\%) = \frac{A_0 - A_i}{A_0} \times 100$$

式中，A_0 为空白的吸光度；A_i 为样液测定的吸光度。

2　结果与分析

2.1　原料粒度的确定

由表 1 可知，原料粒度对总黄酮的提取率有较大影响，原料粒度越小提取率越高；考虑到粉碎颗粒越小，设备消耗功率越大、设备要求也越高，因此确定原料颗粒粒度控制在 40 ～ 60 目为宜。

表 1　原料粒度对总黄酮提取率的影响

原料粒度/目	>20	20 ～ 40	40 ～ 60	60 ～ 120
提取率/%	1.64	2.93	3.80	3.86

2.2　超声辅助提取条件的选择

由图 1 可知，随着乙醇体积分数的增大，总黄酮的提取率逐渐增大，当乙醇体积分数为 60% 时，黄酮提取率达最大值 3.80%，之后随乙醇体积分数的增大提取率变化不大（图 1a）；固液比增大，总黄酮的提取率也相应增大，但固液比达到 1∶20（g/mL）后提取率变化趋缓（图 1b）；随着超声波功率增加、提取时间的延长，总黄酮提取率逐渐增大，但功率超过 300 W 、提取时间超过 30 min 后时总黄酮提取率上升不明显（图 1c、1d）；超声波功率越大、作用时间越长，空化作用越强，越有利于黄酮化合物的溶出，但当受超声作用影响能溶出的黄酮全部溶出后提取率就不再增大了。综合考虑提取效果、乙醇消耗、超声能耗及方便处理等因素，确定进行响应面分析的各因素的考查范围为乙醇体

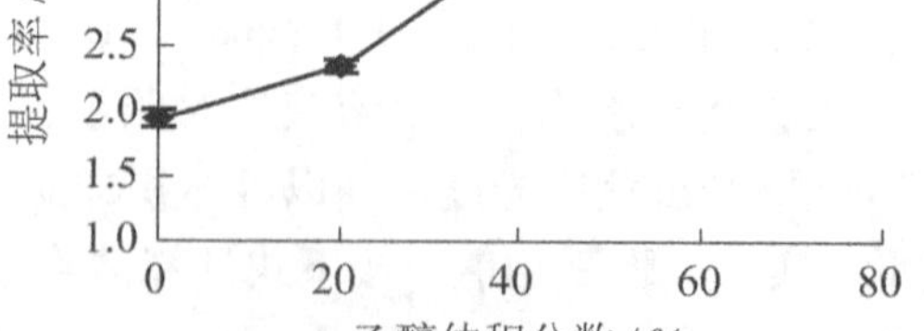

(a)

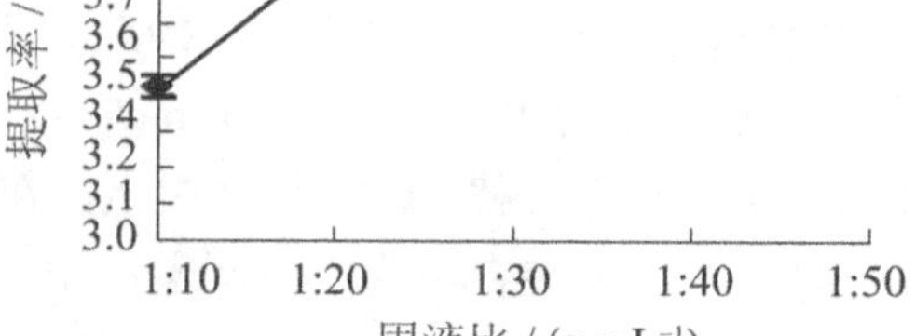

(b)

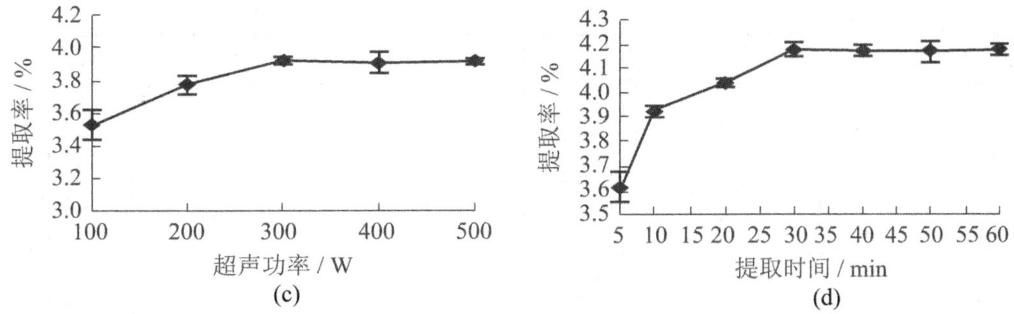

图 1　乙醇体积分数、固液比、超声辅助功率及提取时间对总黄酮提取率的影响

积分数 40% ～ 60%、固液比 1∶15 ～ 1∶35（g/mL）、超声功率 200 ～ 400 W、提取时间 10 ～ 50 min。

2.3　白骨壤叶总黄酮提取工艺的优化

2.3.1　响应面试验结果

利用 Design Expert 软件，根据 CCD 原理建立数学模型，以乙醇体积分数（X_1）、固液比（X_2）、超声功率（X_3）、超声时间（X_4）为自变量，以 2、1、0、-1、-2 分别代表变量水平进行编码（表 2）；按照上述编码设计响应面试验，结果见表 3。

表 2　中心组合设计试验因素水平编码表

水平	X_1（乙醇体积分数）/%	X_2（固液比）/（g·mL^{-1}）	X_3（超声功率）/W	X_4（超声时间）/min
-2	40	1∶15	200	10
-1	50	1∶20	250	20
0	60	1∶25	300	30
1	70	1∶30	350	40
2	80	1∶35	400	50

表 3　白骨壤叶总黄酮提取的响应面试验设计及结果

试验号	X_1	X_2	X_3	X_4	提取率/%
1	-1	-1	-1	-1	3.684
2	1	-1	-1	-1	3.740
3	-1	1	-1	-1	3.987
4	1	1	-1	-1	4.009
5	-1	-1	1	-1	3.673
6	1	-1	1	-1	3.942
7	-1	1	1	-1	3.875
8	1	1	1	-1	3.920
9	-1	-1	-1	1	3.673
10	1	-1	-1	1	3.976
11	-1	1	-1	1	3.875

续上表

试验号	X_1	X_2	X_3	X_4	提取率/%
12	1	1	-1	1	4.166
13	-1	-1	1	1	3.662
14	1	-1	1	1	4.099
15	-1	1	1	1	3.875
16	1	1	1	1	4.088
17	-2	0	0	0	3.270
18	2	0	0	0	3.785
19	0	-2	0	0	3.976
20	0	2	0	0	4.088
21	0	0	-2	0	3.998
22	0	0	2	0	3.998
23	0	0	0	-2	3.998
24	0	0	0	2	4.155
25	0	0	0	0	4.233
26	0	0	0	0	4.233
27	0	0	0	0	4.099
28	0	0	0	0	3.987
29	0	0	0	0	4.289
30	0	0	0	0	4.166

2.3.2 响应面分析

对表3中的各组总黄酮提取率进行多元回归分析，得二次多元回归方程为：$Y = 4.17 + 0.11X_1 + 0.065X_2 + 9.332 \times 10^4 - X_3 + 0.037X_4 - 0.03X_1X_2 + 0.018X_1X_3 + 0.053X_1X_4 - 0.036X_2X_3 - 9.799 \times 10^{-3} X_2X_4 + 2.800 \times 10^{-3} X_3X_4 - 0.16X_1^2 - 0.037X_2^2 - 0.04X_3^2 - 0.026X_4^2$。对回归方程进行方差分析（表4）发现，回归方程的 $P < 0.0001$（差异极显著），失拟项 $P = 0.9481$（差异不显著），模型的总决定系数 R^2 为0.9283，表明方程对实验结果拟合良好、实验结果误差小，该模型能较好地反映白骨壤叶总黄酮提取率与乙醇体积分数、固液比、超声功率及提取时间的关系，因此可以用此模型对白骨壤果实黄酮类化合物提取进行分析和预测。各因素的主次效应关系为乙醇体积分数 > 固液比 > 超声时间 > 超声功率。

根据Design Expert软件分析得出最优方案为乙醇体积分数64.39 %、固液比1:28.20（g/mL）、提取功率293.63 W、提取时间40 min，理论总黄酮提取率为4.232%。经过3次验证实验，该条件下白骨壤叶总黄酮的实际提取率为4.185%。

表4 回归模型的方差分析

变异来源	平方和	自由度	均方	*F* 值	*P* 值
模型	1.267	14	0.091	13.871	<0.000 1
X_1	0.313	1	0.313	45.359	<0.000 1
X_2	0.102	1	0.102	15.695	0.001 3
X_3	2.090×10^{-5}	1	2.090×10^{-5}	0.003	0.955 6
X_4	0.033	1	0.033	5.125	0.038 8
X_1X_2	0.015	1	0.015	2.325	0.148 1
X_1X_3	5.299×10^{-3}	1	5.299×10^{-3}	0.812	0.381 8
X_1X_4	0.045	1	0.045	6.938	0.018 8
X_2X_3	0.021	1	0.021	3.248	0.091 6
X_2X_4	1.536×10^{-3}	1	1.536×10^{-3}	0.235	0.634 5
X_3X_4	1.254×10^{-4}	1	1.254×10^{-4}	0.019	0.891 6
X_1^2	0.731	1	0.731	111.788	<0.000 1
X_2^2	0.038	1	0.038	5.784	0.029 5
X_3^2	0.057	1	0.057	8.700	0.009 9
X_4^2	0.018	1	0.018	2.819	0.113 9
残差	0.098	15	0.007		
失拟项	0.037	10	0.004	0.305	0.948 1
误差	0.061	5	0.012		
总和	1.365	29			
	$R=0.963$		$R^2=0.928\ 3$		

2.4 白骨壤叶总黄酮的抗氧化活性分析

2.4.1 对·OH的清除效果

由图2可知，随着白骨壤叶总黄酮、VC质量浓度的增加，对·OH的清除率均逐渐增大，当质量浓度为1.6 mg/L时，它们的最大清除率分别为89.13%和67.34%；白骨壤叶黄酮、VC清除·OH的IC_{50}分别为0.232 mg/L和0.433 mg/L，白骨壤叶黄酮的IC_{50}仅为VC IC_{50}的53.6%。可

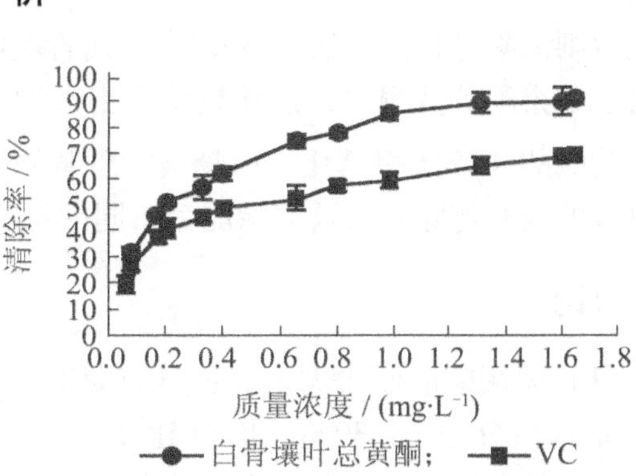

图2 白骨壤叶总黄酮对羟自由基的清除效果

见，白骨壤叶总黄酮对·O H 有较强的清除活性。

2.4.2　对 O_2^- ·的清除效果

图3表明，白骨壤叶总黄酮、VC 对 O_2^- ·的清除率同样随着质量浓度的提高而增大，但低质量浓度时迅速增大、之后上升趋缓；当最大实验质量浓度为 9.6 mg/L 时，最大清除率分别为 94.55% 和 86.30%；VC 的 IC_{50} 为 1.214 mg/L，白骨壤叶总黄酮清除 O_2^- ·的 IC_{50}（0.829 mg/L）是 VC 的 68.3%，因而用白骨壤叶总黄酮清除 O_2^- · 的效果也比 VC 好。

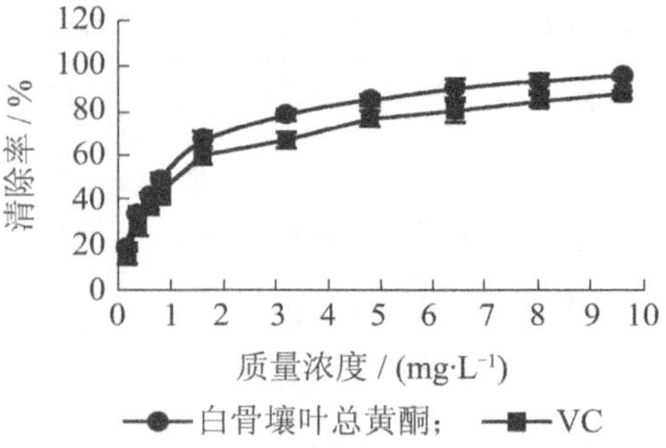

图3　白骨壤叶总黄酮对超氧阴离子自由基的清除效果

2.4.3　对 DPPH 自由基的清除效果

图4表明，白骨壤叶总黄酮、VC 对 DPPH 自由基的清除率同样随质量浓度的升高而增大，当最大实验质量浓度为 65.0 mg/L 时，最大清除率分别为 92.04% 和 84.78%；白骨壤叶总黄酮清除 DPPH 的 IC_{50} 为 23.692 mg/L，相当于 VC IC_{50}（33.684 mg/L）的 70.3%，因此，白骨壤叶总黄酮清除 DPPH 自由基的能力也强于 VC。

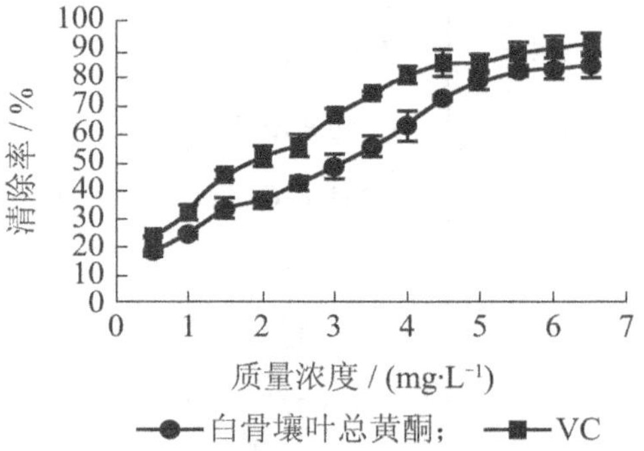

图4　白骨壤叶总黄酮对 DPPH 自由基的清除效果

综上所述，白骨壤叶总黄酮对·OH、O_2^- ·、DPPH 自由基均具有较强的抑制作用，其抑制率随质量浓度的增加而增大、具有一定的量效关系、抑制效果优于等质量浓度的 VC 溶液；从 IC_{50} 比较，白骨壤叶总黄酮对于3种自由基清除能力从高到低的顺序为·OH > O_2^- · > DPPH 自由基，表明白骨壤叶总黄酮对不同的自由基的清除能力不同。许多研究表明，黄酮类化合物具有不同的抗氧活性，它们对自由基清除作用的强弱与其结构有关[10,11]。羟基的数量、位置直接影响其抗氧化活性[12]，黄酮类化合物是通过酚羟基与 O_2^- ·作用，认为 B 环 4′-OH 和母核上 $\Delta^{2(3)}$ 双键是清除 O_2^- ·的主要部位，而 B 环邻二羟基则是清除·OH 的关键功能基团，如果 4′-OH 甲基化后则清除羟自由基活力下降[13]。白骨壤叶含有 5－羟基－4′，7－二甲氧基黄酮、槲皮素及山柰酚等黄酮[3]，羟基数量丰富、均含酚羟基结构、仅有 5－羟基－4′，7－二甲氧基黄酮的 4′-OH 甲基化，白骨壤叶总黄酮的这一特点是其具有对·OH、O_2^- ·和 DPPH 自由基的较好清除效果及清除能力不同的可能原因。

3　结论

（1）采用响应面法优化了超声辅助提取白骨壤叶总黄酮的工艺，最佳提取工艺条件为乙醇体积分数 64.39%、固液比 1∶28.20（g/mL）、提取功率 293.63 W、提取时间 40 min，在此条件下白骨壤叶中总黄酮提取率为 4.232（g/100g），与预测值基本一致。乙醇体积分数和固液比是影响白骨壤叶中黄酮类化合物提取率的主要因素，其次是提取时间和超声功率，各因素之间的交互作用不显著。

（2）白骨壤叶总黄酮可以有效清除 DPPH 自由基、·O H 和 O_2^-·，且量效关系显著，其清除自由基的能力高于 VC；对 3 种自由基清除能力不同，由强到弱依次为·O H > O_2^-·> DPPH 自由基。

（3）白骨壤叶原料较丰富，总黄酮含量较高，白骨壤叶总黄酮类清除自由基能力较强，黄酮化合物又具有多种生理活性功能，值得深入开发利用研究。

参考文献

[1] 缪绅裕，陈桂珠，李海生. 红树林植物桐花树和白骨壤及其湿地系统 [M]. 广州：中山大学出版社，2007.

[2] 韩维栋，高秀梅. 特呈岛红树林资源保护与利用研究 [J]. 林业资源管理，2007 (2)：77 - 81.

[3] 贾睿，郭跃伟，侯惠欣. 中国红树林植物白骨壤化学成分的研究 [J]. 中国天然药物，2004，2 (1)：16 - 18.

[4] Ito C，Katsuno S，Kondo Y，et al. Chemical constituents of *Avicennia alba* [J]. Chem Pharm Bull，2000，48 (3)：339 - 343.

[5] 谷勋刚. 超声波辅助提取新技术及其分析应用研究 [D]. 合肥：中国科学技术大学，2007.

[6] 王慧彦，方芸，王妍，等. AB - 8 大孔树脂对槐花总黄酮吸附性能研究 [J]. 食品科学，2009，30 (20)：146 - 150.

[7] Smirnoff N，Cumbes Q J. Hydroxyl radical scavenging activity of compatible solutes [J]. Phytochemistry，1989，28 (4)：1057 - 1060.

[8] 赵爱云，胡博路，杭瑚，等. 部分植物抗氧化活性的初步研究 [J]. 天然产物研究与开发，2000，12 (3)：42 - 44.

[9] Wang Huiqin，Xie Mingyong，Fu Zhihong，et al. Studies on the antioxidant activity of carthamin from safflower (*Carthamus tinctorius L.*) [J]. J Food Sci Biotech，2003，22 (5)：98 - 101.

[10] Yu Wenli，Zhao Yaping，Shu Bo. The radical scavenging activities of radix pueraruae iso-flavonoids：A chemiluminescence study [J]. Food Chemistry，2004，86 (4)：525 - 529.

[11] Heim K E，Tagliaferro A R，Bobilya D J. Flavonoid antioxidants：chemistry，metabolism and structure-activity relationships [J]. J Nutr Biochem，2002，13 (10)：572 - 634.

[12] 张琳，陆维敏. 黄酮类化合物抗氧化性能与其结构的关系 [J]. 浙江大学学报：理学版，2006，33 (2)：190 - 191.

[13] 张英，吴晓琴，丁霄霖. 黄酮类化合物结构与清除活性氧自由基效能关系的研究 [J]. 天然产物研究与开发，1998，10 (4)：27 - 32.

1.3.2 样品中黄酮类化合物含量的测定

称取原料 2.00 g，按预设条件进行浸提，趁热过滤，滤渣用相应溶剂洗涤，合并滤液，旋转蒸发浓缩，定容至 100 mL。精密吸取样液 1 mL 按标准曲线制备方法测定吸光值，并根据标准回归方程计算黄酮类化合物的含量。按照下式计算黄酮类化合物提取率：

黄酮类化合物提取率（%）= 提取物中总黄酮的质量/原料质量

1.3.3 响应面试验设计

根据中心组合试验设计（CCD）原理，以总黄酮提取率为响应值，在单因素试验基础上，采用四因素五水平的四元二次响应面分析方法确定提取率最佳的组合条件[8-10]，分别用 X_1、X_2、X_3、X_4依次表示提取温度、提取时间、乙醇体积分数和料液比进行编码，氧化钠、硝酸铝、亚硝酸钠等均为国产分析纯试剂。以 +2、 +1、0、 -1、 -2 分别表示各因素的 5 个水平。试验因素水平编码设计见表 1。

表 1　响应面试验因素和水平编码表

水平	X_1（提取温度）/℃	X_2（提取时间）/h	X_3（乙醇体积分数）/%	X_4（料液比）/（m/V）
-2	40	2.0	55	1:15.0
-1	45	2.5	60	1:17.5
0	50	3.0	65	1:20.0
1	55	3.5	70	1:22.5
2	60	4.0	75	1:25.0

2 结果与分析

2.1 提取温度对黄酮类化合物提取的影响

由图 1 可知，随着提取温度的升高，总黄酮提取率逐渐增大，60℃时最高，但随着温度进一步提高，总黄酮提取率呈下降趋势，可能是过高的温度对黄酮造成了一定程度的破坏。温度越高，能量消耗越大，成本越高。因此，综合考虑选取 40 ～60℃为佳。

2.2 提取时间对黄酮类化合物提取的影响

总黄酮的提取率随着时间的延长而增大，4 h 时达到最大值（图 2），随后缓慢降低。刚开始时，时间的延长有助于黄酮的充分扩散析出，所以黄酮提取率会不断增加，后来随着时间的延长，溶出的杂质过多随即阻碍黄酮的溶出。因此以 2 ～4 h 为提取时间的最佳范围。

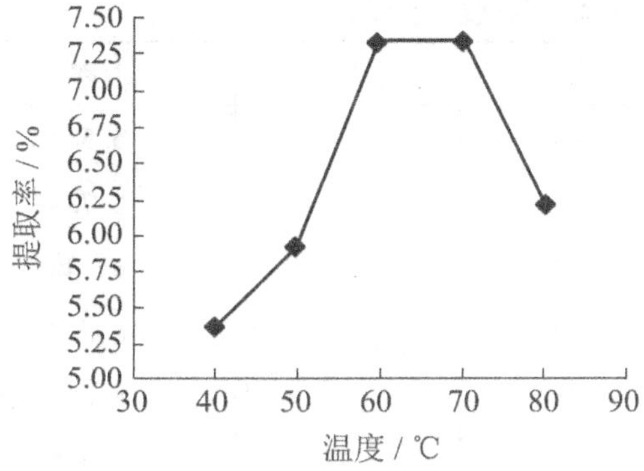

图 1　提取温度对黄酮提取率的影响

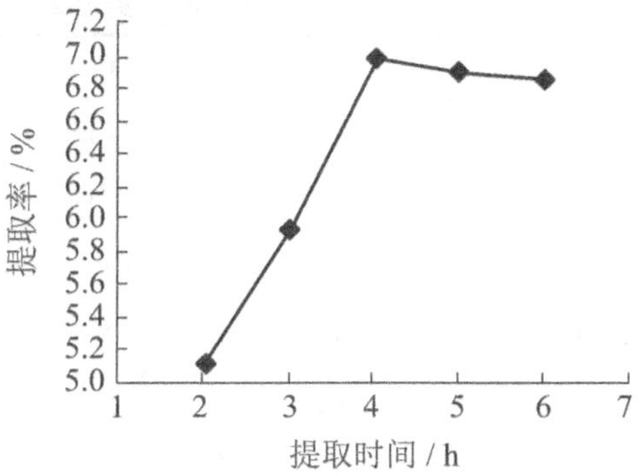

图 2　提取时间对黄酮提取率的影响

2.3　乙醇体积分数对黄酮类化合物提取的影响

从图 3 得知，当乙醇体积分数为 75% 时，总黄酮的提取率最高，小于 75% 提取率随着乙醇浓度的增加而缓慢增大，大于 75% 时提取率迅速降低，故将乙醇浓度选定在 55% ～ 75%。

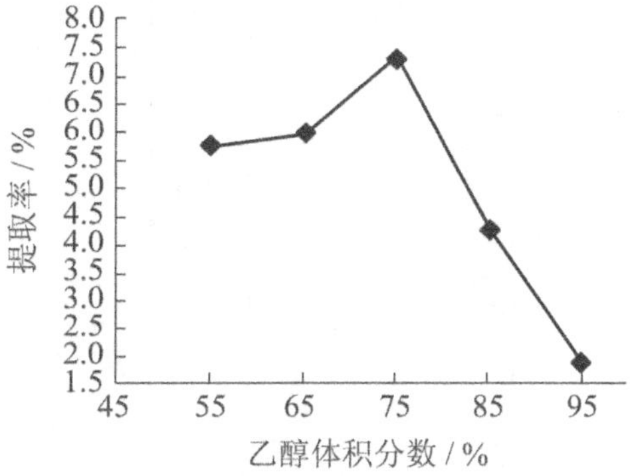

图 3　乙醇体积分数对黄酮提取率的影响

2.4　料液比对黄酮类化合物提取的影响

随着料液比的扩大，总黄酮的提取率不断提高（图4），当料液比从 1∶15 增加到 1∶25 时，黄酮类化合物提取率迅速增加，这是由于料液比的增加能降低提取溶液中总黄酮得率，从而增加液固两相黄酮类化合物的浓度梯度，进而提高黄酮类化合物溶出的速度，最终提高提取率。但是料液比过大也会造成许多杂质溶出，从而阻碍黄酮类化合物的溶出，并且采用大量溶剂会对后续的浓缩工作造成麻烦，所以确定最佳料液比范围为 1∶15 ～ 1∶25。

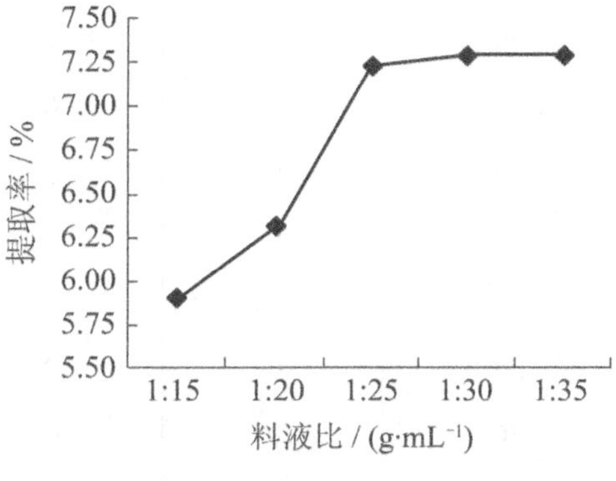

图 4　料液比对黄酮提取率的影响

2.5　黄酮类化合物提取工艺回归模型的建立及方差分析

按照 CCD 试验方案进行四因素五水平试验，结果见表 2。将所得的试验数据采用 Design Expert（7.1.6）软件进行多元回归拟合，得到提取温度、提取时间、乙醇体积分数、料液比与总黄酮提取率之间的二次多项回归方程：

$$Y = 8.18 + 0.3X_1 + 0.48X_2 + 0.32X_3 + 0.27X_4 + 0.13X_1X_2 - 0.14X_1X_3 + 0.21X_1X_4 - 0.068X_2X_3 + 0.13X_2X_4 - 0.03X_3X_4 - 0.31X_1^2 - 0.38X_2^2 - 0.45X_3^2 - 0.39X_4^3$$

表2 白骨壤果实中黄酮类化合物提取试验设计与结果

试验号	X_1	X_2	X_3	X_4	提取率/%
1	-1	-1	-1	-1	5. 587
2	1	-1	-1	-1	5. 788
3	-1	1	-1	-1	6. 148
4	1	1	-1	-1	6. 885
5	-1	-1	1	-1	6. 671
6	1	-1	1	-1	6. 317
7	-1	1	1	-1	6. 848
8	1	1	1	-1	7. 078
9	-1	-1	-1	1	5. 501
10	1	-1	-1	1	6. 524
11	-1	1	-1	1	6. 498
12	1	1	-1	1	8. 080
13	-1	-1	1	1	6. 354
14	1	-1	1	1	6. 870
15	-1	1	1	1	7. 211
16	1	1	1	1	8. 199
17	-2	0	0	0	6. 310
18	2	0	0	0	7. 477
19	0	-2	0	0	5. 573
20	0	2	0	0	7. 659
21	0	0	-2	0	5. 541
22	0	0	2	0	7. 154
23	0	0	0	-2	5. 929
24	0	0	0	2	7. 226
25	0	0	0	0	8. 116
26	0	0	0	0	8. 135
27	0	0	0	0	8. 155
28	0	0	0	0	8. 199
29	0	0	0	0	8. 142
30	0	0	0	0	8. 355

为了检验回归方程的有效性及各因素对提取率的影响程度，对回归方程进行了方差分析（表3）。由表3可知，回归方程的 $P<0.0001$（极显著），失拟项的 $P=0.2300$（不显著），表明方程对实验拟合良好，实验误差小；模型的总决定系数 $R^2=0.9923$，说明该模型能解释99.23%响应值的变化；变异系数为1.64%，说明实验有较好的精确度和可靠性。因而，该模型能较好地反映出白骨壤果实总黄酮提取率与提取温度、提取时间、乙醇体积分数和料液比的关系，因此可以用此模型对白骨壤果实黄酮类化合物提取进行分析和预测。此外，一次项 X_1、X_2、X_3、X_4，交互项 X_1X_2、X_1X_3、X_1X_4、X_2X_3、X_2X_4，平方项 X_1^2、X_2^2、X_3^2、X_4^2 对白骨壤果实黄酮类化合物的提取率影响显著。

表3　回归方程方差分析表

来源	平方和	自由度	均方	F 值	P 值
模型	25.32	14	1.81	138.78	<0.0001
X_1	2.19	1	2.19	168.38	<0.0001
X_2	5.52	1	5.52	423.36	<0.0001
X_3	2.51	1	2.51	192.68	<0.0001
X_4	1.77	1	1.77	135.46	<0.0001
X_1X_2	0.29	1	0.29	22.19	0.0003
X_1X_3	0.29	1	0.29	22.44	0.0003
X_1X_4	0.68	1	0.68	52.07	<0.0001
X_2X_3	0.074	1	0.074	5.67	0.0310
X_2X_4	0.29	1	0.29	22.03	0.0003
X_3X_4	0.014	1	0.014	1.08	0.3147
X_1^2	2.70	1	2.70	207.51	<0.0001
X_2^2	4.03	1	4.03	309.33	<0.0001
X_3^2	5.57	1	5.57	427.14	<0.0001
X_4^2	4.24	1	4.24	325.06	<0.0001
残差	0.20	15	0.013		
失拟项	0.16	10	0.016	2.00	0.2300
纯误差	0.039	5	7.819×10^{-003}		
总和	25.52	29			

2.6　响应面分析与最佳工艺优化

通过白骨壤果实总黄酮提取率的回归方程所作的响应面图和等高线图如图5～图10所示。由图可知，随着提取温度的升高、提取时间的延长、乙醇体积分数的增加和料液比的增大，白骨壤果实黄酮类化合物提取率呈现出同样的趋势：先增大后减小；响应面图呈抛物线形，因此回归方程有极大值，通过 Design Expert（7.1.6）软件分析得出最优方案：提取温度54.4℃、提取时间3.45 h、乙醇体积分数65.68%、料液比1∶21.81（m/V），在最佳条件下，提取率预测值为 8. 651% 。

考虑到实际情况，将最优条件修正为提取温度 55℃ 、提取时间 3. 5 h 、乙醇体积分数 66% 、料液比 1∶22（m/V）进行验证性实验，重复 6 次，得到黄酮类化合物提取率平均值为 8. 613% ，与理论预测值接近，重复性好，证实了此模型的可靠性。

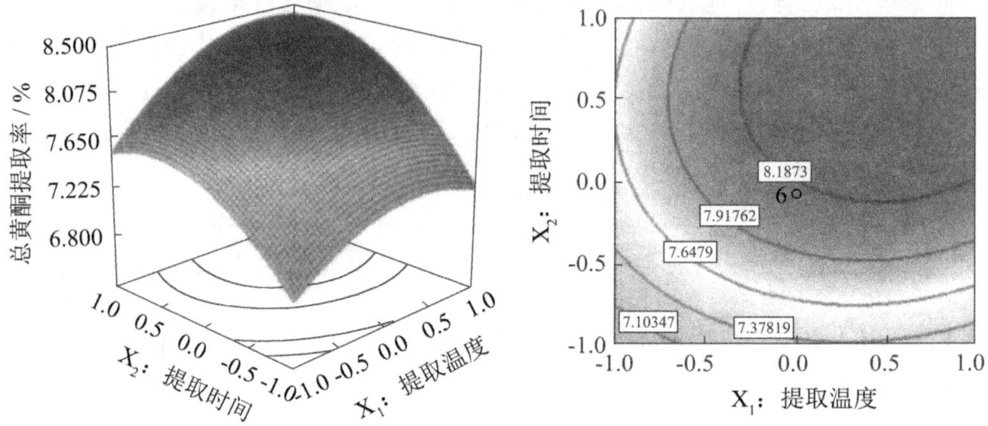

图 5　提取温度和提取时间对提取率的响应面和等高线图

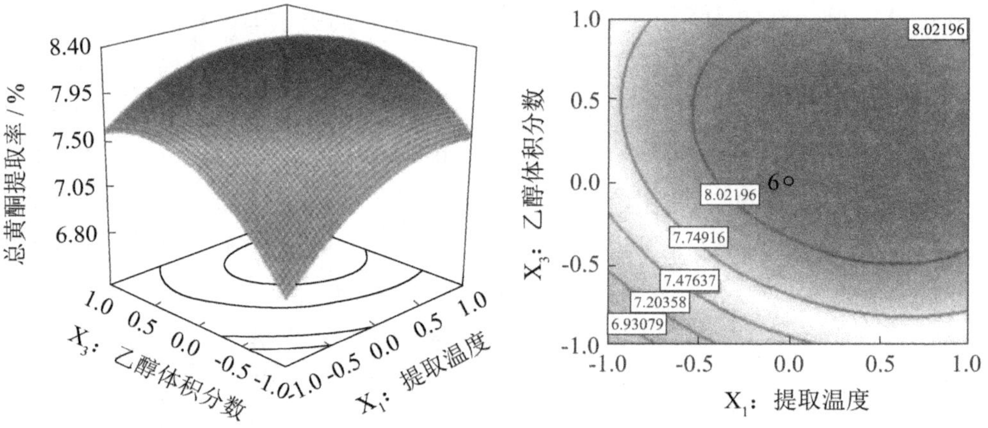

图 6　提取温度和乙醇体积分数对提取率的响应面和等高线图

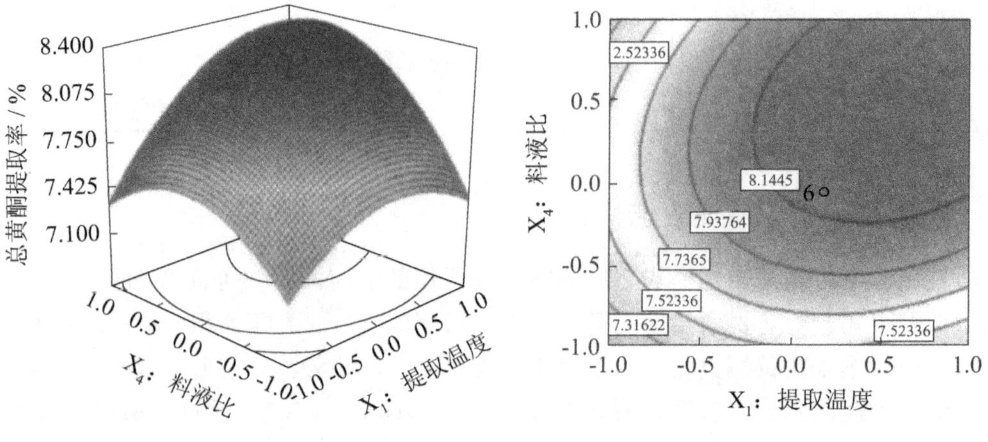

图 7　提取温度和料液比对提取率的响应面和等高线图

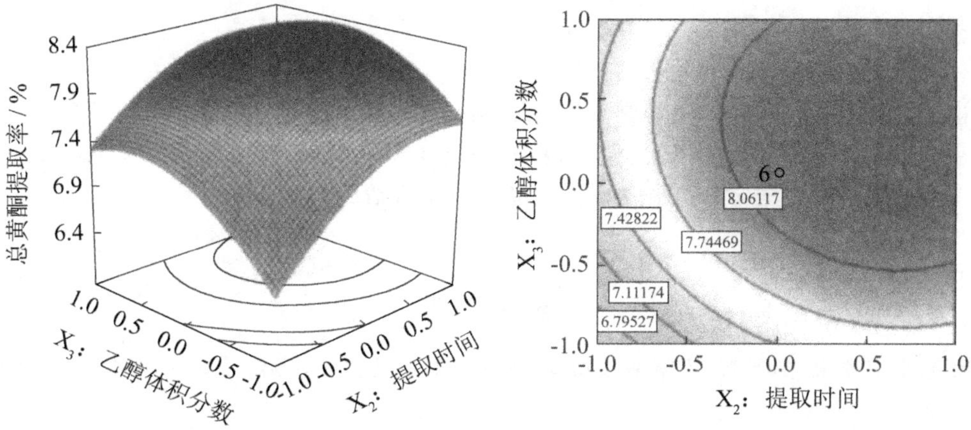

图 8　提取时间和乙醇体积分数对提取率的响应面和等高线图

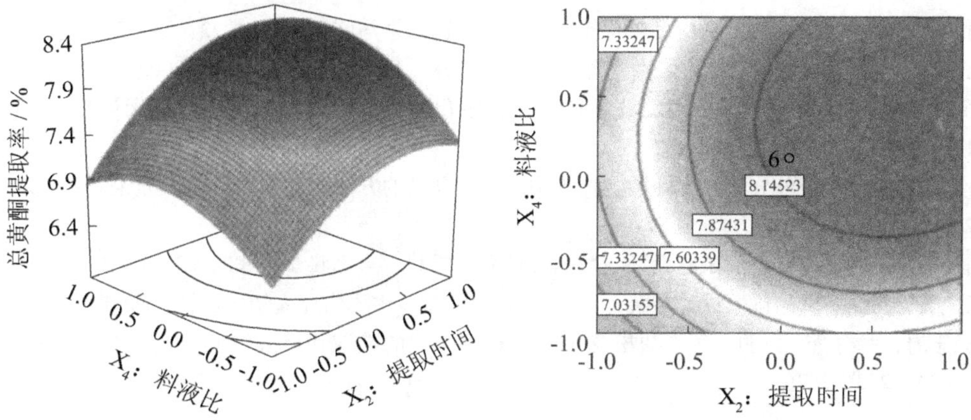

图 9　提取时间和料液比对提取率的响应面和等高线图

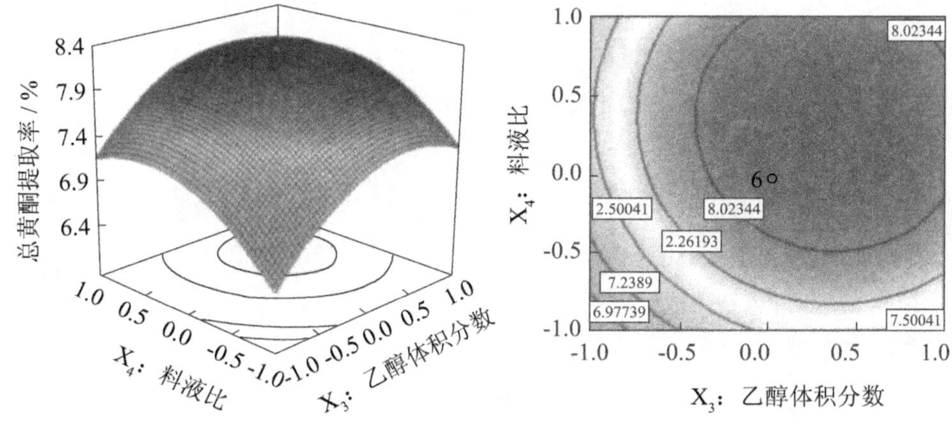

图 10　乙醇体积分数和料液比对提取率的响应面和等高线图

3 结论

采用响应曲面法优化了白骨壤果实中黄酮类化合物的提取工艺，得到乙醇－水浸提工艺的最佳条件为提取温度 55℃、提取时间 3.5 h、乙醇体积分数 66%、料液比 1∶22 (m/V)，总黄酮提取率可达 8.613%，与模型预测值拟合度高。

参考文献

[1] 李海生，陈桂珠，缪绅裕. 红树林植物桐花树和白骨壤及其湿地系统［M］. 广州：中山大学出版社，2007.

[2] 韩维栋，黄剑坚，蔡俊欣. 白骨壤果实的营养成分及含量［J］. 林业科技，2007，3（27）：51－52.

[3] 黄河胜，马传庚，陈志武. 黄酮类化合物药理作用研究进展［J］. 中国中药杂志，2000，25（10）：589－592.

[4] 周君富. 银杏叶黄酮的抗脂质过氧化作用［J］. 中药药理与临床，1994，2：24－27.

[5] 丘鲁婴，毛春芹，陆兔林. 三棱总黄酮镇痛作用研究［J］. 时珍国医国药，2002，11（4）：291.

[6] 贾睿，郭跃伟，侯惠欣. 中国红树林植物白骨壤化学成分的研究［J］. 中国天然药物，2004，2（1）：16－18.

[7] 吕凛，陶宁萍. 紫外分光光度法检测桔皮中总黄酮含量的方法研究［J］. 现代食品科技，2009，25（2）：217－220.

[8] 刘魁英. 食品研究常用的试验设计与数据分析方法［J］. 食品科学，2000，21（12）：103－105.

[9] 王钦德，杨坚. 食品试验设计与统计分析［M］. 北京：中国农业大学出版社，2003.

[10] 杨志岩，尹树花，白明，等. 油松花粉中总黄酮提取的响应面优化［J］. 现代食品科技，2008，24（3）：253－257.

红树植物木榄叶的基本化学成分分析*

范润珍，宋文东，韩维栋，洪鹏志，谢锐珠
（广东海洋大学理学院，广东 湛江 524025）

摘　要：对红树植物木榄叶的基本化学成分作了较全面的分析。对其水分、灰分及灰分中的酸不溶物和硫等组分的测定，直接从新鲜的树叶取样，采用 120H 型电子水分测定仪测定其水分，而灰分则将试样在高温炉中干法灰化后按国标 GB 5009.4—1985 中所述方法测定。试样中的粗蛋白及粗脂肪则分别按国标 GB 5009.4—1985 和 GB 5009.3—1985 中所述方法测定。供氨基酸及微量元素测定的树叶样品，需经在空气中凉干并粉碎。按需要取一定量的样品，用 6 mol/L 盐酸浸取和用活性炭脱色后所得溶液中分别用氨基酸自动分析仪和电感耦合等离子体原子发射光谱法进行测定。共测得 17 种氨基酸，其总量达 14.0 mg/g，其中约占总量 30% 的 7 种氨基酸为人体所必需的。在树叶样品中还测定了 15 种微量无机元素，其中大部分属有营养价值的矿物质元素。

关键词：红树植物木榄叶；基本化学成分；氨基酸；微量无机元素
中图分类号：O657　　**文献标识码**：A　　**文章编号**：1001－4020（2008）08－0754－03

Analysis of leaves of *Bruguiera gymnorrhiza* for its elementary chemical composition

Fan Runzhen, Song Wendong, Han Weidong, Hong Pengzhi, Xie Ruizhu
(College of Science, Guangdong University of Oceanology, Zhanjiang 524025, Guangdong)

Abstract: Sample of leaves of *Bruguiera gymnorrhiza* were analyzed for its elementary chemical composition. Fresh leaf sample was used for the determination of moisture, ash, acid-insoluble substance and sulfur in the ash and *etc.* Moisture was determined by the 120H electronic moisture determinator, and ash was determined as described in GB 5009.4—1985. Crude protein and fats were determined by the methods given in GB 5009.4—1985 and GB 5009.3—1985 respectively. Airdried leaves were smashed and taken as sample for determination of micro amounts of inorganic elements and amino acids. Amino acids in the sample were extracted with 6 mol/L HCl and decolored with active carbon. The filtrate obtained was used for determination of aminoacid with the automatic amino acid determinator. ICP-AES method was applied to the determination of micro amounts of inorganic elements, with the sample treated in a similar way as in the determination of amino acids. Seventeen amounting totally to 14.0 mg/g, were found in the leaf-sample, among which 7 amino acids, about 30% of the total, were essential for human health. Fifteen inorganic elements: B, Ba, Ca, Cu, Fe, K, Mg, Mn, Na, Ni, P, S, Si (soluble), Sr and Zn, were found, most of which were nutritious mineral

* 湛江市科技招标项目（0709191）．广东海洋大学团队项目（0712117）。
原载于：理化检验：化学分册，2008，44（8）：754－756。

elements.

Key words: *Bruguiera gymnorrhiza*; elementary chemical composition; amino acids; micro amounts of inorganic elements

木榄俗名大叶橙红树，植物学分类为红树科，木榄属常绿木本红树植物。木榄叶具有很重要的药用价值，民族药理学记载其主要药理功效有清热解毒、止泻、收敛、止血及截疟，因而民间常用于治疗发烧、腹泻、止血、消除咽喉肿痛及对抗疟原虫等。木榄作为海洋药用植物，已被《台湾药用植物志》《海洋药物》《现代本草纲目》等中草药专著收摘。研究表明：木榄的这些药用功效与其含有的化学成分密切相关。迄今发现木榄叶的化学成分主要有糖类、长链脂肪酸类、烃类、木质素类、鞣质、萜类、甾醇类、黄酮类等，一些化学成分的活性检测分别显示了良好的抗炎、抗真菌、抗白蚁、杀虫和抗肿瘤等作用[1]。有关木榄叶化学成分的研究，国外报道较多[2-5]，国内尚鲜见报道。木榄叶具有生理活性的物质，除了以上述外，氨基酸和微量元素也是重要的生理功能物质。本试验对木榄叶的基本化学成分、氨基酸及微量元素等进行了测定，以期进一步揭示木榄叶的物质成分及药用功能，为开发其药用价值提供理论依据。

1　试验部分

1.1　主要仪器与试剂

HR IRIS Advantage 全谱直读等离子体原子发射光谱仪；日立 835－50 型氨基酸自动分析仪；MOC－120H 电子水分计。

木榄叶采于湛江市特呈岛红树林区，其水分、灰分、灰分中酸不溶物和硫的测定以新鲜树叶为分析试样；微量元素和氨基酸的测定，是将树叶置阴凉通风处凉干、粉碎使用。试验中所用化学试剂皆为分析纯。

1.2　试验方法

1.2.1　木榄叶基本化学成分的测定

木榄叶中基本化学成分主要包括水分、灰分、灰分中酸不溶物和硫、粗蛋白、粗脂肪等。采用 MOC－120H 电子水分计测定水分；采用马福炉干法灰化，按 GB5009.4—1985 法[6]测定灰分、灰分中酸不溶物和硫含量；按 GB5009.4—1985 法[7]，采用微量凯氏定氮法测定粗蛋白；按 GB5009.3—1985 法[8]，采用索氏抽提法测定粗脂肪。

1.2.2　木榄叶中氨基酸的测定

称取已制备好的木榄叶粉碎干样 100.00 g 置于 1 L 烧瓶中，加入 6 mol/L 盐酸溶液 500 mL，于 110 ～ 120℃油浴中提取 12 h。然后抽滤，滤液浓缩至 50 mL 左右，加入活性炭 10 g，加热回流 40 min，直至溶液澄清为止，然后过滤除去活性炭，将所得滤液收集在 100 mL 容量瓶中，用水定容，供氨基酸自动分析仪测定氨基酸。

1.2.3　木榄叶中微量元素的测定

称取已制备好的木榄叶粉碎干样 1.0529 g 于瓷坩埚内，采用灰化法进行前处理，将所得处理物用稀盐酸定容至 100 mL，依照 JY/T015—1996 法[9]采用 HR IRIS Advantage 全谱直读等离子体原子发射光谱仪测定其中微量元素（31 种）。

2　结果与讨论

2.1　木榄叶基本化学成分

为了探讨生长在特殊环境中的红树植物叶的基本化学组成特征，按试验方法对木榄叶基本化学成分进行测定，同时对陆生植物榕树叶的基本化学成分也做了对照测定，结果见表 1。

表 1　木榄叶与榕树叶基本化学成分质量分数比较

化学成分	测得质量分数 w/%			
	木榄叶	小叶榕树叶	大叶榕树叶	高山榕树叶
水分	69.26	65.92	62.93	75.51
灰分	2.24	14.18	13.94	14.02
酸不溶物	0.0046	1.09	1.17	1.04
硫含量	0.20	0.093	0.11	0.10
粗脂肪	5.42	2.81	3.01	3.18
粗蛋白	8.61	9.86	9.45	8.99

表 1 表明：与陆生植物榕树相比，其水分除高山榕树叶偏高外，红树植物木榄叶与小叶榕树叶和大叶榕树叶的含量相差不大；灰分和灰分中的酸不溶物在木榄叶中的含量远远低于榕树叶；而硫及粗脂肪含量在木榄叶中明显高于榕树叶；粗蛋白含量在木榄叶和榕树叶中较接近。木榄叶和榕树叶中，含量相差最大的是灰分中酸不溶物，其次是灰分。木榄生长在潮间带，常年与海水接触，海水盐分相对高，若按常理推测其叶片或其他组织中所含无机盐成分、灰分含量高于陆地植物，但测定结果却不然，这正是生长在高盐分海水中红树植物具有的特殊的排盐、泌盐生理系统对盐胁迫的适应性现象[10-12]。由此可推测，酸不溶物含量在两类树叶中相差大，也一定与生长环境的差异有关。木榄长期与海水接触，其无机养分主要来自海洋，是以离子状态进入植物体，而榕树的无机养分来自土壤，如二氧化硅以各种可溶性成分进入植物体，因此，造成了其酸不溶物高于木榄叶。粗脂肪含量在木榄叶中约相当于榕树叶中的 2 倍。高盐分的海水对木榄造成生理性缺水[13]，严重限制其生长，为保持植物体各器官的水分，适应性地在其树叶表面产生脂肪或蜡质，以防止水分的蒸发，维持其正常的生命活动，因而红树植物叶含有足够高的粗脂肪。而榕树生长在陆地热带、亚热带，水分充足，为了及时排除多余水分，其毛孔相对发达，脂肪或蜡质成分相应少。

2.2　木榄叶中氨基酸及其含量

按试验方法对木榄叶中氨基酸进行测定，结果见表 2。

表 2　木榄叶中氨基酸质量分数

氨基酸名称	质量分数 $w/(mg \cdot g^{-1})$	氨基酸名称	质量分数 $w/(mg \cdot g^{-1})$
天门冬氨酸	2.84	异亮氨酸1)	0.38
苏氨酸1)	0.87	亮氨酸1)	0.92
丝氨酸	1.13	酪氨酸	0.045
谷氨酸	1.52	苯丙氨酸1)	0.092
甘氨酸	1.30	赖氨酸1)	1.30
丙氨酸	1.23	组氨酸	0.24
胱氨酸	0.021	精氨酸	0.66
缬氨酸1)	0.70	脯氨酸	0.72
蛋氨酸1)	$<6 \times 10^{-4}$		

注：1）人体必需氨基酸。

表 2 表明：由木榄叶中测得了 17 种氨基酸，其总量为 14.0 mg/g，其中天门冬氨酸含量最高，为 2.84 mg/g，占所含氨基酸总量的 20.3%。天门冬氨酸可以促进人体对微量元素的吸收。在测得的 17 种氨基酸中有 7 种为人体必需氨基酸，约占氨基酸总质量分数的 30%，而其中缬氨酸、异亮氨酸、亮氨酸是具有重要医药作用的支链氨基酸[14]。由此可知，木榄叶中富含人体必需氨基酸，且含有具有重要生理功能及药用功效的重要氨基酸。

2.3　木榄叶中微量元素及其含量

依照 JY/T015—1996 法，采用电感耦合等离子体原子发射光谱法对木榄叶中铝、硼、钡、钙、铬、铜、铁、钾、镁、锰、钠、镍、磷、硫、硅（可溶性）、锶、钛、锌、砷、铋、镉、钴、锗、汞、钼、铅、锑、硒、锡、钒、钨等 31 种微量元素进行了测定，检出其中 15 种微量元素的含量，结果见表 3。

表 3　木榄叶中微量元素及其质量分数

元素名称	质量分数 $w/(\mu g \cdot g^{-1})$	元素名称	质量分数 $w/(\mu g \cdot g^{-1})$
Na	30 543.21	Fe	8.02
Ca	26 290.35	Mn	92.11
Mg	13 628.46	Cu	24.45
K	15 078.29	B	48.33
S	2 545.91	Zn	14.21
P	1 557.12	Ba	16.53
Si	163.25	Ni	4.45
Sr	221.73		

其余 16 种元素未检出。由表 3 可知：木榄叶中含有丰富的人体必需的矿物质元素钾、钙、钠、镁、硫、磷、铁、锰、铜、锌、镍、硅等。由此可见，在木榄叶中存在的人体必

需的矿物质元素不仅种类多，且含量高。木榄在保健品或海洋药物的开发方面，是一种极具潜力的宝贵的海洋生物资源。

参考文献

[1] 尚随胜，龙盛京. 红树植物木榄的活性成分研究概况 [J]. 中草药，2005，36 (3)：465 -467.

[2] Aburaihan S，M. Chemical investigation of Bruguira gymnorhiza [J]. Bangladesh Chem Soc，1995，8 (2)，101 -104.

[3] Ghosh A，Misra S，Dutta A K，et al. Pentacyclictrit-erpenoids and sterols from seven species of mangrove [J]. Phytochemistry，1985，24 (8)：1725 -1727.

[4] Sarkar A Gymnorhizol. A new triterpene alcohol from Brugiera gymnorhizaI Ji [J]. Indian J Chem，1978，168 (8)，742.

[5] Weissmann G. Chemical study of mangrove bark [J]. Holz Roh-Werkst，1985，43 (12)，518.

[6] GB 5009. 4—1985. 食品中灰分的测定方法 [S].

[7] GB 5009. 4—1985. 食品中蛋白的测定方法 [S].

[8] GB 5009. 3—1985. 食品中脂肪的测定方法 [S].

[9] J Y/ T 015—1996 电感耦合等离子体原子发射光谱方法通则 [S].

[10] Das S，Bose A. Effect of salt stress on polyamine metabolism in Brassica campestris [J]. Phytochemistry，1995，39 (2)：283 -285.

[11] 莫竹承，范航清，何斌源. 海水盐度对两种红树植物胚轴萌发的影响 [J]. 植物生态学报，2001，25 (2)：235.

[12] Lin P. Mangroves Vegetation [M]. Beijing：China Ocean Press，1988：8 -33.

[13] Ball M C. Salinity tolerance in the mangroves Ae-giveras corniculatum and Avicennia marina. I. Water use in relation to growth，carbon partitioning，and salt balance [J]. Australian Journal of Plant Physiology，1988，15：447 -464.

[14] 王孟薇，赵东海，李溪亚，等. 支链氨基酸治疗肝昏迷 [J]. 氨基酸杂志，1982 (4)；20 -23.

第6章

红树林植物保护与保育研究

雷州半岛红树林湿地的生态价值评估*

韩维栋，黄剑坚，李锡冲

（广东海洋大学，广东 湛江 524088）

摘　要：本文采用市场价值法、旅游费用法、意愿调查法等方法对雷州半岛红树林湿地的生态价值进行了评估。结果表明，按雷州半岛红树林湿地面积 20 279 hm^2（其中红树林面积 7 800 hm^2）核算，2009 年其生态价值总和为 280 932. 37 万元，其中直接使用价值为 141 717. 59 万元，占 50. 4%（占总价值比例），包括近海渔业价值 93 899. 55 万元，占 33. 4%，旅游与文化价值 47 818. 04 万元，占 17. 0%；间接使用价值为 61 054. 3 万元，占 21. 8%，包括海洋动物栖息价值 38 025. 00 万元，占 13. 6%，海岸保护价值 13 110. 00 万元，占 4. 7%；环境质量维护价值 9 919. 30 万元，占 3. 5%；非使用价值为 78 160. 48 万元，占 27. 8%，包括选择价值 70 450. 38 万元，占 25. 1%，存在价值 7 710. 10 万元，占 2. 7%。在当地红树林海岸居民心目中红树林资源的直接使用价值要小于其间接使用价值，其中其保护价值在当地居民心中占有极为重要的地位。

关键词：红树林湿地；生态价值评估；雷州半岛

中图分类号：S727. 2；X171　　**文献标识码：**A　　**文章编号：**1009 – 8224（2012）04 – 00 – 05

Ecological evaluation of mangrove wetlands in Leizhou Peninsula

Han Weidong，Huang Jianjian，Li Xichong

（Guangdong Ocean University，Zhanjiang 524088，Guangdong）

Abstract：The market value method，the travel cost method，and the contingent valuation method were applied to evaluate the ecological value of mangrove wetlands in Leizhou Peninsula. The results showed that the total ecological benefit of 20 279 hm^2 mangrove wetlands，including 7 800 hm^2 mangrove forests，in Leizhou Peninsula was 2 809. 323 7 million yuan（RMB）in 2009，which was added up with 50. 4% of the total for the resource's direct utilization value at 1 417. 175 9 million yuan which includes both the off shore fishery value at 938. 995 5 million yuan in 33. 4% of the total and the culture value 478. 180 4 million yuan in 17. 0% of the total，with 21. 8% of the total for the indirect utilization value at 610. 543 million yuan which includes the marine animal habitat value 380. 25 million yuan in 13. 6% of the total，the coastal protection value at 131. 1 million yuan in 4. 7% of the total，and the environmental quality maintenance value at 99. 193 million yuan in 3. 5% of the total，with the non-utilization value at 781. 604 8 million yuan in 27. 8% of the total which includes the selective value at 704. 504 million yuan in 25. 1% of total and existence value at 77. 101 million

* 基金资助项目：广东省部产学研究专项资助项目（2008A030203007）。
原载于：泉州师范学院学报，2012，30（4）：62 – 66。

yuan in 2.7% of the total. While thinking the indirect utilization value was higher then the direct utilization value, the local mangrove coastal residents attached great importance to the coastal protection function of mangrove wetlands in Leizhou Peninsula.

Key words: mangrove wetland, ecological evaluation, Leizhou Peninsula.

红树林是热带和亚热带海岸潮间带的木本植物群落，有独特的景观、丰富的生物多样性和生理生态过程复杂性等特点；具有提供海岸保护、环境质量维护（净化水质）、近海渔业（海洋生物育苗场）、动物栖息（如鸟类等）、林区资源直接利用（食用等）、旅游与科研教育等重要的生态服务功能价值[1]。生态服务功能价值又称为生态价值，分为直接使用价值、间接使用价值和非使用价值三大部分。直接使用价值和间接使用价值均属于使用价值，是指自然资源提供给人类产品、满足人类需要的直接和间接服务价值；而非使用价值包括了选择价值和存在价值，是自然资源的内在属性，也叫内在价值[2,3]。

1 研究方法

雷州半岛地处我国大陆最南端，在广东省西南部，东经 109°31′～110°55′，北纬 20°12′～21°35′。属热带亚热带季风气候，终年受海洋性气候调节，冬无严寒，夏无酷暑。其中沿海地区大多属热带海洋气候类型，水热条件好[4]。沿海滩涂记录有海洋生物 2 000 余种和鸟类 194 种；潮间带面积为 9.91 万 hm^2；有红树林及其附近滩涂面积共 20 279 hm^2，其中红树林面积 7 800 hm^2 和宜林地滩涂面积 9 609.7hm^2[1]。1990 年 1 月建立湛江红树林省级自然保护区，1997 年 12 月晋升为国家级自然保护区，2002 年 1 月被列为国际重要湿地[5]，目前隶属湛江红树林国家级自然保护区筹备办公室管理。

本文采用市场价值法、旅游费用法、意愿调查法对雷州半岛红树林湿地的生态价值进行粗略评估；并通过问卷调查与实地访谈相结合的方法，同时参考相关生态系统生态价值评估成果与雷州半岛社会经济记录资料，分析雷州半岛红树林湿地生态服务功能在当地居民的重要性排序；以期为雷州半岛红树林湿地的保护提供理论参考。

本研究的被调查者为湛江市的外地旅游者和红树林区周边当地居民。评估项目由三个部分组成：①直接使用价值，包括提供木材与非木材类及产品、近海渔业价值、旅游和文化价值；②间接使用价值，包括海岸保护价值、环境质量维护价值、动物栖息价值；③非使用价值，包括存在价值和选择价值。红树林湿地相关利益者问卷内容包括被调查者身份、家庭收入、对红树林湿地的了解和偏爱程度、红树林湿地对当地经济活动和生物多样性的影响、支付意愿等。

笔者于 2009 年 8 月到 2009 年 9 月分别选择湛江市特呈岛、观海长廊，徐闻县和安镇、南山镇，雷州市附城岚北村、企水镇、调风镇九龙山，廉江市高桥红树林自然保护区等 8 个雷州半岛红树林滩涂分布最为集中的区域，通过直接与外地旅游者和当地居民接触，并采用随机抽样的方法，发放问卷调查。调查收集的数据利用 Microsoft Excel 软件进行统计和相关分析。

2　结果与分析

2.1　调查样本基本信息分析

笔者于 2009 年 8 月到 2009 年 9 月期间共发出调查问卷 1 500 份，其中有 600 份为调查外地旅游者，900 份为调查当地居民，最终收回 1 334 份，回收率 89%。有效问卷：外地旅游者问卷 559 份，有效回收率 93%；当地居民问卷 775 份，有效回收率 86%。本调查收回问卷样本中 25 岁以上的样本占 62%，男女比例为 3∶2，男性对于环境保护等热点问题较为关注，保护意识较强，愿意接受调查的比例相对女性较高，收入水平相对较高，支付值也稍高。本调查样本中初中水平以上占 85%，其中接受过高等教育的占 18%，收入相对较高（填写人数少，未作统计），参与经济活动较长，支付数额也较高。红树林区外地旅游者主要来自雷州半岛（占 72%）、广东省内（占 17%，雷州之外）、广东省外（占 11%），其中他们对红树林的偏爱程度表明：看过红树林占 69%；计划观赏占 17%；表示出明显的观赏红树林的旅游动机，无计划观赏占 14%。对红树林了解程度统计表明：外地旅游者中 82% 的人知道红树林，在当地居民中有高达 91% 的人知道红树林。无论是当地居民还是外地旅游者，对红树林湿地大都有所了解。

2.2　生态服务功能的重要性分析

本文就红树林湿地生态服务功能对当地居民的重要性进行了调查，结果见表 1、表 2。

表 1　红树林湿地生态价值对当地居民的重要性

对当地经济活动的影响	选择频数 / 人次	占总人数的比率 /%	重要性
保护海岸	661	85	★★★★★
保护村落	411	53	★★★
保护养殖池	357	46	★★★
保护农田	200	26	★★
保护船只	178	23	★★
保护生物多样性	168	22	★★
旅游资源	124	16	★
土壤保持	90	12	★
净化水体	86	11	★
渔业场所	70	9	★
提供木材及产品	54	7	★
养殖家禽场所	49	6	★
提供药物、化工制品、饲料、果实产品	10	1	★
科学研究所	3	0	★

表2 红树林保护生物多样性的重要性

生物多样性项目	非常重要/%	重要/%	一般/%	不重要/%
红树林及滩涂生境对水鸟迁徙的重要性	45	27	25	4
红树林在食物链中的重要性	36	35	24	4
红树林中鸟类的捕食在控制农业虫害方面的作用	35	36	23	5
红树林作为花粉传播和蜂蜜来源的重要性	29	35	30	7

结果显示，直接使用价值在当地居民心目中并不重要；间接使用价值中的保护价值在当地居民心中占有极为重要的地位。

2.3 雷州半岛红树林生态价值评估

2.3.1 木材类及其产品价值

调查结果也显示，当地居民认为对红树林作为木材及其产品等直接使用并不重要(见表2)。同时，由于红树林保护意识和保护管理力度的加强，对红树林木材及其产品直接使用基本停止，因此，本文通过活立木的木材价值将生物量增长计入红树林对环境质量的维护价值之中，而红树林木材及其产品直接使用以零值计算。

2.3.2 近海渔业价值

雷州半岛海岸带具有热带性、多样性和旺盛性三大特点，海洋水产资源丰富。经济鱼类有520余种，贝类有547种，虾类28种和藻类10多种，有发展海洋水产业得天独厚的条件[7]。可供常年捕捞生产的近海渔场面积1 500万 hm^2。年水产品总量居全省第一，海水珍珠产量约占全国2/3，对虾养殖产量约占全国1/4，为全省之冠[6]。根据湛江市海洋与渔业局渔业统计数据显示，2005年湛江市海产品养殖及捕捞总产值为625 997万元，参照近海捕捞中的海洋鱼类有67%（澳大利亚东部）和80%（美国佛罗里达）在某种程度上依赖于红树林[1]，同时考虑雷州半岛红树林生态系统的面积、分布、群落生态特征等现状，据此估计在上述近海捕捞的海洋鱼类中有15%在某种程度上依赖于雷州半岛红树林，估计出雷州半岛红树林对近海渔业贡献值为93 899.55万元/年。

2.3.3 旅游与文化价值

红树林特有的胎生繁殖方式、形式多样的根系、泌盐现象，使红树植物同时具有热带雨林植物、沙漠植物和水生植物的特征，这在植物界是绝无仅有的，其生物学特征和生态学特征成为热带海岸的一大奇观，具有较高的生态旅游价值[8]。红树林提高生态环境质量，绿化美化沿海环境，可形成奇特的“海上森林”景观，是沿海开发旅游观赏的宝贵资源。2009年，湛江市共接待外地旅游者1 151.15万人次，其中前来观光度假占67%，所以2009年约有771.27万名游客来湛江观光、度假，这些游客也是最可能参观红树林和海岸旅游景点的游客。根据上述游客对红树林偏爱程度和问卷统计的年龄分析，以旅行73.42万人次和人均旅游花费为562元进行估算，雷州半岛红树林以生态旅游为主的年旅游价值每年41 262.04万元。

红树林具有的美学、艺术、教育和科学研究等文化价值[9]。特别是红树林生长在海水间歇淹没的盐渍滩地上，具有特殊的生理功能和构造，并能发展成森林植被，在红树林生物学、生态环境保护学、沿海滩涂生物研究、鸟类研究和湿地保护研究等方面都很有研究价值[4]。雷州半岛的红树林是我国大陆面积最大、种类最多，分布最广的地区，拥有我国最大的国家级红树林自然保护区，为开展红树林科学研究提供了极好的自然条件。一般说来，所有到红树林区的游客都有教育意义上的收获，如果将红树林区等同于一定规模的公园或博物馆，以 2009 年约有 131.12 万人次亲临雷州半岛红树林区，感悟红树林的教育内涵，同时以科研、教育和文化为目的的红树林使用价值约等于每人每次 50 元（相当于门票和相关花费）来估算，可求得雷州半岛红树林科研教育价值等合计为6556 万元/年/20 279 hm^2（红树林及其附近湿地面积）=3 232.9 元/(hm^2·年)。另采用 Costanza 推算出的世界湿地的文化价值 881 美元/(hm^2·年)[10]，和2009 年人民币兑美元年平均中间价为 1 美元兑换 6.831 元人民币（下同），推算得出湛江红树林湿地的科学研究价值为 6 018.11 元/(hm^2·年)。因此，上述比较表明，雷州半岛红树林区湿地的文化价值为平均世界湿地文化价值的 53.72%。

上述两项合计为旅游与文化价值，为 47 818.04 万元/年。

2.3.4　海岸保护价值

1. 海堤保护价值

根据雷州附城海堤的调查，没有红树林保护的海堤每年的非台风危害修复费用为 20 元/m。雷州半岛红树林分布于 31 个乡镇近 500 km 的岸线上，保护沿岸约 500 km 各式海堤[1]，根据替代花费法，每年可减免海堤修复费用 1 000 万元，此值即为雷州半岛红树林在非灾害性自然条件下对海堤保护价值。

2000 年，受台风影响，位于雷州南部的里东村和北岭村之间的 300 m 海堤由于高达 3.6 m 的特大潮而将其向海一侧 2/3 宽度的海堤冲毁，引发 1 000 m 海堤修复投入共 215 万元。该段海堤外无红树林，如果有红树林分布则不至于产生对该段海堤的损害[1]。根据替代花费法，以该年修复费用 215 万元/km 为单价，按水利部门的统计，雷州半岛海堤中受到红树林重点保护的海堤长度为 34 km，因此得出雷州半岛红树林抵抗自然灾害破坏海堤的年生态护堤价值为 7 310 万元/年。上述两项相加得出雷州半岛红树林的海堤保护价值为 8 310 万元/年。

2. 减灾价值

红树林对海岸带稳定性保护价值的经济数字不能测量海岸带风暴事件所带来的丧失生命、精神绝望、家庭搬迁和痛苦的潜在损失[11,12]。这些数据也并不表明通过发展红树林可以避免这些损失，但是通过红树林对海岸的保护确实起到减轻或减免损失的作用，如红树林具有抗御 40 年一遇强台风危害保护海堤免于冲毁从而减少堤内经济损失的功能[13,14]，据专家评估法，每年每千米红树林分布海岸线可提供约 8 万元的台风灾害防护效益[1]，因此，雷州半岛 600 km 海岸线红树林的年灾害总防护价值为 4 800 万元/年。

上述海堤保护价值与减灾价值相加得出雷州半岛红树林海岸保护价值为 13 110 万元/年。

2.3.5 环境质量维护价值

1. 生物量价值

生物量价值包括活立木和凋落物产出，由于植物年生产量主要体现在木材的生产量，因此，以木材增长价值代替森林生产活立木的价值，据海关统计数据显示，2009 年我国进口木材情况的统计数据表明，2009 年我国全年进口原木单价 994.87 元/m^3、红树林群落平均净材积生长量4.39m^3/(hm^2·年)[1]、雷州半岛红树林面积7 800 hm^2，计算出红树林每年生产活立木价值为 3 406.6 万元/年。

凋落物价值在于为近海生产力提供主要的饵料作用。因此计算其饵料市场替代价值，设其饵料成品率为 10%，我国水产养殖饵料价格为 4 000 元/t，凋落物量9.42 t/(hm^2·年)，得凋落物价值为 2 939 万元/年。

2. 固碳与释氧价值

采用市场价值法计算固碳价值。本文采用美国碳税率 20 美元/t（C）[15]计算群落固碳价值为：红树林面积×群落单位面积植物年碳素净增长量×碳税率 =7 800 hm^2 ×11.35t（C）/(hm^2·年)×20 美元/t（C）=1 209.5 万元。

释氧价值依据生产成本法算出释氧经济价值为：红树林面积×单位面积红树林年释放氧量×氧气生产成本 =7 800 hm^2 ×30.31t/(hm^2·年)×100 元/t（C） =2 364.2 万元/年。

以上各项相加，得出雷州半岛红树林环境质量维护价值为 9 919.3 万元/年。

2.3.6 动物栖息价值

红树林资源是沿海人民重要的经济来源。本次问卷调查显示，沿海 76% 的农户经济收入与红树林相关，据国内专家测算，每公顷红树林的年产出价值人民币达 3.45 万～6.3 万元[1]。据此推算，雷州半岛红树林的动物栖息地价值为：红树林面积×单位面积红树林年产值 =7 800 hm^2 ×4.875 万元/ hm^2·年 =38 025 万元/年。

2.3.7 存在价值

问卷调查结果表明，确实存在一些对生物多样性保护的支付意愿，而当地居民为此所表达的支付意愿则可部分地代表雷州半岛红树林湿地的存在价值。据问卷统计，775 位被调查的当地居民总的支付意愿为 140 262 元，人均支付意愿为 181 元/年。据专家统计，居住在红树林区沿海并在某种程度上依赖于红树林湿地生活的人口为 78.6 万人，假定有支付能力的人占上述人口的 50%，得出总的支付意愿为 7 113.3 万元/年，此值部分地代表了来自当地居民所表达的该生态系统的存在价值。

全球社会性每年对保护我国森林资源的支付意愿为 112 美元/hm^2[17]，可估算对雷州半岛红树林湿地保护的全球性支付意愿为 596.8 万元/年。

上述两项合计得雷州半岛红树林湿地以生物多样性保护所体现的当年存在价值为 7 710.1万元/年。

2.3.8 选择价值

外地旅游者对生态旅游的支付意愿部分地代表了雷州半岛红树林湿地生态系统服务功能的选择价值，本次调查假设雷州半岛沿岸某一区域进行红树林生态旅游建设，询问外地旅游者每年最多愿意付出的金钱，到此享受红树林湿地所提供的生态服务（如观鸟、欣赏红树林特殊景观等）；用此支付意愿来评估其选择价值。

根据问卷调查结果表明，559 位外地旅游者的主要旅游原因有：359 位为观光度假（占67%）、111 位为工作需要（占 20%），49 位为生意来往（占 9%），22 位为探望亲朋好友（占 4%）。他们对雷州半岛红树林生态旅游的支付意愿为 34 199 元，人均约为 61. 2 元，因此以 2009 年湛江市旅游部门接待的游客量 1 151. 15 万人次进行保守估算，可知外地旅游者的支付意愿所表达的雷州半岛红树林湿地的当年选择价值约为 70 450. 38 万元/年。

3　结论与讨论

雷州半岛红树林湿地生态价值评估结果见表 3。

表 3　雷州半岛红树林湿地生态价值评估结果

价值主类/万元	价值基本类型	评估价值/（万元・年）	占总价值百分比/%
直接使用价值 141 717. 60	木材及其产品价值	0	0
	近海渔业价值	93 899. 55	33. 4
	旅游与文化价值	47 818. 04	17. 0
间接使用价值 610 54. 30	动物栖息价值	38 025. 00	13. 6
	海岸保护价值	13 110. 00	4. 7
	环境质量维护价值	9 919. 30	3. 5
非使用价值 78 160. 48	选择价值	70 450. 38	25. 1
	存在价值	7 710. 10	2. 7
总生态价值		280 932. 37	100

表 3 表明：按雷州半岛红树林湿地面积 20 279 hm^2 核算，2009 年其生态价值总价值为 280 932. 37 万元，其中直接使用价值为 141 717. 59 万元（占 50. 4%，指占总价值比例，下同），包括近海渔业价值 93 899. 55 万元（占 33. 4%），旅游与文化价值 47 818. 04 万元（占 17. 0%）；间接使用价值为 61 054. 30 万元（占 21. 8%），包括动物栖息价值 38 025. 00 万元（占 13. 6%）、海岸保护价值 13 110. 00 万元（占 4. 7%）、环境质量维护价值 9 919. 30 万元（占 3. 5%）。非使用价值为 78 160. 48 万元（占 27. 8%），包括选择价值 70 450. 38 万元（占 25. 1%）、存在价值 7 710. 10 万元（占 2. 7%）。在当地红树林海岸居民心目中红树林资源的直接使用价值要小于其间接使用价值，其中其保护价值在这些居民心中占有极为重要的地位。他们认为在红树林湿地保护的重要性排序为：保护海岸 > 保护村落 > 保护养殖池 > 保护船只 > 保护生物多样性 > 提供旅游资源 > 提供净化水体 > 提供渔业场所 > 提供木材及其产品 > 提供养殖家禽场所 > 提供药物、化工原料、饲料、果实产品 > 科学研究；在红树林保护生物多样性上的重要性排序为：红树林及滩涂生境对水鸟迁徙的重要性 > 红树林在食物链中的重要性 > 红树林中鸟类的捕食在控制农业虫害方面的作用 > 红树林作为花粉传播和蜂蜜来源的重要性。约有 86% 的外地旅游者表明有观赏雷州半岛红树林湿地景观的旅游动机。

红树林湿地生态价值是一个动态评估值，它是随着社会发展水平和人民生活水平的不断提高而逐渐显现并增加起来，即其生态价值的大小取决于不同发展阶段人们对环境服务功能的认识水平、重视程度和为之支付的意愿[1,15-17]。因此，广泛开展红树林湿地保护意识宣传活动，提升相关利益者对红树林湿地价值的认同，并对雷州半岛红树林湿地生态价值评估指标进行持续的生态监测研究，对构建红树林海岸区域绿色核算体系具有重要的意义。

参考文献

[1] 韩维栋，高秀梅．雷州半岛红树林生态系统及其保护策略［M］．广州：华南理工大学出版社，2009.

[2] 伍淑婕，梁士楚．广西红树林湿地资源非使用价值评估［J］．海洋开发与管理，2008（2）：23－28.

[3] 邓培雁，刘威．湛江红树林湿地价值评估［J］．生态环境，2007（6）：126－133.

[4] 杨惠宁，徐斌，韩超群，等．雷州半岛红树林资源及其效益［J］．生态环境，2004，13（2）：222－224.

[5] 国家计划委员会．中国产业发展报告（1998）［R］．北京：中国经济出版社，1999：1－113.

[6] 湛江市地方志办公室．湛江市志［M］．北京：中国社会出版社，2009：9－37.

[7] 熊德．城市青少年消费行为与品牌消费心理调研报告［J］．中国青年研究，2006，（8）：34－36.

[8] 王文卿，王瑁．中国红树林［M］．北京：科学出版社，2007：1－186.

[9] 赵晟，洪华生，张珞平，陈伟琪．中国红树林生态系统服务的能值价值［J］．资源科学，2007，29（1）：147－154.

[10] Costanza R. The value of the World's ecosystem and natural capital ［J］. Nature，1997，387：253－260.

[11] Luong V，Phuog H，Massel S R. Experiments on wave motion and suspended sediment concentration at Nang Hai，Can Gio mangrove forest，Southern Vietnam ［J］. Oceanologia，2006，48（1）：23－40.

[12] Fromarda F，Vegaa C，Proisyb C. Half a century of dynamic coastal change affecting mangrove shorelines of French Guiana：a case study based on remote sensing data analyses and field surveys ［J］. Marine Geology，2004，208（2－4）：265－280.

[13] 韩维栋，高秀梅．湛江红树林保护策略［J］．广东林业科技，1998，14（3）：18－22.

[14] 卢昌义．发展红树林是减轻台风浪潮灾害的有效对策［J］．南京大学学报：自然科学版，1991：70－75.

[15] 中国环境与发展国际合作委员会．中国自然资源定价研究［M］．北京：中国环境科学出版社，1997.

[16] 卢云亭，王建军．生态旅游学［M］．北京：旅游教育出版社，2008.

[17] 林鹏．红树林研究论文集（第五集）［M］．厦门：厦门大学出版社，2002：83－108.

南三岛黄槿的生态经济价值评估*

韩维栋，黄艳婷
（广东海洋大学 2016 届本科毕业论文）

1 前言

1.1 黄槿的分类以及生物学特征和地理分布

黄槿（*Hibiscustiliaceus*）为锦葵科（*Malvaceae*）木槿属（*Hibiscus Linn.*）常绿小乔木或常绿灌木，别称黄木槿、糕仔树、朴仔、榄麻、海罗树、海麻、海麻桐、木麻、公背树等，是一种能在海岸潮间带和陆地非盐渍土地两种环境中生长的半红树植物。黄槿生长快速，遮阴效果良好，在内陆多作为行道树或者遮阴树。一般高 4 ～7 m，有的可高达 10 m，树冠张开呈半圆状，树皮光滑，灰色，树干多瘤状凸起。黄槿叶大，呈心形，有长柄，光滑，绿色，革质，叶子长达 15 cm，背面有毛，花为白或黄色，花冠钟形，夏季开放，单生，花瓣 5 片，覆瓦状排列，长度为 8 cm，花雄蕊柱红色至褐色[1]，蒴果。热带、亚热带沿海地区均有分布，主要分布于我国华南、日本、印度、马来西亚以及大洋洲，在我国常见于广东、广西、台湾乡间。

1.2 利用价值、生态价值概念和调查方法

黄槿的木材具有经济价值，其叶、花和树皮具有药用效果，可用于清热解毒、消肿祛瘀，对木薯中毒有主要作用，外用可用于治疮疔肿痛。在生态上，黄槿具有环境维护、遮阴防护、园林美化、保护鸟类等价值。黄槿耐盐性强，能减少风害，防止土壤沙化，对二氧化硫、二氧化碳等污染物质有良好抗性，对于建造海岸防风林和矿区植被恢复起着重大作用[2]。黄槿的叶大，枝叶浓密，树冠呈伞状，其花色艳而大且多，并且黄槿是粤西地区常见的乡土树种，非常适应雷州半岛的气候，而且管理粗放，是良好的遮阴防护园林树种。森林的生态功能价值是指森林生态系统发挥出的对人类、社会和环境有用的全部效益和服务功能[3]。南三岛黄槿树的种植一般以单株种植为主，极少连片种植，因此本文以南三岛调东村及附近的 30 株黄槿树为样本，将其看作一个林分，以方便评估其生态经济利用价值。自然资源的价值评估方法有直接市场法、替代性市场法、假想市场法三大类[4]，其中直接市场法可以分为市场价格法、净价法、维护成本法或重置成本法、成本费用法，替代性市场法可以分为旅行费用法、收益还原法，假想市场法中常用的是意愿调查法。本文采用了市场价格法、成本费用法和意愿调查法对南三岛调东村黄槿树进行价值评估。

---

* 本文修订自 2016 届森林资源保护与游憩专业黄艳婷同学的本科毕业论文，指导老师韩维栋。

1.3 研究的目的与意义

由于目前我国对于半红树黄槿的研究多是对黄槿中蕴含的海洋药物方面的研究，很多文献提出了黄槿具有环境维护、园林美化、药用等价值，却没有一篇文献对黄槿的价值进行评估，因此本文对黄槿的生态经济价值进行了评估，以期完善关于黄槿的文献记录。

2 研究方法

2.1 南三岛自然地理概况

南三岛位于湛江东部湛江港内，东经110°4′，北纬21°12′。南三岛是中国第七大岛，广东第二大岛，面积共123.4 km^2，岛内开阔平坦，地形起伏少。南三岛地处雷州半岛，属于热带海洋季风气候，水热条件好，雨热同期，阳光充足，很适合黄槿树生长。2015年第一季度，南三岛实现GDP 1.8亿元，工业总产值650万元，第三产业收入达2 000万元，社会固定资产投资5 320万元；地方财政一般预算收入300万元，同比增长26.5%。目前南三岛的定位是打造美丽文明生态旅游岛，正在推进各项基础设施建设，促进城乡协调发展，打造现代旅游新城[5]。

2.2 调查方法

本文具体采用问卷调查和资料查阅的方法对南三岛黄槿树的生态经济价值进行评估，估值方法具体采用市场价值法、成本费用法、意愿调查法[4]。

南三岛黄槿树多集中见于沿岸陆地，在村落中零散分布种植，笔者按沿岸陆地和村落两个生长环境标准选取两个立地类型，每个类型15株，共30株黄槿样本，调查记录其1.3 m处胸径、树高、冠幅、1.3 m处分枝密度等信息，30株样本的一致性条件为无人为干扰、生长正常健康植株。

本文被调查者为南三岛调东村及其附近村落居民，评估项目包括：①直接使用价值，包括木材及其他林产品价值、黄槿树叶在当地特色小吃田艾饼上的使用价值；②间接使用价值，包括园林美化价值、环境质量维护（固定沙土）价值、生物多样性保护（保护鸟类）价值、生态旅游价值；③非使用价值，即存在价值。调查问卷内容见表1。

表1 调查问卷内容

1. 您的性别？	A. 男　　B. 女
2. 您的年龄？	
3. 您是南三岛当地居民吗？	A. 是　　B. 不是（转至第9）
4. 您的家庭每月收入多少元？	A. 0 ～ 1000元 B. 1001 ～ 4000元 C. 4001 ～ 8000元 D. 8001 ～ 10 000元 E. 10 001元以上

续上表

5. 您家有种植黄槿树吗?	A. 有（接下题）　B. 没有（转至第 9）
6. 您家种植黄槿树多少株?	A. 1 ～ 3 B. 3 ～ 5 C. 5 ～ 7 D. 8 以上
7. 您在哪里种植黄槿树?（多选）	房屋旁边、庄稼地旁边 道路旁、海岸边、其他
8. 您家种植黄槿树的原因是?（多选）	A. 遮阴乘凉 B. 叶子可以包田艾饼 C. 作柴火烧 D. 野生的，或长辈种植的留到现在
9. 您对黄槿树有多少了解?	A. 不了解 B. 一点点 C. 了解一些 D. 很了解
10. 您认为黄槿树可以带来什么样的作用?（多选）	保护海岸、保护农田、提供木材、提供药物、饲料、保护村落、固定沙土、遮阴、观赏、叶子可以包田艾饼、保护鸟类、生态旅游
11. 您认为黄槿树的重要功能是什么?（多选）	A. 保护海岸 B. 保护农田 C. 提供木材 D. 提供药物、饲料 E. 保护村落 F. 固定沙土 G. 遮阴 H. 观赏 I. 叶子可以包田艾饼 J. 保护鸟类 K. 生态旅游
12. 您会愿意支付每年多少金额用于种植和养护黄槿树?	A. 0 元 B. 1 ～ 500 元 C. 501 ～ 1000 元 D. 1001 ～ 1500 元 E. 1501 ～ 2000 元 F. 2001 元以上

2.2.1　林产品价值评估方法

林产品是指木材、果品、药材等，采用市场价值法来评估其价值。采用公式 $FP = V \cdot P$。由于本次实地调查中，黄槿是单株分散生长，并没有大规模的连片林地，因此式中 FP 为单株树木木材价值；V 为平均单株黄槿树净生长量，m^3；P 为市面上木材价值元/m^3，参考我国全年进口原木单价（2009）[6]。

2.2.2 园林美化价值评估方法

采用成本费用法评估黄槿树作为园林绿化树种具有的价值。

2.2.3 存在价值评估方法

调查当地居民对黄槿树的支付意愿得出其存在价值。

3 结果与分析

3.1 实地测量数据结果和分析

据表2，沿岸陆地中分枝密度为2的株数为5 < 村落分枝密度为2的株数9，沿岸陆地中分枝密度为3的株数7 > 村落分枝密度为3的株数5，沿岸陆地中分枝密度为4的株数2 > 村落中分枝密度为4的株数1。据表3，沿岸陆地植株胸径集中于9.00 ~ 10.90 cm、11.00 ~ 12.90 cm两个径阶范围，村落植株胸径集中于13.00 ~ 14.90 cm、15.00 ~ 16.90 cm两个径阶范围。沿岸陆地和村落两个环境之间的明显差异点是遭风害的强度，相比村落环境，沿海岸边遭风害更严重，因此推断沿海岸边黄槿树相对生长量更小、分枝更多是环境的结果。

表2 南三岛30株黄槿树样本每木调查结果

编号	胸径 /cm	树高 /m	冠幅 /m	1.3 m处分枝密度 /株	生长环境
1	10.36	4.5	4	3	沿岸陆地
2	8.53	4.3	3	3	沿岸陆地
3	10.07	4	2.2	2	沿岸陆地
4	9.57	4.3	3.7	3	沿岸陆地
5	11.27	3.5	2	3	沿岸陆地
6	11.47	3.5	4.5	4	沿岸陆地
7	11.33	3	3.6	4	沿岸陆地
8	9.88	4.5	2.2	2	沿岸陆地
9	11.37	3.7	3	2	沿岸陆地
10	11.7	3.2	2.5	3	沿岸陆地
11	12.5	3	3.2	3	沿岸陆地
12	12	4	2	2	沿岸陆地
13	10.85	4	3	3	沿岸陆地
14	13	3.8	2	0	沿岸陆地
15	12.77	3.5	4	2	沿岸陆地
16	14.72	4	4	2	村落

续上表

编号	胸径 /cm	树高 /m	冠幅 /m	1.3 m 处分枝密度 /株	生长环境
17	14	4	2.7	3	村落
18	15.2	4.7	3	2	村落
19	13.72	3	2	4	村落
20	14.8	3.5	2	2	村落
21	16.52	4.3	4	3	村落
22	15.5	4.5	4.5	2	村落
23	15.33	4	3.5	2	村落
24	12.85	3.6	3	3	村落
25	13.75	4.2	3	2	村落
26	13.45	3.5	3	2	村落
27	15.5	3.5	3.4	3	村落
28	15.35	4	3.5	3	村落
29	14.36	4.5	4	2	村落
30	13.75	4	2	2	村落

表 3　南三岛 30 棵黄槿树样本径阶分级

径阶 /cm	6	8	10	12	14	16
沿岸陆地株数 /株	0	1	5	8	1	0
村落株数 /株	0	0	0	1	8	6

3.2　调查样本信息分析

笔者 2015 年 6 月发出调查问卷 150 份，收回 131 份，回收率 87%。有效问卷 110 份，有效回收率 84%。男女比例为 1∶2。1 ～ 25 岁样本占 10%，25 岁以上样本占 90%。收入较高的被调查者，支付值也略高于其他被调查者。

3.3　黄槿使用功能重要性分析

黄槿在当地种植情况详见表 4。

表 4　黄槿在当地种植的情况

种植地点	选择频次/人次	占总人数比率/%
房屋旁边	92	84
庄稼地旁边	30	27
道路边	41	37
海岸	5	5

黄槿各项功能对居民的重要性排列见表 5。

表5　黄槿各项功能对当地居民的重要性

对当地活动的影响	选择频次/人次	占总人数比率/%
遮阴	98	89
固定沙土	90	81
提供木材	89	81
叶子可以包田艾饼	54	49
保护农田	35	32
保护鸟类	34	31
提供药物、饲料	27	25
观赏	25	23
保护村落	20	18
保护海岸	11	10
生态旅游	3	3

表4结果显示，当地居民选择在住房附近种植黄槿的比率很高，也佐证了黄槿的直接使用功能在当地居民心中比间接使用功能重要。表5中，排前四项的是遮阴、固定沙土、提供木材、叶子可以用来包田艾饼，其中三项是直接使用功能，只有固定沙土是间接使用功能，遮阴和提供木材的比例占80%～90%，因此可以看出黄槿在村民心中的直接使用价值比间接使用价值地位更重要。

3.4　黄槿的生态经济价值评估

3.4.1　平均样本价值

3.4.1.1　木材及其产品价值

根据调查样本算得黄槿平均胸径 = 12.85 cm，平均高度 = 3.87 m，平均胸高断面积 = 0.013 0 m^2，采用平均实验形数法[7]计算材积，f_3 取 0.4，算得平均每株黄槿材积 $V = 0.0130\ (h+3)\ f_3 = 0.0130 \times (3.87+3) \times 0.4 = 0.0356\ (m^3)$，2009年我国进口原木单价为994.87元/$m^3$，用市场价值法可推算出平均每株黄槿的木材价值是35.4元，30株样本的总价值是1 062元；近年来，海洋生物中发现的生物活性物质使海洋药物资源成为热点，红树林植物蕴含的多种生物活性物质，对抗艾滋、抗肿瘤、抑菌、抗氧化等具有活性[8]，林爱玉等[8]、王忠昭[9]的研究表明黄槿红树植物对微生物有抗菌活性，海洋来源的内生真菌有潜在的抗菌物质，具有抗肿瘤活性的有效成分；黄槿作为药用红树植物被收录在《全国中草药汇编》，药用部分为叶、树皮和花，民间常用于清肺止咳、消肿解毒。但南三岛并没有规模种植黄槿树作药用原材料，单株黄槿的药用价值甚少，且目前海洋药物未普及，难以找到评估黄槿药用价值的数据和方法，因此在本文黄槿的药用价值忽略不计。

3.4.1.2　叶子的使用价值

粤西地区民间有一种小吃叫田艾饼，民间常用黄槿的树叶做包裹田艾饼用。但在市场上并没有黄槿叶卖，而类似的粽子叶在市场的最新价格是3元/斤，数值太小，在此忽略不计。

3.4.1.3　园林美化价值

黄槿花开时花大而密，满树锦葵，有较高的观赏价值。据中国园林网最新报价，直径 14 cm 的黄槿价格在 685 元，样本中黄槿树平均胸径在 12.85 cm，接近 14 cm，可以以这个价格作为调查地黄槿的成本，即黄槿的观赏价值为 685 元，把 30 株样本视作一个林分，则总价值为 20 550 元。乡土树种是对当地自然条件，包括气候、水热、土壤等环境条件适应良好并能健康生长的树种，黄槿原产南美洲，但是对我国华南地区自然环境适应良好，逸为野生，属于归化种，但也被列为华南乡土树种。在城市园林上，乡土树种与外来树种相比更具有优势的是可以避免生态恶化、减少维护成本、形成地方特色。在湛江，黄槿树作为乡土园林树种优势更明显。在园林树种规划中，把黄槿作为基调树种尤其能展现湛江热带植物特色[10]。而在滨海地区，由于水平面上升、海水倒灌、土壤盐渍化等环境问题容易导致原有的园林景观受到损害，但可以选择使用黄槿等耐盐植物作为滨海景观树种。在耐盐园林绿化植物种类与耐盐程度的调查中，黄槿属于高度耐盐植物，而且观赏价值高，适合作为滨海地区园林树种推广。

3.4.1.4　存在价值

问卷调查结果表明有存在种植和维护黄槿的支付意愿，但很少。据问卷统计，110 位居民总的支付意愿是 43 000 元，人均支付意愿是 390.9 元/年。这个数值部分代表了黄槿树的存在价值。

3.4.2　南三岛黄槿特有价值

3.4.2.1　环境质量维护（固定沙土）价值

南三岛调东村位于海边，接近海边的地方沙化严重，而黄槿树是半红树植物，耐盐碱，可以在盐度超过 10% 的土壤中生长[11]，因此是海滨地区良好的固沙植物。表 5 显示，在调查中，81% 的被调查者认可黄槿具有重要的固定沙土的价值，而在实地考察时候也发现调东村海边常见树种除了木麻黄就只有黄槿了。

3.4.2.2　生物多样性保护（保护鸟类）价值

每年秋冬季会有大量的候鸟从日本、西伯利亚和中国北方地区飞往澳大利亚的途中在保护区停留，华南濒危动物研究所在湛江红树林保护区测得鸟类达 194 种，其中水鸟 57 种[12]。黄槿属于半红树植物，生长于红树林边缘，而且黄槿枝叶茂密，树冠呈半球状，平均冠幅为 3.08 m，适合鸟类停留栖息，因此黄槿也具有保护鸟类、保护生物多样性的作用。虽然调查结果显示只有少数村民认可黄槿的保护鸟类作用，但并不能代表黄槿没有保护鸟类的价值，出现这种情况可能与村民的学历水平有关。

3.4.2.3　生态旅游价值

南三岛东边有长 3 公里号称绿色长城的木麻黄防风林带，不仅起着防风作用，现在也是生态旅游景点[13]。而黄槿属于红树林植物，又具有抗风固沙作用，且枝叶茂密花大艳丽，理应也是红树林生态旅游的组成部分，具有像木麻黄一样的生态旅游价值，但在调东村，黄槿是分散单株种植的，没有成片的黄槿林，因此，只有个别村民认可黄槿具有生态旅游价值。而目前南三岛正处于旅游业起步阶段，打造黄槿林生态旅游景点也是值得尝试的。由于没有实体的黄槿林生态旅游景点，因此黄槿的生态旅游价值是潜在价值，没有参照物可以按市场价值估值，但在理论上，成林的黄槿树是具有生态旅游价值的。

4 结论与讨论

南三岛 30 株黄槿树样本生态经济价值评估结果见表 6。

表 6 南三岛调东村调查样本 30 株黄槿生态经济价值评估结果

价值主类	价值基本类型	评估价值 /元	比例 /%
直接使用价值	木材及其产品价值	1 062	2
间接使用价值	园林美化价值	205 50	32
非使用价值	存在价值	43 000	66
总价值		64 612	100

南三岛黄槿树特有价值评估结果见表 7。

表 7 南三岛黄槿树特有价值评估结果

价值主类	价值基本类型
间接使用价值	环境维护（固沙）价值 生物多样性维护（保护鸟类）价值 生态旅游价值

表 6 表明，调查的南三岛黄槿树样本总价值为 64 612 元，其中直接使用价值为 1 062 元，仅指木材及其产品价值，占 2%；间接使用价值 20 550 元，指园林美化价值，占 32%；非使用价值为 43 000 元，指存在价值，占 66%。当地居民更重视黄槿的直接使用价值。据问卷调查结果，当地居民对黄槿各个功能的重视度排序：遮阴 > 固定沙土 > 提供木材 > 叶子可以包田艾饼 > 保护农田 > 保护鸟类 > 提供药物、饲料 > 观赏 > 保护村落 > 保护海岸 > 生态旅游。

表 7 中，南三岛黄槿树特有价值均是黄槿在生态系统上具有良好服务功能，属于间接使用价值。笔者在实地调查时发现，黄槿在南三岛的种植方式是单株分散种植，在海岸边会有两三株相邻种植的情况，但是只是随意种植，没有特定的形式，黄槿既分散又没有特定的种植形状，难以测得其在生态系统中发挥的明显作用。但在理论上，黄槿具有固沙、保护鸟类和生态旅游的价值，基于对调东村村民的问卷调查结果也可以辅助证明黄槿具有这几种价值。

由于黄槿在现实中的应用现状，黄槿树作为个体提供给人类的经济效益更加明显，而黄槿树以林分状态在生态系统以及社会经济中的效益并没有被重视。

雷州市九龙山风景区植物区系与植被*

韩维栋[1]，吴钿[1]，郭克疾[2]
（1. 广东海洋大学，广东 湛江 524088；2. 国家林业局中南林业调查规划设计院，湖南 长沙 410004）

摘　要：广东省雷州市九龙山风景区植物共记录有种子植物 112 科 394 属 579 种（包括变种）。其中裸子植物 7 科 9 属 14 种，被子植物 105 科 385 属 565 种；其中野生 81 科 294 属 423 种，栽培 69 科 162 属 227 种；植物区系表现了我国北热带植物区系资源的典型性，植物种类丰富，广布种较多；天然植被以湿地红树林群落、次生季雨林和灌丛为优势，人工植被以坡地尾叶桉和热带作物等为优势；是一个具有极大科研价值和保存价值的地区。建议加快红树林国家级湿地公园建设，加强其自然资源保护与生态旅游开发力度。

关键词：植物区系；植被；雷州市九龙山风景区；国家湿地公园
中图分类号：S759.9　　**文献标识码**：A　　**文章编号**：1006－4427（2010）01－0066－05

The flora and vegetation of Mt Jiulong scenic area in Leizhou City, Guangdong

Han Weidong[1], Wu Tian[1], Guo Keji[2]
(1. Guangdong Ocean University, Zhanjiang 524088, Guangdong;
2. Central South Forest Inventory and Planning Institute of SFA, Changsha 410004, Hunan)

Abstract: The flora in Mt. Jiulong Scenic Area in Leizhou, Guangdong included 112 families 394 genera 579 species (including varieties). Among them, 7 families 9 genera 14 species belonging to Gymnospermae and 105 families 385 genera 565 species belonging to Angospermae, while having 81 families 294 genera 423 species wild plants and 69 families 162 genera 227 species cultivated plants, showed China's northern tropical plant resource characteristics with abundant flora components and rich species diversity and also with a lot of widely distributed species. Its native vegetation was dominated by mangroves in wetlands and the secondary monsoon rain forests, while its cultivated vegetation were dominated by Eucalyptus urophylla forests and other tropical crops. The Mt. Jiulong scenic area has great research and conservational value, and should be promoted as a national wetland park so as to upgrade its natural resource conservation and ecotourism.

Keywords: flora, vegetation, Mt. Jiulong scenic area in Leizhou City, national wetland park

雷州市九龙山风景区，隶属广东省湛江市雷州市人民政府管辖；位于中国大陆最南端雷州半岛东南沿海，东临南海，南依收获农场，西北接调风镇，距雷州市区约 40 km，地

* 基金项目：广东省部产学研专项“雷州半岛红树林湿地生态系统构建与资源利用研究”（2008A030203007）。
原载于：广东林业科技，2010，26（1）：66－70。

理坐标为北纬20°38′49″～20°41′51″，东经110°20′50″～111°17′4″。九龙山风景区面积约1 538 hm^2，其中红树林等滨海湿地面积占92.1%，为海岸内湾湿地，河道有多处弯曲，陆地为低矮的丘陵山地，海拔多为30 m以下，最高海拔45.9 m。雷州市九龙山风景区属亚热带湿润性季风气候，光照充足、热量丰富，湿地土壤以酸性硫酸盐土为主，分布海拔0～1 m，陆地为小丘陵，为酸性砖红壤，分布海拔1～38 m。日照年平均2 003.6 h，太阳年总辐射量108～117 J/cm^2；年平均气温22℃，年温差为12.9℃左右，年积温约8 382.3℃，无霜期达364 d，九龙山风景区雨量充沛年平均降雨日135 d，年均降雨量为1 900 mm，降雨年际变化大相对出现干湿季。雨季为6～9月，以南风为主；旱季为11月至次年3月，以北风为主。年平均相对湿度为84%，风速3.6 m/s。经多年经验数据，九龙山风景区潮差为150 cm，峰值出现在3月和9月，谷值在6月和12月；潮汐属于不规则半日潮。九龙山风景区风景优美，交通便利，旅游资源丰富，具有巨大的生态旅游开发潜力。笔者在2009年5月1日至15日对广东九龙山风景区所作考察基础上，结合以往的考察资料及相关文献对九龙山风景区植物资源进行阐述，旨在为该风景区的建设提供参考。

1 植物区系和植被分区

植物种类的分布，是植物与环境之间相互制约、相互依存的产物，是植物种生存的产物，是植物种生存竞争与自然选择的结果。而植物区系是一定区域全部植物（科、属、种）的和，它反映出该地区的植物总和与根本性质，是该地区历史发展和现代地理条件综合影响的结果[1-3]。九龙山风景区的植物区系属于典型的北热带植物资源区系，以热带性科、属较多，亚热带成分较少。同时，区系组成成分上反映了亚热带向热带过渡的特征。这就表明，九龙山风景区植物区系成分南北交汇，东西相融，彼此渗透。

根据吴征镒主编《中国植被》的划分[4]，九龙山风景区所在区在植被区划上属于Ⅴ热带季雨林、雨林区域→ⅤA东部（偏湿性）季雨林、雨林亚区域→ⅤAi北热带半常绿季雨林、湿润雨林地带→ⅤAi3琼雷台地，半常绿季雨林、热性灌丛区。本植被区地带性典型植被为热带季雨林，由于人为经济活动干扰严重，现有植被以次生类型为主。根据《中国湿地植被》的划分，九龙山风景区的植被属于滇南山地宽谷、粤南低山丘陵卡开芦苇沼泽湿地和东南沿海红树林亚区。

2 植物区系特征

2.1 植物种类丰富

调查与统计结果表明[2]，九龙山风景区境内共有记录有种子植物112科394属579种，其中裸子植物7科9属14种（包括变种，下同），被子植物105科385属565种；其中野生81科294属423种，栽培69科162属227种。以菊科、禾本科、桑科、红树科、莎草科、蓼科为种类优势科。另4科4属4种以蕨类植物作为建群种的群落，这4种蕨类植物是：卤蕨（Acrostichum aureum）、芒萁（Dicranopteris linearis）、小叶海金沙（Lygodium microphyllum）、三叉蕨（Tectaria subtriphylla）。由此表明九龙山风景区是广东植物区系较丰富的地区之一。根据《中国植物志》[5]的统计资料显示，我国共有野生维管束植物301科3408属31 142种，九龙山风景区内的种子植物分别占我国维管束植物总科数、总属数、总种数的37.21%、11.56%、1.86%；占广东省野生维管束植物5933种（《广东省植物名录》[6]）的9.76%。即九龙山风景区范围的植物种类较为丰富。

2.2　植物区系成分多样

2.2.1　热带性质较明显

属的区系成分组成方面（表1），九龙山风景区野生种子植物分布区类型中热带成分（第2～7项）为225属，占总属数（扣去第1项）的84.269%；温带属39个（第8～10，14项），仅占总属数的14.607%，可知本区的热带成分占绝对优势。其中，热带成分主要包括泛热带分布97属（占总属数的36.330%），古热带分布37属（点总属数的13.858%）、热带亚洲分布34属（占12.734%）。而热带亚洲至热带大洋洲分布、热带亚洲和热带美洲间断分布和热带亚洲至热带非洲分布则较少，分别为28属（占10.490%）、17属（占6.367%）、12属（占4.494%）。温带分布属类型主要有北温带分布17属（占6.367%）；旧世界温带分布11属（占4.120%）、东亚分布7属（占2.622%）等。本区系有15个广布属，如苋属（Amaranthus）、苔草属（Carex）、黍属（Panicum）、马唐属（Digitaria）、莎草属（Cyperus）、苍耳属（Xanthi-um）等比较常见的属。

种的区系成分组成方面（表1），本区系423种野生种子植物分属14个分布区类型，热带分布（第2～7项）321种（包括变种，下同），占总数的（除去广布种和外来种）85.829%，体现该区系的热带性质。热带成分则主要由泛热带分布（154种，占总种数的41.176%）、古热带分布（53种，占总种数的14.171%）和热带亚洲分布（42种，占总种数的11.230%）组成，如泛热带分布的假蒌（Piper sarmentosum）、海风藤（Piper hancei）、黄槿（Hibiscus tiliaceua）、山杜英（Eleaocarpus sylvestris）、光棍树（Euphorbia tirucalli）、鱼藤（Derris trifoliata）等；古热带分布的紫玉盘（Uvaria microcarpa）、银叶树（Heritiera littoralis）、玉蕊（Barringtonia racemosa）、露兜树（Pandanus tectorius）、木榄（Bruguiera gymnrrhiza）等；热带亚洲分布的野独活（Miliusa balansae）、秋茄（Kandelia candel）、鹊肾树（Streblius asper）、桐花树（Aegiceras corniculatum）等。

表1　九龙山风景区植物区系属、种的分布类型[1]

序号	分布区类型	属数/属	种数/种	占总属数比例/%	占总种数比例/%
1	世界分布	27	49		
2	泛热带分布	97	154	36.330	41.176
3	热带亚洲和热带美洲间断分布	17	24	6.367	6.417
4	古热带分布	37	53	13.858	14.171
5	热带亚洲至热带大洋洲分布	28	32	10.490	8.556
6	热带亚洲至热带非洲分布	12	16	4.494	4.278

续上表

序号	分布区类型	属数/属	种数/种	占总属数比例/%	占总种数比例/%
7	热带亚洲分布	34	42	12.734	11.230
8	北温带分布	17	27	6.367	7.219
9	东亚和北美洲间断分布		5	1.498	1.337
10	旧世界温带分布	11	11	4.120	2.941
12	地中海区、西亚至中亚分布	2	2	0.749	0.535
14	东亚分布	7	7	2.622	1.872
15	中国、海南特有分布	1	1	0.375	0.267
合　计		294	423	100	100

注：比例计算不包括外来植物、世界分布。

在50个温带分布种中，北温带分布占27种，如蔓胡颓子（Elaeagnus glabra）、盐肤木（Rhus chinensis）、珊瑚树（Viburnum odoratissimum）、毛莲蒿（Artemisia argyi）等；东亚和北美洲间断分布5种，如铁马鞭（Lespedeza pilosa）、假地豆（Desmodium heterocarpon）、三叶爬山虎（Parthenocissus himalayana）、地锦（P. tricuspidata）等；旧世界温带分布11种，如马甲子（Paliurus ramosissmus）、飞廉（Carduus crispus）、益母草（Leonurus japonicus）等。

2.2.2 特有成分极少

本区系中国种子植物特有属、种仅1属1种，为喜树属喜树（Camptotheca acuminata）。

2.2.3 联系广泛，热带亚洲起源

本区系与周边及各大洲热带地区的植物区系有比较广泛的联系。本区系与热带亚洲植物区系联系最为密切，在423个土著种中有约85.829%出现在热带亚洲植物区系（见表1第2～7项），其中以泛热带占主要优势。本植物区系的形成主要由地史因素、洋流、气候与动物传播等因素造成，雷州市九龙山的地理位置决定了该植物区系热带特性主要由洋流与气候因素造成。表明本植物区系为热带亚洲起源。

2.2.4 广布种和红树植物繁多

本区广布种达49种，主要属于淡水水生植物、盐生植物和伴生植物，前两类均属于湿生植物，如挺水植物芦苇（Phragmites australis）等，几乎全世界均有分布。九龙山风景区内的湿地植物资源丰富，尤其是红树林资源，共有乡土真红树植物9种：卤蕨、老鼠簕（Acanthus ilicifolius）、白骨壤（Avicennia marina）、桐花树、红海榄（Rhizophora stylosa）、秋茄、木榄、海漆（Excoecaria agallocha）等，另引种有无瓣海桑（Sonneratia apetala）。半红树植物9种，如银叶树、黄槿、水黄皮（Pongamia pinnata）、海杧果（Cerbera manghas）、草海桐（Scaevola frutcscens）、玉蕊、苦郎树（Clerodendron inerme）、钝叶臭黄荆（Premna obtusifolia）、阔苞菊（Pluchea indica）等。九龙山风景区内乡土真红树植物

和半红树植物分别占全国真红树植物（24 种）的 37.5% 和全国半红树植物（13 种）的 61.5%[7]，其中新发现玉蕊为广东省新纪录的半红树植物。九龙山风景区的植物区系组成丰富，广布种较多，区系成分以热带为主，表现了我国北热带植物资源的典型性，是一个具有极大科研价值和保存价值的地区。

3　植被类型及分布

植物区系的丰富程度直接影响湿地植被类型的多样性。九龙山风景区区域内地带性植被为热带常绿季雨林，呈次生状态。主要植被类型有潮间带红树林、次生热带季雨林、常绿阔叶林和落叶阔叶林等。

3.1　红树林

九龙山湿地面积 1 416.5 hm^2，其中红树林面积 177.1 hm^2，占湿地面积的 12.5%；红树林是九龙山湿地的主要植被类型之一。主要的组成树种有卤蕨、老鼠簕、桐花树、白骨壤、海漆、秋茄、无瓣海桑、木榄、红海榄、银叶树和玉蕊等。上述种类均可构成单优红树林群落，呈丛状或带状分布。其中，桐花树单优群落与白骨壤单优群落各约占红树林面积的 1/3，两群落高 1 ～2 m；卤蕨群落平均高约 1 m，郁闭度 0.7 ～0.8；老鼠簕群落平均高约 1.2 m，郁闭度 0.7 ～0.8；秋茄群落是生长最好的红树群落，秋茄植株树高达 6 m，胸径达 7 cm，树冠直径达 5 m，郁闭度 0.8，林下有卤蕨、银叶树和老鼠簕等分布；红海榄群落成丛或零星分布，生长最好的群落中，植株树高达 3 m，胸径达 6 cm，树冠直径达 4 m，郁闭度 0.8，群落常见有少数木榄和秋茄；海漆群落成丛或零星分布，在桐花树生长滩涂的较高处至大潮线海岸处之间，生长最好的群落中，植株树高达 7 m，胸径达 7 cm，树冠直径达 6 m，郁闭度 0.8，林下有卤蕨等分布；玉蕊群落是广东省新记录的珍稀红树林植物群落，生长于九龙山湿地沿岸高潮线，仅见数丛，是中国大陆的唯一分布，极为珍稀，生长最好的群落中，植株树高达 4 m，胸径达 4 cm，树冠直径达 2 m，郁闭度 0.8，林下有卤蕨等分布。无瓣海桑群落是九龙山湿地的高大外来植物群落，有人工栽培，也有自然定居形成的群落，分布于沿岸高潮线滩涂附近、生长最好的群落中，植株树高达 7 m，胸径达 7 cm，树冠直径达 6 m，林下有卤蕨等分布。

3.2　次生热带季雨林

大果榕（Ficusauriculata）群落见于佛寺侧的山谷，面积约 1 hm^2。群落主林层高 8m，郁闭度 0.9，以大果榕占优势，还有假苹婆（Sterculia lanceolata）、阴香（Cinnamomum burmannii）、对叶榕（F. hispida）、野独活、短穗鱼尾葵（Caryota mitis）等，藤本植物有买麻藤（Gntum luofuense）、海风藤等。

3.3　常绿阔叶林

人工樟树（Cinnamomum camphora）林，见于风景区寺庙对面坡地，面积约 0.1 hm^2，树高 6 ～7 m，胸径约 7 cm，株距约 2.5 m，郁闭度约 0.8。人工桉树林，组成树种为尾叶桉（Eucalyptus urophylla）U6，沿人工作物大田边、道路、水渠、山脊分布，面积约占九龙山风景区面积的5%。林相整齐，株行距约1.5 m，树高约8 m，胸径约10 cm，呈带状或块状。林下多为乡土植物组成，有黑面神（Breynia fruticosa）、山黄皮（Clausena excavata）、白茅（Imperata cylindrica var. major）等。

3.4 灌丛

常绿灌丛主要有车桑子（Dodonaea viscosa）、桃金娘（Rhodomyrtus tomentosa）、阔苞菊等优势种。车桑子灌丛在九龙山风景区山地呈单优群落，主要见于月岭，灌丛高1～2 m，郁闭度0.5～0.7，伴生有刺葵（Phoenix hanceana）、山芝麻（Helicteres angustifolia）等灌木。桃金娘灌丛在九龙山风景区山地呈单优群落，灌丛高0.6～1.0 m，郁闭度0.5～0.6，伴生有刺葵、山芝麻等。阔苞菊在九龙山风景区高潮线之上坡地呈单优群落，灌丛高0.6～1.5 m，郁闭度0.5～0.7，伴生有苦郎树等灌木。

落叶灌丛组成树种有盐肤木和滨海盐肤木（Rhus chinensis var. roxburghii）2种，呈小块零星分布。

3.5 竹林

主要为人工竹林，呈丛生生长，组成单优群落，群落高8～12 m。竹种有黄金间碧竹（Bambusa vulgaris cv. Vittata）、粉单竹（Lingnania chungii）等。

3.6 落叶阔叶林

仅见人工枫香（Liquidambar formosana）林，分布于寺庙对面坡地，面积约0.1 hm^2，树高6～8 m，胸径约7 cm，株距约2.5 m，郁闭度约0.6。

3.7 热带作物

人工热带作物是坡地的主要植被类型，约占九龙山风景区坡地面积60%。主要有菠萝（Ananascomo-sus）和甘蔗（Saccharum sinense）两种热带作物，其他零星种植的有剑麻（Agave sisalana）、红薯（Ipomoea batatas）以及常见蔬菜种类等。

4 九龙山风景区植被的保护建议

为了保护九龙山风景区山地及湿地植物资源，让这些植物资源充分发挥其应有的作用，应当坚持保护合理利用相结合的原则，并通过加快国家级湿地公园建设，在不破坏这些植物资源的前提下进行开发利用[7-11]。

（1）建立健全的九龙山风景区管理规章制度，建立九龙山湿地的协调机制；申报国家级红树林湿地公园，成立湿地与山地天然植被等生态资源保护委员会。

（2）加强九龙山风景区的生态治理、污染控制和生态监测。建立污水处理厂，保证九龙山风景区内的水质不对湿地植物产生不利影响。在九龙山风景区内布点建立监测站，主要负责水质变化监测、湿地生态变化监测、生物多样性变化监测、污染监测等，并定期进行环境影响评价。长期开展九龙山风景区山地与湿地植物资源、植被调查、评价和监测工作，掌握其变化动态，为湿地植被的保护提供科学依据。

（3）加强九龙山风景区内山地杂草与湿地害草的控制和利用研究。对早已或正在成为农业、渔业中难以防除、竞争力扩散力极强以及对水质有严重影响的外来入侵有害生物，如孪花蟛蜞菊（*Wedelia biflora*）、凤眼莲（*Eichhornia crassipes*）等，采取人为控制方式，防止有害生物的过分蔓延，以保证整个九龙山风景区植物的物种多样性。同时，引进湿生或水地植物应十分慎重，以免引起严重的生态性危害。

（4）加强对九龙山风景区内作为水禽栖息地的山地与湿地植被保护，修复红树林与山地次生季雨林，大量种植当地留鸟与迁徙候鸟的食源性植物种类，如鹊肾树等。

（5）提高全民对湿地植物的保护意识，开展多样式的宣传教育活动，大力宣传九龙山风景区山地与湿地植被的功能效益和湿地保护的重要意义，利用“世界湿地日”“爱鸟周”和“野生动物保护月”等时机，积极组织开展宣传活动，并编辑大量宣传保护湿地的书籍、画册、电影以及录像片，以收到良好的宣传教育效果，促进全社会提升湿地植被保护意识。

（6）划出一定的地域范围，建立湿地与山地生态研究基地，为湿地植被的保护提供理论依据和技术指导。积极开展湿地植被保护管理人员的培训工作，加强各部门间管理人员的交流，引进国外有关专业的讲座与培训，并广泛地开展与国外的培训交流工作。

（7）多层次、多渠道筹措山地与湿地植被保护资金。保护工作是跨部门、多学科、综合性的系统工程，需要的资金大。因此，九龙山风景区应向广东省各级政府申请保护资金，并积极争取国际援助，鼓励社会各类投资主体向湿地植被保护投资，规范地利用社会集资、个人捐助等方式广泛吸引社会资金，建立全社会参与湿地植被保护的投入机制。

参考文献

[1] 吴征镒. 中国种子植物属的分布区类型 [J]. 云南植物研究，1991，增刊（Ⅳ）：1－139.

[2] 中国科学院华南植物研究所. 广东植物志：1 ～ 8 卷 [M]. 广州：广东科学技术出版社，1987－2009.

[3] 中国湿地植被编辑委员会. 中国湿地植被 [M]. 北京：科学出版社，1999.

[4] 吴征镒. 中国植被 [M]. 北京：科学出版社，1980.

[5] 中国科学院中国植物志编辑委员会. 中国植物志 [M]. 北京：科学出版社，1998.

[6] 叶华裕，邢福武. 广东省植物名录 [M]. 广州：广东世界图书出版公司，2005.

[7] 王文卿，王瑁. 中国红树林 [M]. 北京：科学出版社，2007.

[8] 刘青松，李扬帆. 湿地与湿地保护 [M]. 北京：中国环境科学出版社，2003.

[9] 严承高，张明祥. 中国湿地植被及其保护对策 [J]. 湿地科学，2005，3（3）：210－215.

[10] 方精云，赵淑清，唐志尧. 长江中游湿地生物多样性保护的生态学基础 [M]. 北京：高等教育出版社，2006.

[11] 韩维栋，高秀梅. 雷州半岛红树林生态系统及其保护策略 [M]. 广州：华南理工大学出版社，2009.

广东湛江受损树林生态系统保育示范基地简报

韩维栋，谢恩义
（广东海洋大学，广东 湛江 524088）

1 项目概况

广东湛江受损红树林生态系统保育研究与示范是2015年度国家海洋科技公益项目“基于地埋管网技术的受损红树林生态保育研究与示范”〔201505028〕资助研究与示范的内容之一，也是该项目继广西之后开展的第二个基于地埋管网系统的示范区。

基于地埋管网受损红树林生态保育研究与示范目标是要创新具有吸引力和可持续的生态保护与利用模式，从而寻求解决红树林生境长期处于严重扰动状态的有效措施。

在湛江营建地埋管网型生态保育工程的半日潮区示范基地，拟研究该红树林生态保护工程模式的在半日潮区的生物多样性保育工程技术和养殖技术。明晰推广区域，掌握推广技术标准，确保实现地埋管网保育系统技术集成推广应用的规范化和标准化。

2 广东示范基地概况

广东示范基地选定在湛江市麻章区太平镇塘东村受损红树林区，占地面积70亩*。如图1标记位置及图2、图3。由图2可见，注堤坝外缘50 m范围无红树林生长。

广东示范基地位于雷州湾内，为不规则半日潮，一个月中有1天至少数几天为全日潮，潮差1.5～3 m，淤泥海岸，但受侵蚀较严重，周边突出海的陆地地貌多为沙砾质地貌。南侧600 m左右处有一当地小渔港，有乡村公路到达此港，再往南2 km是通明港，为建设中的二级渔港。

图1 广东示范基地位置图示

图2 广东示范基地全景（拍摄于2015年6月10日）

* 1亩=666.67 m^2。

图 3　广东示范基地红树林（拍摄于 2015 年 6 月 10 日）

3　广东示范基地红树林资源

广东示范基地红树林资源见表 1 ～ 表 3。

表 1　广东示范基地的红树植物组成

科名	种名	生活型
1. 红树科 Rhizophoraceae	1. 木榄 *Bruguiera gymnorrhiza*	乔木
	2. 无瓣海桑 *Sonneratia apetala*	乔木
	3. 秋茄 *Kandelia candel*	小乔木
	4. 红海榄 *Rhizophora stylosa*	小乔木
	5. 老鼠簕 *A. ilicifolius*	灌木
2. 大戟科 Euphorbiaceae	6. 海漆 *Excoecaria agallocha*	小乔木
3. 紫金牛科 Myrsinaceae	7. 桐花树 *Aegiceras corniculatum*	小乔木
4. 梧桐科 Sterculiaceae	8. 银叶树 *Heritiera littoralis*	小乔木
5. 马鞭草科 Verbenaceae	9. 白骨壤 *Avicennia marina*	小乔木

表 2　广东示范基地的南侧无瓣海桑群落 1 特征

树种	密度 /(棵 · m^{-2})	高度 /m	胸径/基径 /cm	相对密度 /%	相对显著度 /%	相对频度 /%	重要值
无瓣海桑（乔木）	0.08	6.3	21.4（胸）	100	100	100	100
白骨壤（灌木）	0.31	1.7	5.1（基）	6.6	15.1	50	23.9
桐花（灌木）	4.37	1.1	3.2（基）	93.4	84.9	50	76.1

表 3　广东示范基地的北侧无瓣海桑群落 2 特征

树种	密度 /(棵·m^{-2})	高度 /m	胸径/基径 /cm	相对密度 /%	相对显著度 /%	相对频度 /%	重要值
无瓣海桑（乔木）	1.97	3.4	3.1（胸）	100	100	100	100
白骨壤（灌木）	0.19	1.4	3.4（基）	20.9	23.4	33.3	25.87
秋茄（灌木）	0.15	1.5	6.3（基）	16.4	63.0	33.3	37.57
桐花（灌木）	0.56	0.6	1.5（基）	62.7	13.6	33.3	36.53

桐花树幼苗密度 0.27 棵，均高 0.3 m，平均基径 0.8 cm。

4　广东示范基地大型底栖动物资源

2016 年 12 月调查结果表明（见图 4，样点分布图），大型底栖动物有 40 种，隶属 9 门 40 属。其中软体动物有 18 种，环节动物 3 种，节肢动物 5 种，脊索动物 5 种。大型底栖动物的生物量和栖息密度分别为 90.316 g/m^2 和 62 ind/m^2，优势种为珠带拟蟹守螺。生物量的垂直分布规律为中潮带 > 高潮带 > 低潮带；栖息密度垂直分布的规律为高潮带 > 中潮带 > 低潮带；多样性指数 H' 排列顺序为高潮带 > 中潮带 > 低潮带；种类均匀度 J 平均为 0.3588，种类丰度 D 值平均达 1.363 45。

图 4　样点分布图

表 4　取样站点经纬度、底质类型和周围环境

站号	经度	纬度	底质类型	周围环境
高潮位 1	东经 E110°10′50″	北纬 N21°0′3″	泥滩	红树林旁
中潮位 1	东经 E110°11′12″	北纬 N20°59′58″	泥滩	红树林里、为无瓣海桑
低潮位 1	东经 E110°11′31″	北纬 N20°59′52″	泥滩、岩礁、砾石	周围有许多牡蛎壳及块状岩礁
高潮位 2	东经 E110°10′56″	北纬 N21°0′0″	泥滩	裸露泥滩

续上表

站号	经度	纬度	底质类型	周围环境
中潮位 2	东经 E110°11′36″	北纬 N20°59′58″	泥滩	裸露泥滩、泥蚶
低潮位 2	东经 E110°11′11″	北纬 N20°59′57″	泥滩	裸露泥滩
高潮位 3	东经 E110°10′52″	北纬 N21°0′6″	泥滩	红树林
中潮位 3	东经 E110°11′0″	北纬 N20°59′59″	泥滩	红树林
低潮位 3	东经 E110°11′13″	北纬 N20°59′47″	泥滩	红树林、珠带拟蟹守螺
定性站点	东经 E110°10′50″	北纬 N21°0′3″	泥滩	泥滩

注：定性站点：（1）四周有大片岩礁覆盖；（2）人工养殖区（泥蚶、竹蛏、泥丁）；（3）人类活动较频繁。

定量取样大型底栖动物主要分布物种有：线纹蜒螺（*Nerita lineata*）、双齿围沙蚕（*Nereis succinea*）、可口革囊星虫（*Phascolosoma esculenta*）、珠带拟蟹守螺（*Cerithidea cingular*）、锯缘青蟹（*Scylla serrata*）、青弹涂鱼（*Scartelaos viridis*）、大弹涂鱼（*Boleophthalmus pectinirostris*）、线虫（*Roundworm*）、泥蚶（*Tegillarca granosa*）、光滑河蓝蛤（*Potamocorbula laevis*）、可变荔枝螺（*Thais mutabilis*）、节织纹螺（*Nassarius hepaticus*）、渔舟蜒螺（*Nerita albicilla*）、凹指招潮蟹（*Uca vocans*）、泥蚶（*Tegillarca granosa*）、纹斑棱蛤（*Trapezium liratum*）、粗糙拟滨螺（*Cerithidea cingular*）等。

各取样点经纬度、底质类型和周围环境如表 4 所示，定点取样见表 5。

表 5 定点取样

季度	站位	中文名	学名	分类
冬季	高 1	线纹蜒螺	*Nerita lineata*	软体动物门腹足纲蜒螺科蜒螺属
冬季	高 1	可口革囊星虫	*Phascolosoma esculenta*	星虫动物门革囊星虫纲革囊星虫目革囊星虫科革囊星虫属
冬季	高 1	双齿围沙蚕	*Nereis succinea*	环节动物门多毛纲沙蚕科围沙蚕属
冬季	高 2	双齿围沙蚕	*Nereis succinea*	环节动物门多毛纲沙蚕科围沙蚕属
冬季	高 2	锯缘青蟹	*Scylla serrata*	节肢动物门甲壳纲梭子蟹科青蟹属
冬季	高 2	大弹涂鱼	*Boleophthalmus pectinirostris*	脊索动物门硬骨鱼纲鲈形目弹涂鱼科大弹涂鱼属
冬季	高 2	青弹涂鱼	*Scartelaos viridis*	脊索动物门硬骨鱼纲鲈形目弹涂鱼科青弹涂鱼属
冬季	高 2	线虫	*Roundworm sp.*	线虫动物门线虫纲
冬季	高 3	缘齿牡蛎	*Dendostrea crenulifera*	软体动物门双壳纲珍珠贝目牡蛎科牡蛎属
冬季	高 3	珠带拟蟹守螺	*Cerithidea cingular*	软体动物门腹足纲盘足目汇螺科螺属
冬季	中 1	珠带拟蟹守螺	*Cerithidea cingular*	软体动物门腹足纲盘足目汇螺科螺属
冬季	中 1	双齿围沙蚕	*Nereis succinea*	环节动物门多毛纲沙蚕科围沙蚕属
冬季	中 2	泥蚶	*Tegillarca granosa*	软体动物门瓣鳃纲列齿目蚶科蚶属

续上表

季度	站位	中文名	学名	分类
冬季	中 2	线纹蜒螺	*Nerita lineata*	软体动物门腹足纲蜒螺科蜒螺属
冬季	中 3	节织纹螺	*Nassarius hepaticus*	软体动物门腹足纲狭舌目织纹螺科织纹螺属
冬季	中 3	可变荔枝螺	*Thais mutabilis*	软体动物门腹足纲狭舌目荔枝螺科荔枝螺属
冬季	中 3	粗糙拟滨螺	*Littorinopsi scabra*（*Linneaus*）	软体动物门腹足纲滨螺科滨螺属
冬季	中 3	凹指招潮蟹	*Uca vocans*	节肢动物门甲壳纲爬行亚目沙蟹科招潮蟹属
冬季	中 3	泥蚶	*Tegillarca granosa*	软体动物门瓣鳃纲列齿目蚶科蚶属
冬季	低 1	双齿围沙蚕	*Nereis succinea*	环节动物门多毛纲沙蚕科围沙蚕属
冬季	低 1	线虫	*Roundworm*	线虫动物门线虫纲
冬季	低 2	泥蚶	*Tegillarca granosa*	软体动物门多毛纲沙蚕科围沙蚕属
冬季	低 2	光滑河蓝蛤	*Potamocorbula laevis*	软体动物门双壳纲瓣鳃纲海螂目蓝蛤科蓝蛤属
冬季	低 2	渔舟蜒螺	*Nerita albicilla*	软体动物门腹足纲蜑螺目蜒螺科渔舟蜒螺属
冬季	低 3	纹斑棱蛤	*Trapezium liratum*	软体动物门双壳纲帘蛤目棱蛤科纹斑棱蛤属
冬季	低 3	珠带拟蟹守螺	*Cerithidea cingular*	软体动物门腹足纲盘足目汇螺科螺属

潮间带大型底栖动物定性调查的主要物种有：中华乌塘鳢（*Bostrychus sinenis*）、大弹涂鱼（*Boleophthalmus pectinirostris*）、黑荞麦蛤（*Xenostrobus atratus*）、弹涂鱼（*Perophthalmus cantonensis*）、双线眶棘鲈（*Ambassis gymnocephalis*）、泥蚶（*Tegillarca granosa*）、缘齿牡蛎（*Dendostrea crenulifera*）、青斑细棘鰕鯱鱼（*Acentrogobius viridipunctatus*）、近江牡蛎（*Crassostrea rivularis*）、节织纹螺（*Nassarius hepaticus*）、可变荔枝螺（*Thais mutabilis*）、珠带拟蟹守螺（*Cerithidea cingular*）、纹斑棱蛤（*Trapezium liratum*）、线纹蜒螺（*Nerita lineata*）、尖刀蛏（*Cultellus scalprum Gould*）、尖齿灯塔蛏（*Pharella acutidens*）、难解不等蛤（*Anomia aenigmatica*）、粗糙拟滨螺（*Littorinopsi scabra*（*Linneaus*）、黑口拟滨螺（*Littorinopsi melanostoma*）、咬齿牡蛎（*Saccostrea mordax*）、黑口拟滨螺（*Littorinopsi melanostoma*）、细基江蓠（*Gracilaria tenuistipitata*）、石磺（*Onchidium verruculatum*）、光滑河蓝蛤（*Potamocorbula laevis*）、渔舟蜒螺（*Nerita albicilla*）、可口革囊星虫（*Phascolosoma esculenta*）、鳞沙蚕（*Aphroditida*）、双齿围沙蚕（*Nereis succinea*）、花肩鳚鳚（*Omobranchus germaini*）、太平大眼蟹（*Macrophthalmus pacificus*）、凹指招潮蟹（*Uca vocans*）、光辉圆扇蟹（*Sphaerozius nitidus*）、锐刺短桨蟹（*Thalamita stimpsoni*）、贝克喜盐草（*Halophila beccaril Asch*）。站点定性调查的种类和各种类及其分布如表 6 所示。

表6　站点定性调查的种类及其分类

种类	学名	分类
细基江蓠	*Gracilaria tenuistipitata*	红藻门红藻纲杉藻目江蓠科江蓠属
贝克喜盐草	*Halophila beccaril*	被子植物门单子叶植物纲泽泻目水鳖科喜盐草属
可口革囊星虫	*Phascolosoma esculenta*	星虫动物门革囊星虫纲革囊星虫目革囊星虫科革囊星虫属
鳞沙蚕	*Aphroditida aculeata*	环节动物门多毛纲叶须虫目鳞沙蚕科鳞沙蚕属
双齿围沙蚕	*Nereis succinea*	环节动物门多毛纲沙蚕科围沙蚕属
泥蚶	*Tegillarca granosa*	软体动物门双壳纲瓣鳃纲列齿目蚶科蚶属
缘齿牡蛎	*Dendostrea crenulifera*	软体动物门双壳纲珍珠贝目牡蛎科牡蛎属
黑荞麦蛤	*Xenostrobus atrata*	软体动物门瓣鳃纲蛤科黑荞麦蛤属
近江牡蛎	*Crassostrea rivularis Gould*	软体动物门双壳纲莺蛤目牡蛎科巨牡蛎属
节织纹螺	*Nassarius hepaticus*	软体动物门腹足纲狭舌目织纹螺科织纹螺属
可变荔枝螺	*Thais mutabilis*	软体动物门腹足纲狭舌目荔枝螺科荔枝螺属
咬齿牡蛎	*Saccostrea mordax Gould*	软体动物门双壳纲牡蠣目牡蠣科牡蠣属
纹斑棱蛤	*Trapezium liratum*	软体动物门双壳纲帘蛤目棱蛤科纹斑棱蛤属
线纹蜒螺	*Nerita lineata*	软体动物门腹足纲腹足纲蜒螺科蜒螺属
尖刀蛏	*Cultellus scalprum Gould*	软体动物门双壳纲帘蛤目蛏科尖刀蛏属
尖齿灯塔蛏	*Pharella acutidens*	软体动物门双壳纲帘蛤目蛏科尖齿灯塔蛏属
难解不等蛤	*Anomia aenigmatica*	软体动物门双壳纲莺蛤目不等蛤科难解不等蛤属
粗糙拟滨螺	*Littorinopsi scabra*	软体动物门腹足纲滨螺科滨螺属
黑口拟滨螺	*Littorinopsi melanostoma*	软体动物门腹足纲滨螺科滨螺属
珠带拟蟹守螺	*Cerithidea cingular*	软体动物门腹足纲盘足目汇螺科螺属
石磺	*Onchidium verruculatum*	软体动物门腹足纲缩柄眼目石磺科石磺属
光滑河蓝蛤	*Potamocorbula laevis*	软体动物门双壳纲瓣鳃纲海螂目蓝蛤科蓝蛤属
渔舟蜒螺	*Nerita albicilla*	软体动物门腹足纲蜑螺目蜒螺科渔舟蜒螺属
太平大眼蟹	*Macrophthalmus pacificus*	节肢动物门甲壳纲沙蟹科大眼蟹属
凹指招潮蟹	*Uca vocans*	节肢动物门甲壳纲爬行亚目沙蟹科招潮蟹属
光辉圆扇蟹	*Sphaerozius nitidus*	节肢动物门甲壳纲十足目沙蟹科光辉圆扇蟹属
锐刺短桨蟹	*Thalamita stimpsoni*	节肢动物门甲壳纲十足目沙蟹科锐刺短桨蟹属
花肩鳚鳚	*Omobranchus germaini*	脊索动物门硬骨鱼纲鲈形目鳚科肩鳚鳚属
大弹涂鱼	*Boleophthalmus pectinirostris*	脊索动物门硬骨鱼纲硬骨鱼纲鲈形目弹涂鱼科大弹涂鱼属
青斑细棘鰕虎鱼	*Acentrogobius viridipunctatus*	脊索动物门硬骨鱼纲鲈形目鰕虎鱼科鰕虎鱼属
弹涂鱼	*Perophthalmus cantonersis*	脊索物门辐鳍鱼纲鲈形目鰕虎科弹涂鱼属
双线眶棘鲈	*Ambassis gymnocephalis*	脊索物门辐鳍鱼纲鲈形目金线鱼科眶棘鲈属
中华乌塘鳢	*Bostrychus sinenis*	脊索动物门辐鳍鱼纲塘鳢科乌塘鳢属

湛江太平镇示范区潮间带大型底栖动物平均生物量是90.316 g/m^2，平均栖息密度是62 ind/m^2。底栖动物生物量及栖息密度都是以软体动物为主，分别约占大型底栖动物总生物量和总栖息密度的91.95%和84.16%。

湛江太平镇潮间带大型底栖动物中经济价值较大的底栖动物有：

（1）星虫动物的有可口革囊星虫（俗称泥丁）。可口革囊星虫是广东沿海居民经常食用的海鲜品种之一。在红树林潮间带滩涂上，其生物量可达29.55 g/m^2。

（2）软体动物的种类主要有尖齿灯塔蛏、黑荞麦蛤、泥蚶、缘齿牡蛎、近江牡蛎、节织纹螺、可变荔枝螺、珠带拟蟹守螺、纹斑棱蛤、线纹蜒螺、尖刀蛏、尖齿灯塔蛏、难解不等蛤、粗糙拟滨螺、黑口拟滨螺、咬齿牡蛎、黑口拟滨螺、光滑河蓝蛤、渔舟蜒螺、牡砺、泥螺等，该红树林食用价值较高的贝类有：泥蚶、近江牡蛎、牡蛎、尖齿灯塔蛏、尖刀蛏等。还有一些产量高的种类，如珠带拟蟹守螺，可用作农肥或鱼、虾类的饲料。

（3）甲壳动物有太平大眼蟹、凹指招潮蟹、光辉圆扇蟹、锐刺短桨蟹、锯缘青蟹等。红树林是锯缘青蟹幼苗的主要栖息地，部分成年蟹继续留在红树林内生活，其味道和营养价值远非人工养殖蟹可比。

（4）鱼类有青斑细棘鰕虎鱼、弹涂鱼、眶棘双边鲈、中华乌塘鳢、大弹涂鱼等。弹涂鱼肉质细嫩、营养价值高，为名贵鱼类，在红树林滩涂上大量分布。

湛江太平镇潮间带底栖动物种类资源比较少，分布不均匀，但是很多滩涂底栖动物具有经济价值，是当地人民的重要经济来源之一。

5 广东示范基地保育的中华乌塘鳢简介（引自百度百科）

中华乌塘鳢，*Bostrychus sinensis*（Lacepede，1802），别称：文鱼、笋壳鱼、土鱼、人参鱼，闽南等地俗称蟹虎。脊索动物门、脊索动物亚门、辐鳍鱼纲、新鳍亚纲、鲈形目、鰕虎鱼亚目、塘鳢科、乌塘鳢属。英文名：Chinese black sleeper。

中华乌塘鳢栖息于浅海、内湾和河口咸淡水水域，亦进入淡水，冬季潜在泥砂底中越冬。其性凶猛，摄食小鱼、虾蟹类、水生昆虫和贝类。分布于我国黄海南部、东海、南海以及日本海域。其生命力强，适应性广，抗病力强，生长快，是人工养殖的优良品种。中华乌塘鳢营养丰富，肉味鲜美，并具有使伤口加快愈合的功效，另外，该鱼最大特点为离水在阴湿条件下可保持一星期不死亡，是一种适宜活运远销和出口创汇的良好海鲜品种之一。

6 地埋管网技术原理

首先，红树林湿地具有海洋经济鱼类繁殖育苗功能，为海洋生物栖息提供场所，并为处于海洋生物之食物链上层的陆地生物提供营养，如鸟类觅食滩涂生物。其次，红树林群落演替过程中，进展过程红树林湿地变成林地，土壤高度酸化与沉积，逐步少见有鱼贝类在其中栖息；逆向演替红树林最终破坏，鱼贝类在其中的栖息价值也丧失。因此，结合受损红树林湿地，营建鱼贝类在其中栖息的适宜生境对红树林生态系统保育是极其理想的选择。

红树林生态系统保育的地埋管网技术由广西红树林研究中心研发，提供了不砍树又致富的生态保育的红树林湿地养殖模式（范航清，通讯），是多项专利技术组成的一种红树林生态保育创新。

7 广东湛江红树林地埋管网生态保育系统构件

广东湛江受损红树林生态保育示范区地埋管网系统由广西红树林研究中心提供设计并由作者进行了部分参数修订，在国家海洋科技公益专项资助下营建了13套系统（简称保育窗口）。

每套系统主件由养殖窗口（缸体）、窗口3～5方向水平延伸栖息管、栖息管竖直水气交换孔隙管、栖息管进水装置、高位池输水主管及其支管和高位池水表面沉浮进水装置组成。

养殖窗口（缸体）：缸体内径1.5～2 m，内深1.5～2 m，由玻璃钢等坚固材料建造，见图3所示。缸体底部有一污水出水孔隙管连接外侧排污管上弯至开口稍低于缸体口10 cm左右（以便在退潮时缸体底部污水从排污管排放）。

窗口3～5方向水平延伸栖息管：为直径20 cm或以上的PVC管，4 m一根，可根据现场情况安装2～4根。

栖息管竖直水气交换孔隙管：在伸栖息管2根衔接处安装，孔隙大小应小于0.8 cm，顶端为可螺旋开的盖帽。

栖息管进水装置：高位池输入水源在此通过孔隙装置进入栖息管，依据衔接高位池输水主管及其支管直径大小进行变通。此处与一较短的栖息管竖直水气交换孔隙管同时安装，方便徒手对活动的进水螺旋活动的孔隙管进行更换。

高位池输水主管及其支管：主管为20 cm直径或以上PVC管，支管为10 cm PVC管。

高位池水表面沉浮进水装置：为进水口沉浮在高位池水面5～10 cm的孔隙进水装置，衔接高位池输水主管。

8 广东湛江红树林地埋管网生态保育系统安装

首先，采购广东湛江红树林地埋管网生态保育系统各构件并运输到麻章区太平镇塘东村示范区现场，由当地村委会提供场地保管。

其次，10多位村民在当地塘东村干部带领下，输运保育系统构件到安装滩涂，该滩涂淤泥深，采用桉树桩五合板围堰将缸体安装固定，随后以次安装窗口3～5方向水平延伸栖息管、栖息管竖直水气交换孔隙管、栖息管进水装置、高位池输水主管及其支管和高位池水表面沉浮进水装置。

最后，管理步道营建，采用大量沙袋+毛竹铺设13个窗口的步道。沙袋中混入约10%的水泥。

建成后的广东湛江红树林地埋管网生态保育系统见图5，共13个保育系统（窗口）约20亩。

图5　广东湛江太平地埋管网保育系统

9　广东湛江太平地埋管网保育系统管理要点

第一，保育对象选择要科学，大小要符合不小于管网网目及通气孔直径下不会逃逸，也可根据保育对象调整孔空隙大小达到所需要的防止保育对象逃逸条件。

第二，防滩涂动物老鼠等破坏窗口盖子及其网绳。

第三，保育动物要求高密度才能达到营利产量，因此，养殖过程中容易有病虫害，要加强防范和鉴定，及时管护。

第四，要安排专职技术人员开展红树林地埋管网保育系统的运营。

第五，其次，保障经费投入，确保所需运营管理必备管理房及设备工作正常及各种系统备件。

第六，注意防台风及其他自然灾害。

湛江红树林区地埋管网系统中华乌塘鳢保育研究*

粟文，韩维栋，谢恩义，王惠，许日升

（广东海洋大学，广东 湛江 524088）

摘　要：本文研究了湛江半日潮红树林区地埋管网系统中 3 种保育密度对中华乌塘鳢（*Bostrychus sinensis*）生长及生理生化指标的影响。中华乌塘鳢初始体质量为（45.39 ± 2.36）g，体长为（12.51 ± 0.35）cm，保育密度为 A 组 4.3 kg/m^3、B 组 5.0 kg/m^3、C 组 5.7 kg/m^3，设置 3 个重复，保育周期 80 d。结果表明，养殖终末各密度组的成活率在 94.9% 以上；各密度组间终末体长、特定生长率、体长增长率、肥满度、平均日增重以及增重率差异不显著（$P > 0.05$）；但 A 组终末体质量显著高于 C 组（$P < 0.05$）；C 组饵料转化率显著高于 A 组（$P < 0.05$）。各密度组间终末体长变异系数无显著差异（$P > 0.05$），随着保育密度的增加各密度组间终末体质量变异系数升高，A 组显著低于 B 组、C 组（$P < 0.05$）。A 组超氧化物歧化酶（SOD）及溶菌酶（LZM）活性显著高于 C 组（$P < 0.05$），A 组丙二醛（MDA）含量显著低于 B 组、C 组（$P < 0.05$）。

关键词：中华乌塘鳢；地埋管网系统；保育密度；生理生化指标；湛江红树林区

中图分类号：S967.5　　**文献标志码**：A　　**文章编号**：2095 - 0780 - （2018）04 - 0066 - 06

Study on conservation of *Bostrychus sinensis* in buried pipe system of mangrove area in Zhanjiang

Su Wen, Han Weidong, Xie Enyi, Wang Hui, Xu Risheng

(Guangdong Ocean University, Zhanjiang 524088, Guangdong)

Abstract: We investigated the effects of three stocking densities on the growth, and physiological and biochemical indices of *Bostrychus sinensis* in the buried pipe system of the semi-diurnal tidal mangrove area in Zhanjiang. The fingerlings of *B. sinensis* with initial body mass of (45.39 ± 2.36) g and body length of (12.51 ± 0.35) cm were reared at three stocking densities group A (4.3 kg/m^3), group B (5.0 kg/m^3), group C (5.7 kg/m^3), each with three replicates in the system for 80 d. The results show that the survival rates were above 94.9% at all three stocking densities in the end, and the differences in the final body length, specific growth rate, growth rate, fatness, average daily gain and weight gain rates among the groups were not significant ($P > 0.05$), but the average body mass of group A was higher than that of group C in the end ($P < 0.05$). The rate of feed conversion in group C was significantly higher than that in group A ($P < 0.05$). There was no significant difference in the coefficient of variation of body length among different groups in the end ($P > 0.05$), but the coefficients of variation of the final body mass among all groups increased with the

* 海洋公益性行业科研专项“基于地埋管网技术的受损红树林生态保育研究及示范”（201505028 - 6）。
原载于：南方水产科学，2018，14（4）：66 - 71。

increase of stocking density, while that in group A was significantly lower than that in group B and C ($P < 0.05$). The activities of SOD and lysozyme of group A were significantly higher than those in group C ($P < 0.05$), while MDA content in group A was signific-antly lower than those in group B and group C ($P < 0.05$).

Key words: *Bostrychus sinensis*; buried pipe system; stocking density; physiological and biochemical index; mangrove area in Zhanjiang

红树林区具有保育海洋生物多样性、水体净化等重要的生态功能，是沿海渔业的天然育苗场。但由于围垦红树林开发水产养殖和掠夺性采捕动植物资源导致中国红树林面积急剧减少，生物多样性受到严重威胁，生态价值急剧降低。因此在红树林区，尤其是受台风及人为破坏的受损红树林区，进行一些珍稀鱼类的人工生态保育，增养殖其资源，同时增加红树林区直接生态经济效益具有重要的意义。鉴于此，广西红树林研究中心研发了一套地埋管网系统（国内专利号 201010606442.2），并在广西北仑河口全日潮红树林区成功运行多年（全称“地埋管道红树林原位生态养殖系统”），该系统铺设于红树林滩涂地表下（不破坏红树林），是一种利用潮汐能实现水体自更新的红树林区生态养殖与生物多样性保育系统[1,2]。涨潮时系统淹没于自然海水进行蓄水，退潮后系统依靠蓄水池更新养殖水体，其经济效益每公顷年产值在 31 000 ～ 51 000 美元之间[3]。该系统已在广西全日潮区应用的工程构建、生态保育原理及维持机制方面取得了一些研究成果[3-5]。但其能否在半日潮地区推广应用以及推广效果如何，尤其在生态保育方面尚缺乏相关研究。

中华乌塘鳢（*Bostrychus sinensis*）是红树林区的珍贵鱼种之一，素有人参鱼之称，具有极高的营养价值。本研究通过在湛江半日潮红树林区构建地埋式管网系统对中华乌塘鳢进行生态保育，探讨不同保育密度对其生长特性、抗氧化和非特异性免疫功能的影响，旨在为中华乌塘鳢增养殖选取适宜的保育密度提供理论基础和科学依据，也为地埋管网系统在其他地区的运行评价及推广应用提供科学参考。

1 材料与方法

1.1 供试地埋管网生态养殖系统概况

本实验采用的地埋管网系统位于广东省湛江市麻章区太平镇塘东村海岸高潮带（110°10′50″E，21°0′3″N）受损红树林区，于 2017 年 3 月 20 日完成构建，共 13 个生态保育窗口（一体化玻璃钢窗口）供实验使用，各窗口外部环境条件一致，每个保育窗口容积约为 3.8 m^3。

1.2 种苗及来源

实验投放中华乌塘鳢为同一批次苗种，于 2017 年 4 月 29 日由广西红树林研究中心提供并于当天暂时养殖于供试地埋式管网生态养殖系统中的纳潮塘中，种苗平均初始体质量为（45.39 ±2.36）g，平均初始体长为（12.51 ±0.35）cm。

1.3 实验设计与日常管理

实验设 3 个中华乌塘鳢保育密度组：A 组、B 组和 C 组。初始密度为 A 组 360 尾/窗口（4.3 kg/m^3）、B 组 420 尾/窗口（5.0 kg/m^3）、C 组 480 尾/窗口（5.7 kg/m^3），每组设 3 个重复，各密度组间交错位置排列。鱼苗在池塘暂养 3 d 后按设置密度分苗放养，于 2017 年 5 月 1 日开始实验。饵料主要是冰冻及鲜活的小杂鱼、虾，每天退潮后喂养 1 次。饵料用绞肉机绞碎，少量分批次投喂，盛于塑料篮悬挂于窗口内，观察鱼摄食情况，若摄食减慢，篮底有少量残饵，停止投喂，记录本次投饵量（投喂量掌握在鱼体质量的 5% ～ 12%）。窗口每 20 d 清淤泥 1 次，同时进行个体体质量和体长测量。保育养殖实验为期80 d。

1.4　样品采集与生理生化指标测定

在养殖第 20 天、第 50 天和第 80 天从各保育窗口随机各取 3 尾鱼（采样前 12h 停止投喂饵料），用 MS－222（100 mg/L）快速麻醉，避免人为刺激影响指标的测定，解剖取肝脏，置于液氮速冻后移入－80℃冻存，用于各项生理生化指标测定。超氧化物歧化酶（SOD）采用黄嘌呤氧化酶法（羟胺法）测定，丙二醛（MDA）采用 TBA 法测定，溶菌酶（LZM）采用试管比浊法测定，所用试剂盒购自南京建成生物工程研究所。

SOD 活性（U/mg）=［（对照管 OD 值－测定管 OD 值）÷对照管 OD 值］×
反应体系的稀释倍数÷50%÷待测样本蛋白质量浓度（mg/mL）

MDA 摩尔质量浓度(nmol/mg）=［（测定管 OD 值－测定空白管 OD 值）÷
（标准管 OD 值－标准空白 OD 值）］×
标准品浓度（10 nmol/mL）×10% 蛋白质量浓度（mg/mL）

LZM 活性（U/mg）= ［（测定管透光度 UT_2－测定透光度 UT_0）÷
（标准管透光度 ST_2－标准透光度 ST_0）］×
标准品浓度(200 U/mL）×样本测试前稀释倍数

式中，UT_0 为测定管加应用菌液反应 5 s 时的透光度；UT_2 为测定管加应用菌液反应 2 min 5 s 时的透光度；ST_0 为标准管加应用菌液反应 5 s 时的透光度；ST_2为标准管加应用菌液反应 2 min 5 s 时的透光度。

1.5　生长指标的计算

变异系数 C_V（coefficient of variation）$= S_D/W$（或 L）×100%

特定生长率 SGR（specific growth rate）$= (\ln W_2 - \ln W_1)/(t_2 - t_1) \times 100\%$

体长增长率 LGR（length gain ratio）$= (L_2 - L_1)/L_1 \times 100\%$

日增重 DWG（daily weight gaing，g/d）$= (W_2 - W_1)/(t_2 - t_1)$

增重率 WGR（weight gain ratio）$= (W_2 - W_1)/W_1 \times 100\%$

肥满度 CF（condition factor，g/cm^3）$= W/L^3$

成活率 SR（survival rate）$= n/N \times 100\%$

饵料转化率 FCR（feed conversion ratio）$= C/[n\ (W_2 - W_1)] \times 100\%$

式中，S_D 为标准差；W 为平均体质量；L 为平均体长；W_1 与 W_2 为时间 t_1 与 t_2 时的体质量，g；L_1 与 L_2 为时间 t_1 与 t_2 时的体长，cm；N 为实验初始鱼的总数量；n 为实验结束时鱼的总数量；C 为投饵量，g。

1.6 统计分析

用 SPSS 19.0 统计软件对所采集的数据进行差异显著性分析，$P<0.05$ 为差异显著，$P<0.01$ 为差异极显著，所得数据均用“平均值 ± 标准差（$X \pm S_D$）”表示。

2 结果

2.1 保育密度对中华乌塘鳢生长性能的影响

2.1.1 保育密度对中华乌塘鳢生长指标的影响

C 组终末体质量、终末体长均最小，分别为（73.09 ± 9.52）g、（14.53 ± 0.77）cm，显著低于 A 组的终末体质量（$P<0.05$，表 1）。各密度组中华乌塘鳢的特定生长率、体长增长率、平均日增重以及增重率都随密度的增大而有所降低，但各组间差异不显著（$P>0.05$）。各密度组中华乌塘鳢肥满度随实验进行有所增加，但各组间差异也不显著（$P>0.05$）。饵料转化率随着密度增加而升高，且 C 组显著高于 A 组（$P<0.05$）。实验开始各密度组中华乌塘鳢生长速度差异不显著，在实验第 80 天，A 组体质量显著大于 C 组（$P<0.05$，图 1）。

表 1 不同保育密度下中华乌塘鳢的生长指标

指标	密度组		
	A	B	C
初始体质量/g	45.39 ± 2.36	45.39 ± 2.36	45.39 ± 2.36
终末体质量/g	86.08 ± 6.20^{a}	82.22 ± 8.97^{ab}	73.09 ± 9.52^{b}
初始体长/g	12.51 ± 0.35	12.51 ± 0.35	12.51 ± 0.35
终末体长/g	15.33 ± 0.73	14.83 ± 0.84	14.53 ± 0.77
初始肥满度/g	2.33 ± 0.26	2.33 ± 0.26	2.33 ± 0.26
终末肥满度/g	2.41 ± 0.32	2.54 ± 0.32	2.39 ± 0.36
特定生长率 SGR/%	0.80 ± 0.30	0.74 ± 0.38	0.60 ± 0.17
体长增长率 LGR/%	5.24 ± 2.71	4.35 ± 1.24	3.97 ± 2.30
日增重 DWG/($g \cdot d^{-1}$)	0.51 ± 0.25	0.46 ± 0.27	0.35 ± 0.14
增重率 WGR/%	17.51 ± 6.91	16.25 ± 8.25	12.69 ± 3.79
成活率 SR/%	96.9 ± 1.83	94.9 ± 2.03	96.0 ± 1.89
饵料转化率 FCR/%	318.39 ± 6.32^{a}	334.92 ± 7.43^{ab}	364.14 ± 3.35^{b}

注：同行上标相同小写字母或无字母表示差异不显著（$P>0.05$），不同小写字母表示差异显著（$P<0.05$）。

2.1.2 保育密度对中华乌塘鳢生长离散的影响

各密度组中华乌塘鳢的体质量变异系数初始为 5.20%，终末时 A 组为 7.21%、B 组为 11.24%、C 组为 13.02%，A 组显著小于 B 组、C 组（$P<0.05$，图 2）。各密度组体长变异系数初始为 2.82%，终末时 A 组为 4.79%、B 组为 5.66%、C 组为 5.27%，各密度组间无显著性差异（$P>0.05$）。

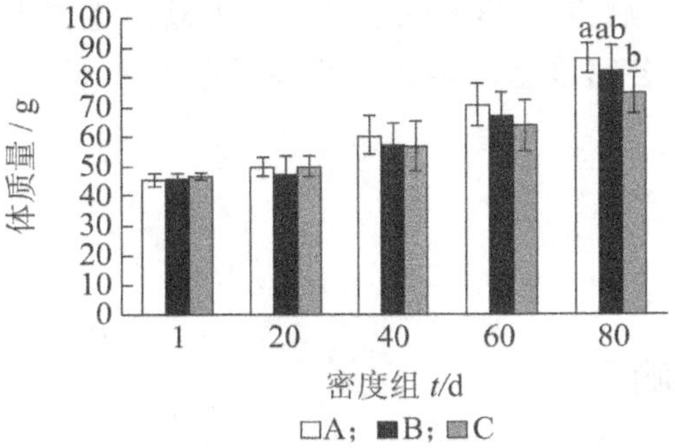

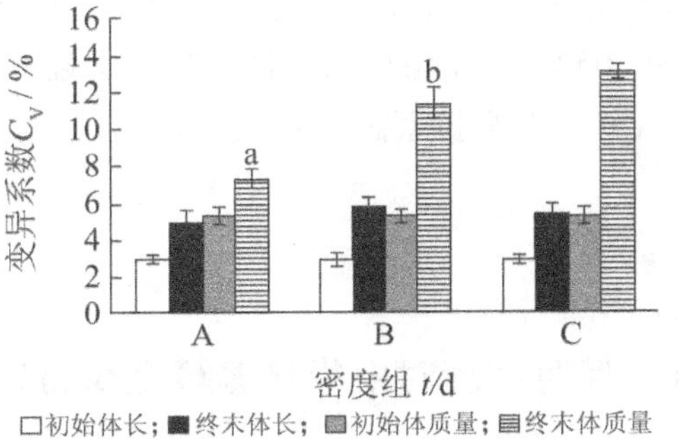

图 1 不同保育密度下中华乌塘鳢体质量变化　图 2 不同保育密度下中华乌塘鳢体质量、体内的变异系数

相同小写字母或无字母表示组间差异不显著（$P>0.05$），不同小写字母表示组间差异显著（$P<0.05$），后图同此。

2.2 保育密度对中华乌塘鳢生理生化的影响

2.2.1 保育密度对中华乌塘鳢抗氧化功能的影响

养殖期间 A 组 SOD 活性显著高于 B 组、C 组（$P<0.05$）。A 组、C 组 SOD 活性随着时间的推移无显著性差异（$P>0.05$，图 3a）。B 组随着时间的推移第 80 天 SOD 活性显著高于第 50 天、第 20 天（$P<0.05$），各密度组丙二醛含量随着时间的推移呈现上升趋势，且养殖期间 A 组丙二醛含量显著低于 B 组、C 组（$P<0.05$，图 3b）。

2.2.2 保育密度对中华乌塘鳢溶菌酶活性的影响

A 组溶菌酶活性随时间呈现不断上升趋势，差异显著（$P<0.05$）；且后期（第 80 天）A 组出现一个相当高的增长，但 B 组与 C 组间差异不显著（$P>0.05$，图 3c）。B 组

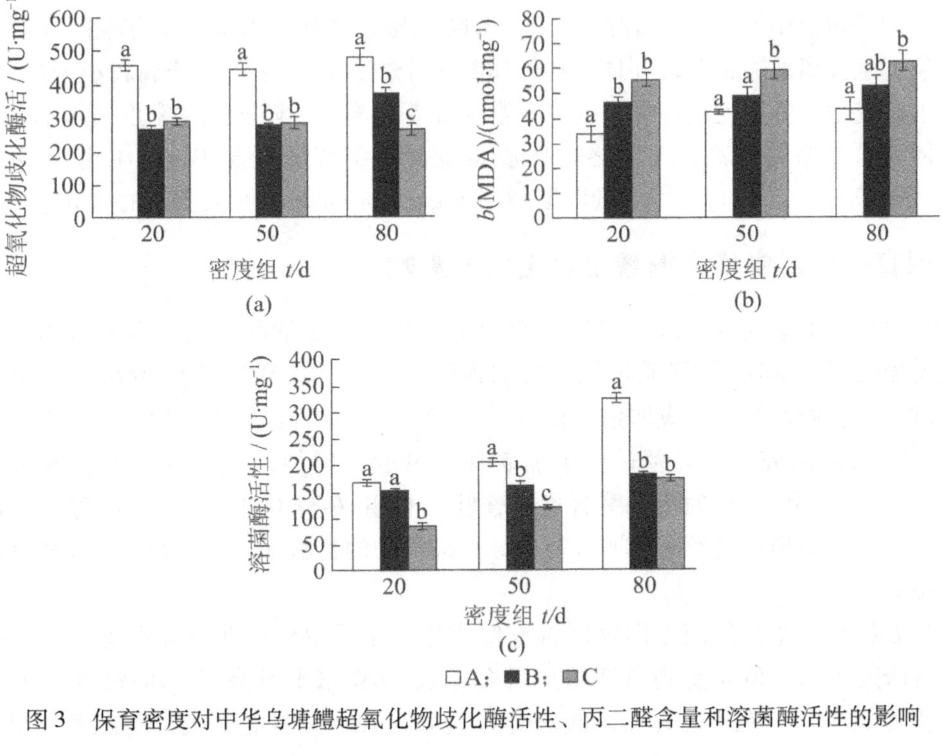

图 3 保育密度对中华乌塘鳢超氧化物歧化酶活性、丙二醛含量和溶菌酶活性的影响

溶菌酶活性前期（第 20 天）、中期（第 50 天）、后期（第 80 天）不存在显著性差异（$P>0.05$）。C 组溶菌酶活性呈现较小幅度升高。各密度组间溶菌酶活性顺序为 A 组 > B 组 > C 组，A 组显著高于 C 组（$P<0.05$）。

3 讨论

3.1 保育密度对中华乌塘鳢生长特征的影响

本实验研究结果表明，各密度组间中华乌塘鳢的终末体长、特定生长率、体长增长率、日增重和增重率无显著性差异。首先，由于初始保育密度较低，各密度组窗口中华乌塘鳢均有足够的生活空间；其次，地埋管网系统能通过水体自更新提供较优良的水质条件和适宜的生境[6,7]；再者，相比其他经济性鱼类，中华乌塘鳢生长速率较慢[8]。实验结束时 C 组终末体质量显著小于 A 组，推测原因，一方面，保育密度的增加促使鱼体产生胁迫反应，遭受胁迫后会自发改变内在的生理状态进而适应环境变化，但是当压力超过其生理调节范围时，就会形成危害，导致其生长受到一定抑制[9]；另一方面，较高的保育密度会加剧鱼对饵料和生活空间等资源的竞争[10]，使中华乌塘鳢要消耗更多的能量用于调节生理功能和行为活动，从而用于生长的能量相应减少，导致其生长发育缓慢。这也是本研究中高密度组（C 组）饵料转化率会显著大于低密度组（A 组）的原因。对其他鱼类的研究也都表明饵料转化率会随保育密度的增加显著性增大，如杂交鲟西伯利亚鲟（*Acipenser baerii*）、施氏鲟（*A. schrenckii*）[11]、大菱鲆（*Scophthalmus max-imus*）[12]等，本研究也得到相似结果。

中华乌塘鳢属凶猛的肉食性鱼，在饵料不足和大小差异较大时会出现互相残杀现象[13]，相比其他经济性鱼类，较高的保育密度更易加剧种群内部对生存空间和饵料等资源的竞争。生长离散通常表现在体长和体质量两个方面，中华乌塘鳢属较小型经济鱼类，因此在本研究中，各密度组间体长变异系数无显著差异，但随着保育密度的增加各密度组间终末体质量变系数升高，A 组终末体质量变异系数显著低于 B 组、C 组。这与宋志飞[14]、乔玮等[12]、Irwin 等[15]对俄罗斯鲟（*A. gueldenstaedti*）及大菱鲆的研究结果相似。

3.2 保育密度对中华乌塘鳢生理生化的影响

SOD 对机体的氧化与抗氧化平衡起重要的作用，它能清除超氧阴离子自由基，保护细胞免受损伤[16]；MDA 是脂质过氧化物的最终分解产物，MDA 含量升高实际上是自由基产生过多、脂质过氧化反应增强的表现[17]，且 MDA 本身具较强生物毒性，会对机体造成损伤[18]。在本研究中，养殖过程中随着保育密度的增加，A 组 SOD 活性显著高于 B 组、C 组（$P<0.05$），同时丙二醛含量显著低于 C 组（$P<0.05$）。这说明过度提高保育密度，将会导致中华乌塘鳢出现拥挤胁迫，打破机体的自由基动态平衡，影响机体的正常生理状态。

LZM 在抵御外来病原菌方面发挥着重要作用，是反映鱼体非特异性免疫功能的重要指标。有研究表明，鱼体受到急性胁迫后会造成 LZM 水平升高[19]，而慢性胁迫会引起 LZM 水平降低[20,21]。在本研究中，低密度 A 组 LZM 活性一直显著大于高密度 C 组，说明保育密度应属于一种慢性胁迫，LZM 活性随着保育密度的升高会降低。此外，在养殖后期（第 80 天）低密度 A 组 LZM 活性出现一个相当高的增长，推测是因为长期的保育密度胁迫造成非特异性免疫功能的下降。

4　结论

湛江半日潮红树林区地埋管网系统 80 d 的中华乌塘鳢保育实验结果表明，中华乌塘鳢的生长、抗氧化及非特异性免疫功能均处于较佳状况，各组成活率在 94.9% 以上，证明该地埋管网系统适合于在湛江半日潮红树林区进行推广应用。在较小保育密度时，各保育窗口的增养殖是安全的，不会对中华乌塘鳢的生长和健康状况造成损害性影响；但保育密度越高、时间越长，抑制程度就越深。每窗口保育密度为 480 尾时，中华乌塘鳢的生长、抗氧化及非特异性免疫功能均会受到一定抑制，因此，在该半日潮红树林区地埋管网系统中采用中华乌塘鳢初期高密度养殖时（单个窗口 480 尾种苗以上），会引发生长缓慢、生长离散甚至相互咬伤并导致较多个体死亡等问题，建议可在中期（第 50 天左右）出现一定生长离散现象时及时进行个体分级，调整保育窗口的负载率，保证中华乌塘鳢的生长健康与品质，确保其保育的生态与经济效益。

参考文献

[1] Fan H Q, He B Y, Pernetta J C. Mangrove ecofarming in Guangxi province China: an innovative approach to sustainable mangrove use [J]. Ocean Coast Manag, 2013, 85 (Part B): 201 - 208.

[2] 范航清，王文卿．中国红树林保育的若干重要问题 [J]．厦门大学学报：自然科学版，2017，56 (3)：323 - 330.

[3] 李斌，赖廷和，张瑜斌，等．红树林地埋管道生态养殖系统细菌群落的变化 [J]．环境科学与技术，2014，37 (8)：26 - 35.

[4] 邢永泽，刘项峰，赖廷和，等．红树林地埋式管网生态养殖系统浮游动物生态特征研究 [J]．水产科学，2014，33 (7)：438 - 442.

[5] 陆宇哲，潘红平，王帅，等．养殖模式及酸和硫化物胁迫对中华乌塘鳢血液生理生化指标的影响 [J]．广西科学，2017，4 (5)：516 - 522.

[6] 倪翔．地埋式管网红树林原位生态养殖系统天然饵料结构与水质变化的研究 [D]．南宁：广西大学，2013：57.

[7] 莫兆莉．中华乌塘鳢地埋式管网系统保育基础研究 [D]．南宁：广西大学，2015：51.

[8] 张邦杰，毛大宁，张邦豪，等．中华乌塘鳢的池养生物学与养成技术研究 [J]．水产科技，1997 (5)：5 - 8.

[9] 宋志飞，温海深，李吉方，等．养殖密度对流水养殖系统中俄罗斯鲟幼鱼生长的影响 [J]．水产学报，2014，38 (6)：835 - 842.

[10] 任华，蓝泽桥，王一明，等．循环水养殖系统中放养密度对杂交鲟仔鱼摄食行为、生长和存活的影响 [J]．渔业现代化，2013，40 (2)：12 - 16.

[11] 程佳佳，李吉方，温海深，等．养殖密度对杂交鲟幼鱼生长、肌肉组分和血液生理生化指标的影响 [J]．中国水产科学，2015，22 (3)：433 - 441.

[12] 乔玮，宋协法，高淳仁，等．养殖密度对循环水系统中大菱鲆（Scophthalmus maximus）生长的影

响 [J]. 渔业科学进展，2014，35 (5)：76 - 82.

[13] 钟爱华，李明云. 中华乌塘鳢的生物学特性及人工育苗研究进展 [J]. 浙江海洋学院学报：自然科学版，2002，21 (3)：269 - 272.

[14] 宋志飞. 养殖密度对流水养殖系统中俄罗斯鲟幼鱼生长、血液生理生化以及非特异性免疫的影响 [D]. 青岛：中国海洋大学，2015：24.

[15] Irwin S，O. Halloran J，Fitzgerald R D. Stocking density，growth and growth variation in juvenile turbot，Scophthalmus maximus (Rafinesque) [J]. Aquaculture，1999，178 (1/2)：77 - 88.

[16] Mourente G，Bell J G，Tocher D R. Does dietary to-copherol level affect fatty acid metabolism in fish [J]. Fish Physiol Biochem，2007，33 (3)：269 - 280.

[17] 彭士明，尹飞，孙鹏，等. 不同饲料对银鲳幼鱼增重率、肝脏脂酶及抗氧化酶活性的影响 [J]. 水产学报，2010，34 (6)：949 - 954.

[18] 李洁，唐夏，张灵燕，等. 溶解氧水平对褐牙鲆幼鱼能量代谢和氧化应激的影响研究 [J]. 广西科学院学报，2015，31 (1)：22 - 27.

[19] Montero D，Izquierdo M S，Tort L，et al. High stocking density produces crowding stress altering some physiological and biochemical parameters in gilthead seabream，Sparus aurata，ju-veniles [J]. Fish Physiol Biochem，1999，20 (1)：53 - 60.

[20] Yin Z，Lam T J，Sin Y M. The effects of crowding stress on the non-specific immuneresponse in fancy carp (Cyprinus carpio L.) [J]. Fish Shellfish Immunol，1995，5 (7)：519 - 529.

[21] Möck A，Peters G S. Lysozyme activity in rainbow trout，On-corhynchus mykiss (Walbaum)，stressed by handling，transport and water pollution [J]. J Fish Biol，2010，37 (6)：873 - 885.

第7章

指导红树林研究硕士论文及中英文摘要

雷州半岛白骨壤遗传多样性的 ISSR 分析

张玉祥，韩维栋

摘　要：白骨壤（*Avicennia marina*（Forssk）Verih）是海榄雌属的真红树植物。雷州半岛的白骨壤种群主要分布于特呈岛、和安、企水、高桥、角尾等地，总面积 2 000 多公顷。本文采用 ISSR（inter-simple sequence repeat）分子标记技术，对分布于雷州半岛 5 个天然白骨壤种群的遗传多样性和遗传结构进行研究，并探讨了种群遗传多样性水平与环境因子间的相关性。目的在于为将来引种以及更好地保护这一宝贵资源提供科学依据。

通过对白骨壤 ISSR 反应体系各影响因素的摸索，建立了一套适合于白骨壤的 ISSR-PCR 优化体系。筛选出 12 条引物对 5 个种群进行扩增，共获得 85 个清晰位点，多态位点数为 32 个，多态位点百分率在物种水平上为 38.86%，在种群水平上为 45.62%；Nei's 的基因多样性在物种水平上为 0.149 5，在种群水平上为 0.162 7；Shannon's 信息指数所反映的遗传多样性在物种水平上为 0.225 9，在种群水平上为 0.245 7。根据 Nei's 的遗传多样性指数计算出种群间的分化系数 G_{st} 为 0.081 2，说明白骨壤种群总的变异中有 8.12% 发生在种群间，有 91.88% 发生在种群内。根据 Shannon's 信息指数计算出种群间的分化系数 G_{st} 为 0.080 6，与 Nei's 遗传分化基本一致。遗传距离较小，平均为 0.019 6，其中特呈岛种群和角尾种群遗传距离最小为 0.010 7，种群间的基因流较强（N_m = 5.654 9）。

白骨壤具有较高的遗传多样性和种群间较强的基因流主要与白骨壤种子的散布方式和环境均有关。白骨壤种子成熟后，部分落在林地淤泥或沙土上成苗，部分随着涨潮和退潮漂流到很远的地方，这种特殊的传播方式导致沿海白骨壤种群间产生较强的基因流。白骨壤生长在环境较均一的淤泥或沙质土壤中，栖息生态环境因子差异小及研究尺度小，使其种群之间分化程度很低。

运用 POPGEN Versionl. 32 软件进行遗传相似性分析，计算遗传距离，构建 UPGMA 聚类图，聚类结果可将其分为 3 个类群，特呈岛和角尾白骨壤种群聚为第一类群；企水和高桥白骨壤种群聚为第二类群；和安白骨壤种群遗传距离最远单独聚为一类群。

利用 SAS 8.0 软件将 5 个种群的遗传多样性指标与生长环境因子间作相关性分析。分析表明：白骨壤的遗传多样性与地理分布没有显著相关性（$P > 0.05$），与 N 含量有一定的负相关，与 P 含量、有机质含量、K 含量、pH 值含量有一定的正相关，相关性均不显著（$P > 0.05$）。

结合聚类分析和太平洋环流影响，笔者推测随太平洋流漂流到雷州半岛的第一批白骨壤种子首先在和安登陆，然后向东漂流到特呈岛，向西漂流到角尾形成一类群，最后向北漂流到企水和高桥形成一类群。说明和安白骨壤种群为雷州半岛最古老的白骨壤种群，应予以优先保护。

关键词：白骨壤，ISSR，遗传多样性，遗传结构

Genetic diversity of Leizhou Peninsula *Avicennia marina* based on ISSR analysis

Abstract：*Avicennia marina*（Forssk）Verih is a true mangrove species of Avicenniacean. There were more than 2000ha *A. marina* mangrove in Leizhou Peninsula，mainly in Techeng isle，He'an，Qishui，

Gaoqiao, and Jiaowei.

The genetic diversity and genetic structure of five *A. marina* populations in Leizhou Peninsula were studied by the molecular marker technology ISSR so as to show the correlation between their genetic level and environmental factors for providing scientific reference for the conservation of the rare and endangered resources.

A set of optimizing ISSR-PCR system for *A. marina* was obtained through the ISSR influence factors analysis on its responses. 12 primers were applied in PCR for the 5 populations of *A. marina* and 85 clear sites, among them 32 polymorphic sites were recorded with 38.86% at species level and 45.62% at population level. Nei's indexes of the genetic diversity 0.149 5 at species level and 0.162 7 at population level; Shannon's indexes 0.225 9 at species level and 0.245 7 at population level. According to the Nei's Index, $G_{st}=0.081\ 2$ showed that 8.12% the total variation happened between populations and 91.88% happened with in populations. According to the Shannon's Index, $G_{st}=0.080\ 6$, as most likely same as the according to the Nei's Index, but with their mean genetic distance value lower at 0.0196, while the lowest value 0.010 7 was between the two populations of Techeng and Jiaowei.

The charateristics of high genetic diversity and strong exchange of genes ($N_m=5.654\ 9$) between populations of *A. marina* were mainly correlated with its seed dispersal strategy and environmental uniformity. While some of the droped seeds remained at the original place, most of the seeds was carried by tidal seawater to far locations to grow into trees, that improved the genetic exchange for different populations along the coasts. The uniformity of growing coastal sandy or muddy soil with little variety in ecological factors and small study dimension result very low genetic variation of populations of *A. marina*. Three categories of the 5 populations were calculated on genetic similarities and genetic distance with the aid of software POPGEN Versionl. 32: Category 1: populations of Hean; Category 2: populations of Techeng and of Jiaowei; Category 3: populations of Qishui and Gaoqiao.

The correlation between its environmental factors and the genetic diversities of 5 populations of *A. marina* with the aid of software SAS8.0 showed that the genetic diversities of *A. marina* had no correlation with their geographical distribution ($P>0.05$), negative correlation with the content of soil N, positive correlation with the contents of P, organic and K and pH value and no correlation with other detected factors ($P>0.05$).

Based on cluster analysis and the effect analysis of the current of The Pacific Ocean, it is He'an where *A. marina* reached presumabley first in Leizhou Peninsula, then floating eastward to Techeng isle and westward to Jiaowei to form second category of the populations, then floating northward to Qishui and Gaoqiao to form third category of the populations.

Key words: *Avicennia marina*, ISSR, genetic diversity, genetic structure

中国东南沿海秋茄（*Kandelia candel*）遗传多样性、光合特性和耐寒性研究

赵鹏，韩维栋

摘　要：以2009年2月份采集于我国海南、广西、广东、福建四省区的东寨港、北海、和安、调风、附城、高桥、特呈岛、东北大堤、福田、珠海、云霄、泉州湾等共12个地区的15个秋茄种群成熟胎生苗为材料，采用沙基培养，定期浇灌盐度为15‰的天然海水，模拟正常生长条件的方法分析秋茄幼苗生长量、光合作用、叶绿素含量、叶片游离脯氨酸含量和过氧化物酶（POD）活性。并在5个不同温度处理下，分析了秋茄幼苗电导率的变化，探讨了不同秋茄种群的耐寒性差别。采用表型性状、SRAP分子标记技术、表型性状+SRAP标记的方法对15个秋茄种群的遗传多样性进行研究，并探讨了3种遗传多样性分析方法之间的异同以及种群遗传多样性和耐寒性之间的关系。目的在于为将来红树林引种和恢复以及更好地保护珍贵的秋茄种质资源提供科学依据。主要研究结果如下：

（1）对比分析表明不同地区不同种群的秋茄胎生苗在长度、直径、质量上均存在明显差别，而同一地区不同种群之间则无明显差别。

（2）采用改良的CTAB抽提方法，成功地从秋茄叶片中提取和纯化了基因组DNA，获得了质量状况良好的DNA片段，适宜于进行PCR扩增。说明改良的CTAB抽提方法，能很好地适用于富含多糖、脂类、单宁等物质的红树植物基因组DNA的提取与纯化。运用SRAP分子标记对15个秋茄种群进行遗传多样性分析，选用46对引物，共扩增出270条清晰可读条带，其中多态性条带107条，占总带数的39.63％，平均每个引物组合产生5.9条带和2.3条多态性条带。采用表型性状、SRAP分子标记和表型性状+SRAP 3种方法分析了我国东南沿海地区秋茄种群遗传多样性。3种分析结果（表型、SRAP、表型+SRAP）的遗传距离变化范围分别为1.11～8.94、11.21～31.61和6.92～22.27，平均遗传距离分别为4.20、14.13和21.14，表明我国东南沿海地区秋茄种群存在较大的遗传分化。3种方法分析表明用SRAP分子标记和表型性状+SRAP得到的聚类结果具有较高的相似程度和较高的遗传多样性，因此在秋茄遗传多样性分析中可以采用SRAP分子标记或者表型性状+SRAP进行分析。聚类分析表明15个秋茄种群的遗传分化与中国东南沿海的地理隔离远近的关系并不明显。

（3）各种群秋茄幼苗在光合指标上存在较大差别。净光合速率、气孔导度、胞间CO_2浓度、蒸腾速率的平均值分别为：7.08（μmol（CO_2）/(cm^2·s)、0.134（mol（H_2O）/(cm^2·s)）、257.67（μmol（CO^2）/(cm^2·s)）、3.94（mol（H_2O）/(cm^2·s)）；变化范围分别为5.25～9.63（μmol（CO_2）/(cm^2·s)），0.072～0.220（mol（H_2O）/(cm^2·s)），182.00～324.20（μmol（CO_2）/(cm^2·s)），1.92～6.164（mol（H_2O）/cm^2·s)）。偏向关性分析表明，净光合速率与气孔导度呈极显著正相关（$r=0.681^{**}$）、与胞间CO_2浓度呈极显著负相关（$r=-0.764^{**}$）、与蒸腾速率呈显著负相关（$r=-0.245^{*}$）；气孔导度与胞间CO_2浓度（$r=0.638^{**}$）以及蒸腾速率（$r=0.682^{**}$）有极显著相关性；胞间CO_2浓度与蒸腾速率（$r=-0.047$）相关性不显著。方差分析表明，15个种群之间净光合速率指标差异性不显著，气孔导度、胞间CO_2浓度、蒸腾速率均呈现出极显著差异。光合作用分析表明各秋茄种群幼苗都没有明显的光合午休现象。

（4）模拟正常生长条件下，不同秋茄种群幼苗100天内的生长量变化、光合作用日变化、叶绿素含量、叶片游离脯氨酸含量和过氧化物酶（POD）活性具有显著差异。在5个不同的温度（-5℃、0℃、

5℃、10℃、28℃）处理下，各种群秋茄幼苗叶片均呈现出随着温度的降低电解质相对外渗率逐渐增大的趋势，但不同种群之间的这种变化趋势有所不同。10℃时，福田 1、福田 2 两种电解质相对外渗率发生明显变化；当温度降低到 5℃时，绝大部分种群电解质相对外渗率明显升高，表明在此温度下秋茄开始显现冷害状况。实验数据综合评价表明：福田 1、附城、泉州湾、调风四个种群秋茄幼苗在湛江地区的生长态势最好，同时也最抗寒。

关键词：秋茄，遗传多样性，光合作用，耐寒性，中国东南沿海

Study on genetic diversity, photosynthetic characteristic and cold resistance of *Kandelia candel* in the southeast coast of China

Abstract: In 2009 February, the mature *Kandelia candel* viviparous seedlings of 15 populations were collected in 12 areas as Dongzhaigang, Beihai, He'an, Tiaofeng, Fucheng, Gaoqiao, Techeng isle, Northeast dyke, Futian, Zhuhai, Yunxiao, Quanzhouwan, in Hainan, Guangxi, Guangdong and Fujian four provinces and regions in the southeast coast of China. *K. candel* viviparous seedlings of 15 materials were watered by natural seawater with 15‰ salinity regularly in sand-based experiments in order to simulate normal growth conditions and the growth, photosynthesis, chlorophyll content, proline content and POD activity of *K. candel* seedlings were analysed. Meanwhile, the change of conductivity of *K. candel* viviparous seedlings were analysed. The electric conductivities of the seedlings were measured at 5 different temperature treatment levels for the analyses of the difference of cold resistance between the different *K. candel* populations. Genetic diversity of 15 *K. candel* populations was studied using three methods, namely phenotypic traits, SRAP molecular markers as well as phenotypic traits + SRAP marker. And similarities and differences among the three methods and the relationship between population genetic diversity and cold tolerance were explored. The aim of this study was to provide scientific reference fro mangrove introduction and restoration and to conservation of precious genetic resources of *K. candel* in the future.

The major results were as follows:

(1) Comparative analysis showed that the differences in length, diameter and quality of *K. candel* viviparous seedlings between the different populations in different areas were distinct but without significant between different populations in the same area.

(2) The genomic DNA was successful extracted and purified from the leaves and DNA fragments of good quality were obtained by improved CTAB method which indicated improved CTAB extraction method could be used as the method of extraction and purification of genome DNA in mangrove plants which were rich in polysaccharide, lipid, tannin and other substances. 46 primers were selected and 270 sites were amplified totally, including 107 polymorphism sites at polymorphism rate of 39. 63% and one prime could amplified to 5. 9 bands and 2. 3 polymorphic bands on average. Genetic diversity of 15 *K. candel* populations was analyzed using three methods, namely phenotypic traits, SRAP molecular markers as well as phenotypic traits and SRAP marker. Genetic distances of the three methods ranged from 1. 11 to 8. 94, 11. 21 to 31. 61 and 6. 92 to 22. 27 respectively and the average genetic distance was 4. 20, 14. 13, and 21. 14 respectively, indicating that there was big genetic differentiation in southeast coast of China. The results showed that clustering results obtained using SRAP markers and phenotypic traits + SRAP had high similarity and genetic diversity. Therefore SRAP molecular markers and phenotypic traits + SRAP could be used in genetic diversity analysis of *K. candel* populations. Cluster analysis showed that the relationship between genetic differentiation of 15 *K. candel*

populations and the distance of geographical areas in southern coast of China was not obvious.

(3) There was apparent difference in photosynthetic indicators of 15 *K. candel* populations. The average value of Net photosynthetic rate, stomatal conductance, intercellular CO_2 concentration, transpiration rate were7.08 (μmol (CO_2)/(cm^2 · s)), 0.134 (mol (H_2O)/(cm^2 · s)), 257.67 (μmol (CO_2)/(cm^2 · s)), 3.94 (mol (H_2O)/(cm^2 · s)) respectively and they ranged from 5.25 to 9.63 (μmol (CO_2)/(cm^2 · s)), 0.072 to 0.220 (mol (H_2O)/(cm^2 · s)), 182.00 to 324.20 (μmol (CO_2)/(cm^2 · s)), 1.92 – 6.164 (mol (H_2O)/(cm^2 · s)) respectively. Partial correlation analysis showed that the net photosynthetic rate had extremly significant positive correlation with stomatal conductance ($r = 0.681^{**}$) and extremly significant negative correlation with intercellular CO_2 concentration ($r = -0.764^{**}$) and significantly negative correlation with transpiration rate ($r = -0.245^{*}$). Stomatal conductance and intercellular CO_2 concentration ($r = 0.638^{**}$) and transpiration rate ($r = 0.682^{**}$) were significantly correlated. But correlation of intercellular CO_2 concentration and transpiration rate ($r = -0.130$) was not significant. Variance analysis showed that the net photosynthetic rate indicators of 15 *K. candel* populations had no significant differences, but stomatal conductance, intercellular CO_2 concentration, transpiration rate showed significant difference. Photosynthesis analysis showed that all the seedlings of *K. candel* populations had not significant midday depression.

(4) There were significant differences among the 15 *K. candel* populations in the growth, photosynthesis daily change, chlorophyll content, proline content and POD activity of the 100 day viviparous seedlings in a simulated normal growth conditions. Under 5 different temperature treatments (–5℃, 0℃, 5℃, 10℃, 28℃), the electrolyte leakage of leaves of the *K. candel* seedlings increased gradually along the decreasing temperature treatments, but the trend in different populations was different. The changes of relative electrolyte leakage of Futian 1 and Futian 2 were significant at 10 ℃ and relative electrolyte leakage rates of most populations increased significantly when the temperature dropped to 5 ℃ which indicated that the *K. candel* populations began to show their cold damage at this temperature point. Experimental data overall evaluated show: Futian 1, Fucheng, Quanzhouwan, Tiaofeng four *K. candel* populations of seedlings have the best growth trend and the best cold resistance in Zhanjiang.

Keywords: *Kandelia candel*, genetic diversity, photosynthesis, cold resistance, the southeast coast of China

广东银叶树种源幼苗生长差异及耐盐机理研究

王秀丽，韩维栋

摘　要：银叶树（*Heritiera littoralis* Dryand.）属于梧桐科（Sterculiaceae）银叶树属（*Heritiera*）的海陆两栖树种，为华南优良的沿海防护林树种，其种源多样性研究具有极其重要的学术价值。本文以广东省内的湛江鸡笼山、汕尾香坑、深圳盐灶3个地理种源的银叶树种子为实验材料进行种源试验，研究银叶树地理种源的幼苗营养生长的形态遗传变异规律及其光合特性的差异；同时，采用盆栽试验方法，研究模拟盐胁迫下上述3个银叶树地理种源的幼苗生理生化特性、叶片解剖结构变化及叶片蛋白组学差异特征，探讨其模拟野外盐胁迫环境下的耐盐机理；以期为银叶树的引种、推广造林以及科研工作提供理论依据与技术支持。研究结果如下：

（1）不同地理种源银叶树种子的百粒重和发芽率差异大，变异幅度达到686.9 ～ 1028.7 g和73% ～ 95%。3个种源银叶树幼苗在苗高、叶片数、地茎及根、茎、叶的生物量等指标都存在显著差异。3个种源银叶树幼苗间生物量的广义遗传力≥0.985，受到高强度遗传控制。

（2）不同地理种源银叶树幼苗的叶绿素含量差异不显著；但3个种源间的净光合速率（P_n）、蒸腾速率（T_r）和气孔导度（C_o）差异较大，深圳盐灶种源银叶树幼苗为有较高光合生产能力的材料。

（3）随处理盐度的增加，深圳种源银叶树幼苗的相对苗高增量和相对地茎增量均呈下降趋势；湛江鸡笼山和汕尾香坑种源的相对苗高增量呈下降趋势，而相对地茎增量则呈先升后降趋势，3个种源银叶树幼苗的叶绿素含量呈下降趋势，丙二醛（MDA）含量和游离脯氨酸（Pro）含量呈上升趋势，可溶性蛋白（SP）含量呈先升后降趋势，而超氧化物歧化酶（SOD）活性呈下降趋势。应用耐盐性隶属函数法对3个种源银叶树幼苗的耐盐能力进行综合评定结果为：湛江鸡笼山 > 汕尾香坑 > 深圳盐灶。

（4）与对照组相比，在中等盐度10 g/kg（盐重/基质重）处理下，银叶树幼苗叶片栅栏组织排列变紧密，叶脉出现大量的草酸钙簇晶。而在高盐（19 g/kg）处理下，其栅栏组织细胞破碎，下表皮出现大量不规则排列的非腺毛。

（5）以酚抽提法提取银叶树幼苗叶片总蛋白质，通过等电聚焦（24 cm，pH 4 ～ 7胶条，52 kVh）与12.5% SDS-PAGE进行分离，银染染色后扫描获得双向电泳图谱，平均每张图显示蛋白质点1677个以上，主要分布在pH4 ～ 7与相对分子质量17 ～ 170 kDa之间。中等盐度（10 g/kg）处理下，共108个蛋白斑点发生变化，其中表达量下调的蛋白点38个，表达量上调的蛋白点37个，出现抑制表达的白点9个和诱导表达蛋白点24个；高盐（19 g/kg）处理下，共有137个蛋白斑点发生改变，其中表达量下调的蛋白点56个，表达量上调的蛋白点52个，出现5个抑制表达蛋白和24个诱导表达蛋白。质谱鉴定出3种蛋白，即点A28为同源异黄酮还原酶，点B41为光系统Ⅱ捕光叶绿素a/b结合蛋白，点B55为Cu，Zn-SOD。

关键词：银叶树，种源试验，盐胁迫，解剖结构，蛋白组学，广东省

Study on growth differences and mechanism of salt tolerance of *Heritiera littoralis* seedlings in Guangdong Province

Abstract: *Heritiera littoralis* Dryand, Sterculiaceae, an amphibious tree species both in coastal waters and lands, can be used as an excellent sheltering forestation tree species, and it is scientifically very significant to study its provenance biodiversity. The seeds of three provenances of *Heritiera littoralis*, located in Yanzao, Shenzhen; Xiangkeng, Shanwei and Jilong Mount, Zhanjiang were collected as experimental materials for the provenance trial to study the growth differences and its genetic variation and photosynthetic characteristics of the three provenance seedlings. Using pot-planting experiment method with salt stress treatments for *Heritiera littoralis* seedlings, this paper studied the seedling's physiological and biochemical characteristics, leaf tissue anatomy, and proteomics analysis to explore the mechanism of their salt tolerance in simulating field salt stress environments so as to provide the theoretical and technical supports for promotion of introduction and afforestation of *Heritiera littoralis*. The results were as follow:

(1) There were big differences of hundred-seed weight and germinating rate of *Heritiera littoralis* seeds between different provenances, the hundred-seed weight with variation of 686.9 – 1028.7 g and the germinating rate with variation of 73% – 95% respectively. There were significant differences of seedlings height, the number of leaves, diameter at the base and biomass of different organs between three provenances of *Heritiera littoralis* seedlings in the experiment. The results showed that, the broad heritability of the biomass of different provenances of *Heritiera littoralis* seedlings is greater than 0.985 and the differences are mainly controlled by genetic factors.

(2) The results showed that there were no obvious differences of chlorophyll a, chlorophyll b and chlorophyll total content of different provenances of *Heritiera littoralis* seedlings. But there were a little big differences in net photosynthetic rate (P_n), transpiration rate (T_r), stomatal conductance (C_o), the results reflected the differences of photosynthesis ability between the three provenances and the *Heritiera littoralis* seedlings of Yanzao of Shenzhen provenance had higher photosynthetic capacity.

(3) With the increasing concentration of salt stress, the relative height increment and relative stem increment of *Heritiera littoralis* seedlings of Yanzao of Shenzhen provenance were on declining trend; the relative height increment of *Heritiera littoralis* seedlings Jilong Mt. of Zhanjing and Xiangkeng of Shanwei provenances were on declining trend with increasing salt treatment, but its relative stem increment were increasing first and then descending. With the increasing salinity, the Chlorophyll content of the three provenances of *Heritiera littoralis* seedlings decreased, the SP content showed a downward trend after an initial increase, MDA and Procontent were increasing, SOD activity decreased. This paper made the comprehensive assessment of seedling salt tolerance of the three provenances of *Heritiera littoralis* seedlings combined membership function method, the results showed that the *Heritiera littoralis* seedlings of Jilong Mt. of Zhanjing was the strongest salt resistance, the weakest salt resistance is the Yanzao of Shenzhen provenance.

(4) The results showed that, compared with the control group, under moderate salinity of 10 g/kg (NaCl/matrix) treatment, the arrangement of the palisade tissue of the leaf was more closely distributed with a large number of clusters of calcium oxalate appeared, this showed it have a a certain salt tolerance. However, with high salinity of 19 g/kg (NaCl/matrix), some of the cells were broken with a large number of irregular arrangements of glandular hairs on the hypodermis.

(5) Extracting the total protein of the leaves of *Heritiera littoralis* seedlings with phenol extraction, by

isoelectric focusing (24 cm, pH 4 - 7 glues tape, 52 kVh) and 12.5% SDS-PAGE for separation, obtain two-dimensional electrophoresis by silver dye dyeing and scanning. The number of protein point in each figure was more than 1677, mainly distributed in pH 4 - 7 and the molecular weight of 17 - 170 kDa. The results indicated 108 protein spots showed significant and reproducible changes after salinity (10 g/kg) treatment, including 38 down-regulated, 37 upregulated, 24 newly-appeared, 9 disappeared protein spots. While there were 137 protein spots showed significant and reproducible changes after salinity (19 g/kg) treatment, including 56 down-regulated, 52 upregulated, 24 newly-appeared, 5 disappeared protein spots. 3 successfully identified proteins were assigned as isoflavone reductase homolog, chlorophyII a-b binding protein of LHCII, and superoxide dismutase of Cu, Zn.

Key words: *Heritiera littoralis*, provenance trial, salt stress, anatomical structures, proteomics, Guangdong province